国家出版基金项目

“十二五”国家重点图书出版规划项目

黄河
调水调沙理论与实践

水利部黄河水利委员会 著

黄河水利出版社
· 郑州 ·

内 容 提 要

本书对黄河三次调水调沙试验和六次调水调沙生产运行的全过程进行了系统阐述，对黄河调水调沙试验模式、黄河下游协调的水沙关系及调控临界指标体系、协调水沙关系的塑造技术、利用异重流延长小浪底水库拦沙期寿命的减淤技术、调水调沙中的水文监测和预报技术等进行了分析和研究，阐释了黄河调水调沙试验和生产运行的主要成果，包括下游河道主槽冲刷效果、河道行洪能力变化、水库减淤和淤积部位及形态调整等。黄河调水调沙不仅深化了对黄河水沙运动规律的认识，而且取得了巨大的社会效益、经济效益和生态效益。

本书可供从事水利工作的管理、规划设计、科研等人员，以及广大关心黄河治理与开发的社会各界人士阅读参考。

图书在版编目(CIP)数据

黄河调水调沙理论与实践/水利部黄河水利委员会著.
郑州:黄河水利出版社,2013.6
ISBN 978-7-5509-0496-5

Ⅰ.①黄… Ⅱ.①水… Ⅲ.①黄河-水利建设-研究 Ⅳ.①TV882.1

中国版本图书馆CIP数据核字(2013)第134599号

组稿编辑:王路平 电话:0371-66022212 E-mail:hhslwlp@126.com

出 版 社:黄河水利出版社
地址:河南省郑州市顺河路黄委会综合楼14层 邮政编码:450003
发行单位:黄河水利出版社
发行部电话:0371-66026940、66020550、66028024、66022620(传真)
E-mail:hhslcbs@126.com
承印单位:河南省瑞光印务股份有限公司
开本:787 mm×1 092 mm 1/16
印张:20.5 彩插:8
字数:460千字 印数:1—4 000
版次:2013年6月第1版 印次:2013年6月第1次印刷

定价:60.00元

黄河河床高隆于华北大平原（殷鹤仙　摄）

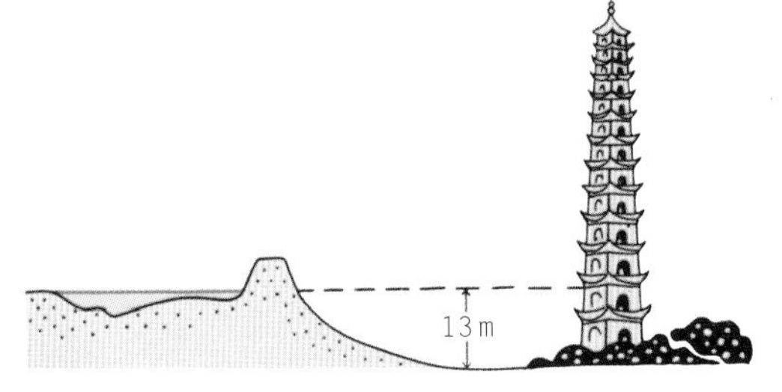

黄河开封段河滩比开封市区地面高13m

黄河下游标准化堤防（王路平　摄）

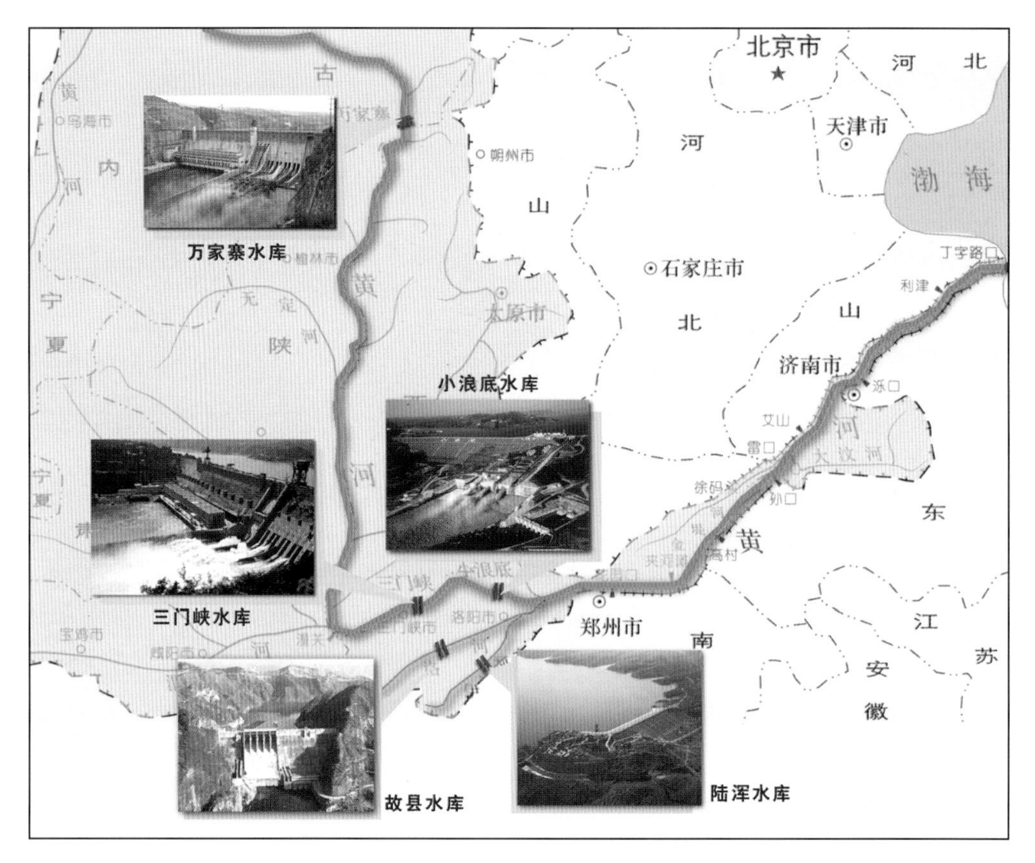

黄河调水调沙水库位置图

小浪底水库 （王彤琪 摄）

三门峡水库 （殷鹤仙 摄）

万家寨水库（余飞彪　摄）

陆浑水库（殷鹤仙　摄）

故县水库（唐恒恩　摄）

小浪底水库异重流排沙（黄宝林　摄）

模式一：基于小浪底水库单库调节为主的调水调沙

（图示为2002年黄河调水调沙原型试验调度过程）

2002年7月4日黄河龙门水文站出现高含沙洪水，小北干流局部河段发生“揭河底”现象

2002年7月6日小浪底库区出现异重流，增加了水库调度难度

在调水调沙试验期间，三门峡水库敞泄

在小浪底库区和下游河道共计900多km河段上布设了494个测验断面，开展了水位、流量、含沙量等项目观测，取得了520多万组测验数据

科学调度黄河水沙资源，利用水流富余的挟沙能力排沙入海。在黄河首次调水调沙试验期间，下游河道净冲刷量0.362亿t，入海泥沙0.664亿t，达到了预期效果

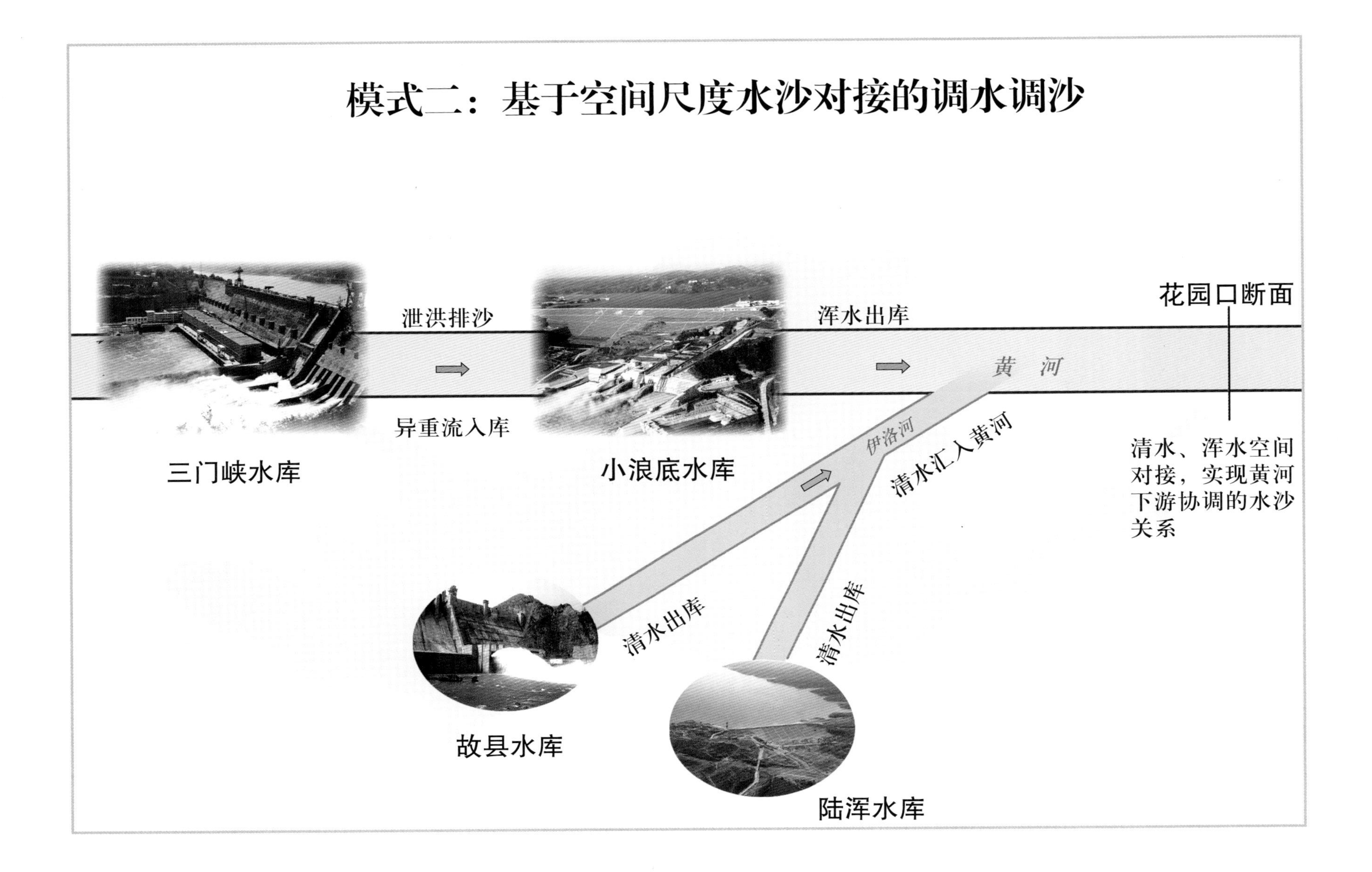
模式二：基于空间尺度水沙对接的调水调沙
花园口断面
泄洪排沙
浑水出库
黄 河
异重流入库
伊洛河
清水汇入黄河
清水、浑水空间对接，实现黄河下游协调的水沙关系
三门峡水库
小浪底水库
清水出库
清水出库
故县水库
陆浑水库

模式三：基于干流水库群联合调度及人工异重流塑造的调水调沙

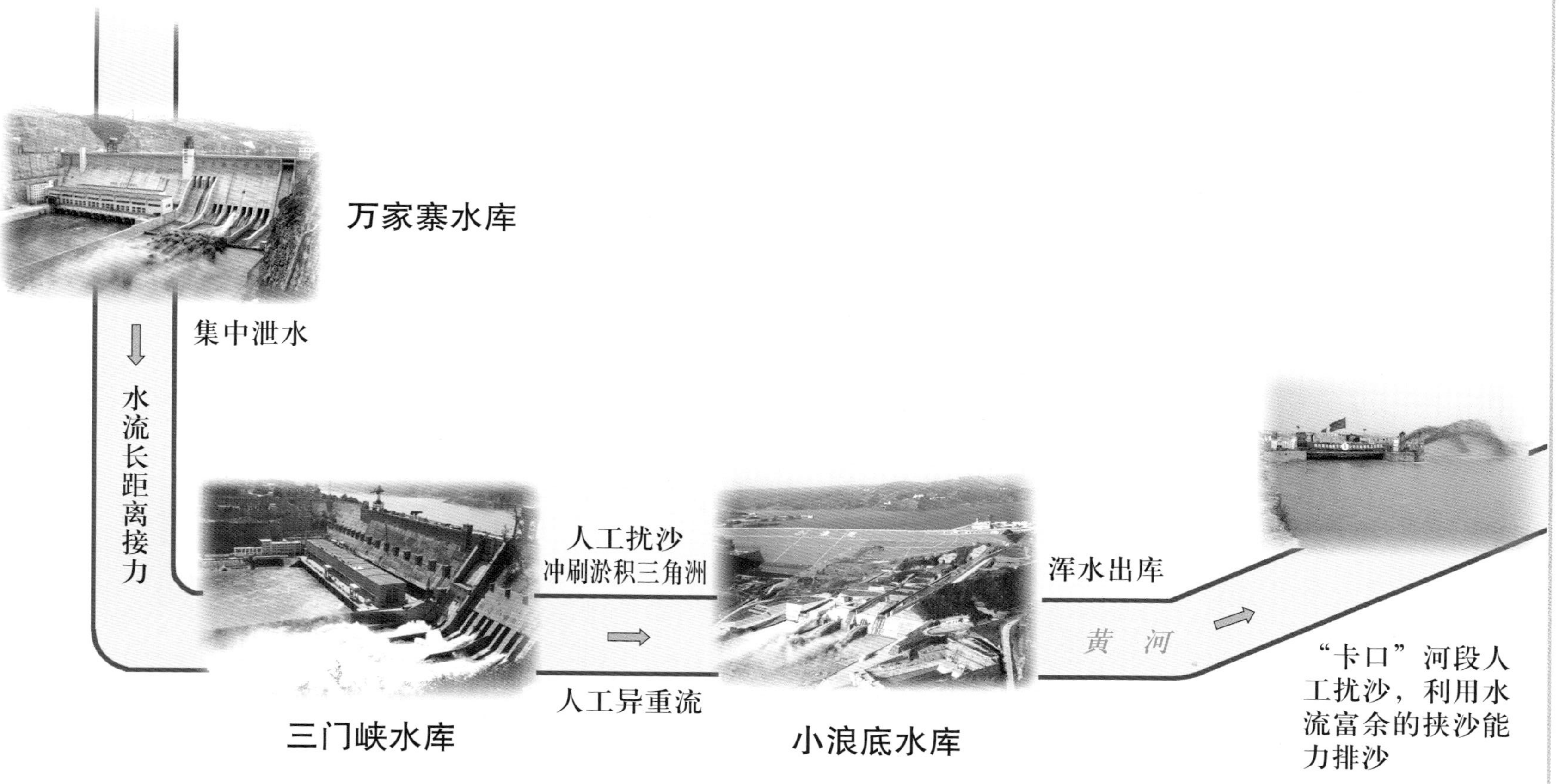

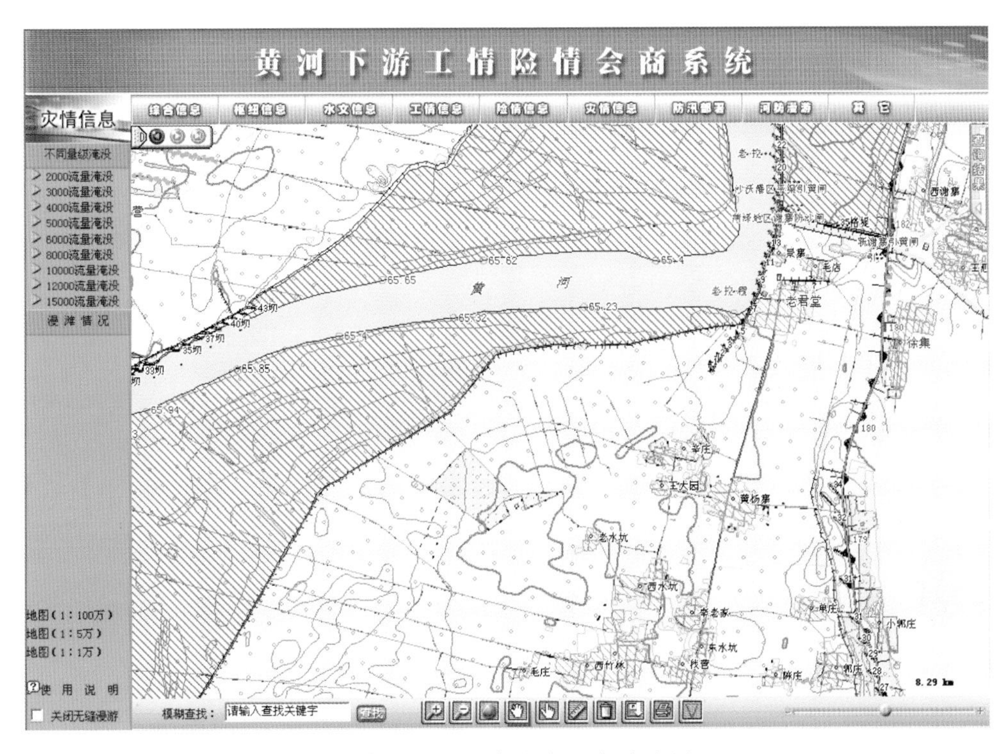

黄河下游工情险情会商系统界面

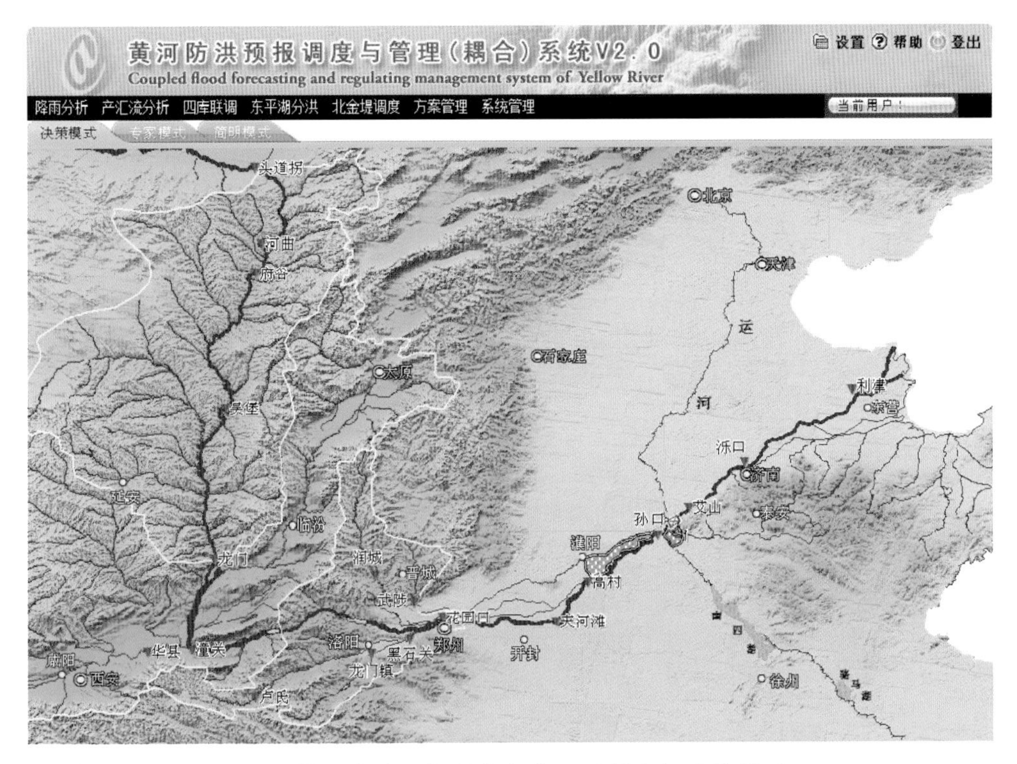

黄河防洪预报调度与管理（耦合）系统界面

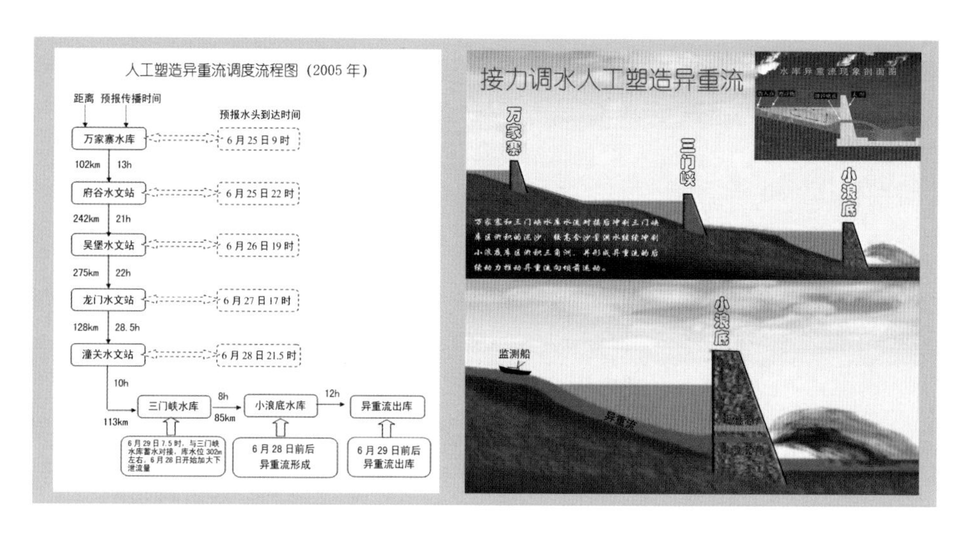

人工塑造异重流原理及流程图

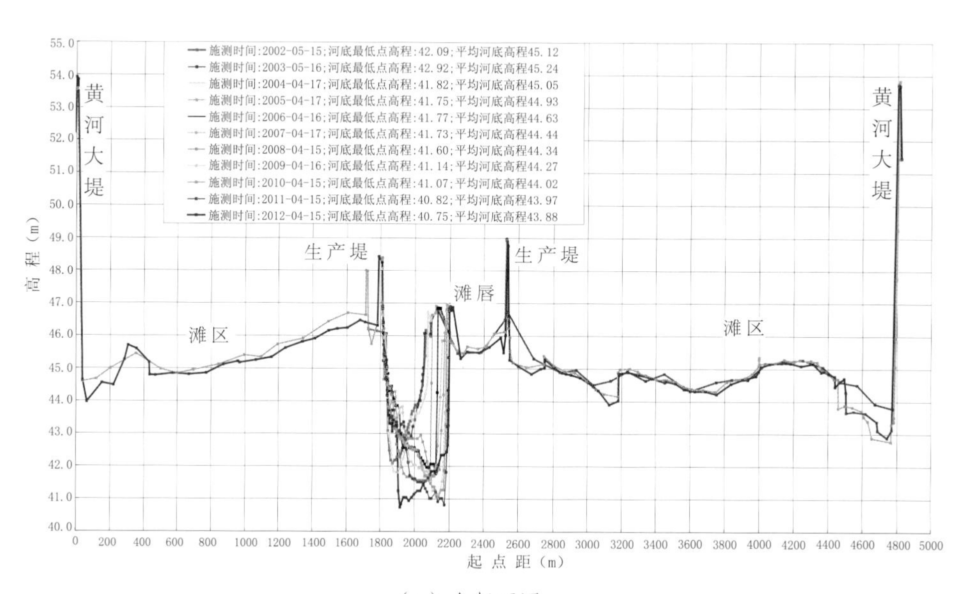

（a）全断面图

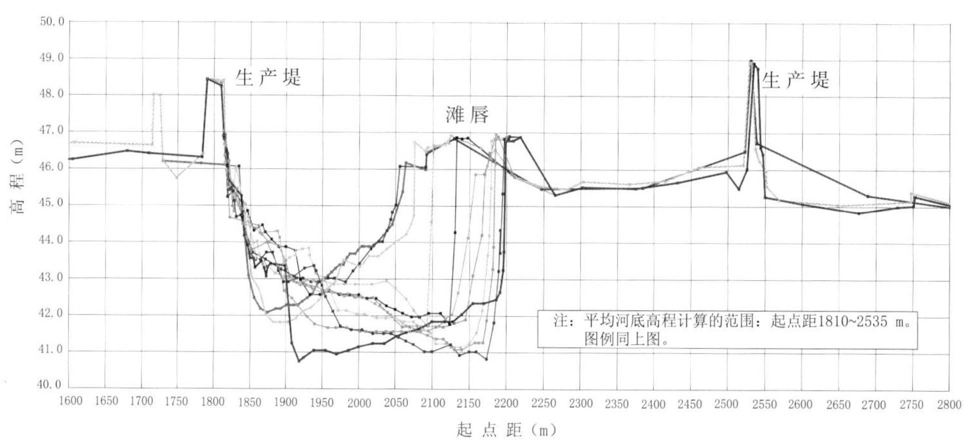

（b）主槽断面图

黄河下游河道淤积断面对照图（雷口断面）

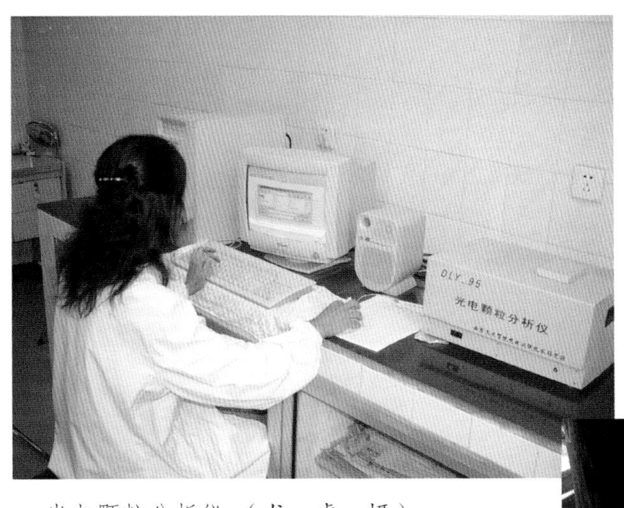

光电颗粒分析仪（龙　虎　摄）

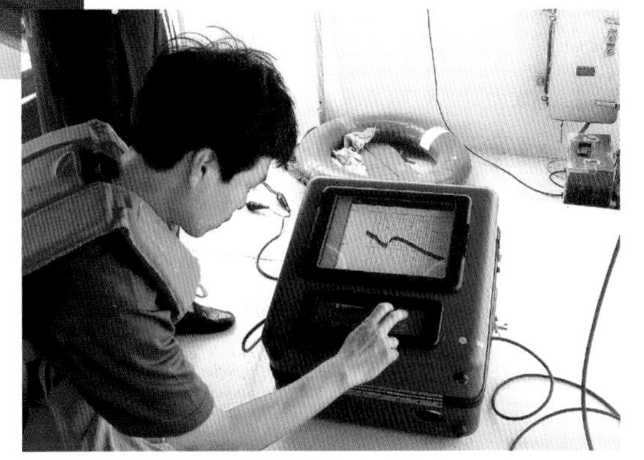

“水下雷达”双频回声测深仪（龙　虎　摄）

振动式测沙仪

黄河调水调沙水文测验（龙　虎　摄）

国家科学技术进步奖

证　书

为表彰国家科学技术进步奖获得者，特颁发此证书。

项目名称：黄河调水调沙理论与实践

奖励等级：一等

获 奖 者：水利部黄河水利委员会

中华人民共和国国务院

2010年11月29日

证书号：2010-J-222-1-01-D01

国家科学技术进步奖证书

黄河下游河道实体模型（殷鹤仙　摄）

《黄河调水调沙理论与实践》编写委员会

主 任 委 员　李国英
副主任委员　廖义伟
委　　　员　徐　乘　苏茂林　郭国顺　李春安
　　　　　　薛松贵　朱庆平　李文家　翟家瑞
　　　　　　吴宾格　张金良　王震宇　毕东升

《黄河调水调沙理论与实践》编写人员

李国英　廖义伟　张金良　刘继祥　张俊华
张红月　薛松贵　赵咸榕　张　永　翟家瑞
江恩慧　牛玉国　李文学　魏向阳　王震宇
朱庆平　胡跃斌　万占伟　苏运启　李世明
李文家　赵卫民　李胜阳　张厚军　曲少军
李　勇　孙振谦　任　伟　徐长锁　李跃伦
陈银太　张建中　侯起秀　尚红霞　毕东升
胡一三　李世滢　李良年　钱意颖　潘贤娣
洪尚池　陈怡勇　温晓军　张素平　祝　杰
李书霞　王育杰　安催花　韩巧兰　魏　军
张法中　王　英　李旭东　周景芍　王庆斋
袁东良　马　骏　任汝信　戴明谦　耿明全
罗怀新　陈书奎　董年虎　孙赞盈　茹玉英
余　欣　陶　新　高德松　马怀宝　梁国亭
林秀芝　付　健　滕　翔　等

前 言

黄河是世界上最复杂、最难治理的河流。解决黄河的泥沙问题,必须采取"拦、排、放、调、挖"等综合措施。"拦、排、放、挖"四项措施都已在黄河上实践过,"调",即"调水调沙",2002年7月以前尚未实施。

2002~2004年,水利部黄河水利委员会(简称黄委)进行了三次调水调沙试验。2002年7月4日至15日,进行了黄河首次调水调沙试验。此次调水调沙试验是针对小浪底上游中小洪水和小浪底水库蓄水进行的。2003年8月下旬至10月中旬,黄河流域泾、渭、洛河和三门峡—花园口区间出现了历史上少有的50余天的持续性降雨,干、支流相继出现10多次洪水过程,其中渭河接连发生了6次洪水过程,为历史上罕见的秋汛洪水。根据此次洪水特性,于2003年9月6日至18日进行了黄河第二次调水调沙试验。本次试验针对小浪底上游浑水和小浪底以下清水,通过小浪底、陆浑、故县三座水库水沙联合调度,在花园口实现协调水沙的空间对接,以清水和浑水掺混后形成"和谐"的水沙过程送往下游河道。2004年6月19日9时至7月13日8时,进行了第三次调水调沙试验,历时24 d,扣除6月29日0时至7月3日21时小流量下泄的5 d,实际历时19 d。本次试验主要依靠水库蓄水,充分利用自然力量,通过精确调度万家寨、三门峡、小浪底等水利枢纽工程,在小浪底库区塑造人工异重流,辅以人工扰动措施,调整其淤积部位和形态;同时加大小浪底水库排沙量,利用进入下游河道水流富余的挟沙能力,在黄河下游"二级悬河"及主槽淤积最为严重的河段实施河床泥沙扰动,扩大主槽过洪能力。

黄河三次调水调沙试验水沙条件各不相同,目标及采取措施也不相同,基本涵盖了黄河调水调沙的不同类型,在黄河下游河道减淤和水库减淤及深化对黄河水沙规律的认识等方面取得了预期效果。2005年至2012年,每年根据河道形态、水库蓄水,适时调整工作目标,先后又进行了13次黄河调水调沙生产运行。

为了系统分析研究黄河调水调沙的理论与实践经验,黄委组织参加试验和生产运行的有关单位和人员编写了本书,对2009年以前的3次试验和6次生产运行进行了系统总结。全书分为绪论、调水调沙治河思想、调水调沙理论研究、调水调沙试验、调水调沙生产运行、调水调沙效果分析、主要认识及科技创新、结语等章节。由于黄河泥沙问题的复杂性,调水调沙取得的成果和认识仍有待在今后治理黄河的工作实践中继续得到丰富和完善。

作 者

2012年6月

目 录

绪 论

逐水而居,是人类生存发展史上人与自然共生共存现象的真实写照。河流早已和人们的生活融为一体,人类生存离不开水,不受管理控制的水又威胁着人类的生存。

黄河流域幅员辽阔,资源丰富,在我国发展史上占据重要地位。从历史上第一个王朝——夏朝起至北宋,在黄河流域建立国都的总历时长达3 000多年,在这期间,黄河流域成为我国政治、经济、军事与文化的中心。黄河被誉为“中华民族的摇篮”。

然而,黄河又以多沙、悬河、善决、善淤、善徙、水旱灾害频繁重发而闻名于世,黄河又被称为“中华民族的忧患”。“摇篮”与“忧患”并存,可亲又可怖的黄河使历代善为政者,容怀虔诚敬畏之心,无不把黄河安危当作治国安邦之要,予以高度重视。

黄河以其在人民治黄60多年来取得的巨大变化为世人瞩目,伏秋大汛岁岁平安,供水、灌溉、发电等效益巨大。但从20世纪90年代以来,黄河又以下游河道主槽急剧萎缩、防洪保安形势严峻、水污染加剧、河道断流、生态环境恶化为社会关注,引起人们新的忧虑。解决黄河新的问题,趋利避害,让黄河永远为人类造福,就需要以新的视角审视黄河,以新的理念治理和管理黄河。

一、黄河是世界上最复杂、最难治理的河流

黄河多年平均天然径流量580亿 m^3,多年平均输沙量高达16亿t,平均含沙量35 kg/m^3,小浪底站实测最大含沙量941 kg/m^3(1977年)。其输沙量、含沙量均为世界之最,是一条举世闻名的多沙河流。

黄土高原严重的水土流失,造成大量泥沙在黄河下游强烈堆积,年复一年,逐渐使黄河下游成为高悬于黄淮海大平原之上的“千里悬河”,洪水泥沙全靠两岸堤防约束。因此,历史上黄河下游洪水灾害十分严重和频繁。千百年来,历朝历代都把治黄作为兴国安邦的大事,倾注了大量的人力、物力。历代先贤不断探索治河之道,提出了从原始社会共工的“壅防百川,堕高堙庳”,鲧的“障洪水”,禹的“疏川导滞”,到封建社会贾让的“治河三策”,冯逡的“分流”,关并的“开辟滞洪区”,潘季驯的“筑堤束水,以水攻沙”、“借水攻沙,以水治水”等治黄方略,谋求黄河安澜。但由于科学技术和社会制度的限制,都没有从根本上改变黄河为害的历史。据统计,自周定王五年(公元前602年)至1938年的2 540年中,黄河下游泛滥决口达1 590次,其中重要改道26次,即“三年两决口,百年一改道”。影响范围北抵天津,南达江淮,泛区包括冀、鲁、豫、苏、皖五省黄淮海大平原,面积25万 km^2。

1946年人民治黄以来,国家对黄河治理高度重视,投入了大量的人力和物力,不断地加高加固堤防,进行河道整治,开辟了北金堤滞洪区,修建了东平湖分洪工程和山东两处窄河道展宽工程,在干支流上修建了一系列大中型水库。以王化云为代表的老一辈治黄专家,先后提出、实施了“除害兴利,综合利用”、“宽河固堤”、“蓄水拦沙”、“上拦下排,两

岸分滞"等一系列治黄思想、方略,取得了60多年来伏秋大汛岁岁安澜的巨大成就。

时至20世纪末,流域经济社会快速发展对黄河的索取已大大超过黄河承载能力,安澜的背后,潜伏着巨大危机。

20世纪50年代以来,黄河下游已4次加高大堤,当前千里悬河临背高差已达4~6 m,最高达10 m以上。

90年代花园口水文站年平均通过水量已锐减至235亿m^3,只有50年代的1/2,2001年全年通过水量只有165.5亿m^3。

90年代平均入海水量已锐减至117亿m^3,只有50年代的1/4,2001年全年入海水量只有46.5亿m^3,输沙水量被严重挤占。

水沙关系进一步失调,下游河道淤积加重,特别是80年代中期以来,下游河槽急剧萎缩,行洪输沙能力锐减,至2002年汛前,主槽过流能力最小处(高村附近)仅1 800 m^3/s。

黄河下游"二级悬河"迅速发展。其中,以东坝头至伟那里河段最为突出:滩唇高于堤脚最大值为6.04 m;滩地横比降最大达30.4‰,是河道纵比降1.8‰的近17倍。

……

凡此种种,都反映出黄河治理开发中面临着许多特殊的复杂问题,人水不和谐的局面正在进一步恶化。可以预见,在今后相当长的时期内,黄河依然是一条多泥沙河流,黄河下游滩区行(滞)洪沉沙与滩区群众生产生活的矛盾仍会十分突出。在黄河下游河道尽快塑造并维持4 000 m^3/s左右中水河槽,构建黄河下游滩区人水和谐的社会环境已成为一项十分迫切又十分艰巨的任务。

二、试验和生产实践背景

(一)通过调水调沙解决黄河水沙不协调问题的治河理念逐步形成

黄河治理开发中面临许多重大问题的症结在于水少沙多、水沙关系不协调,相应的解决措施是增水、减沙与调水调沙,塑造协调的水沙关系。

根据长期以来的规划研究成果和黄河流域的实际情况,增水可通过两种途径来实现,一是节水,二是跨流域调水。就节水而言,黄河灌区虽有一定的节水潜力,但节水量相对于用水需求来说远不能满足,能回归于河道的水量有限,并且节水目标的实现还需要一个漫长的过程。就跨流域调水而言,主要依靠南水北调工程,南水北调中线和东线工程可望向黄河的补水量很小,西线工程目前还在开展项目建议书的补充编制工作,工程建成生效也同样需要一个较为漫长的时间周期,并且增加的水量也仅是一部分用于缓解黄河的水沙关系不协调问题。

减沙主要有三条途径:一是在黄土高原进行水土流失综合治理;二是利用骨干工程拦减进入下游河道的泥沙;三是依靠黄河中下游两岸低洼的地区放淤。三者共同构成拦减进入黄河下游河道粗泥沙的三道防线。

就黄土高原地区的水土保持而言,按照国务院批复的《黄河近期重点治理开发规划》和有关研究成果,规划工程实施后,2010年前后每年可减少入黄泥沙5亿t,2050年可减少到8亿t左右。即便如此,黄河仍然是一条多沙河流,水沙关系不协调的局面依然严峻。就骨干工程拦沙而言,三门峡水库已不具拦沙库容,其他干流水库,如古贤、碛口、大柳树还在规划研究之中,当前仅小浪底水库可用于拦沙。就实施的小北干流放淤而言,虽然2004年以来在连伯滩实施了多轮试验,实现了“多引粗沙和淤粗排细的目标”,但在无坝放淤的条件下,放淤强度和规模还受到许多限制。

黄河具有大水输大沙的泥沙输移规律,调水调沙是在充分利用河道输沙能力的前提下,利用水库群的可调节库容,对来水来沙进行合理的调节控制,适时蓄存或泄放水沙,变不协调的水沙过程为协调的一种技术手段,可实现减轻下游河道淤积甚至冲刷下游河槽的目的。

长期的分析研究表明,黄河下游河道具有泥沙“多来、多排、多淤,少来、少排、少淤”的输沙特点。在一定的河道边界条件下,其输沙能力与来水流量的高次方(大于1次方)成正比,与来水含沙量也存在明显的正比关系。通俗地讲,在黄河来水量不大时,若将水库前期蓄水加载于来水水体之上,混合水体将会产生显著大于两部分独立水体输沙能力之和的输沙效益。黄河虽然水沙严重不协调,但只要能找到一种合理的水沙搭配,水流就可以尽可能多地将所挟带的泥沙输送入海,同时又不在下游河道造成明显淤积,还可显著节省输沙用水量。通过对黄河下游输沙规律的研究,其成果逐步奠定了调水调沙的理论基础。特别是小浪底水利枢纽工程规划设计,国家“八五”、“九五”、“十五”科技攻关,小浪底水库初期运用方式研究等研究成果的提出,使调水调沙作为解决黄河下游水沙不协调关键措施之一的理念逐步形成和成熟。

调水调沙最终要通过水库或水库群的调度运用来实现,相对于黄河来水而言,黄河中游的万家寨、三门峡等水库调节库容很小,无法单独承担调水调沙的任务。小浪底水利枢纽工程的建成运用,使得开展大规模的调水调沙成为可能。

(二)黄河下游人水不协调所导致的许多焦点问题亟待解决

20世纪80年代中期以来,黄河下游来水偏少,加之长期忽视黄河自身生命的存在,经济社会的发展对黄河水资源过度索取,人与河争地也日趋严重,使得黄河的生命健康受到严重威胁,尤其是下游河槽在很大程度上已丧失了其维持健康生命应有的行洪输沙基本功能,突出表现在以下几个方面。

1.下游河槽淤积萎缩严重,个别河段行洪能力已下降至1 800 m^3/s

黄河下游河槽排洪能力1950~1964年为5 000~8 000 m^3/s,1965~1973年逐步减少至3 500 m^3/s,至1976年又逐步恢复至6 000 m^3/s左右,1976~1985年基本保持在5 000~6 000 m^3/s。1986年以后,由于来水来沙的变化,河槽萎缩、主槽淤积抬高的同时,宽度缩窄,平滩水位下的过水面积和相应的平滩流量明显减小。1986~2002年,全下游主槽面积平均减小1 200 m^2左右,其中夹河滩至孙口河段减小1 500 m^2,减幅达50%。下游主槽宽度平均减小220 m,其中花园口以上河段减小660 m,减幅为42%,夹河滩至高村河段减幅为40%。至2002年汛前,高村河段平滩流量仅为1 800 m^3/s,可见主槽淤积萎缩十分严重。

2.黄河下游中常洪水灾害加剧,河道滩区人水难以和谐相处

由于黄河下游主槽过洪能力显著降低,中常洪水条件下,水流漫滩,水位表现较高,加剧了下游滩区的洪水灾害。1986年至小浪底水库蓄水运用前,下游各水文站同流量水位升幅年均在0.09~0.15 m。仅90年代就有1992年8月、1994年8月、1996年8月等多

次中常洪水在下游滩区造成严重灾害，1996 年 8 月的洪水，下游多个水文站出现历史最高洪水位。

黄河下游两岸滩区居住有 189.5 万人，有耕地 375 万亩（1 亩 = 1/15 hm^2，后同），广大滩区既是滞洪滞沙的区域，又是群众赖以生存和生产的场所。一方面，受中常洪水灾害频次和水灾程度增加的影响，经济发展水平相对较低；另一方面，为了求生存，谋发展，滩区群众不断与水争地，人水和谐相处的环境不断恶化。

随着下游河道行洪能力的降低，主槽输沙能力也在不断降低。根据对以往资料的分析研究，下游主槽行洪能力达 4 000 m^3/s 时，以平滩流量下泄可维持 60 kg/m^3 左右的含沙量不发生淤积。而平滩流量为 2 000 m^3/s 左右时，在保持水流不漫滩的条件下，仅能输送 20 kg/m^3 左右的含沙量。显然，平滩流量的急剧下降又限制了泥沙的输送，由此造成恶性循环，加剧了人水难以和谐相处的局面。

3.“二级悬河”发展迅速，防洪形势日益严峻

黄河下游河道高悬于华北平原之上，束范于两岸大堤之间，1964 年以前，黄河下游各河段河槽明显，虽滩唇略高于堤根，但滩地横比降较小。1965 ~ 1973 年，三门峡水库滞洪排沙，河道大量淤积，河槽在淤积抬高的同时，主槽宽度明显缩窄，原来的河槽淤为嫩滩，基本和原来的滩地持平，“二级悬河”在夹河滩至高村河段开始出现。1974 ~ 1985 年，黄河下游来水较丰，三门峡水库蓄清排浑运用，下泄流量增大，主槽发生不同程度的冲刷，平滩流量较大，“二级悬河”问题尚不突出。1986 年以后，进入下游的水量明显减小，特别是汛期大洪水减少，高含沙中小洪水发生概率增多，加之龙羊峡水库的运用导致汛期基流减小及滩地内生产堤规模和数量的增加，下游主槽和嫩滩大量淤积。而二滩的淤积受到限制，主槽平均河底高程抬高较快，滩地横比降越来越大，迅速加剧了“二级悬河”的发展。

据统计，黄河下游京广铁路桥至东坝头河段左岸平滩水位高于临河滩面 0.44 ~ 2.50 m，滩地横比降均值达 3.33‱。东坝头至高村河段左岸平滩水位高于临河滩面 0.13 ~ 2.98 m，滩地横比降均值达 5.15‱；右岸断面平滩水位一般高于临河滩面 0.62 ~ 4.34 m，滩地横比降均值为 5.84‱。高村至陶城铺河段左岸平滩水位高于临河滩面 1.08 ~ 3.43 m，滩地横比降均值达 9.8‱；右岸断面平滩水位一般高于临河滩面 0.84 ~ 2.78 m，滩地横比降均值为 10.39‱。各河段滩地横比降明显大于河道纵比降。高村以上滩地横比降与河道纵比降的比值一般在 1.6 ~ 3，高村至陶城铺为 7 左右，陶城铺以下“二级悬河”同样也比较严重。

“二级悬河”的发展，使得河槽高悬于河道之内，河槽约束洪水能力大幅降低，横河、斜河、滚河发生概率大大增加，黄河下游堤防冲决、溃决的危险性日益增大。同时，河道内洪水一经漫滩，临堤一侧水深均较大，也大大增加了水灾损失。

（三）小浪底水库拦沙初期所处的特殊阶段及有关调水调沙的前期研究成果

根据对多沙河流上水利枢纽工程，特别是黄河小浪底水库运用方式研究的认识，水库运用具有明显的阶段性。其拦沙期可分为拦沙初期和拦沙后期，统筹考虑水库的多个开发目标，前者系指水库起始运行水位以下拦沙库容淤满前的时期。这一时期内水库泥沙的运行规律决定了水库只能是以异重流（包括浑水水库）排沙为主。因此，这一时期水库主要下泄的是含沙量较低的“清水”。相应地，“清水”冲刷是下游河道减淤的主体。因

此,几个主要问题必须研究与探索。一是入库洪水在库区产生异重流并运行到坝前后,适时开启排沙底孔,可将部分泥沙排出库外,但异重流的输沙特性决定了排出的泥沙不会太多,且粒径也较细。因此,水库拦沙初期,输沙效率相对较小。但通过水库的合理调度,下游河道可能达到较好的冲刷效率,提高其过流输沙能力。二是在不显著影响下游河道冲刷效率的前提下,水库尽可能利用异重流排沙,减缓拦沙库容的淤损,这是调度运用中应考虑的重要问题之一。三是如何控制、调整小浪底水库的淤积形态。四是在这一时期如何避免"冲河南、淤山东",实现下游河道的控制性减淤,而不是单纯的、不加部位控制的"清水下泄冲刷"。

如前所述,由于进入黄河下游的水沙关系严重不协调,黄河下游防洪和治理开发中面临着许多亟待解决的焦点问题。其中,尤以尽快恢复下游主槽的行洪排沙能力,缓解河道滩区189.5万群众人水难以和谐相处和"二级悬河"危险局面为当务之急。综合考虑各方面的利弊,小浪底水库调水调沙应以保证下游河槽沿程全线冲刷,尽快恢复其行洪排沙的基本功能为前提。同时,尽可能使小浪底水库多排沙出库。

长期以来,黄委联合国内其他科研单位和大专院校对小浪底水库的调水调沙运用,开展了大量的分析研究。根据水库拦沙初期运用的特点,提出了水库调水调沙运用的调控指标。

1.调控流量

调控流量系指水库调节控制花园口断面两极分化的临界流量。大流量的下限称调控上限流量,小流量的上限称调控下限流量。

1)调控上限流量

黄河下游发生含沙量小于20 kg/m^3 的低含沙水流时,随着花园口流量增加,下游河道的冲刷发展部位随之下移。当花园口流量为1 000 m^3/s左右时,冲刷可发展到高村附近,高村以上冲刷较弱,高村以下微淤;当花园口流量为1 000~2 600 m^3/s时,高村以上冲刷增强,冲刷逐步发展到艾山附近,艾山以下微淤;当花园口流量达2 600 m^3/s时,艾山—利津河段微冲;当流量大于2 600 m^3/s时,全下游冲刷,艾山—利津河段冲刷逐渐明显。考虑到小浪底水库初期运用时出库含沙量较低,一般为低含沙量洪水,下游河道目前平滩流量较小,为了使各河段均能发生较为均匀的冲刷,尽可能提高下游河道的减淤效果,确定控制花园口断面调控上限流量为2 600 m^3/s。

2)调控下限流量

调控下限流量既要满足供水、灌溉、发电等运用要求,也不能过大而淤积艾山以下河道。

2.调控库容

在以往研究成果的基础上,采用1986~1999年历年实测水沙过程,按照2000年水利部审查通过的调水调沙方案,进一步进行分析计算。起始运行水位210 m、调控上限流量2 600 m^3/s时,调控库容采用8亿m^3 基本可以满足调水调沙运用要求。

3.调水调沙下限运用水位

根据最低发电要求水位,小浪底水库5、6号机组要求库水位最低不能低于205 m,1~4号机组要求库水位不能低于210 m。综合分析,调水调沙下限运用水位采用210 m。

尽管对小浪底水库的调水调沙已进行了深入研究并有大量的技术储备，但面对复杂多变的水沙条件、下游河道边界条件和全新的水库群水沙联合调度技术，面对黄河长治久安与区域经济社会发展的矛盾，仍有许多问题需要通过科学试验特别是原型试验加以检验。如小浪底初步设计的调水调沙运行方式在实际中是否可行？是否会引起“冲河南、淤山东”或“上冲下淤”问题？研究制定的调水调沙的调控指标体系是否可行？协调水沙关系的塑造技术是否适应调水调沙需要？如何做到下游河道冲刷和水库排沙兼顾？调水调沙运行的水沙监测、预报体系是否适应？多年用以研究黄河水沙运动规律和服务于治黄实践的水库、河道实体模型和数学模型与实际情况的符合程度如何？如此等等，不一而足。另外，从实践中发现、认识、总结、升华的规律，也需在实践中得到检验。总之，调水调沙作为一种全新的涉及黄河中下游诸多方面的协调下游水沙关系的关键措施，在投入生产运用前通过试验加以验证总结和完善十分必要，也是极为重要的。调水调沙是解决黄河水沙不协调问题的重要途径，在黄河水少沙多、水沙关系不协调问题没有根本解决之前，这一途径行之有效而且必须长期不懈地坚持下去。通过试验总结其中各个环节的经验，深化对其关键技术问题的认识至关重要。认识得到深化后，其根本目的还是应用于实践，通过实践最终达到检验认识、恢复维持黄河下游中水河槽的目的，因此调水调沙生产实践与试验是相辅相成的，同样是极其重要的。

（四）调水调沙的水量

小浪底水库调水调沙，要利用其调节库容，适时蓄存和泄放水量，合理配置水资源。平水期，首先水库的运用应满足防洪的要求，在此前提下，在满足规定指标内供水的条件下，以满足下游河道的生态流量为原则控制河道流量；洪水期，充分利用预报技术，对小洪水不能满足一次调水调沙水量，实施洪水资源化，为调水调沙筹集必要的水量；当预测河道来水和水库蓄水满足水量要求时，不失时机地进行调水调沙。当然，调水调沙的决策过程中，还要统筹考虑后期来水、维持河道基本生态用水和供水等方面的综合需求。

2002 年黄河首次调水调沙试验前的 7 月 3 日，小浪底水库蓄水位 236.61 m。按照《中华人民共和国防洪法》（以下简称《防洪法》）要求，7 月 10 日黄河中下游进入主汛期前，必须将蓄水泄至汛限水位 225 m，水库需泄水 14.6 亿 m^3。这部分水体是调水调沙的主体，与河道来水共同构成了调水调沙用水的全部，如何将其加载于河道来水之上，充分发挥其输沙能力，用以冲刷下游河槽，是此次试验的主要任务。

2003 年黄河第二次调水调沙试验是在 9 月黄河秋汛时进行的。9 月 6 日，调水调沙前，库水位 245.6 m，相应蓄水量 56 亿 m^3，下游伊洛河、沁河来水流量在 700 m^3/s 左右。此次调水调沙试验所用的水量也是按防洪要求本该泄出的水量。

2004 年黄河第三次调水调沙试验是在汛期来临之前进行的。2003 年秋汛以后的来水，除满足供水需求外，其余存蓄库内，至 6 月 19 日，库水位达 249.06 m，超汛限水位 24.06 m，相应蓄水量 57.60 亿 m^3，超蓄水量 32.91 亿 m^3。同样，按防洪要求，7 月 10 日前必须将这部分水量泄出库外。因此，本次调水调沙试验也主要是利用了汛限水位以上的超蓄水量。

三次调水调沙试验，验证各种技术方案是可行的，组织过程是有效的，试验流程是合理的，试验效果和效益是显著的。经过初步总结和评估认为：鉴于黄河下游防洪形势的严峻性,应及时转入调水调沙生产运行,尽快恢复下游河道主河槽过流能力。

2005 年黄河首次调水调沙生产运行是在汛前进行的。截至 2005 年 6 月 7 日,黄河上中游已建成的八大水库共蓄水 227.85 亿 m^3,较 2004 年同期多蓄 13.48 亿 m^3。万家寨、三门峡、小浪底三座水库汛限水位以上共计蓄水 46.2 亿 m^3,其中小浪底水库汛限水位以上蓄水量 39.75 亿 m^3。本次调水调沙主要是利用了汛限水位以上的超蓄水量。

2005 年汛后至 2006 年汛前,黄河干流水库蓄水较多,既完全满足了下游工农业用水和河口生态用水,又为 2006 年汛前调水调沙储备了足够水量。截至 2006 年 6 月 1 日,万家寨、三门峡、小浪底三座水库汛限水位以上共计蓄水 53.7 亿 m^3,其中小浪底水库汛限水位以上蓄水量 48.79 亿 m^3。按照《防洪法》规定,所有水库水位必须在汛期来临前降至汛限水位以下。根据当时水库蓄水和用水情况,开展一次调水调沙,冲刷下游主河槽,继续扩大河道主槽过流能力是十分必要的,客观上也具备了调水调沙所要求的水量条件。为此,根据水库蓄水和用水情况,黄委决定开展 2006 年调水调沙生产运行。

2006 年汛后,黄委继续按照洪水资源化和水沙联合调控思想,在完全满足下游工农业用水和河口生态用水等的前提下,通过精细调度,为 2007 年汛前实施调水调沙储备了足够的水量。2007 年汛前调水调沙生产运行前(6 月 19 日 8 时),万家寨、三门峡、小浪底三座水库汛限水位以上共计蓄水 31.31 亿 m^3,其中小浪底水库汛限水位以上蓄水量 25.64 亿 m^3。同时,按照国务院"87 分水方案",黄河 580 亿 m^3 地表总径流中有 210 亿 m^3 输沙水量。根据当时水库蓄水和用水情况,开展一次调水调沙,冲刷下游主河槽,继续扩大河道主槽过流能力是十分必要的,客观上也具备了调水调沙所要求的水量条件。

2007 年 7 月 28～29 日,黄河流域山陕区间、洛河上游出现大范围降雨。受降雨影响,干流潼关站 7 月 29 日 8 时洪峰流量达 1 610 m^3/s,洛河卢氏站 29 日 14 时 42 分洪峰流量达 2 070 m^3/s,为有实测资料以来第二大洪峰。渭河临潼站 7 月 30 日 9 时洪峰流量为 1 040 m^3/s。30 日 8 时,龙门站流量 820 m^3/s,黑石关 324 m^3/s,武陟站 4.8 m^3/s。根据干支流水情,预计花园口站可能出现 3 000 m^3/s 以上洪水过程。据黄委水文局 7 月 30 日预估,7 月 30 日 12 时至 8 月 5 日,7 d 潼关站河道来水量约 8.55 亿 m^3,小浪底—花园口区间(简称小花间)河道来水量约 3.97 亿 m^3,合计来水 12.52 亿 m^3。考虑水库 210 m 以上蓄水约 10 亿 m^3,满足一次调水调沙水量要求,决定开展 2007 年汛期调水调沙生产运行。此后的汛前和汛期调水调沙水量基本上分为水库汛限水位以上蓄水和汛期来水加水库蓄水两类。

三、试验和生产实践的指导思想和目标

总的指导思想是:通过水库联合调度、泥沙扰动和引水控制等手段,把不同来源区、不同量级、不同泥沙颗粒级配的不平衡的水沙关系塑造成协调的水沙过程,有利于下游河道减淤甚至全线冲刷;开展全程原型观测和分析研究,检验调水调沙调控指标的合理性,进一步优化水库调控指标,探索调水调沙生产运用模式,为新形势下践行可持续发展水利,促进人与黄河和谐相处奠定科学基础,为黄河下游防洪减淤和小浪底水库运行方式提供重要参数和依据,继而深化对黄河水沙规律的认识,探索黄河治理开发新途径。

总体目标是:检验、探索小浪底水库拦沙初期阶段运用方式、调水调沙调控指标;实现

下游河道全线冲刷,尽快恢复下游河道主槽的过流能力;探索、调整小浪底库区淤积形态、下游河道局部河段河槽形态;探索黄河干支流水库群水沙联合调度的运行方式并优化调控指标,以利长期开展以防洪减淤为中心的调水调沙运用;探索黄河水库、河道水沙运动规律。

在总的指导思想和目标下,由于每次水库蓄水、来水来沙、河道边界、水资源供需、社会约束条件不同,三次试验及生产运行的目标各有侧重。

(一)首次试验

(1)寻求试验条件下黄河下游泥沙不淤积的临界流量和临界时间。

(2)使黄河下游河床在试验过程中不淤积或尽可能发生冲刷。

(3)检验河道整治成果,验证数学模型和实体模型,深化对黄河水沙规律的认识等。

(二)第二次试验

(1)下游河道发生冲刷或至少不发生大的淤积,尽可能多地排出小浪底水库的泥沙。

(2)进行小浪底水库运用方式探索,解决闸前防淤堵问题,确保枢纽运行安全。

(3)探讨、实践浑水水库排沙规律以及在泥沙较细、含沙量较高情况下黄河下游河道的输沙能力。

(三)第三次试验

(1)实现黄河下游主河槽全线冲刷,进一步恢复下游河道主槽的过流能力。

(2)调整黄河下游两处“卡口”河段的河槽形态,增大过洪能力。

(3)调整小浪底库区的淤积部位和形态。

(4)进一步探索研究水库、河道水沙运动规律。

(四)2005 年调水调沙生产运行

(1)实现黄河下游主河槽的全线冲刷,扩大主河槽的过流能力。

(2)探索人工塑造异重流调整小浪底库区泥沙淤积分布的水库群水沙联合调度方式。

(3)进一步深化对河道、水库水沙运动规律的认识,包括水库异重流运动规律的探索和研究,黄河下游河道水沙运动规律研究,尤其是孙口附近“驼峰”河段淤积机理的研究;深化对河口水沙演进规律的认识;对黄河下游二维水沙模型进行验证和改进。

(五)2006 年调水调沙生产运行

(1)实现黄河下游河道主槽的全线冲刷,继续扩大主河槽的排洪输沙能力。

(2)继续探索人工塑造异重流调整小浪底库区泥沙淤积分布的水库群水沙联合调度方式。

(3)进一步深化对河道、水库水沙运动规律的认识,包括水库异重流运动规律的探索和研究,黄河下游河道水沙运动规律研究;完善和改进黄河下游二维水沙数学模型,率定模型参数,利用模型对水沙过程进行跟踪分析。

(六)2007 年汛前调水调沙生产运行

(1)实现黄河下游河道主槽的全线冲刷,继续扩大主河槽的排洪输沙能力。

(2)继续探索人工塑造异重流的水库群水沙联合调度方式,尽最大努力减少库区淤积。

(3)进一步深化对河道、水库水沙运动规律的认识。

(七)2007 年汛期调水调沙生产运行

(1)继续探索、实践小浪底、三门峡、故县、陆浑水库联合调度,实现清浑水空间对接的汛期调水调沙调度运行方式。

(2)积累小浪底水库、下游河道综合减淤的调度经验。

(八)2008 年汛前调水调沙生产运行

(1)进一步扩大黄河下游主槽的最小过流能力。

(2)继续实施小浪底水库人工塑造异重流,努力提高水库排沙比,减少库区泥沙淤积。

(3)促进河口三角洲生态系统的良性维持,努力实现生态调度与调水调沙的有机结合。

(4)进一步深化对河道、水库水沙运动规律的认识。

(九)2009 年汛前调水调沙生产运行

(1)进一步扩大黄河下游主槽的最小过流能力。

(2)继续实施小浪底水库人工塑造异重流,努力提高水库排沙比,减少库区泥沙淤积。

(3)促进河口三角洲生态系统的良性维持,努力实现生态调度与调水调沙的有机结合。通过洪水自然漫溢和充分利用生态保护区引水闸引水,使三角洲滨海区湿地和生态保护区生态环境明显改善。

(4)继续深化对河道、水库水沙运动规律的认识。

2010 年以后的调水调沙目标遵循以上要求进行调整。

四、调水调沙过程简要回顾

(一)首次调水调沙试验

鉴于是首次进行大规模调水调沙原型试验,水利部黄河水利委员会成立了以李国英主任为总指挥的黄河首次调水调沙试验总指挥部及总指挥部办公室,下设 11 个工作组。编制了 14 个预案及试验工作流程,制定了严格的工作责任制,进行了前期河道、水库地形测量等,为实施调水调沙做了充分有效的准备。

2002 年 5、6 月,黄河上中游来水较近几年同期偏丰。6 月底,小浪底水库水位已达 236.09 m,水库蓄水量 43.41 亿 m^3,汛限水位 225 m 以上水量 14.21 亿 m^3。利用汛限水位以上水量加上对未来几天的预估来水,调水调沙试验的水量条件已具备。

综合考虑下游部分河段主槽过洪能力不到 3 000 m^3/s 的河道条件、水库的蓄水量和试验目标,确定本次试验的方案为:控制黄河花园口站流量不小于 2 600 m^3/s,时间不少于 10 d,平均含沙量不大于 20 kg/m^3,相应艾山站流量 2 300 m^3/s 左右,利津站流量2 000 m^3/s 左右。

实施情况为:

2002 年 7 月 4 日上午 9 时,小浪底水库开始按调水调沙方案泄流,7 月 15 日 9 时小浪底出库流量恢复正常,历时共 11 d,平均下泄流量为 2 740 m^3/s,下泄总水量 26.1 亿

m^3。其中河道入库水量为10.2亿m^3,小浪底水库补水15.9亿m^3(汛限水位以上补水14.6亿m^3),出库平均含沙量为12.2 kg/m^3。

花园口站2 600 m^3/s以上流量持续10.3 d,平均含沙量为13.3 kg/m^3。艾山站2 300 m^3/s以上流量持续6.7 d。利津站2 000 m^3/s以上流量持续9.9 d。7月21日,调水调沙试验流量过程全部入海。

为完整监测小浪底水库及其以下河道的水沙变化过程和冲淤变化情况,对小浪底库区和下游河道共计900多km河段上布设的494个测验断面,开展了水位、流量、含沙量、库区异重流、坝前漏斗及库区淤积测验、下游河道淤积测验、典型断面冲淤过程监测等项目,取得了520多万组测验数据。

2002年7月19日和7月23日,黄委分别对小浪底库区实体模型、黄河下游游荡性河道实体模型进行了验证;7月24日,又对有关单位和部门开发的4个小浪底库区数学模型、6个下游河道冲淤演变数学模型进行了验证演算,并组成专家组对各模型进行了评估。

各种监测、观测资料汇总之后,对观测数据进行了系统复核,应用多种方法综合分析,提出了此次调水调沙试验的初步分析结果,并在郑州和北京分别召开了专家咨询会,听取了专家意见和建议。

试验期间黄委有15 000多名工作人员参加了方案制订、工程调度、水文测验、预报、河道形态和河势监测、模型验证及工程维护等工作。同时,本次试验也是高科技在黄河上的一次全面应用,使用了天气雷达、全球定位系统、卫星遥感、地理信息系统、水下雷达、远程监控、图像数据网络实时传输等技术,为科学分析调水调沙效果提供了宝贵而丰富的资料。

(二)第二次调水调沙试验

2003年8月25日至11月初,黄河发生了秋汛,至2003年9月5日8时,小浪底水库蓄水位已达244.43 m,相应蓄水量53.7亿m^3,距9~10月的后汛期汛限水位248 m相应蓄水量仅差6.2亿m^3。同时,在前期的调度中,三门峡水库采取了敞泄排沙运用,在小浪底水库形成了厚度为22.2 m的浑水层。

据预报,9月5日以后,山陕区间、泾渭河、三门峡—花园口区间(简称三花间)还将有一次大的降水过程,小浪底水库若仍按蓄水削峰方式运用,预计9月8日库水位将达到248 m。

依据小浪底水库初期运用方式研究、2002年黄河首次调水调沙试验的经验以及防汛工作的要求,通过前期实测资料分析、数学模型计算和实体模型试验,紧紧围绕这次试验的主要目标,将花园口调控指标确定如下:

流量调控:以小花间来水为基流,控制小浪底出库流量在花园口站进行叠加,控制花园口站平均流量在2 400 m^3/s左右。

含沙量调控:以伊洛河、沁河含沙量为基数,考虑小花干流河道的加沙量,调控小浪底水库的出库含沙量,控制花园口站平均含沙量在30 kg/m^3左右。

小浪底水库进行明流洞、排沙洞和机组多种孔洞组合方式运用,并通过实时监测修正,实现调控的出库流量和含沙量指标。

在试验过程中,采取了陆浑水库适时调控、故县水库控泄运用,尽量拉长、稳定小花间的流量过程,以利于小浪底水库配沙;以小浪底水库的实时水沙调控,对接花园口站水沙过程指标的调度方式。

为做到精细调度,在6 d河道水量预估的基础上,实施了以4 h为一个时段、小花间36 h流量过程滚动预报,对小浪底水库实行了4 h一个时段,每次两段制的平均流量、平均含沙量的实时调度。

9月6日9时开始试验,9月18日18时30分结束,历时12.4 d。小浪底水库下泄水量18.25亿m^3,沙量0.74亿t,平均流量1 690 m^3/s,平均含沙量40.5 kg/m^3;通过小花间的加水加沙,相应花园口站水量27.49亿m^3,沙量0.856亿t,平均流量2 390 m^3/s,平均含沙量31.1 kg/m^3;利津站水量27.19亿m^3,沙量1.207亿t,平均流量2 330 m^3/s,平均含沙量44.4 kg/m^3。

本次试验在参试人员、监测手段等方面和首次试验基本相同,试验过程符合预案的要求。

(三)第三次调水调沙试验

为了实现第三次试验所要达到的目标,在黄河水库泥沙、河道泥沙、水沙联合调控等领域多年研究成果与实践的基础上,尽量利用自然力量,辅以人工干预,科学设计、调控水库与河道的水沙过程。为此,将第三次试验设计为两个阶段。

第一阶段,利用小浪底水库下泄清水,形成下游河道2 600 m^3/s的流量过程,冲刷下游河槽。并在两处“卡口”河段实施泥沙人工扰动试验,对“卡口”河段的主河槽加以扩展并调整其河槽形态。同时,降低小浪底水库水位,为第二阶段冲刷库区淤积三角洲、人工塑造异重流创造条件。

第二阶段,当小浪底水库水位下降至235 m时,实施万家寨、三门峡、小浪底三水库的水沙联合调度。首先加大万家寨水库的下泄流量至1 200 m^3/s,在万家寨下泄水量向三门峡库区演进长达近千千米的过程中,适时调度三门峡水库下泄2 000 m^3/s以上的较大流量,实现万家寨、三门峡水库水沙过程的时空对接。利用三门峡水库下泄的洪峰强烈冲刷小浪底库区的淤积三角洲,合理调整三角洲淤积形态,并使冲刷后的水流挟带大量的泥沙在小浪底库区形成异重流向坝前推进,进一步为人工异重流补充沙源,提供后续动力,实现小浪底水库异重流排沙出库。

根据上述调水调沙试验的设计过程,2004年6月19日开始,实施了万家寨、三门峡和小浪底水库群水沙联合调度,具体调度过程如下。

1.水库调度

第一阶段(6月19日9时至6月29日0时),控制万家寨水库水位在977 m左右;控制三门峡水库水位不超过318 m;小浪底水库按控制花园口流量2 600 m^3/s下泄清水,库水位自249.1 m下降到236.6 m。

第二阶段(7月2日12时至7月13日8时),万家寨水库7月2日12时至7月5日,出库流量按日均1 200 m^3/s下泄。7月7日6时库水位降至959.89 m之后,按进出库平衡运用。

三门峡水库自7月5日15时至7月10日13时30分,按照“先小后大”的方式泄流,起始流量 2 000 m^3/s。7 月 7 日 8 时，万家寨水库下泄的 1 200 m^3/s 水流在三门峡水库水位降至 310.3 m 时与之成功对接。此后，三门峡水库出库流量不断加大，当出库流量达到 4 500 m^3/s 后，按敞泄运用。7 月 10 日 13 时 30 分泄流结束，并转入正常运用。

小浪底水库自 7 月 3 日 21 时起按控制花园口流量 2 800 m^3/s 运用，出库流量由 2 550 m^3/s 逐渐增至 2 750 m^3/s，尽量使异重流排出水库。7 月 13 日 8 时库水位下降至汛限水位 225 m，调水调沙试验水库调度结束。

2. 人工异重流塑造过程

按照确定的试验方案，人工异重流塑造分两个阶段：

第一阶段：7 月 5 日 15 时，三门峡水库开始按 2 000 m^3/s 流量下泄，小浪底水库淤积三角洲发生了强烈冲刷，库水位 235 m 回水末端附近的河堤站（距坝约 65 km）含沙量达 36 ~ 120 kg/m^3。7 月 5 日 18 时 30 分，异重流在库区 HH34 断面（距坝约 57 km）潜入，并持续向坝前推进。

第二阶段：万家寨和三门峡水库水流对接后冲刷三门峡库区淤积的泥沙，较高含沙量洪水继续冲刷小浪底库区淤积三角洲，并形成异重流的后续动力推动异重流向坝前运动。

7 月 8 日 13 时 50 分，小浪底库区异重流排沙出库，浑水持续历时约 80 h。至此，首次人工异重流塑造获得圆满成功。

整个试验过程中，万家寨、三门峡及小浪底水库分别补水 2.5 亿 m^3、4.8 亿 m^3 和 39 亿 m^3。进入下游河道总水量（以花园口断面计）44.6 亿 m^3。

本次试验除参试人员、监测手段等方面和前面两次试验基本相同外，采用了振动式悬沙测沙仪对花园口含沙量实施在线监测，使用了马尔文激光粒度仪对扰沙河段的悬沙级配进行准在线监测，进一步提高了水沙联调的精度。

（四）2005 年调水调沙生产运行

根据 2005 年汛前小浪底水库蓄水情况和下游河道的现状，2005 年调水调沙生产运行过程分为两个阶段。第一阶段是预泄阶段：在中游不发生洪水的情况下，利用小浪底水库下泄一定流量的清水，冲刷下游河槽，同时逐步加大小浪底水库的泄放流量，确保调水调沙生产运行的安全，通过逐步加大流量，提高冲刷效率，该阶段从 6 月 9 日开始至 6 月 16 日结束。第二阶段是调水调沙阶段：在小浪底水库水位降至 230 m 时，利用万家寨、三门峡水库蓄水及三门峡库区非汛期拦截的泥沙，通过水库联合调度，塑造有利于在小浪底库区形成异重流排沙的水沙过程。与此同时，在下游"二级悬河"最严重和局部平滩流量最小的杨集和孙口两河段实施人工扰沙，该阶段从 6 月 16 日开始至 7 月 1 日结束。

（五）2006 年调水调沙生产运行

在调水调沙过程中，实施了万家寨、三门峡和小浪底水库群水沙联合调度，调水调沙过程如下：

6 月 10 日至 6 月 14 日为调水调沙预泄期。调水调沙自 6 月 15 日正式开始，至小浪底水库水位降至汛限水位结束。

1. 调水期（6 月 15 日 9 时至 6 月 25 日 12 时）

6 月 10 日 9 ~ 11 时，小浪底水库按 1 500 m^3/s 下泄；10 日 11 ~ 14 时，按 2 000 m^3/s 下泄；10 日 14 时至 12 日 8 时，按 2 600 m^3/s 下泄；12 日 8 时至 13 日 8 时，按 3 000 m^3/s

下泄;13 日 8 时至 15 日 9 时,按 3 300 m^3/s 下泄;15 日 9 至 14 时,按 3 300 m^3/s 控制下泄;15 日 14 时起,控制小浪底水库下泄流量 3 500 m^3/s;19 日 19 时至 25 日 12 时,按 3 700 m^3/s 控泄。

6 月 21 日 16 时至 25 日 12 时,三门峡水库水位缓慢降至 316 m,小浪底水库水位此时也降至 230 m,进入排沙期。

2. 排沙期(6 月 25 日 12 时至 6 月 29 日 9 时)水库调度及人工异重流塑造过程

本次异重流塑造的总体思路是:对万家寨、三门峡、小浪底水库实施联合调度,小浪底水库水位降至 230 m 以下,考虑水流演进,万家寨水库提前下泄,与三门峡泄水在 300 m 左右对接,塑造有利于在小浪底库区形成异重流排沙的三门峡出库水沙过程,尽可能实现在小浪底产生异重流并排沙出库的目标。

万家寨水库按"迎峰度夏"发电要求下泄,其中 21 日最大日均下泄流量 800 m^3/s,即自 6 月 21 日 8 时至 6 月 22 日 8 时按日均流量 800 m^3/s 下泄。

自 6 月 25 日 12 时起,三门峡水库按 3 500 m^3/s 均匀下泄;25 日 16 时起,按 3 800 m^3/s 均匀下泄;25 日 20 时起,按 4 100 m^3/s 均匀下泄;26 日 0 时起,按 4 400 m^3/s 均匀下泄。当下泄能力小于 4 400 m^3/s 时按敞泄运用。6 月 28 日 8 时以后,三门峡水库恢复正常运用。

6 月 25 日 12 时至 27 日 20 时,小浪底水库按 3 700 m^3/s 控泄。6 月 27 日 20 时至 6 月 29 日 9 时,为满足河南省引黄渠道拉沙冲淤和西霞院施工浮桥架设需求,并结合小浪底库区异重流排沙,按 2 600 m^3/s 下泄 12 h,1 800 m^3/s 控泄至汛限水位 225 m,之后按 800 m^3/s 控泄 2 d。

(六)2007 年汛前调水调沙生产运行

根据调水调沙目标,整个调水调沙调度分为两个阶段:调水期与排沙期。

1. 调水期

小浪底水库(与西霞院水库联合调度)6 月 19 日 9 时至 28 日 12 时,按照自然洪水先小后大的规律,从 2 600 m^3/s 逐步增加到 3 300 m^3/s、3 600 m^3/s、3 800 m^3/s、3 900 m^3/s、4 000 m^3/s 下泄。其间(6 月 21 日 9 时~6 月 28 日 12 时)西霞院水库按敞泄运用。

2. 排沙期

(1)万家寨水库:6 月 22 日 18 时至 23 日 8 时,万家寨水库日平均出库流量按 1 200 m^3/s 控泄;鉴于黄河上游有一次明显的洪水过程,且洪量较大,为确保万家寨水库 7 月 1 日前降至汛限水位和小浪底水库塑造异重流需要,6 月 23 日 8 时起,万家寨水库按不小于 1 500 m^3/s 下泄 3 d,之后根据 7 月 1 日前降至汛限水位需要下泄。

(2)三门峡水库:三门峡水库从 6 月 19 日 8 时开始加大下泄,逐步降低水位至 313 m; 6 月 28 日 12 时起,三门峡水库按 4 000 m^3/s 控泄,直至水库泄空后按敞泄运用;7 月 1 日 17 时起,三门峡水库按 400 m^3/s 下泄,转入汛期正常运用,控制库水位不超过 305 m。

(3)小浪底水库:6 月 28 日 12 时至 7 月 3 日 9 时,按照自然洪水消落和涵闸冲沙需要并在异重流高含沙水流出库期间调减下泄流量防止花园口洪峰增值过大,出库水流先后经历了 3 600 m^3/s、3 000 m^3/s、3 600 m^3/s、2 600 m^3/s、1 500 m^3/s 控泄台阶。7 月 3 日

9 时起，小浪底水库逐步回蓄，运用水位按不高于汛限水位 225 m 控制，其间西霞院水库按 400 m^3/s 均匀下泄。

调水调沙期间，小浪底水库共计泄水 39.72 亿 m^3，小花间来水 0.45 亿 m^3，水库补水 25.64 亿 m^3，合计进入黄河下游水量 41.01 亿 m^3，利津入海水量 36.28 亿 m^3。

（4）人工异重流塑造过程：

6 月 26 日，万家寨水库下泄水流进入三门峡水库。27 日 8 时，三门峡下泄流量达到 1 010 m^3/s，下泄水流对三门峡—小浪底区间（简称三小间）河道沿程冲刷，入库水流挟带较大含沙量，于 18 时 30 分在 HH19 断面下游 1 200 m 处观测到异重流，异重流厚度 4.14 m，最大测点流速 0.91 m/s，最大测点含沙量 43.5 kg/m^3，标志着异重流已在小浪底水库内产生。28 日 10 时 30 分，异重流开始排沙出库。

6 月 28 日 12 时，三门峡水库以 4 000 m^3/s 的大流量下泄，28 日 13 时 18 分，三门峡水库下泄水流洪峰流量为 4 910 m^3/s，下泄清水对三小间河段强烈冲刷。28 日 23 时 48 分在 HH15 断面观测到异重流潜入，实测最大异重流厚度为 10.8 m，最大流速达到 2.87 m/s，最大含沙量为 85.1 kg/m^3。

6 月 29 日 20 时，高含沙异重流出库，小浪底站含沙量达到 14 kg/m^3。6 月 30 日 10 时，小浪底站实测最大含沙量达 107 kg/m^3，推算排沙洞出库含沙量达 230 kg/m^3，排沙一直持续到 7 月 2 日 16 时。

（七）2007 年汛期调水调沙

2007 年 7 月 29 日至 8 月 7 日，结合中游洪水处理进行了转入生产运行后第一次汛期调水调沙，也是本年度第二次调水调沙。本次调水调沙探索、实践了小浪底、三门峡、故县、陆浑水库联合调度，实现了清浑水空间对接的汛期调水调沙调度运行方式，实现了小浪底水库、下游河道综合减淤。

7 月 29 日 8 时潼关站流量上涨至 1 610 m^3/s，自 7 月 29 日 16 时起，三门峡水库按敞泄运用。自 8 月 1 日 7 时起，三门峡水库逐步回蓄运用，按库水位不超过 305 m、下泄流量不小于 200 m^3/s 控制。

小浪底水库自 7 月 28 日 14 时起转入防洪运用，7 月 29 日 14 时起转入调水调沙运用。水库下泄流量控制在 2 200 ~ 3 000 m^3/s。7 月 30 日 11 时 30 分，小浪底水库最大出库含沙量达 177 kg/m^3，为防止花园口站洪峰变形，小浪底水库泥沙大量排出阶段适当压减水库泄量。7 月 30 日 14 时，控制出库流量 1 000 m^3/s，19 时控制出库流量 2 000 m^3/s。调水调沙运用中，西霞院水库主要按进出库平衡运用。自 8 月 6 日 12 时起，西霞院水库出库流量按 2 000 m^3/s 控制，待西霞院水库水位接近 131 m 时，小浪底水库按 2 000 m^3/s 控泄。8 月 7 日 8 时小浪底水库水位降至 218.7 m，调水调沙运用结束，小浪底水库按 600 m^3/s 控泄，转入汛期正常运用。

小浪底水库调水调沙运用总历时 210 h（7 月 29 日 14 时至 8 月 7 日 8 时），其间最大出库流量 3 090 m^3/s（8 月 5 日 8 时），出库总水量 17.32 亿 m^3，最大出库含沙量 177 kg/m^3，推算排沙洞出库含沙量 226 kg/m^3，出库总沙量 0.459 亿 t。

按照批准的 2007 年水库调度方式，故县水库在确保防洪安全的前提下适当控泄，尽量为小浪底水库排沙和控制花园口流量创造条件。

7月30日8时起故县水库按照500 m^3/s 控泄，此时库水位已经达到533.02 m，超汛限水位5.72 m。10时起按照1 000 m^3/s 控泄。根据黄河及伊、沁河来水情况，自7月30日19时至8月3日17时50分，故县水库配合小浪底水库、陆浑水库调度，出库流量分别按400 m^3/s、600 m^3/s、800 m^3/s 控泄。

7月29日至8月2日，故县枢纽启闭闸门7次，闸门运行时间108 h，水库下泄（长水站）总水量2.09亿 m^3。8月3日17时50分，库水位达到汛限水位527.3 m后关闭所有泄洪闸门，转入正常运用状态。

在库水位达汛限水位以前按发电要求下泄，陆浑水库日均流量控制在50 m^3/s 并尽量平稳。陆浑水库水位7月29日8时为311.88 m，8月7日8时为313.88 m，调水调沙期间水位升高2 m。

（八）2008年汛前调水调沙

整个调度过程分为小浪底水库清水下泄冲刷下游河道的流量调控阶段和万家寨、三门峡、小浪底三库联合调度人工塑造异重流的水沙联合调度阶段。

1.流量调控阶段

根据对下游河道主河槽分段平滩流量分析研究，按照确定的黄河下游各河段流量调控指标，2008年6月19~28日，利用下泄小浪底水库的蓄水冲刷下游河道。起始调控流量2 600 m^3/s，最大调控流量4 100 m^3/s。

2.水沙联合调控阶段

万家寨水库：为冲刷三门峡库区非汛期淤积泥沙提供水量和流量过程。从6月25日8时起，万家寨水库按照1 100 m^3/s、1 200 m^3/s、1 300 m^3/s 逐日加大下泄流量，在三门峡水库水位降至300 m时准时对接，延长三门峡水库出库高含沙水流过程。

三门峡水库：6月28日16时起，三门峡水库依次按3 000 m^3/s 控泄3 h、按4 000 m^3/s 控泄3 h；之后，按5 000 m^3/s 控泄，直至水库敞泄运用，利用库水位315 m以下2.35亿 m^3 蓄水塑造大流量过程，与小浪底水库水位227 m对接，冲刷小浪底库区三角洲洲面淤积的泥沙，形成高含沙水流过程在小浪底水库形成异重流；后期敞泄运用，利用万家寨下泄水流过程继续冲刷三门峡淤积泥沙并与前期在小浪底库区形成的异重流相衔接，促使异重流运行到小浪底坝前排沙出库，并延长异重流过程。

小浪底水库：通过第一阶段调度使库水位降至227 m，以利于异重流潜入和运行。

6月29日18时，小浪底水库人工塑造异重流排沙出库，之后，小浪底水库继续降低水位补水运用，以延长异重流出库过程，并尽量增加泥沙入海的比例。7月3日18时小浪底水库水位降至221.5 m，结束调水调沙运用，转入汛期正常调度运行。

（九）2009年汛前调水调沙

整个调度过程分为小浪底水库清水下泄冲刷下游河道的流量调控阶段和万家寨、三门峡、小浪底三库联合调度人工塑造异重流的水沙联合调度阶段。

1.流量调控阶段

鉴于2009年汛前黄河下游河道长时间处于小流量过流状态，在汛前调水调沙正式开始之前，自6月17日15时起，西霞院水库按1 000 m^3/s 控泄；自6月18日12时起，小浪底、西霞院水库联合调度运用，出库流量按2 300 m^3/s 均匀下泄；西霞院水库水位降至

131 m,之后按进出库平衡运用。

按照研究确定的黄河下游各河段流量调控指标,自6月19日9时起至29日19时,利用小浪底水库蓄水进行冲刷下游河道和生态调度。起始调控流量2 800 m^3/s,最大调控流量4 000 m^3/s。

小浪底水库具体调度过程:6月19日9时起小浪底水库起始调控流量2 800 m^3/s,6月20日8时起小浪底水库调控流量3 500 m^3/s,6月22日8时起小浪底水库调控流量3 800 m^3/s,6月24日8时起小浪底水库调控流量4 000 m^3/s。

三门峡水库具体调度过程:6月22日8时起均匀加大流量,平稳下泄,至6月28日8时库水位降至316 m,29日8时库水位降至315 m,之后按进出库平衡运用。

2. 水沙联合调控阶段

万家寨水库:为冲刷三门峡库区非汛期淤积泥沙、塑造三门峡出库高含沙水流过程,从6月25日12时起,万家寨水库按照1 200 m^3/s下泄,直至库水位降至966 m后按进出库平衡运用。万家寨出库大流量下泄历时约57 h。

在山西、内蒙古电网的积极配合下,调水调沙期间均为发电机组泄流,没有发生泄水孔泄水,无闸门操作发生;下泄水流均为清水、无泥沙。

6月29日12时,潼关站开始起涨,起涨流量为120 m^3/s,最大流量为1 030 m^3/s(6月30日11时30分),最大日均流量为857 m^3/s(6月30日),流量800 m^3/s以上历时25 h。

三门峡水库:利用库水位315 m以下2.03亿m^3蓄水塑造大流量过程,与小浪底水库水位227 m对接,冲刷小浪底库区淤积三角洲洲面泥沙,形成较高含沙水流过程,并在小浪底水库形成异重流;利用三门峡水库下泄大流量过程,调整小浪底库区泥沙淤积形态,使其符合设计要求;在三门峡水库泄空时,万家寨水库下泄水流演进至三门峡水库坝前,实现准确对接,塑造三门峡出库高含沙水流过程,和小浪底库区冲刷型异重流相衔接,促使异重流运行到小浪底坝前并排沙出库。7月3日9时,三门峡水库开始逐步回蓄,当库水位达到305 m时,转入正常运用。

6月29日19时,三门峡水库按4 000 m^3/s控泄,直至水库泄空后按敞泄运用。

小浪底水库:通过第一阶段调度,库水位降至227 m以下与三门峡下泄大流量过程准确对接,利于异重流潜入。

6月29日22时至7月3日18时30分,在小浪底异重流出库期间,调减下泄流量,防止花园口洪峰增值过大,小浪底水库先后按3 000 m^3/s、2 600 m^3/s、2 300 m^3/s、1 500 m^3/s下泄,小浪底水库三个排沙洞保持全开,有利于水库排沙。

6月30日6时30分,异重流在小浪底库区HH14断面(距坝22.1 km)潜入,30日15时50分,小浪底水库人工塑造异重流开始排沙出库。7月3日18时30分,小浪底水库按600 m^3/s下泄,调水调沙水库调度过程结束。

西霞院水库:6月18～20日,西霞院水库按控制库水位133 m运用;6月21日23时(小浪底水库下泄流量3 800 m^3/s之前),按控制库水位131 m运用;为减少泥沙淤积,6月29日19时(小浪底水库异重流排沙之前),按控制库水位129 m运用,直至调水调沙结束。

五、主要成果与认识

黄河调水调沙治河思想的探索与形成历经了几代治黄工作者数十年的艰辛努力，三次调水调沙试验和六次生产运行，取得了丰硕的成果，从多方面深化了对黄河水沙规律的认识，在黄河治理开发的多个方面得到了启示，取得的主要成果与认识如下。

（一）首次成功地开展了人类治黄史上大规模、系统、有计划的调水调沙试验

黄河三次调水调沙试验，从2002年开始至2004年结束，历经三年，试验范围涉及小浪底、三门峡、万家寨、陆浑、故县等黄河中游干支流水库群和上至万家寨水利枢纽下至黄河河口近2 000 km的河道。参加试验的部门包括黄委所属各单位、各部门及小浪底、万家寨、陆浑水库管理单位，涉及防汛调度、规划设计、水文监测预报、科研、河务、抢险减灾、工程管理等多个方面。沿黄各级人民政府和防汛部门也积极参加了试验。为保证试验成功，制订了涉及多方面的数十个周密的预案和试验流程，参加试验人次达45 000以上，获得了千万组以上的科学数据。三次试验从总体上实现了试验预期的目标，其规模之大、范围之广、参战人数之多是治黄史上前所未有的。

（二）成功地塑造出人工异重流，为小浪底水库多排泥沙，延长小浪底水库拦沙库容的使用寿命找到一条新的途径

黄河第三次调水调沙试验，根据对异重流规律的研究和前两次调水调沙试验的成果，首次提出了利用万家寨、三门峡水库蓄水和河道来水，冲刷小浪底水库淤积三角洲形成人工异重流的技术方案，通过对水库群实施科学的联合水沙调度，首次成功地在小浪底库区塑造出了人工异重流并排沙出库，标志着对水库异重流运行规律的认识得到了扩展和深化。

人工异重流塑造成功及其所得到的各种技术指标不仅为小浪底水库的排沙开创了一条崭新的途径，而且为水库排沙提供了具体的技术参数。在小浪底水库今后的运用中，由于黄河水沙情势的变化，中等流量以上的洪水出现概率明显减少，充分利用这种人工异重流的排沙方式排泄前期的淤积物以减轻水库的淤积对延长水库拦沙库容使用寿命具有重要意义，也将为未来黄河水沙调控体系的调度运行提供宝贵的经验。

（三）黄河下游主槽行洪排沙能力显著提高，河槽形态得到调整

经过三次试验和六次生产运行，黄河下游主槽河底高程平均被冲刷降低1.5 m，过流能力由2002年汛前的1 800 m^3/s恢复到2009年的3 880 m^3/s，洪水时滩槽分流比得到初步改善，“二级悬河”形势开始缓解，下游滩区“小水大漫滩”状况初步得到改善。

下游主槽过流能力提高，扩展了调水调沙流量、含沙量的调控空间，使得小浪底水库调水调沙的灵活性大大提高，扭转了受主槽过流能力和滩区人水难以和谐相处的限制而使小浪底水库对下游河道的减淤作用难以发挥的局面，为水库多排沙创造了有利的下游河道边界条件。

（四）黄河下游主槽实现全线冲刷

三次试验进入下游总水量为100.41亿m^3，总沙量为1.114亿t。实现了下游主槽全线冲刷，试验期入海总沙量为2.568亿t，下游河道共冲刷1.483亿t。

六次调水调沙生产运行进入下游总水量为264.03亿m^3，总沙量为1.291亿t。实现了下游主槽全线冲刷,调水调沙期间入海总沙量为3.177亿t,下游河道共冲刷2.080亿t。

在下游河道减淤或冲刷总量相同的条件下,主槽减淤或冲刷越均匀,恢复下游主槽行洪排沙能力的实际作用就越大。研究表明,山东窄河段的冲刷主要是较大流量的洪水产生的。黄河三次调水调沙试验,在分析研究以往成果的基础上,除实施流量两极分化外,还保证了较大流量的持续历时在9 d以上,使得山东河段的主槽冲刷发展更加充分。根据试验资料统计,三次调水调沙试验艾山至利津河段总冲刷量0.383亿t,占下游河道总冲刷量的26%,突破了小浪底水库设计的对山东河段的减淤指标,彻底消除了人们普遍担心的"冲河南、淤山东"的疑虑。

(五)探索、实践、丰富、发展了黄河调水调沙技术

通过黄河三次调水调沙试验逐步形成了一整套黄河调水调沙技术,包括:协调水沙关系指标体系;协调水沙过程塑造技术,如枢纽工程对水沙关系的调控能力、出库含沙量预测、人工扰沙技术、水沙对接技术、下游主槽过流能力预测技术、整体流程控制技术等;水库减淤技术;水文监测和预报技术等。试验使该技术得到了验证和完善,为今后调水调沙生产运行奠定了坚实的技术基础。

(六)调整了小浪底库区淤积形态,为实现水库泥沙的多年调节提供了依据

试验证明,在水库拦沙初期乃至拦沙后期的运用过程中,为了塑造下游河道协调的水沙关系,对入库泥沙进行调控时,即便板涧河口以上峡谷段发生淤积甚至超出设计平衡淤积纵剖面,"侵占"了部分长期有效库容,在黄河中游发生较大流量级洪水时或水库以蓄水为主人工塑造入库水沙过程中,凭借该库段优越的库形条件,使水流冲刷前期淤积物,恢复占用的长期有效库容,相当于一部分长期有效库容可以重复用以调水调沙,做到"侵而不占",增强了小浪底水库运用的灵活性和调控水沙的能力,对泥沙的多年调节、长期塑造协调的水沙关系意义重大。

(七)尝试了"三条黄河"联动的治黄新方法

黄河三次调水调沙试验,实体模型、数学模型为原型试验提供了大量技术支撑,而原型试验获得的大量试验数据和分析研究成果又验证并促进了实体模型、数学模型模拟技术的改进和提高。此后的生产运行,也多次尝试和推进"三条黄河"联动。预报调度耦合系统、工程险情会商系统、水文气象信息系统、水情信息会商系统、实时调度监测系统、远程视频会商系统、水量调度系统、涵闸远程监控系统等在调水调沙工作中得到了广泛应用,建立并实践了"数字黄河"、"模型黄河"、"原型黄河""三条黄河"联动治理黄河的新方法,显示了其广阔的应用前景。

(八)形成了用于小浪底水库拦沙初期三种不同类型的调水调沙主要运用模式

形成了调水调沙运行的三种主要模式,即:针对三门峡以上来水来沙,以小浪底水库调节为主(辅以三门峡水库联合调度);针对三门峡以上来水来沙和小花间来水,通过在花园口实现空间对接的小浪底、三门峡、陆浑、故县四库水沙联调;依靠水库蓄水,通过人工异重流塑造及泥沙扰动的万家寨、三门峡、小浪底干流水库群水沙联调。基本涵盖了小浪底水库运用初期黄河下游不同洪水来源区不同情况下的调水调沙运用模式。

(九)生态调度使得河口三角洲湿地生态系统得到改善

从2008年调水调沙开始,加重考虑了生态调度目标,并采用了相应的调度方案。在2008年汛前调水调沙过程中,共向河口三角洲湿地自然保护区补水1 356万 m^3,核心区增加水面面积3 345亩,入海口附近增加水面面积18 475亩,河口三角洲湿地生态系统恢复效果明显。在2009年汛前调水调沙过程中,共向河口三角洲湿地自然保护区补水1 508万 m^3,湿地核心区水面面积增加5.22万亩,同时,由于近海口漫溢,增加河道水体面积4.37万亩。补水后,河口15万亩淡水湿地地下水位抬升了0.15 m,湿地生态系统恢复效果进一步显现。

六、结语

黄河三次调水调沙试验采用的水沙条件各不相同,有中游小洪水和水库蓄水的组合,有中游和小花间洪水的组合,也有单纯水库蓄水加人工扰沙的组合,目标及其采取措施也不相同。在黄河下游河道减淤和水库减淤及深化对黄河水沙规律的认识等方面取得了预期的效果和丰富的成果。实践证明,黄河调水调沙为黄河治理开辟了一条有效途径。通过三次调水调沙试验和六次调水调沙生产运行,深刻认识到调水调沙是现状水沙条件下改善黄河下游不协调水沙关系、塑造和维持一定规模中水河槽的关键措施之一。但由于受水量和现状工程调控能力制约,从长远看,建立完善的水沙调控体系,同时结合外流域增水调沙是从根本上改善黄河不协调水沙关系的重大举措,需要进一步深化研究。

人类认识和利用自然规律的道路是曲折的,更是螺旋式上升的。虽然三次调水调沙试验和六次调水调沙生产运行作了艰苦不懈的探索和实践,但由于黄河泥沙问题的复杂性,调水调沙取得的结果、认识、启示尚有待于今后进一步完善和发展。所取得的成果和认识昭示出调水调沙作为黄河治理的一项新途径的强大生命力,必将为维持黄河健康生命做出巨大贡献。

第一章　调水调沙治河思想

第一节　黄河水沙不协调与调水调沙

一、黄河水沙特征

黄河地处我国北方，流经的黄土高原是世界上面积最大的黄土堆积区，流域内干旱少雨，水资源匮乏。据统计，黄河多年平均天然径流量 580 亿 m^3，多年平均进入黄河下游的泥沙量 16 亿 t，三门峡和花园口站 1977 年实测最大含沙量分别为 911 kg/m^3、546 kg/m^3，其输沙量、含沙量均为世界之最，而水量只有长江水量的 1/17 左右，水少沙多、水沙关系极不协调构成了黄河水沙的基本特征。

黄河水情、沙情、水沙关系及其变化主要受流域气候和下垫面条件两大因素的影响，而人类活动通过改变下垫面条件和影响气候直接或间接对流域水沙情势及水沙关系发生作用。在诸多气候因素中，降雨是影响黄河水情、沙情、水沙关系及其变化的最根本、最重要因素，其年内、年际变化明显，但在一定时期内这种变化表现为围绕均值的波动。在天然状态下，流域下垫面条件会保持相对稳定，但随着时间的推移，人类对自然的干扰程度逐渐加强，其对黄河水情、沙情及其关系变化的作用日益突出，很大程度上改变了黄河的水沙特征及其关系，使水少沙多、水沙不协调的基本特征更加突出。因此，可以根据人类活动的影响程度，按照过去（1950 年以前，近天然状况）、现在（1950 ~ 2003 年，人类活动影响加剧）和未来（从现状到西线南水北调工程生效前）三个阶段对黄河水情、沙情及其关系进行分析。

（一）过去黄河的水情、沙情及其关系

黄河流域的水资源利用在历史上主要是灌溉和漕运，虽然起源很早，但在 1949 年以前，流域内没有大型水库工程调节，实际灌溉面积也只有 1 200 万亩左右，主要分布在宁蒙、渭河和汾河流域，用水量有限，黄河的实测径流量接近天然径流量，基本反映了天然情况。

比较系统的黄河实测水文资料始于 1919 年。结合历史记载，分析 1919 ~ 1949 年水文资料可以发现，近天然状态下的黄河已呈现水沙不协调的基本特征，主要表现如下。

1. 花园口站天然年径流量 529.4 亿 m^3，但用水偏低，实测径流量接近天然径流量

1920 ~ 1949 年间，黄河花园口站天然年径流量平均为 529.4 亿 m^3，实测径流量为 481.1 亿 m^3，上游兰州以上年地表水用水还原水量平均仅 3 亿 m^3 左右，整个上中游年地表水用水还原水量平均仅 48.3 亿 m^3，占实测径流量的 1/10。因此，在 1949 年以前，黄河用水量小，实测径流量接近天然径流量，详见表 1-1。

表 1-1　黄河兰州和花园口水文站不同时期年均降水径流量

时段	兰州			花园口		
	降水量（mm）	实测径流量（亿 m^3）	天然径流量（亿 m^3）	降水量（mm）	实测径流量（亿 m^3）	天然径流量（亿 m^3）
1920～1949 年	455.9	309.8	312.8	447.1	481.1	529.4
1920～2003 年	474.7	310.6	323.8	452.3	424.5	547.4
1950～2003 年	485.2	311.0	330.0	455.2	393.1	557.5
1986～2003 年	479.5	261.4	291.2	429.4	260.0	458.9

2. 花园口以上平均年降水量 447.1 mm，年降水存在周期性变化，曾出现连续 11 年的枯水段

在 1920～1949 年期间，黄河流域年平均降水量为 447.1 mm，年际变化明显。这种变化一方面表现为围绕均值的波动，另一方面具有一定的周期性。1922～1932 年黄河出现了连续 11 年的枯水段，花园口站年平均天然径流量仅 441 亿 m^3。

3. 黄河下游年来沙量 15.85 亿 t，接近多年均值

历史上黄河就是一条多泥沙河流，随着人类活动的加剧，黄土高原地区产沙有不断增多的趋势。据历史调查考证，早期黄土高原地面大部分有林草覆盖，土壤侵蚀强度较小。后来由于人口增加、战乱破坏以及自然灾害和乱垦滥伐，破坏了地表林草植被，加速了土壤侵蚀。从 1919 年到 1949 年进入黄河下游的泥沙年均已达 15.85 亿 t，见表 1-2。

表 1-2　黄河流域主要站各时期年均实测沙量　（单位：亿 t）

站名	1919～1949 年 ①	50 年代	60 年代	70 年代	1950～1979 年 ②	1980～2002 年 ③	②较①变化（%）	③较①变化（%）
河口镇	1.39	1.54	1.79	1.13	1.49	0.67	7	-52
四站	15.73	17.83	17.02	13.50	16.13	7.46	3	-53
潼关	15.56	16.95	14.20	13.18	14.78	7.37	-5	-53
三门峡	15.51	17.63	11.56	14.01	14.40	7.47	-7	-52
进入下游	15.85	18.11	11.81	14.12	14.68	7.10	-7	-55
花园口	15.03	15.13	11.14	12.35	12.87	6.49	-14	-57
利津		13.58	10.88	8.97	11.06	4.52		

注：四站指龙门、华县、河津、洑头四站之和，下同。

4. 长期以来水少沙多、水沙关系不协调

黄河流域的地质、气候条件决定了黄河在相当长的历史时期就存在水少沙多、水沙关系不协调问题，并集中表现在黄河下游。黄河水沙异源，径流主要来自上游，泥沙主要来自中游，黄河干流主要控制断面的实测含沙量在头道拐至潼关河段呈快速上升的态势，汛期平均含沙量从头道拐的 7.4 kg/m^3 增加到龙门的 44.4 kg/m^3 和潼关的 49.5 kg/m^3。

从较长历史时期看，宁蒙河段、龙门至潼关河段以及渭河下游河道呈微淤的态势，尚能维持较高的排洪输沙能力。而黄河下游河道由于处于平原地区，水少沙多、水沙关系不协调造成河道严重淤积抬升，逐渐成为地上悬河，历史上河道决口频繁，并出现多次大的改道。现在的下游河道就是1855年黄河在铜瓦厢决口改道、夺大清河入渤海后形成的。黄河下游洪灾频繁是黄河水少沙多、水沙关系不协调的集中体现。

（二）现在的黄河水情、沙情及水沙关系

自20世纪50年代以来，随着人口的剧增和科技水平的提高，人类活动对黄河的影响也不断加剧。人类活动影响主要包括几个方面：一是干流水库改变了原有的水沙搭配，减少了全河干流的中大流量过程，增加了平水和小水出现的概率和相应水量，年内水流过程被调平；二是水土保持措施拦减了进入黄河的水沙且减沙作用大于减水作用；三是大规模引水引沙且引水多于引沙加剧了水少沙多的矛盾；四是流域众多的中小水库减少了河道径流。人类活动的影响使黄河从近天然状态变成了现在的一定程度上受人类影响和控制的河流，其水沙情势及水沙关系也发生了明显的变化，而过量取水更加剧了水沙关系不协调的程度。现在黄河水沙的主要特征如下。

1.降水、天然来水量有所增加，但实测径流量显著减少，年内分配改变，近期洪水发生次数减少、量级降低

1950～2003年黄河流域降水量为455.2 mm，花园口天然径流量为557.5亿m^3，与1920～1949年相比，均有所增大。但1986年以来尤其是1990年以来天然径流量衰减明显。据统计，花园口水文站1990年以来平均年天然径流量只有432.8亿m^3，分别较1920～1949年和1950～2003年平均情况偏少18%和22%。

1950年，黄河流域总用水量（包括部分向流域外调水）仅120亿m^3，其中地表水用水量90亿m^3，地下水用水量30亿m^3。20世纪90年代平均地表水取水量395亿m^3（耗用307亿m^3），地下水开采量110亿m^3，与1950年相比增加了3倍多。用水量的不断增加，导致黄河河道实际来水量不断减少，尤其是1986年以来更是如此。例如，花园口水文站1986年以来实际年均来水量只有260.0亿m^3，较过去偏少46%。黄河干流实际来水量不断减少，也表现在各支流实际入黄水量不断减少。例如，1986年以来渭河入黄水量平均只有48亿m^3，较过去偏少38.5%，汾河和沁河分别只有4.83亿m^3和4.44亿m^3，较过去分别偏少68.2%和67.8%。

由于三门峡、刘家峡、龙羊峡、小浪底等大型水库先后投入运用，黄河干流河道内实际来水年内分配发生了很大的变化，表现为汛期所占比例下降，非汛期比例上升。三门峡水库投入运用前，花园口断面实际来水量，汛期一般占62%；三门峡水库1960年投入运用后，下降到了57%；加上上中游水库的调蓄影响，1986年以后平均降到了48%以下。

由黄河中游河口镇—龙门区间1970年前后年降水径流关系（见图1-1）可以看出，下垫面条件的改变导致降水径流关系发生了一定的变化，主要表现在1970年以后同样降水条件下产流量减少。黄河一些主要支流如渭河、汾河、伊洛河、沁河、大汶河等，地下水过量开采对地表径流产生了一定的影响，加上水土保持减水作用，80年代后期以来也呈现出同样降水条件下产流量有所减少的特征。

统计表明（见表1-3），1986年以来，黄河中下游洪水出现概率降低。1986年以前黄河中游潼关站年均发生 3 000 m³/s 以上和 6 000 m³/s 以上洪水分别为 5.5 场和 1.3 场，1986 年以后分别减少为 2.8 场和 0.3 场。下游花园口站相应级别洪水也分别由年均 5.0 场和 1.4 场减少到年均 2.6 场和 0.4 场。

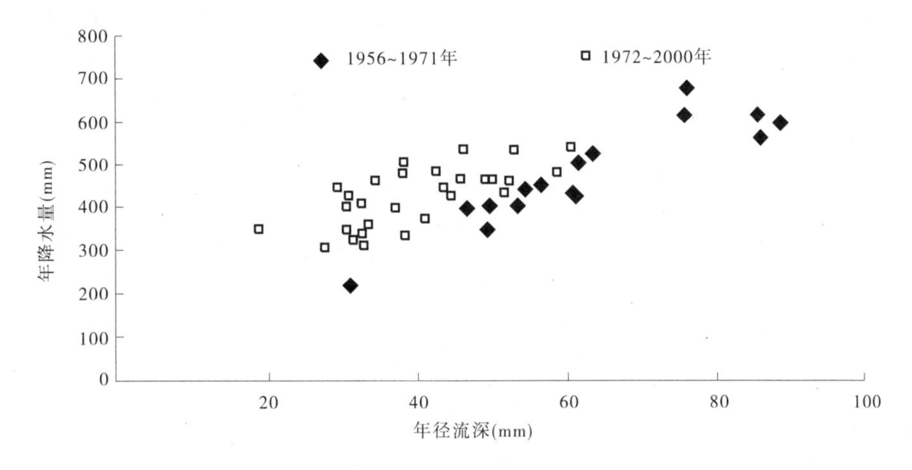

图 1-1　黄河河口镇—龙门区间降水径流关系两时段对比

表 1-3　中下游主要站年均洪水发生场次统计　（单位：场）

站名	时段	全年		秋汛期(9~10 月)	
		>3 000 m³/s	>6 000 m³/s	>3 000 m³/s	>6 000 m³/s
潼关	1950~1985 年	5.5	1.3	1.7	0.1
	1986~2000 年	2.8	0.3	0.5	0
花园口	1950~1985 年	5.0	1.4	1.8	0.4
	1986~2000 年	2.6	0.4	0.4	0

但另一方面，由于黄河洪水主要来源于黄河中游的强降雨过程，而现有水利水保工程对于由强降雨过程所引起的较大暴雨洪水的影响程度不大，黄河发生大洪水的可能性仍较大。如龙门水文站在 1988 年、1994 年、1996 年都发生了 10 000 m³/s 以上的大洪水，2003 年府谷站出现了 13 000 m³/s 的实测最大洪水。

2. 近期来沙量减少，其中粗泥沙减少幅度更大，人类活动对流域产沙和输移过程的干扰越来越强烈

随着人类活动的加强，其对流域自然产沙和输移过程的干扰越来越强烈，来沙情况与过去相比也发生了显著的变化，特别是 20 世纪 70 年代以后明显减少（见表 1-2）。1980~2002 年河口镇、四站（指龙门、华县、河津、洑头四站之和，以下同）和进入下游的沙量年均分别只有 0.67 亿 t、7.46 亿 t 和 7.10 亿 t，与过去沙量相比分别减少 52%、53% 和 55%。来沙量的减少主要集中于 1 000 m³/s 以上流量级，更集中于 3 000 m³/s 以上大流量级。但必须指出的是，黄河流域高含沙洪水主要由大面积、高强度暴雨所致，当遇暴雨强度大、覆盖范围广的年份时，来沙量仍较大，20 世纪 80 年代以来，四站、潼关和进入下游年沙量 10 亿 t 以上的年份平均 5~6 年就出现一次。

黄河干流汛期不同粒径组的泥沙减少幅度不同，细泥沙减幅较小，粗泥沙减幅较大，泥沙组成有变细的趋势。龙门站和潼关站粗泥沙（$d>0.05$ mm）占全沙的比例分别由1960～1979年的28%和18%减少到1980～2002年的22%和16%，平均中值粒径d_{50}也相应由0.029 mm和0.022 mm减少到0.025 mm和0.020 mm。但各时期分组沙与全沙的相关关系没有明显的分化现象，仍保持沙量越大、粗泥沙比例越高的规律（见图1-2）。1980年后泥沙组成的细化主要是来沙量较少造成的，若河龙区间发生大面积强降雨过程，来沙量较大时，泥沙组成仍将变粗。

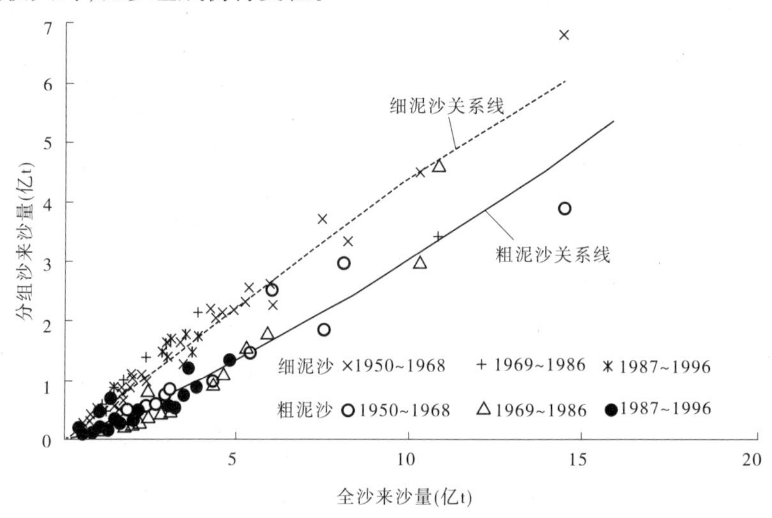

图1-2　龙门站主汛期（7～8月）分组沙来沙量与全沙来沙量的关系

3. 近期水沙关系发生变化，不协调程度加剧

1986年以来黄河水沙条件的改变不仅表现在水沙量的减少，更重要的是水沙搭配过程的变化，即流量级的变化和水沙量在各流量级分配的变化，并由此造成全流域各主要冲积性河段的水沙关系向不协调方向发展，主要表现在以下几个方面：一是高含沙小洪水增多。1986～1999年黄河下游共发生了16场最大含沙量在200 kg/m³以上的高含沙洪水，平均每年发生1.1场，而这些高含沙洪水最大洪峰流量只有6 260 m³/s。二是来沙更为集中。1986年以后由于基流减少，汛期水量减少，相同洪水历时条件下，洪水期沙量占汛期沙量的比例增高（见图1-3）。三是中等流量水流含沙量增高。龙门以下干流各水文站1 000 m³/s以上，特别是3 000 m³/s以上流量含沙量增加较大，龙门、潼关和花园口站3 000 m³/s以上流量级的含沙量从91.2 kg/m³、60.4 kg/m³和42.7 kg/m³增加到176.3 kg/m³、104.9 kg/m³和80.1 kg/m³。四是干流中下游来沙系数（含沙量与流量之比）明显增大（见图1-4）。

（三）未来黄河水情、沙情及水沙关系的变化趋势

有关分析表明，水少沙多仍是未来黄河的基本特征，主要表现如下。

1. 降水量没有明显增大的迹象

尽管当前长期降水预报的技术水平尚不足以提供较为清晰的未来降水的趋势性变化，但目前尚没有发现未来降水有明显增大的趋势。

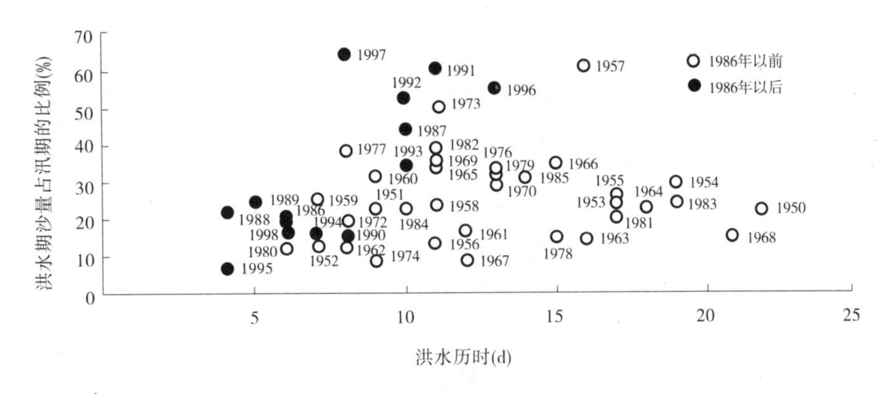

图1-3　花园口站洪水期沙量占汛期沙量比例与洪水历时的关系

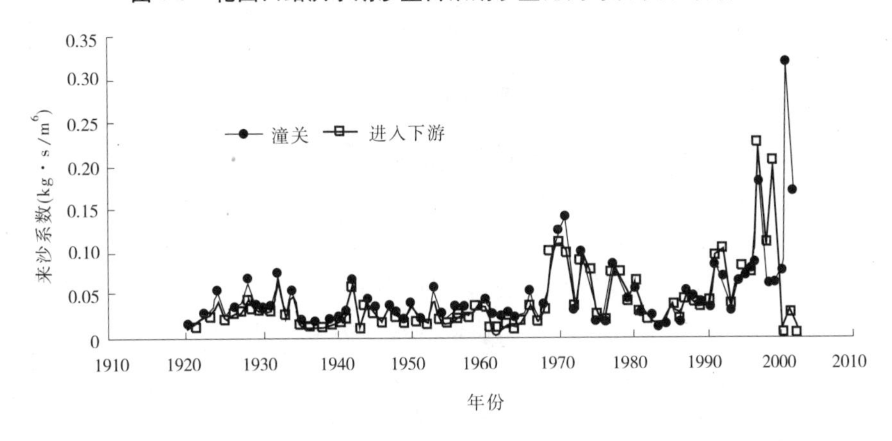

图1-4　黄河干流中下游代表站历年7～8月来沙系数变化

2. 河川天然径流量基本维持近期水平或有所减少

20世纪80年代以来，黄河流域下垫面发生了较大变化，加上水资源开发利用的影响，同样降水条件下，产生的地表径流数量有所减少。可以预见，随着人类活动的进一步加剧，下垫面进一步变化，相同降水产生的河川天然径流量基本维持近期水平或有所减少。

3. 黄河河道实际来水量将进一步减少

随着生产规模的增长和生活水平的提高，未来的用水量将进一步增加，如无外来水源补充，黄河河道实际来水量将进一步减少。

根据黄河流域水资源开发利用情况调查评价工作组对国民经济需耗水量测算，2010年、2030年和2050年，花园口以上地表水耗损量将分别达到260亿m^3、320亿m^3及350亿m^3。同时，根据《黄河近期重点治理开发规划》，黄河中游水土保持生态环境用水，2010年、2030年、2050年分别按20亿m^3、30亿m^3、40亿m^3考虑，分别较现状增加了10亿m^3、20亿m^3、30亿m^3。因此，不考虑南水北调西线工程，预估今后50年黄河进入下游的水量将进一步减少。

4. 平均来沙量呈减少趋势，但高含沙洪水与大沙年份仍会出现，黄河仍将是多沙河流

按照《黄河近期重点治理开发规划》，2010年前后水土保持措施将使进入黄河的泥沙

每年减少 5 亿 t,2050 年前后每年减少 8 亿 t。因此,未来黄河平均来沙总体上呈减少趋势。但由于黄河来沙量的变幅非常大,发生大面积高强度暴雨时产沙量很大,黄河仍然可能出现大沙年。即使经过长时期治理,2050 年前后年减沙量达到 8 亿 t,黄河仍将是一条输沙量巨大的河流,水少沙多是黄河在其相当长时期内的基本特征。

5. 水少沙多的矛盾更加尖锐

虽然未来黄河的来沙量将减少,但流域经济社会发展所需消耗的水量将更多。因此,在无外流域调水情况下,黄河水少沙多的矛盾仍十分尖锐,水沙关系不协调的问题将更加突出。

6. 如果不增建新的骨干工程调节,不协调水沙关系仍不会好转

现状黄河防洪等方面出现的问题不仅在于水量减少,还在于缺乏输沙能力较高的大中流量级水流过程。因此,可以预测,在无外流域增水的条件下,如果没有新建骨干工程协调水沙过程,那么黄河干流大流量减少、高含沙量小洪水增多、沙量集中于洪水期的特点将更加突出,小水带大沙的水沙关系就不会好转。

二、水沙不协调给黄河下游带来的突出问题

据以上分析,在过去人类活动影响甚微的时期,黄河的水沙关系就不协调。近 20 年来,随着流域人口的大幅度增加和区域经济社会的快速发展,黄河水资源的承载压力日益增大,经济社会发展用水大量挤占了河道生态用水,使得进入黄河干流河道的生态用水日趋减少,所以尽管经过水土保持等措施层层设防,使得进入下游的泥沙也有所减少,但是由于水量减少的幅度更大,使得原本就不协调的水沙关系比过去更为加剧,由此将给黄河下游带来一系列严重问题,突出表现在以下几方面。

(一)黄河下游来水偏少,水沙关系失调加剧

20 世纪 80 年代以后,由于自然原因及人类对水资源的过度利用,进入黄河下游的水量急剧减少,进一步加剧了水沙的不协调性。90 年代通过花园口水文站的年平均水量已锐减至 235 亿 m^3,只有 50 年代的 1/2,1997 年全年通过水量只有 142.6 亿 m^3。90 年代平均入海水量已锐减至 117 亿 m^3,只有 50 年代的 1/4,1997 年利津站全年径流量只有 18.6 亿 m^3,输沙水量被严重挤占。

(二)黄河下游主槽淤积萎缩严重,河道行洪输沙能力下降

黄河下游河道淤积加重,1986 ~ 1999 年下游河道年均淤积泥沙 2.23 亿 t,占来沙量的 29%,其比例是各时期中最高的。更为严重的是 73% 的淤积集中在生产堤以内的主河槽里,导致主槽萎缩,过流能力锐减,如 2002 年汛前下游部分河段主槽的行洪能力仅为 1 800 m^3/s 左右,约为 20 世纪 80 年代初的 1/3。

(三)“二级悬河”发展迅速,威胁大堤和防洪安全

黄河下游“二级悬河”迅速发展,目前最严重的河段主河槽已经高出滩地 4 m 多,滩地高出背河地面 4 ~6 m。“横河”、“斜河”、“顺堤行洪”的发生概率增大,堤防“冲决”的可能性随之增大,严重威胁黄河下游堤防安全。黄河河口段河槽同样淤积严重,1986 年以来河槽淤高 1.06 ~1.87 m,给河口地区防洪和下游河道都带来不利影响。

(四)滩区小水大漫滩状况加剧,中常洪水高水位严重威胁滩区人民生命财产安全

河道排洪能力降低造成同流量水位抬升、中常洪水表现出的高水位及同水位下过流

能力大大降低，对防洪十分不利。1986～1997年下游同流量水位升幅各站年均在0.09～0.15 m。"96·8"洪水多个水文站出现历史最高洪水位；1958年花园口和高村站洪峰流量分别为22 300 m^3/s和17 900 m^3/s时相应水位，在1997年河道边界条件下分别只能过流3 500 m^3/s和2 000 m^3/s。

黄河下游滩区居住着189.5万人，有耕地375万亩。黄河下游广大滩区既是滞洪滞沙的区域，又是滩区群众赖以生存和生产的场所。2002年汛前下游部分河段主槽的行洪能力只有1 800 m^3/s左右，遇中常洪水，下游滩区将严重受灾。

三、调水调沙的必要性和紧迫性

黄河难以治理的症结在于水少沙多、水沙关系不协调。维持黄河健康生命，实现黄河长治久安，促进流域经济社会可持续发展，必须采取有效途径，协调黄河的水沙关系。与黄河水少沙多、水沙关系不协调问题相对应，协调水沙关系的途径就是增水、减沙、调水调沙。所谓增水，是指能够增加黄河水资源量的各种措施，包括外流域调水和节水（相对增水）；所谓减沙，是指能够减少入黄沙量的各种措施，包括水土保持减沙、水库拦沙和干流放淤等措施，特别是要减少对河道淤积影响严重的粗颗粒泥沙；所谓调水调沙，就是根据黄河来水来沙特点，通过黄河水沙调控体系中干支流骨干水库群的联合调控运用，尽可能将不利水沙过程调节为相对有利的水沙过程，输送泥沙入海，减少河道淤积，扩大并维持河道主槽过流能力。上述三条途径相互影响，相互促进。通过三条途径的相互配合，可以进一步协调水沙关系，减轻河道泥沙淤积，更好地维持河道基本功能。

但在解决黄河水沙关系不协调问题的三条途径中，增水主要靠南水北调，减沙主要靠水土保持、骨干工程拦沙和大规模的滩区放淤，而这两条途径一则需要一个漫长的周期方能见成效，二则需要有相应的投入为保证。另一方面，增水、减沙又都与调水调沙密切相关。通过调水调沙，可更加充分地发挥增加水量的输沙、减淤及综合利用效益，也可以为滩区放淤创造有利的水沙条件。因此，调水调沙是一项需长期实施的战略，其在治黄中的地位和作用十分重要，特别是在增水和减沙措施建立和发挥作用之前，充分利用小浪底水库拦沙初期的有利时机，尽快开展调水调沙，缓解黄河水沙关系不协调带来的黄河下游河槽行洪输沙功能严重不足、"二级悬河"危险局面日益突出、河流健康生命受到威胁等一系列在黄河防洪和治理开发中亟待解决的问题，十分必要和迫切。

长期而言，协调黄河的水沙关系必须有相应的工程体系加以保证。由于黄河水沙调控工程对水沙的联合调节是一项非常复杂，涉及面很广的技术，因此在以往大量的研究成果的基础上，对其各种调节模式开展原型试验同样显得非常必要，通过原型试验，检验以往的认识，逐步总结经验，不断丰富和发展调水调沙技术。

第二节 调水调沙理论和指导思想

一、国内外研究现状

水沙调控研究主要涉及水库、河道泥沙运动规律、水库优化调度和水库水沙联合调度等研究领域，这些领域的研究成果分别综述如下。

（一）水库、河道泥沙研究发展概况

水库淤积是水库泥沙运动的结果，因此研究水库淤积以泥沙运动基本理论为基础和手段。我国泥沙运动方面的一些专著，如韩其为和何明民的《泥沙运动统计理论》、韩其为的《水库淤积》、武汉水利电力学院（张瑞瑾主编）的《河流动力学》、沙玉清的《泥沙运动学引论》、钱宁和万兆惠的《泥沙运动力学》、张瑞瑾和谢鉴衡等的《河流泥沙动力学》、窦国仁的《泥沙运动理论》、侯晖昌的《河流动力学基本问题》等对水库淤积理论研究和减淤实践有重要的指导意义。

从水库泥沙运动考虑，除悬移质挟沙能力外，悬移质不平衡输沙，特别是非均匀不平衡输沙是水库淤积中最普遍的规律，它规定和制约了水库淤积的各种现象。国内外在均匀流、均匀沙条件下，通过求解二维（立面二维）扩散方程研究悬移质不平衡输沙的工作基本上是从20世纪60年代开始的，国内张启舜、侯晖昌在这方面也取得了一定进展。但由于二维扩散方程求解受制于难以可靠确定边界条件，计算结果与实际颇难符合。从实用出发，苏联一些学者从20世纪30年代开始就直接从沙量平衡出发，建立一维不平衡输沙方程，其中有代表性的有20世纪50年代末60年代初的П. В. Михаев、А. В. Караущев等，稍后窦国仁院士也提出了类似的方程，И. Ф. Карасев则提出了包括黏土颗粒的不平衡输沙方程。这些研究成果虽然抓住了不平衡输沙的主要矛盾，方程简明，但由于局限于均匀沙和均匀流，难以符合水库悬移质运动的实际，且理论上没有和悬沙运动的扩散方程联系起来。

在水库异重流方面，范家骅、吴德一、焦恩泽等于20世纪50年代在官厅水库进行了观测，并开展了室内试验，做了较深入的研究，特别是给出了异重流的潜入条件、异重流排沙和孔口出流计算方法。对水库异重流的潜入条件，韩其为认为需要补充均匀流条件，即潜入点的水深必须大于异重流正常水深，否则潜入不成功，他认为异重流挟沙能力及不平衡输沙规律与明流完全一致，但其水力因素应由异重流部分确定。韩其为还证明了水库异重流是超饱和输沙，因而沿程淤积是必然的。吴德一提出了水库异重流排沙计算公式。对于异重流倒灌，谢鉴衡、范家骅、金德春、韩其为、秦文凯等都有所研究，其中部分专家还对倒灌淤积做了专门工作。吕秀珍根据势流理论对排泄异重流的孔口进行了专门研究，并取得了相关成果。

我国北方一些河流，常常出现很高的含沙量，这些高含沙水流进入水库后，可能会加速淤积，但也可能被用来排泄泥沙，特别是其峰后过程。我国学者在沙玉清、钱宁、张瑞瑾等带动下，除对高含沙水流的流变特性、其对泥沙沉降规律的影响及其输沙规律等有较深入研究（集中反映到钱宁主编的《高含沙量水流运动》专著）外，尚有对水库泥沙研究颇为重要的高含沙挟沙能力规律方面的成果，如张浩、许梦燕、曹如轩的研究。方宗岱和胡光斗、焦恩泽等对实际水库高含沙量淤积进行了分析，陈景梁等对水库高含沙量和浑水水库排沙的实际资料进行了分析和研究，王兆印及张新玉对高含沙水流进行了试验等。

水库排沙是水库淤积研究中颇为重要的一环，有很大的实际意义。水库排沙的方式有多种，除一般的依靠水流冲刷外，对小水库尚有水力吸泥泵抽吸以及高渠拉沙冲滩等。三门峡水库是水库排沙研究最多的一个水库，其中水电部第十一工程局勘测设计研究院、黄委规划设计大队、清华大学水利工程系治河泥沙教研组等均有专门研究。具体水库排沙的分析和生产需要引出了一些研究排沙共同规律的成果。早期多为经验性的,较有影响的有陕西省水利科学研究所河渠研究室与清华大学水利工程系泥沙研究室用我国资料验证过的 G. M. Brune 的水库拦沙率曲线和水库冲刷的排沙关系、张启舜和张振秋提出的水库壅水状态下排沙关系及涂启华提出的排沙比关系,后者还认为其排沙比关系可以包括异重流。韩其为由不平衡输沙理论研究壅水排沙一般规律,给出的理论关系在不同参数下可以概括 Brune 拦沙率、张启舜和涂启华提出的排沙比关系,而且能概括一些苏联学者如 B. H. Гончров、Г. Ишамов、B. C. Лалщенков、И. A. Шнеер 等为研究库容淤积方程提出的关于出库含沙量的假设。

利用水库淤积和排沙规律,通过水库调度,采用"蓄清排浑"的方法,一些水库在实践中摸索了一些成功经验,使水库淤积大量减缓,甚至不再淤积,其中较典型的有闹德海水库、黑松林水库、直峪水库、恒山水库等。当然这些多为中小型灌溉水库,有颇为有利的排沙条件,坡陡,库短,有时允许泄空,甚至坝前水位完全不壅高。与此同时,一些学者从理论上对综合利用水库的淤积控制进行了研究。大型综合利用水库的特点是库长、坡缓而且常年蓄水。正是因为大型综合水库常年抬高侵蚀基面,导致了水库坡度减缓。这些不利排沙的因素,使一些中小型灌溉水库成功的排沙经验不能简单用于大型综合利用水库。从 20 世纪 60 年代开始,唐日长、林一山吸取闹德海水库和黑松林水库的成功经验,提出了水库长期使用的设想和概念。后来由韩其为进一步从理论上阐述了水库长期使用的原理和根据,并给出保留库容的确定方法。水电部第十一工程局勘测设计研究院、黄河水利科学研究所钱意颖等,也开始对三门峡水库如何保持有效库容的问题进行了探索。三门峡水库改建运行的成功,从实践上证实了大型综合利用水库长期使用的可能性。黄河上的一些水库如三盛公水库淤积也分别得到了控制。至此,就水库长期使用而言,泥沙界无论在理论上还是试验上均获得了共识。三峡水库淤积控制的研究,使水库长期使用的研究进一步深入,韩其为和何明民给出了长期使用水库的造床特点和建立平衡的过程、相对平衡纵横剖面的塑造、第一第二造床流量的确定等研究成果。

在水库下游河道冲刷和变形方面,我国也进行了大量观测和分析研究。其中,水利水电科学研究院河渠所对官厅水库下游永定河,钱宁、钱宁和麦乔威、麦乔威和赵业安等、刘月兰和张永昌、赵业安、刘月兰和韩少发对三门峡水库下游黄河,韩其为和童中均、杨克诚、向熙珑、王玉成、周开萍、黎力明、石国钰等对丹江口水库下游汉江,均做了全面深入研究。此外,林振大对柘溪水库日调节时下游河道、王秀云和施祖蓉等对长潭水库下游永宁江感潮河段、五吉狄和臧家津对修建水库群后下游辽河以及李任山、朱明昕对闹德海水库下游柳河等均进行了研究。对于水库下游河道冲刷和变形中的几个专门问题,也有了较深刻认识和规律揭示。对下游河道清水冲刷时床沙粗化,尹学良给出了计算方法。韩其为提出了交换粗化概念,能够解释粗化后的床沙中最粗颗粒大于冲刷前最粗颗粒的现象。韩其为同时给出了六种粗化现象和两种机理,并且给出了相应的计算方法。对于水库的水沙过程及数量改变后对下游河床演变各方面的影响,韩其为、童中均专门做了论述。钱宁研究了滩槽水沙交换,认为它导致了水库下游河道长距离冲刷。韩其为证实了清水冲刷中粗细泥沙不断交换是下游河道冲刷距离很长的基本原因。

(二)水库水沙联合调度

国内外对水沙联合调度的研究主要集中在单个水库,水库与河道联合考虑的研究并不多见。惠仕兵、曹叔尤、刘兴年在《电站水沙联合优化调度与泥沙处理技术》一文中针对长江上游川江水电开发运行管理中存在的工程泥沙技术问题,研究了低水头闸坝枢纽水沙联合优化调度运行方式、流域水工程水沙联合管理及与电站水沙优化调度运行管理有关的工程泥沙处理技术;胡春燕、杨国录、吴伟明、彭君山提出利用水电站已建枢纽建筑物进行水沙调度在水利工程运用中具有很重要的意义,并以葛洲坝水利枢纽为研究对象,就减少大江航道淤积和减少大江电站粗泥沙过机问题,运用数值模拟方法研究了水沙横向调度方案运用的可行性。

二、水沙调控理论的形成和发展过程

水沙调控理论和调水调沙治黄思想的形成和发展经历了一个漫长的探索过程,凝结了一代又一代治河专家的心血和智慧。

治黄工作者从下游河道输沙规律的研究中发现,在一定的河床边界条件下,河道输沙能力近似与来水流量的高次方(接近2次方)成正比,同时还与来水的含沙量存在明显的正比关系。在一定的河床边界条件下,下游河道有“多来、多排、多淤”、“大水带大沙,小水带小沙”、“协调多排、不协调少排”、“细泥沙多排,粗泥沙少排”等方面的输沙特点。如果能找到一种合理的水沙搭配,黄河水流完全有可能将泥沙顺利输送入海,同时又不在下游造成明显淤积,还可节省输沙用水量。基于这种认识,治黄工作者迫切希望能够借助自然的力量,因势利导,利用黄河水利枢纽工程,创造出一种水沙和谐搭配的洪水过程输沙入海,使水库和河道的淤积状况得以减轻。按这一设想不仅要调节径流,还要调节泥沙,使水沙关系更加适应,以达到更好的排沙、减淤效果。

方宗岱1976年提出黄河小浪底水库应采用高含沙调水放淤的方案,其核心是利用小浪底水库淤积的泥沙人为塑造高含沙水流,采取清水和高含沙水流分流的原则。当水库坝前淤至240 m高程时,即按泄水排沙运行,含沙量小于150 kg/m^3时,泄入下游冲刷河道,使其逐步下切;含沙量大于150 kg/m^3时,引入放淤渠道。这样,可以永久保留一个足够的拦沙库容。

泥沙专家钱宁教授认为,人造洪峰是利用水库调节天然径流,集中下放,形成洪峰用以加大河道的冲刷能力。水流的挟沙能力与流量的高次方成正比,在水量相同的情况下,集中下放就能比平均下放时的挟沙能力提高几倍。根据黄河下游20世纪80年代以前的水沙冲淤关系,集中与均匀泄水的冲刷测算成果见表1-4。由表可见,冲刷每吨泥沙所需水量,取决于冲刷期的平均流量。在一定水量的情况下,平均流量与历时成反比,历时过长,河道冲刷,河床粗化,影响冲刷效率;历时过短,在洪水演进中,洪峰流量逐渐减少,冲刷作用降低。

治黄工作者对水沙调控理论进行了多方面探讨。概括起来,有以下几种形式。

(一)“节节蓄水,分段拦泥”的规划原则

新中国成立之后,曾以“节节蓄水,分段拦泥”为规划原则,期望以水土保持、支流拦泥水库和干流三门峡水库等三道防线,把黄河的洪水泥沙全部蓄在上中游,解除下游洪水威胁与泥沙淤积。实践结果,原规划对水土保持的减沙效果估计过高,所拟定的支流拦泥水库也难以兴建。

表1-4 集中与均匀泄水的冲刷测算成果

下泄流量(m^3/s)	天数(d)	水量(亿 m^3)	冲刷(-)淤积(+)(亿t)				冲刷耗水率(m^3/t)
			花园口—高村	高村—艾山	艾山—利津	全下游	
5 000	6	25.9	-0.86	-0.07	-0.12	-1.05	25
1 000	30	25.9	-0.27	0	+0.06	-0.21	120

(二)人造洪峰

在河道输沙公式 $Q_s = KQ^m$ 中,m 值一般为2。根据这一特点,人们提出利用人造洪峰排沙入海的设想,认为把小流量的水量集中起来,用大流量集中下放,可以多输沙入海。为此,1963年12月和1964年3月利用三门峡水库进行了两次人造洪峰试验。

1963年12月2~15日,三门峡水库进行第一次人造洪峰试验,历时约15 d。造峰期花园口站水量21.5亿 m^3,平均流量1 658 m^3/s,平均含沙量6.8 kg/m^3,最大日均流量2 920 m^3/s,流量大于2 000 m^3/s 的有3 d;艾山断面相应水量20.9亿 m^3,平均流量1 613 m^3/s,最大日均流量3 240 m^3/s,流量大于2 000 m^3/s 的有4 d。造峰期三门峡—利津河段累计冲刷0.143亿t,冲刷发展至艾山断面附近,艾山以下淤积0.023亿t。造峰流量较小、大流量持续历时短是导致艾山—利津河段淤积的重要原因。

1964年3月29日至4月2日,三门峡水库进行第二次人造洪峰试验,历时5 d。造峰期花园口站水量9.8亿 m^3,平均流量2 268 m^3/s,平均含沙量10 kg/m^3,最大日均流量3 160 m^3/s,流量大于2 000 m^3/s 的有2 d;艾山断面相应水量9.7亿 m^3,平均流量2 246 m^3/s,最大日均流量3 040 m^3/s,流量大于2 000 m^3/s 的有3 d。造峰期三门峡—利津河段累计冲刷0.195亿t,冲刷发展至艾山断面附近,艾山以下淤积0.070亿t。造峰水量偏小是导致艾山—利津河段淤积的重要原因。

以上试验结果表明,沿程冲刷过程中含沙量迅速恢复,冲刷效率降低,同时塌滩对下游河道的冲刷有抵消作用,而流量小时,还会出现上冲下淤,并且需要耗用大量宝贵的清水资源,才有一定的减淤效果。在小浪底水库的规划设计阶段,曾设想在丰水年非汛期相机造峰,平均3年进行一次,用水量40亿 m^3,造峰流量5 000 m^3/s,全下游减淤约0.6亿t,平均年减淤0.2亿t,用67亿 m^3 水量输1亿t泥沙入海。由于黄河水资源贫乏,这一措施很难实现。

(三)滞洪调沙

滞洪调沙水库与一般水库的不同点,主要在于它在汛期存在两个水位(分别取决于淤积平衡比降和冲刷比降),其间有一个调沙库容,它的理论基础是多沙河流上修建水库只要有一定的泄流规模并采用滞洪运用方式,水库的库容即可长期保持。具体的调沙方案,就是把非汛期的泥沙调整到汛期来排,把多沙不利年的泥沙调整到少沙有利年来排。汛期水库实行控制运用,使汛期的泥沙集中在大洪水期间和9~10月的有利时期排出。由于滞洪调沙水库是利用天然洪峰排沙,所以与兴利矛盾较小。

(四)蓄清排浑

三门峡水库于1960年9月15日开始蓄水运用,先后经历了1960年9月至1962年3月的"蓄水拦沙"期、1962年3月至1973年10月的"滞洪排沙"运用期和1973年11月以来的"蓄清排浑"控制运用期三个阶段。

三门峡水库刚投入运用就因泥沙淤积严重,被迫改"蓄水拦沙"运用为"滞洪排沙"运用。基于黄河泥沙多、主要集中在汛期、艾山以下河道流量大于一定值时基本不淤的现实情况,提出把非汛期的泥沙调到汛期排,利用非汛期来水含沙量低,蓄水拦沙发电、防凌,并进行水量调节,尽可能满足下游灌溉用水需求。在汛初降低坝前水位,利用汛期流量大,冲刷能力强,把汛期来沙连同非汛期淤在库内的泥沙全部排出库外,达到年内冲淤平衡。经过两次改建后,三门峡水库采用"蓄清排浑"运用方式,进出库泥沙年内基本平衡。

三门峡工程的实践使人们认识到,在多泥沙的黄河中游,单纯利用拦的办法是无出路的。应该充分利用黄河下游的输沙能力及"多来多排"的输沙特性,利用干流水库进行综合调节,提高水流输沙能力,节省输沙用水,减少河道淤积,使之朝着有利方向发展。三门峡水库改建成功,创造了在多沙河流上修建长期使用水库的范例,说明通过汛期降低坝前水位,可以保持平滩以下的槽库容。

然而,三门峡水库"蓄清排浑"的运用方式是特殊情况下的产物,其运用经验有其局限性。改建时对下游河道的减淤作用并没有过多的考虑,实际运用结果表明,下游河道的减淤效果不理想。其一是由于受潼关高程的限制,调沙库容小,不能对黄河泥沙进行多年调节。其二是库水位变幅小,不能产生强烈的溯源冲刷,不能产生含沙量更高的出库水沙条件,以充分利用下游河道可能达到的输沙能力输沙入海。其三,每年汛初不管来水情况如何,都把运用水位降低,因此经常出现小水排沙,形成小水带大沙,造成下游主槽强烈淤积的不利局面。尤其是在龙羊峡、刘家峡两库联合运用后,汛期水量大幅度减小,汛期的基流与洪峰流量均在减小,冲刷能力减弱,三门峡水库"蓄清排浑"运用方式的局限性表现得更为突出。为了降低潼关高程,水库在汛期不得不进一步降低运用水位,更易形成小水带大沙,使下游河槽严重淤积,平滩流量减小,造成小洪水大漫滩,对防洪极为不利。

(五)拦粗排细

黄河下游粒径小于0.025 mm的泥沙,大部分能输送入海,对河道淤积影响不大,如果把这一部分泥沙拦在水库里,则徒然损失库容,对下游河道并无裨益。钱宁教授等认为,如果能够通过水库合理运用,只拦危害下游的粗泥沙(粒径大于0.05 mm),则在同样拦沙库容条件下,黄河下游河道减淤效果可以增大59%以上。

(六)高浓度调沙

一些专家认为,不仅清水能够冲刷河道,高含沙水流也能冲刷河道。高含沙水流(如大于600 kg/m^3),在充分紊流条件下还可以长距离输送,关键是要掺混一定比例的极细沙(粒径小于0.01 mm)。泥沙专家方宗岱提出利用小浪底水库高浓度调沙放淤方案。具体做法是用两根进口低、出口高,直径约7 m,能通过500 m^3/s流量的管子,由坝下游直通坝前库底,坝前可形成一个深100 m,容积约2亿m^{3}的浓缩漏斗,用以调节泥沙。还可辅以库区陡坎爆破的办法,来增加含沙量和细颗粒泥沙的含量。调成的高含沙水流引到两岸放淤,现行河道只通过含沙量很少的清水,可逐渐刷深,进而成为地下河。根据试验,当高含沙水流中值粒径 $d_{50}=0.01\sim0.02$ mm,流速大于 2.3 m/s 时,可以保持不淤,如用管道输送,比降 2/10 000,则输送距离可远达 1 000 km。上述高浓度调沙的关键问题,是如何才能使水库内已经分选的泥沙,重新按一定比例调配成理想的高浓度含沙水流。

(七)以小浪底水库为核心的水库群调水调沙

通过三门峡水利工程的实践和治黄工作者的分析研究,进一步认识到黄河的问题不仅是洪水威胁很大,水少沙多、水沙不协调造成下游河道淤积也是重要原因。如果在黄河干流上修建一系列大型水库,实行统一调度,对水沙进行有效的控制和调节,使水沙关系由不协调变为相适应,就有可能减轻下游河道淤积,甚至达到不淤或冲刷。按照这一设想,20 世纪 70 年代后期,治黄工作者再一次提出了依靠系统工程,实行调水调沙的治黄指导思想,并要求加快修建小浪底水库,为调水调沙的实施提供必要的工程条件。

鉴于黄河小浪底水库所处的关键位置,经过专家学者反复的论证和黄委及有关部门大量的艰苦工作,1987 年 1 月,国务院批准了小浪底水利枢纽工程的设计任务书。1992 年全国人民代表大会批准了小浪底水利枢纽工程的建设。1997 年 10 月小浪底水利枢纽工程截流成功,1999 年 10 月 25 日下闸蓄水。这标志着治黄工作又向前迈出了可喜的一步。

小浪底水利枢纽工程位于黄河干流最后一段峡谷的下口,上距三门峡大坝 131 km,下距郑州铁路桥 115 km,南距河南省洛阳市约 40 km,控制流域面积 69.4 万 km^2,占流域总面积的 92%,处于承上启下,控制黄河上、中游洪水泥沙的关键位置,是三门峡以下黄河干流唯一能取得较大库容的坝址,也是唯一能够全面担负起防洪、防凌、减淤、供水、灌溉、发电等任务的综合性枢纽工程。

小浪底水库总库容 127.5 亿 m^3,长期有效库容 51 亿 m^3,可以拦截大量泥沙,相当于使下游河道 20 年不淤积抬高。另外,小浪底水库巨大的库容可以增加下游供水量,以缓解黄河下游断流带来的两岸用水矛盾。水库泄洪建筑物有 3 条明流洞、3 条排沙洞、3 条孔板洞和 1 座正常溢洪道。水电站装机容量 180 万 kW,设计多年平均发电量 51 亿 kW·h。

小浪底水库在黄河下游治理开发中有其特殊的重要性,对黄河下游尤其是艾山以下河道的减淤具有其他工程措施不可替代的作用。

由于对黄河下游河道的输沙规律、输沙能力及河道"多来多排"的输沙条件与机理有了较深的了解,因此对水库调水调沙减淤原理、方法、途径有了更深入的认识,取得了较大的进展,在充分发挥小浪底水库的调水调沙作用,减少下游河道淤积,节省输沙用水方面展现出非常广阔的应用前景。但是黄河水沙条件变化复杂,小浪底水库如何运用才能产生较高含沙水流等许多问题需要进一步研究。黄河治理本身是一个复杂的系统工程,黄河上的大型水库应进行统一调度,联合调水调沙运用,以期达到最好的减淤效果和最大的兴利目标。艾山以下河道较窄,属于黄河防洪防凌的重点段,中上游的大量引水,龙、刘两库的投入运用和三门峡水库的"蓄清排浑"运用及河口延伸等,都会加重艾山以下河道淤积。以往规划中拟议的多种措施,都因该河段地处下游,鞭长莫及,而致减淤作用不显著。

1988 年以来,有关单位就上述问题及小浪底水库的运用方式进行了一些新的探索研究,尤其是"八五"国家重点科技攻关项目"黄河治理与水资源开发利用"各个专题的研究成果,进一步深化了对黄河水沙条件和河道演变特点的认识,提出了"调"与"排"相结合的处理泥沙新思路，为进一步研究小浪底水库运用问题提供了有利条件。

在“小浪底水库运用方式研究”项目中，根据对水库拦沙初期和汛期调水调沙运用方案的研究以及以往的各项综合研究成果，推荐调水调沙调控上限流量采用 2 600 m^3/s，调控下限流量采用 800 m^3/s，调控库容 8 亿 m^3，调控历时不少于 6 d。

在 2000 年水利部水总[2000]260 号文件《关于小浪底水库 2000 年运用方案研究报告的批复》中，基本同意小浪底水库 2000 年主汛期按起始运行水位 205 m，调控花园口上限流量 2 600 m^3/s，调控库容 8 亿 m^3 的方案进行控制运用。

在 2001 年 7 月水利部水建管[2001]278 号文件“关于小浪底水库 2001 年防洪及调水调沙主要运用指标的批复”中，基本同意小浪底水库调水调沙按起始运行水位 210 m，调控花园口断面的下限流量不大于 800 m^3/s，上限流量不低于 2 600 m^3/s 运用。

在 2002 年 6 月水利部水建管[2002]243 号文件“关于小浪底水库 2002 年防洪及调水调沙运用指标的批复”中，同意小浪底水库2002 年调水调沙指标，前汛期起始运行水位仍为 210 m，后汛期视来水情况在汛限水位以下适当掌握。

三、调水调沙的指导思想

黄河水沙关系不协调，且水沙时空分布不均，既可能出现小水带大沙，又可能出现大水带小沙，造成河道泥沙时淤时冲，中水河槽极不稳定。再加上黄河总体上水少沙多，使得黄河河道不断淤积、排洪能力下降，影响防洪安全。因此，实施调水调沙战略，对黄河水沙进行年内和多年调节，避免小水带大沙现象十分必要。

调水调沙，就是在充分考虑黄河下游河道输沙能力和不同流量级的水流挟沙能力的前提下，利用水库的调节库容，对水沙进行有效的控制和调节，适时蓄存或泄放，调整天然水沙过程，使不适应的水沙过程尽可能协调，从而达到输水冲沙、减轻河道萎缩、恢复并维持中水河槽的目的。

调水调沙是小浪底水库防洪减淤的基本运用方式。小浪底水库运用具有明显的阶段性，在起始运行水位以下相应库容淤满前，水库主要以异重流排沙为主。对水量进行调节相对简单，而对沙量的调节相对较为复杂，主要表现在当上中游地区为较大流量较高含沙量时，科学控制坝前运用水位和安排泄水建筑物使用次序，调配以异重流形式运行至坝前的较细泥沙的蓄存或泄放。

调水调沙与以往其他处理和利用泥沙的措施相比，有几个显著的特点：一是更加符合黄河泥沙的自然规律，具有高度的科学性。二是由于通过水库进行水沙调节，措施更加主动、可靠。三是把河道和水库减淤作为水库综合利用的内容之一，与灌溉、供水、发电等统一考虑，使水库运用更加符合黄河的特点。

调水调沙的指导思想是：通过水库联合调度、泥沙扰动和引水控制等手段，把不同来源区、不同量级、不同泥沙颗粒级配的不平衡的水沙关系塑造成协调的水沙过程，有利于下游河道减淤甚至全线冲刷；开展全程原型观测和分析研究，探索与完善调水调沙运用模式，以利长期开展以防洪减淤为中心的调水调沙运用，为黄河下游防洪减淤和小浪底水库运行方式提供重要参数和依据，继而深化对黄河水沙规律的认识，探索黄河治理开发的有效途径。

第二章　调水调沙理论研究

第一节　下游河道输沙规律

一、下游河道边界特性

根据水沙特性和地形、地质条件，黄河干流分为上、中、下游三个河段。内蒙古托克托县河口镇以上为黄河上游，干流河道长 3 472 km，流域面积 42.8 万 km^2；河口镇至河南郑州桃花峪为黄河中游，干流河道长 1 206 km，流域面积 34.4 万 km^2；桃花峪以下为黄河下游，干流河道长 786 km，流域面积 2.2 万 km^2。

黄河下游为强烈堆积的冲积河流，横贯于华北大平原之上。目前的黄河下游河道是不同历史时期形成的：孟津至沁河口是禹河故道；沁河口至兰考东坝头是明清故道，已有500 多年的历史；东坝头至陶城铺是 1855 年（清咸丰五年）铜瓦厢决口后，在洪泛区内形成的河道；陶城铺以下至黄河入海口，原系大清河故道，铜瓦厢决口以后为黄河所夺。

黄河北岸自沁河口以下、南岸自郑州铁路桥以下，除东平湖以下至济南为山岭外，两岸都建有大堤。由于大量泥沙淤积，河床逐年抬高，现状河床一般高出背河地面 4～6 m，局部河段高出背河地面 10 m 左右，比两岸平原高出更多，成为淮河和海河的分水岭，是举世闻名的悬河。行洪时，势如高屋建瓴，对黄淮海平原的威胁巨大，历史上黄河下游的堤防决口频繁，是中华民族的心腹之患。

黄河下游河道具有上宽下窄、上陡下缓、平面摆动大、纵向冲淤剧烈等特点。按河道特性划分，高村以上为游荡型河段，高村至陶城铺为过渡型河段，陶城铺以下为弯曲型河段。各河段的河道平面特性见表 2-1。

表 2-1　黄河下游河道平面特性

河段	河型	河道长度（km）	宽度（km）			河道面积（km^2）			平均比降（‰）
			堤距	河槽	滩地	全河道	河槽	滩地	
白鹤—铁路桥	游荡型	98	4.1～10.0	3.1～10.0	0.5～5.7	697.7	131.2	566.5	0.256
铁路桥—东坝头	游荡型	131	5.5～12.7	1.5～7.2	0.3～7.1	1 142.4	169.0	973.4	0.203
东坝头—高村	游荡型	70	5.0～20.0	2.2～6.5	0.4～8.7	673.5	83.2	590.3	0.172
高村—陶城铺	过渡型	165	1.4～8.5	0.7～3.7	0.5～7.5	746.4	106.6	639.8	0.148
陶城铺—宁海	弯曲型	322	0.4～5.0	0.3～1.5	0.4～3.7				0.101
宁海—西河口	弯曲型	39	1.6～5.5	0.5～0.4	0.7～3.0	979.7	222.7	757.0	0.101
西河口以下	弯曲型	56	6.5～15.0						0.119
统计河段		881							

黄河下游各河段的河道特性分述如下。

（一）白鹤至高村河段

本河段河道长 299 km，堤距一般 10 km 左右，最宽处有 20 km，河槽宽一般为 3～5 km，河段纵比降 0.172‰～0.256‰，河道内泥沙冲淤变化剧烈，水流宽、浅、散、乱，河势游荡多变。目前已基本上完成了河道整治工程的布点，使桃花峪至东坝头的游荡范围由原来的 5～7 km减小到 3 km 左右，东坝头至高村的游荡范围由原来的 2.2 km 减小到 1.2 km。

本河段具有较大的排洪能力，设计过洪流量在 20 000 m^3/s 以上，最大设计过洪流量为花园口断面 22 000 m^3/s；同时具有较大的削峰、滞沙作用，对减轻山东河段洪水威胁和冲淤影响均有显著作用。由于洪水期来水来沙变幅大，河道冲淤变化剧烈，河势多变，主流摆幅大，再加上河道逐年淤积抬高，主槽过洪能力减小，致使漫滩行洪概率增大；同时河道淤高，滩槽高差减小，甚至出现了严重的“二级悬河”，形成了滩槽倒比降，再加上串沟多，一旦洪水漫滩，堤防易发生溃决、冲决等严重险情，历史上重大改道都发生在本河段，且洪水灾害非常严重，是黄河下游防洪的重要河段。

（二）高村至陶城铺河段

本河段河道长 165 km，堤距一般在 1.5～8 km，河槽宽 0.7～3.7 km，纵比降 0.148‰，是由游荡型向弯曲型转折的过渡型河段。该河段两岸工程配套比较完善，目前除少部分工程河势上提下挫外，多数工程靠河部位变化不大，河势基本稳定。滩地堤根低洼，自然滩多，坑洼多，蓄水作用十分显著，滩面较高村以上河段窄，滩面横比降较大，“二级悬河”形势也较严重。

（三）陶城铺至宁海河段

本河段河道长 322 km，堤距一般在 1～3 km，河槽宽 0.3～1.5 km，纵比降 0.101‰。由于坚持不懈地进行河道整治，修建了大量的控导护滩工程，两岸的险工护岸及控导工程鳞次栉比，主流摆动受到了严格的限制。由于河道较窄，洪水涨落水位变幅较大，排洪能力受工程制约，设防流量较高村以上河段显著减小，只有 11 000 m^3/s。

（四）宁海以下的河口段

黄河河口段行经河口三角洲，流路变迁较为频繁。1949 年前三角洲以宁海为顶点，变迁范围在北起套尔河口，南至支脉沟口的 6 000 km^2 区域。1953 年顶点暂时下移到渔洼附近，流路变迁在车子沟以南、南大堤以北 2 400 km^2 的小三角洲范围内。现状入海流路是 1976 年人工改道后的清水沟流路，位于渤海湾与莱州湾交汇处，是一个弱潮陆相河口。近 50 年间，随着河口的淤积延伸，年平均净造陆面积约 24 km^2。

二、下游河道不同水沙条件的输移规律

（一）汛期不同水沙组合条件下黄河下游河道的冲淤特性

1. 低含沙水流下游各河段的冲淤特性

小浪底水库运用初期，水库蓄水拦沙，排沙比较小，下游河道将发生冲刷。因此，分析黄河下游各河段低含沙洪水冲淤特性，对小浪底水库初期运用方式的制定具有重要意义。

统计 1960 年 9 月 15 日至 1996 年 6 月三黑武（黄河三门峡水文站、伊洛河黑石关水文站、沁河武陟水文站的简称，下同）含沙量小于 20 kg/m^3 的各级流量的非漫滩洪水来水来沙和河道冲淤情况见表 2-2。

表 2-2　三黑武含沙量小于 20 kg/m³ 的各级流量下水沙量和河道冲淤量

类别	站名（河段）	W（亿 m³）	$W_{S细}$（亿 t）	$W_{S中}$（亿 t）	$W_{S粗}$（亿 t）	W_S（亿 t）	$DW_{S细}$（亿 t）	$DW_{S中}$（亿 t）	$DW_{S粗}$（亿 t）	DW_S（亿 t）
分流量级	流量＝1 000～1 500 m³/s				场次＝41			天数＝273 d		
	三黑武	306. 6	2. 00	0. 84	0. 67	3. 51	－0. 39	－0. 41	－0. 30	－1. 09
	花园口	301. 6	2. 29	1. 22	0. 95	4. 47	－0. 28	－0. 03	0. 05	－0. 26
	高村	284. 0	2. 48	1. 21	0. 87	4. 56	0. 04	0. 13	0. 13	0. 30
	艾山	273. 5	2. 29	1. 02	0. 71	4. 01	0. 11	0. 33	0. 15	0. 60
	利津	238. 9	1. 99	0. 59	0. 49	3. 08				
	三—利						－0. 51	0. 02	0. 03	－0. 46
	流量＝1 500～2 000 m³/s				场次＝24			天数＝220 d		
	三黑武	327. 0	2. 48	0. 87	0. 66	4. 02	－0. 54	－0. 43	－0. 24	－1. 21
	花园口	335. 2	2. 96	1. 29	0. 89	5. 15	－0. 52	－0. 50	－0. 18	－1. 19
	高村	325. 5	3. 41	1. 76	1. 05	6. 21	0. 07	0. 16	－0. 04	0. 18
	艾山	329. 8	3. 25	1. 55	1. 07	5. 87	－0. 10	0. 31	0. 17	0. 37
	利津	308. 1	3. 23	1. 18	0. 85	5. 25				
	三—利						－1. 09	－0. 47	－0. 30	－1. 85
	流量＝2 000～2 500 m³/s				场次＝10			天数＝102 d		
	三黑武	202. 5	1. 18	0. 34	0. 29	1. 81	－0. 35	－0. 26	－0. 13	－0. 73
	花园口	213. 3	1. 53	0. 59	0. 41	2. 53	－0. 44	－0. 53	－0. 33	－1. 30
	高村	206. 8	1. 95	1. 11	0. 74	3. 80	－0. 83	－0. 06	0. 18	－0. 72
	艾山	223. 3	2. 75	1. 15	0. 55	4. 46	－0. 60	0. 22	0. 05	－0. 34
	利津	217. 7	3. 33	0. 92	0. 49	4. 74				
	三—利						－2. 22	－0. 63	－0. 24	－3. 08
	流量＝2 500～3 000 m³/s				场次＝8			天数＝76 d		
	三黑武	176. 6	1. 78	0. 36	0. 24	2. 37	－0. 58	－0. 25	－0. 09	－0. 92
	花园口	183. 3	2. 35	0. 60	0. 33	3. 27	－0. 43	－0. 26	－0. 28	－0. 96
	高村	185. 1	2. 77	0. 86	0. 60	4. 22	－0. 62	－0. 29	0. 18	－0. 72
	艾山	199. 2	3. 38	1. 14	0. 42	4. 94	－0. 33	0. 02	－0. 16	－0. 47
	利津	198. 4	3. 71	1. 13	0. 58	5. 41				
	三—利						－1. 95	－0. 77	－0. 35	－3. 07
	流量＝3 000～4 000 m³/s				场次＝11			天数＝103 d		
	三黑武	299. 2	1. 93	0. 45	0. 24	2. 62	－0. 81	－0. 75	－0. 56	－2. 12
	花园口	315. 2	2. 74	1. 20	0. 80	4. 74	－1. 44	－0. 16	0. 06	－1. 54
	高村	312. 9	4. 16	1. 35	0. 74	6. 24	0. 23	－0. 32	－0. 45	－0. 54
	艾山	319. 4	3. 91	1. 66	1. 18	6. 75	－0. 82	0. 06	0. 39	－0. 37
	利津	316. 1	4. 69	1. 58	0. 78	7. 05				
	三—利						－2. 84	－1. 17	－0. 57	－4. 57
	流量＞4 000 m³/s				场次＝16			天数＝163 d		
	三黑武	692. 6	5. 57	1. 32	0. 60	7. 49	－2. 53	－1. 84	－1. 19	－5. 56
	花园口	729. 9	8. 09	3. 17	1. 79	13. 04	－2. 30	－2. 05	－1. 45	－5. 79
	高村	743. 7	10. 36	5. 20	3. 23	18. 79	－1. 39	0. 08	0. 41	－0. 91
	艾山	808. 5	11. 75	5. 12	2. 83	19. 69	0. 13	－0. 53	－1. 28	－1. 68
	利津	801. 2	11. 61	5. 65	4. 11	21. 36				
	三—利						－6. 08	－4. 35	－3. 52	－13. 94

续表 2-2

类别	站名（河段）	W（亿 m^3）	$W_{S细}$（亿 t）	$W_{S中}$（亿 t）	$W_{S粗}$（亿 t）	W_S（亿 t）	$DW_{S细}$（亿 t）	$DW_{S中}$（亿 t）	$DW_{S粗}$（亿 t）	DW_S（亿 t）
汇总	流量 >1 000 m^3/s				场次 = 110			天数 = 937 d		
	三黑武	2 004.5	14.94	4.18	2.71	21.82	-5.19	-3.94	-2.51	-11.63
	花园口	2 078.4	19.95	8.07	5.18	33.20	-5.40	-3.52	-2.12	-11.04
	高村	2 058.0	25.13	11.47	7.23	43.83	-2.50	-0.31	0.39	-2.42
	艾山	2 153.7	27.33	11.64	6.75	45.72	-1.60	0.41	-0.70	-1.89
	利津	2 080.5	28.56	11.03	7.30	46.90				
	三—利						-14.68	-7.36	-4.93	-26.98

注：水流为非漫滩洪水；W、W_S、DW_S 分别为水量、沙量、冲淤量；三—利指三门峡—利津；负号表示冲刷，下同。

为了进一步研究黄河下游低含沙水流的冲淤特性，为小浪底水库初期运用提出减淤要求，选取三黑武含沙量小于 20 kg/m^3 的非漫滩洪水，建立高村、艾山、利津三站的输沙率与上站流量的关系如下

$$Q_S = K_1 + K_2 Q_{S上站} + K_3 Q_{上站} + K_4 Q_{上站}^2 \tag{2-1}$$

以三黑武含沙量小于 20 kg/m^3 的全部洪水对上式进行检验，高村、艾山、利津三站相关系数 R^2 分别为 0.97、0.98 和 0.97，表明上式与各站实测资料是比较符合的，可用来进行黄河下游“清水冲刷”的分析。根据上式对下游各河段的“清水冲刷”进行计算，点绘三门峡—高村、高村—艾山、艾山—利津及三门峡—利津的冲淤效率（1 亿 m^3 洪水的冲淤量，单位 10^6 t/亿 m^3）与流量的关系，见图 2-1。图 2-1 表明当三黑武流量达 900 m^3/s 左右时，冲刷可发展到高村；当流量达 1 700 m^3/s 左右时，冲刷可发展到艾山；当艾山站流量达 2 300 m^3/s 左右时，冲刷可发展到利津；艾山站流量大于 3 000 m^3/s 后，冲刷效率明显加强。

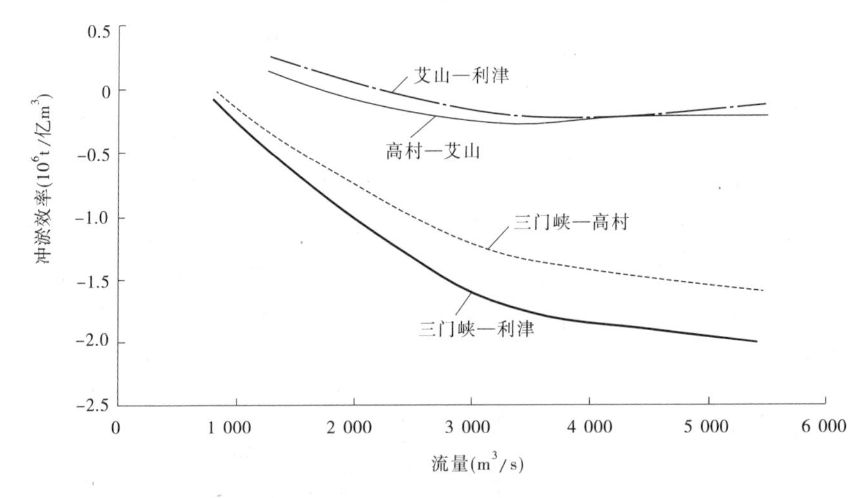

图 2-1　三黑武含沙量小于 20 kg/m^3 水流的各河段冲淤效率与流量关系

1960 年 9 月 15 日至 1996 年 6 月，黄河下游共发生含沙量小于 20 kg/m^3 的洪水 110 次，历时 937 d，来水量 2 004.5 亿 m^3，来沙量 14.94 亿 t，分别占 36 年总量的 13.9% 和

3.9%。利津以上冲刷 26.98 亿 t,其中花园口以上冲刷 11.63 亿 t,花园口至高村冲刷 11.04 亿 t,高村至艾山冲刷 2.42 亿 t,艾山至利津冲刷 1.89 亿 t。若按流量级区分,流量大于 2 500m^3/s 的 35 次低含沙洪水,历时 342 d,三黑武来水、来沙量分别为 1 168.3 亿 m^3 和 12.49 亿 t,占 36 年总量的 8.1% 和 3.2%。全下游冲刷 21.58 亿 t,四个河段的冲刷量分别为 8.60 亿 t、8.29 亿 t、2.17 亿 t、2.52 亿 t,不仅全下游的冲刷效率达到全部低含沙洪水的 1.4 倍,而且艾山—利津河段明显冲刷;就全下游而言,平均每冲刷 1 亿 t 泥沙耗水量仅 50 亿～60 亿 m^3。由此说明,小浪底水库初期运用时期,从全下游特别是艾山—利津河段的减淤角度出发,这一流量级的低含沙洪水是水库水沙调节的主方向。

2. 中等含沙水流下游各河段的冲淤特性

根据黄河下游的来水来沙和河道冲淤特性,将三黑武平均含沙量为 20～80 kg/m^3 的非漫滩洪水作为中等含沙量洪水。1960 年 9 月 15 日至 1996 年 6 月,这一含沙量级的洪水共发生 190 次,平均每年 5.3 次,占全部洪水次数的 47.9%,说明其发生的频率较高。就其冲淤特性而言,中等含沙量洪水冲淤情况较为复杂,下游河道冲淤与来水来沙关系最为密切,洪水冲淤调整过程中除局部河段河势变化引起主河槽形态发生较大变化外,一般来说,主河槽形态变化不大。

1960 年 9 月 15 日至 1996 年 6 月黄河下游 190 次中等含沙量非漫滩洪水,来水量 3 314.2亿 m^3,来沙量 123.99 亿 t,分别占 36 年总量的 23.0% 和 32.2%,平均含沙量 37.4 kg/m^3。黄河下游共淤积泥沙 0.12 亿 t,其中,花园口以上淤积 5.05 亿 t,花园口至高村淤积 2.10 亿 t,高村至艾山及艾山至利津河段分别冲刷 2.17 亿 t 和 4.86 亿 t。山东河段的冲刷主要是由于泥沙在河南河段大量淤积后,至艾山站含沙量特别是粗沙含沙量降低造成的。

黄河下游中等含沙量洪水的来水来沙及河道冲淤情况见表 2-3。

表 2-3　三黑武含沙量 20～80 kg/m^3 的各级流量下水沙量和河道冲淤量

类别	站名(河段)	W (亿 m^3)	$W_{S细}$ (亿 t)	$W_{S中}$ (亿 t)	$W_{S粗}$ (亿 t)	W_S (亿 t)	$DW_{S细}$ (亿 t)	$DW_{S中}$ (亿 t)	$DW_{S粗}$ (亿 t)	DW_S (亿 t)
分流量级	流量 = 1 000～1 500 m^3/s				场次 = 39			天数 = 230 d		
	三黑武	260.5	5.40	2.15	1.80	9.35	0.27	0.55	0.73	1.54
	花园口	268.3	5.05	1.58	1.05	7.67	0.24	0.01	0.20	0.45
	高村	243.9	4.49	1.48	0.80	6.77	0.36	-0.17	-0.07	0.13
	艾山	238.5	3.92	1.57	0.83	6.31	-0.18	0.32	0.21	0.36
	利津	223.2	3.90	1.18	0.58	5.66				
	三—利						0.69	0.72	1.07	2.48
	流量 = 1 500～2 000 m^3/s				场次 = 52			天数 = 440 d		
	三黑武	655.1	16.07	7.08	5.34	28.49	0.22	1.99	1.77	3.97
	花园口	671.0	15.65	5.03	3.53	24.22	0.84	0.34	0.71	1.88
	高村	623.6	14.03	4.46	2.68	21.16	0.71	-0.38	-0.14	0.20
	艾山	611.7	12.76	4.66	2.70	20.10	-0.93	0.35	0.47	-0.12
	利津	559.8	13.08	4.11	2.11	19.30				
	三—利						0.83	2.29	2.80	5.92

续表 2-3

类别	站名（河段）	W（亿 m³）	$W_{S细}$（亿 t）	$W_{S中}$（亿 t）	$W_{S粗}$（亿 t）	W_S（亿 t）	$DW_{S细}$（亿 t）	$DW_{S中}$（亿 t）	$DW_{S粗}$（亿 t）	DW_S（亿 t）
分流量级	流量 = 2 000 ~ 2 500 m³/s				场次 = 32			天数 = 290 d		
	三黑武	556.8	10.71	5.23	4.38	20.32	-1.05	0.65	1.29	0.89
	花园口	576.8	11.66	4.54	3.06	19.26	0.05	0.12	0.56	0.73
	高村	551.4	11.24	4.29	2.43	17.96	0.10	0	-0.08	0.02
	艾山	549.0	10.87	4.18	2.44	17.49	-0.67	-0.30	-0.03	-1.00
	利津	530.2	11.24	4.36	2.40	18.00				
	三—利						-1.57	0.47	1.74	0.64
	流量 = 2 500 ~ 3 000 m³/s				场次 = 24			天数 = 228 d		
	三黑武	546.1	11.76	5.92	4.47	22.15	-1.61	0.62	1.47	0.47
	花园口	559.4	13.30	5.26	2.98	21.54	0.16	0.56	0.86	1.58
	高村	531.4	12.68	4.53	2.03	19.24	1.37	-0.71	-1.10	-0.45
	艾山	527.1	10.89	5.08	3.07	19.04	-1.40	-0.30	0.48	-1.22
	利津	494.3	11.80	5.15	2.49	19.44				
	三—利						-1.48	0.17	1.70	0.38
	流量 = 3 000 ~ 4 000 m³/s				场次 = 29			天数 = 266 d		
	三黑武	769.9	13.88	7.49	5.79	27.16	-1.49	0.74	1.55	0.80
	花园口	807.8	15.29	6.71	4.21	26.21	-0.99	-0.05	0.25	-0.79
	高村	773.8	16.01	6.64	3.89	26.54	0.20	-0.91	-0.66	-1.36
	艾山	774.4	15.55	7.44	4.49	27.47	-1.12	-0.74	-0.06	-1.91
	利津	737.3	16.38	8.03	4.47	28.88				
	三—利						-3.40	-0.95	1.08	-3.27
	流量 > 4000 m³/s				场次 = 14			天数 = 138 d		
	三黑武	525.7	8.87	4.40	3.26	16.52	-1.61	-0.58	-0.43	-2.61
	花园口	541.4	10.43	4.96	3.67	19.05	-0.49	-2.01	0.75	-1.75
	高村	539.7	10.82	6.92	2.88	20.61	-0.87	0.81	-0.64	-0.70
	艾山	535.3	11.60	6.05	3.50	21.14	-0.57	-0.69	0.29	-0.97
	利津	529.0	12.06	6.68	3.18	21.92				
	三—利						-3.53	-2.48	-0.03	-6.04
汇总	流量 > 1 000 m³/s				场次 = 190			天数 = 1 592 d		
	三黑武	3 314.2	66.68	32.27	25.04	123.99	-5.28	3.96	6.37	5.05
	花园口	3 424.7	71.38	28.06	18.50	117.94	-0.19	-1.03	3.32	2.10
	高村	3 263.7	69.26	28.31	14.71	112.28	1.87	-1.35	-2.69	-2.17
	艾山	3 235.9	65.57	28.97	17.03	111.57	-4.86	-1.36	1.36	-4.86
	利津	3 073.8	68.46	29.51	15.23	113.20				
	三—利						-8.46	0.22	8.36	0.12

注：水流为非漫滩洪水。

为了进一步分析中等含沙量洪水条件下黄河下游各河段的冲淤调整与来水来沙的关系，统计不同水沙组合情况下各河段的冲淤效率，见表 2-4。

表2-4　中等含沙量不同水沙组合下各河段的冲淤效率　(单位:10^6 t/亿 m^3)

流量级(m^3/s)	河段	含沙量级(kg/m^3)			
		20~30	30~40	40~60	60~80
1 000~1 500	三—花	1.85	0.68	0.60	3.72
	花—高	-0.30	0.22	0.70	1.46
	高—艾	0.93	0.04	0.28	-0.09
	艾—利	0.93	0.26	0.15	0.38
1 500~2 000	三—花	0.09	0.98	0.44	2.20
	花—高	0.03	0.11	0.75	0.29
	高—艾	-0.08	0.01	0.09	0.18
	艾—利	0.01	0.24	-0.04	-0.18
2 000~2 500	三—花	0.01	0.92	0.26	0.27
	花—高	-0.04	0.86	0.86	0.73
	高—艾	-0.10	0.30	0.02	-0.18
	艾—利	-0.08	0.05	-0.15	-0.62
2 500~3 000	三—花	-0.33	0.06	1.60	0.54
	花—高	-0.36	-0.26	0.54	1.20
	高—艾	0.26	0.07	-0.09	-0.41
	艾—利	-0.37	-0.11	-0.37	-0.03
3 000~4 000	三—花	-0.26	0.83	-0.07	1.13
	花—高	0.10	0.21	-0.37	0.26
	高—艾	-0.23	-0.26	-0.26	0.01
	艾—利	-0.20	0.10	-0.47	-0.34
>4 000	三—花	-0.57			
	花—高	-0.61			
	高—艾	-0.27			
	艾—利	-0.17			

注:水流为非漫滩洪水;三、花、高、艾、利分别为三门峡、花园口、高村、艾山、利津的简称,下同。

由表2-4可以看出,中等含沙量洪水条件下各河段的冲淤调整关系较为复杂,与来水来沙关系密切,对其冲淤特性可总结如下:

(1)流量为1 000~1 500 m^3/s的中等含沙量洪水,高村以上河段随含沙量增加,淤积增加,经高村以上淤积调整后,至高村—利津河段淤积效率随着含沙量的增大反而减小。

(2)流量为1 500~2 000 m^3/s的中等含沙量洪水,冲淤特性与流量为1 000~1 500 m^3/s的洪水相近,只是由于流量的增大,艾山以上河段淤积效率减弱。艾山以上河段随含沙量增加,淤积增加,经艾山以上淤积调整后,至艾山—利津河段淤积效率随着含沙量的增大反而减小,当含沙量超过40 kg/m^3时,由于艾山以上河段的沿程淤积,艾山—利津河段则发生冲刷。

(3)流量为2 000~2 500 m^3/s的中等含沙洪水,高村以上河段的淤积效率进一步减弱,高村—艾山河段微冲微淤,至艾山—利津河段发生冲刷。

(4)当流量增至2 500~3 000 m^3/s时,艾山以上河段的淤积效率进一步减弱(甚至冲刷),至艾山—利津河段发生明显冲刷。

(5)当流量增至3 000 m^3/s 以上时,由于流量较大,高村—艾山段及艾山—利津段均发生比较明显的沿程冲刷。高村以上河段,由于河道宽浅,当含沙量超过60 kg/m^3 时则发生淤积。

中等含沙量洪水,一般来说其来水来沙和下游河道的输沙能力相差并不十分悬殊,无论是冲刷还是淤积,就中等流量的非漫滩洪水而言,其冲淤量不大。因此,各河段的冲淤调整比较平稳,横向形态一般不会有大的改变。就其淤积效率来看,最大的是流量小于1 500 m^3/s 而含沙量大于60 kg/m^3 的洪水在高村以上造成的淤积,约20亿 m^3 造成1亿t的淤积;冲刷效率最大的是流量大于4 000 m^3/s 而含沙量小于30 kg/m^3的较大流量的洪水在高村以上河段造成的冲刷,约85亿 m^3 水冲刷1亿t。就艾山—利津河段来看,中等含沙量洪水淤积效率一般不超过0.9×10^6 t/亿 m^3,冲刷效率一般不超过0.6×10^6 t/亿 m^3,即河道淤积时110亿 m^3 以上的水量淤积1亿t的泥沙,冲刷时170亿 m^3 以上的水量冲刷1亿t泥沙。

3.较高含沙量一般洪水下游各河段的冲淤分析

较高含沙量一般洪水,系指三黑武平均含沙量在80 kg/m^3 以上,但洪水过程中最大日平均含沙量小于300 kg/m^3 的非漫滩洪水。1960年9月15日至1996年6月,这类洪水共发生51次,平均约1.5次/年,来水量715.9亿 m^3,来沙量78.30亿t,分别占36年总水沙量的5.0%和20.3%;平均含沙量109.4 kg/m^3,为36年平均含沙量的4.1倍;洪水历时358 d,占全部天数的2.7%。三门峡至利津共淤积泥沙29.53亿t,占36年总淤积量的81.3%,淤积比为37.7%,平均每1亿 m^3 洪水淤积泥沙4.1×10^6 t。由此说明,此类洪水在黄河下游造成的淤积是比较严重的,且淤积强度较大。从此类洪水造成的淤积的沿程分布看,淤积主要在高村以上的宽河段,淤积量为28.97亿t,占全下游的98.1%,高村—艾山河段淤积0.70亿t,占2.3%,艾山—利津河段经上游河道淤积调整后,微冲0.13亿t,占-0.4%。较高含沙量一般洪水的来水来沙及黄河下游各河段的冲淤情况见表2-5。

据51次洪水资料和表2-5中的统计结果,此种类型洪水的冲淤特性,可总结如下:

(1)各级流量的洪水,高村以上河段发生淤积,淤积随流量增加而减轻。流量为1 000~1 500 m^3/s时,淤积比在55%以上;当流量增至3 000 m^3/s 以上时,该河段淤积比降至7%~22%。

(2)由于高村以上河段淤积,高村以下河段在各级流量中淤积量不大,并且随流量的增加而改变为冲刷。当流量在1 500~2 500 m^3/s 时,淤积比在10%以下;当流量增至3 000 m^3/s 以上时,该河段表现为微冲,250亿~900亿 m^3 水冲刷1亿t。

(3)由于高村以上河段淤积调整,高村—艾山河段在各级流量中冲淤变化不大,淤积比为-3%~2%。

(4)在艾山以上河段淤积调整作用下,艾山—利津河段在流量为1 500~2 000 m^3/s时微淤,淤积比为3%~5%;流量在2 000~3 000 m^3/s 时,由于艾山以上河段淤积和流量增加,艾山—利津河段冲淤基本平衡;流量超过3 000 m^3/s 以后,该河段发生微冲,冲刷强度有随流量增加而加大的趋势,200亿~1 500亿 m^3 水冲刷1亿t。

表 2-5　三黑武含沙量大于 80 kg/m³ 各级流量下水沙量和河道冲淤量

类别	站名（河段）	W（亿 m³）	$W_{S细}$（亿 t）	$W_{S中}$（亿 t）	$W_{S粗}$（亿 t）	W_S（亿 t）	$DW_{S细}$（亿 t）	$DW_{S中}$（亿 t）	$DW_{S粗}$（亿 t）	DW_S（亿 t）
分流量级	流量 = 1 000 ~ 1 500 m³/s				场次 = 8			天数 = 36 d		
	三黑武	41.7	2.54	1.07	0.97	4.57	0.32	0.53	0.54	1.39
	花园口	43.6	2.19	0.52	0.42	3.13	0.73	0.25	0.15	1.14
	高村	38.6	1.36	0.26	0.25	1.87	0.07	0	0.02	0.09
	艾山	44.0	1.26	0.25	0.22	1.72	0.07	-0.02	0.05	0.11
	利津	39.7	1.15	0.26	0.16	1.56				
	三—利						1.19	0.76	0.77	2.72
	流量 = 1 500 ~ 2 000 m³/s				场次 = 20			天数 = 138 d		
	三黑武	212.3	13.43	6.39	5.47	25.28	1.87	3.32	3.00	8.19
	花园口	211.5	11.43	3.02	2.42	16.87	2.48	0.86	0.82	4.16
	高村	188.0	8.42	2.02	1.50	11.94	0.24	-0.27	0.22	0.19
	艾山	187.8	7.78	2.20	1.23	11.21	0.30	0.13	-0.05	0.38
	利津	169.5	7.08	1.98	1.22	10.28				
	三—利						4.90	4.04	3.98	12.92
	流量 = 2 000 ~ 2 500 m³/s				场次 = 12			天数 = 75 d		
	三黑武	139.7	9.44	4.47	3.05	16.95	1.07	1.63	0.61	3.31
	花园口	144.3	8.30	2.81	2.42	13.53	1.28	0.88	1.34	3.50
	高村	132.4	6.79	1.86	1.03	9.67	0.60	-0.03	0.02	0.59
	艾山	133.8	6.05	1.86	0.99	8.89	0.28	-0.25	-0.04	-0.01
	利津	126.0	5.61	2.05	1.00	8.66				
	三—利						3.23	2.24	1.93	7.39
	流量 = 2 500 ~ 3 000 m³/s				场次 = 3			天数 = 29 d		
	三黑武	68.1	3.70	1.93	1.08	6.71	0.38	0.80	0.47	1.65
	花园口	71.6	3.29	1.12	0.61	5.02	0.70	0.44	0.31	1.46
	高村	60.9	2.43	0.63	0.28	3.34	0.11	-0.15	-0.18	-0.21
	艾山	58.7	2.29	0.76	0.45	3.50	0.22	-0.17	-0.05	0
	利津	52.9	2.03	0.92	0.50	3.44				
	三—利						1.41	0.93	0.55	2.89
	流量 = 3 000 ~ 4 000 m³/s				场次 = 6			天数 = 55 d		
	三黑武	162.4	9.05	4.39	2.65	16.08	-0.26	1.18	0.55	1.46
	花园口	160.8	9.24	3.17	2.08	14.50	1.11	-0.09	1.08	2.09
	高村	157.3	7.94	3.20	0.96	12.10	0.17	0.29	-0.51	-0.06
	艾山	152.0	7.55	2.83	1.45	11.84	-0.71	0.40	0.20	-0.11
	利津	145.6	8.05	2.35	1.21	11.61				
	三—利						0.31	1.77	1.31	3.39
	流量 > 4 000 m³/s				场次 = 2			天数 = 25 d		
	三黑武	91.8	6.13	1.86	0.72	8.71	-0.29	-0.08	-0.33	-0.70
	花园口	92.9	6.39	1.93	1.04	9.36	0.98	0.20	0.13	1.32
	高村	94.6	5.37	1.72	0.90	7.99	0.15	-0.05	0	0.10
	艾山	95.7	5.20	1.76	0.90	7.86	-0.16	-0.03	-0.31	-0.50
	利津	95.9	5.34	1.79	1.20	8.33				
	三—利						0.69	0.04	-0.50	0.23

续表 2-5

类别	站名（河段）	W（亿 m³）	$W_{S细}$（亿 t）	$W_{S中}$（亿 t）	$W_{S粗}$（亿 t）	W_S（亿 t）	$DW_{S细}$（亿 t）	$DW_{S中}$（亿 t）	$DW_{S粗}$（亿 t）	DW_S（亿 t）
汇总	流量 >1 000 m³/s				场次 =51			天数 =358 d		
	三黑武	715.9	44.29	20.09	13.93	78.30				
							3.09	7.38	4.84	15.31
	花园口	724.6	40.85	12.57	8.99	62.41				
							7.28	2.55	3.83	13.66
	高村	671.6	32.32	9.68	4.92	46.91				
							1.35	-0.21	-0.44	0.70
	艾山	672.0	30.13	9.67	5.24	45.03				
							0.01	0.06	-0.20	-0.13
	利津	629.4	29.24	9.36	5.29	43.89				
	三—利						11.72	9.77	8.03	29.53

注：水流为非漫滩洪水。

4. 高含沙洪水的冲淤特性

高含沙洪水系指洪水过程中三黑武最大日平均含沙量超过 300 kg/m³ 的洪水。黄河下游高含沙洪水的来水来沙及河道冲淤情况见表 2-6。

表 2-6　高含沙洪水的来水来沙量及河道冲淤量统计

站名（河段）	W（亿 m³）	$W_{S细}$（亿 t）	$W_{S中}$（亿 t）	$W_{S粗}$（亿 t）	W_S（亿 t）	$DW_{S细}$（亿 t）	$DW_{S中}$（亿 t）	$DW_{S粗}$（亿 t）	DW_S（亿 t）
			场次 =20			天数 =143 d			
三黑武	315.6	32.70	17.46	16.49	66.66				
						1.85	5.44	4.74	12.03
花园口	320.8	30.68	11.95	11.69	54.33				
						9.85	4.97	7.08	21.90
高村	296.9	20.13	6.73	4.38	31.24				
						1.08	0.94	0.91	2.93
艾山	295.0	18.76	5.70	3.42	27.88				
						0.50	-0.24	0.10	0.36
利津	276.6	17.96	5.85	3.26	27.06				
三—高						11.70	10.40	11.83	33.93
高—利						1.58	0.70	1.01	3.29
三—利						13.28	11.11	12.84	37.22

据统计，1960 年 9 月 15 日至 1996 年 6 月，黄河下游共发生此类洪水 20 次，来水量 315.6 亿 m³，来沙量 66.66 亿 t，分别占总来水、来沙量的 2.2% 和 17.3%，平均含沙量 211.2 kg/m³。洪水历时 143 d，占 1.1%，其造成的淤积量达 37.22 亿 t，约为 36 年总淤积量的 1.03 倍。黄河下游高含沙洪水排沙比仅 44.2%，半数以上来沙淤积在下游河道中，平均每 1 亿 m³ 洪水淤积泥沙 11.8×10^6 t，由此可见，高含沙洪水的淤积强度是非常大的，而且淤积十分集中，是黄河下游淤积的主要因素。就河南河道而言，高含沙洪水期间，高村以上河段淤积泥沙 33.93 亿 t，占淤积总量的 91.1%，由此证明，高含沙洪水给河道带来了严重淤积。就山东河道而言，高含沙洪水期间，高村以下河段淤积泥沙 3.29 亿 t，占淤积总量的 8.9%，相对于汛期冲刷的山东河道来说，高含沙洪水也是非常不利的。另外，高含沙洪水过程中造成的洪水位异常抬高、河势突变及河道整治建筑物冲刷加剧等特殊现象，也给防洪增加困难。因此，小浪底水库调水调沙中，关于高含沙洪水的调节就成为关键问题之一，必须对高含沙洪水的冲淤特性进行充分的研究。

5. 非高含沙量漫滩洪水下游各河段的冲淤特性

非高含沙量漫滩洪水，系指洪水过程中三黑武最大日平均含沙量小于 300 kg/m^3 的漫滩洪水。黄河下游非高含沙量洪水漫滩后，一般来说都具有淤滩刷槽的冲淤特性。一方面，主槽经过冲刷后，增加了行洪能力，加大了滩槽高差，对行洪和河势稳定有利；另一方面，河槽经过剧烈冲刷后，河床边界和后续的来水来沙很不适应，后期回淤较快。黄河下游长时期以来河道的淤积是一个滩槽同步抬升的过程，滩面的升高，从一个较长时期看，则预示着洪水位升高。同时，若漫滩洪水在滩地大量落淤，还会给滩区群众带来沉重的经济损失。因此，小浪底水库对漫滩洪水的调节，就由主槽冲刷量和滩地淤积量的对比关系及洪水漫滩损失等综合研究决定。基于目前黄河下游的淤积及两岸滩区的开发治理现状，小浪底水库初期运用期间应适当控制洪水上滩，减轻两岸滩区的洪灾损失。

据统计，1960 年 9 月 15 日至 1996 年 6 月，黄河下游共发生非高含沙量漫滩洪水 26 次，来水量 947. 40 亿 m^3，来沙量 36. 23 亿 t，分别占 36 年总来水、来沙量的 6. 6% 和 9. 4%。历时 265 d，占 2. 0%，平均含沙量 38. 24 kg/m^3。黄河下游河道冲刷泥沙 6. 24 亿 t，其中三黑武—花园口间冲刷 5. 16 亿 t，花园口—高村间冲刷 0. 14 亿 t，高村—艾山间淤积 2. 93 亿 t，艾山—利津间冲刷 3. 87 亿 t，见表 2-7。由此可见，一般含沙量的洪水漫滩后，对下游河道的冲刷是比较有利的。

表 2-7 非高含沙量漫滩洪水的来水来沙量及河道冲淤量统计

站名（河段）	W（亿 m^3）	$W_{S细}$（亿 t）	$W_{S中}$（亿 t）	$W_{S粗}$（亿 t）	W_S（亿 t）	$DW_{S细}$（亿 t）	$DW_{S中}$（亿 t）	$DW_{S粗}$（亿 t）	DW_S（亿 t）
			场次 =26			天数 =265 d			
三黑武	947. 40	19. 22	10. 29	6. 72	36. 23	-4. 98	-0. 65	0. 46	-5. 16
花园口	1 021. 83	24. 11	10. 88	6. 22	41. 21	0. 05	-0. 23	0. 04	-0. 14
高村	973. 14	23. 45	10. 85	6. 05	40. 35	4. 27	-0. 10	-1. 24	2. 93
艾山	980. 96	18. 86	10. 79	7. 21	36. 87	-1. 54	-1. 57	-0. 76	-3. 87
利津	937. 13	20. 11	12. 18	7. 87	40. 16				
三—利						-2. 20	-2. 54	-1. 50	-6. 24

6. 汛期平水期的下游各河段冲淤特性

黄河下游河道汛期平水期是指汛期中三黑武流量小于 1 000 m^3/s 的时期。由于小浪底水库初期运用期间在汛期对入库水沙的调节完全不同于三门峡水库的敞泄运用，不会出现小流量排大沙的情况，因此本次研究重点分析实测资料中汛期平水期三黑武含沙量小于 20 kg/m^3 的低含沙水流的冲淤特性。

黄河下游汛期平水期的来水来沙及河道冲淤情况见表 2-8。

1960 年 9 月 15 日至 1996 年 6 月，汛期黄河下游三黑武流量小于 1 000 m^3/s、含沙量小于 20 kg/m^3 水流的天数共 403 d，三黑武来水 203. 5 亿 m^3，来沙 1. 27 亿 t，分别占 36 年总量的 1. 4% 和 0. 33%，平均含沙量 6. 2 kg/m^3，下游河道共冲刷泥沙 0. 58 亿 t。从冲淤的沿程分布来看，花园口以上冲刷 0. 96 亿 t，花园口—高村段淤积 0. 10 亿 t，高村—艾山

表 2-8　黄河下游汛期平水期低含沙水流的河道冲淤量统计

类别	站名（河段）	W（亿 m^3）	$W_{S细}$（亿 t）	$W_{S中}$（亿 t）	$W_{S粗}$（亿 t）	W_S（亿 t）	$DW_{S细}$（亿 t）	$DW_{S中}$（亿 t）	$DW_{S粗}$（亿 t）	DW_S（亿 t）
分流量级	流量 < 400 m^3/s						天数 = 92 d			
	三黑武	19.7	0.06	0.01	0.01	0.08	-0.08	-0.02	-0.02	-0.12
	花园口	18.8	0.07	0.02	0.02	0.12	-0.01	-0.01	-0.01	-0.03
	高村	11.3	0.04	0.01	0.01	0.06	0.01	0	0	0.01
	艾山	7.0	0.02	0	0	0.03	-0.02	0	0	-0.03
	利津	3.7	0.01	0	0	0.01				
	三—利						-0.11	-0.03	-0.03	-0.18
	流量 = 400 ~ 600 m^3/s						天数 = 103 d			
	三黑武	44.5	0.12	0.03	0.03	0.18	-0.09	-0.06	-0.05	-0.20
	花园口	40.6	0.19	0.08	0.08	0.34	0	0.01	0.03	0.04
	高村	33.7	0.16	0.06	0.04	0.26	0.05	0.02	0	0.07
	艾山	26.3	0.09	0.04	0.03	0.16	-0.02	-0.02	0	-0.03
	利津	18.7	0.08	0.04	0.02	0.15				
	三—利						-0.07	-0.05	-0.01	-0.13
	流量 = 600 ~ 800 m^3/s						天数 = 125 d			
	三黑武	74.4	0.34	0.06	0.05	0.44	-0.13	-0.14	-0.12	-0.38
	花园口	72.9	0.43	0.19	0.17	0.78	-0.01	0.03	0.07	0.10
	高村	59.9	0.39	0.14	0.08	0.62	0	0.02	-0.01	0.01
	艾山	51.6	0.33	0.10	0.08	0.51	0.05	0.03	0.03	0.10
	利津	36.5	0.21	0.05	0.03	0.29				
	三—利						-0.09	-0.05	-0.04	-0.18
	流量 = 800 ~ 1 000 m^3/s						天数 = 83 d			
	三黑武	64.8	0.37	0.11	0.08	0.56	-0.08	-0.08	-0.09	-0.25
	花园口	61.6	0.43	0.19	0.16	0.78	-0.03	0	0.03	0
	高村	54.9	0.43	0.18	0.12	0.72	0.07	0.03	0.01	0.11
	艾山	48.3	0.31	0.13	0.10	0.54	-0.01	0.04	0.03	0.06
	利津	38.9	0.28	0.07	0.05	0.39				
	三—利						-0.06	-0.02	-0.01	-0.09
汇总	天数 = 403 d									
	三黑武	203.5	0.89	0.21	0.17	1.27	-0.38	-0.30	-0.28	-0.96
	花园口	193.9	1.11	0.47	0.43	2.02	-0.06	0.02	0.13	0.10
	高村	159.7	1.02	0.39	0.24	1.66	0.12	0.07	-0.01	0.18
	艾山	133.2	0.75	0.27	0.21	1.23	-0.01	0.05	0.06	0.10
	利津	97.8	0.58	0.16	0.10	0.84				
	三—利						-0.33	-0.16	-0.09	-0.58

段淤积0.18亿t,艾山—利津段淤积0.10亿t,说明铁谢至花园口之间冲刷恢复的泥沙至花园口以下淤积。由此说明,小浪底水库初期运用期间出库的汛期小流量将对花园口以下河道产生不利影响,水库调度运用中应予以重视。

将汛期平水期按三黑武流量大小进行分析,可得到以下认识:

(1)当流量小于600 m^3/s 时,全下游总量冲刷,冲刷主要在花园口以上,花园口以下微冲微淤。

(2)流量超过600 m^3/s 后,全下游总量冲刷,冲刷仍主要在花园口以上,花园口以下则发生淤积。

由以上分析可以看出,汛期平水期下泄流量越大,对山东河道越不利,特别是对艾山—利津河段不利。因此,从山东河段减淤的角度出发,在满足水库发电、灌溉、供水及环境等要求的前提下,应尽量控制下泄流量。

(二)非汛期黄河下游河道的冲淤特性

小浪底水库控制不利水沙进入下游河道时,年内非汛期会有相当长的时间泄放低含沙量的水流出库,此时,除满足发电、供水、灌溉等开发目标外,还应兼顾下游河道特别是山东河道减淤。因此,应分析黄河下游河道非汛期低含沙量水流的冲淤特性。

黄河下游非汛期的来水来沙及河道冲淤情况见表2-9。

表2-9　黄河下游非汛期低含沙水流的河道冲淤量统计

类别	站名(河段)	W(亿 m^3)	$W_{S细}$(亿t)	$W_{S中}$(亿t)	$W_{S粗}$(亿t)	W_S(亿t)	$DW_{S细}$(亿t)	$DW_{S中}$(亿t)	$DW_{S粗}$(亿t)	DW_S(亿t)
分流量级	流量 < 400 m^3/s						天数 = 577 d			
	三黑武	136.6	0.09	0.03	0.05	0.17	-0.12	-0.11	-0.30	-0.54
	花园口	127.4	0.16	0.12	0.33	0.61	0.02	0.02	0.13	0.17
	高村	92.7	0.10	0.08	0.15	0.33	0.01	0.03	0.05	0.09
	艾山	73.6	0.07	0.04	0.06	0.17	0	0	0.01	0.01
	利津	58.2	0.04	0.01	0.02	0.07				
	三—利						-0.09	-0.06	-0.12	-0.27
	流量 = 400 ~ 600 m^3/s						天数 = 876 d			
	三黑武	384.4	0.20	0.11	0.51	0.83	-0.28	-0.30	-0.98	-1.56
	花园口	361.8	0.43	0.39	1.45	2.27	-0.02	-0.01	0.42	0.39
	高村	308.0	0.41	0.37	0.94	1.73	0.03	0.09	0.29	0.41
	艾山	258.8	0.34	0.25	0.57	1.16	0.16	0.14	0.38	0.68
	利津	205.1	0.13	0.06	0.08	0.27				
	三—利						-0.11	-0.08	0.11	-0.09
	流量 = 600 ~ 800 m^3/s						天数 = 1 267 d			
	三黑武	762.7	0.33	0.14	0.44	0.91	-0.76	-0.78	-2.54	-4.07
	花园口	725.3	1.00	0.87	2.92	4.79	-0.27	-0.39	-0.03	-0.70
	高村	616.9	1.17	1.20	2.74	5.11	0.21	0.39	0.90	1.50
	艾山	477.4	0.86	0.69	1.59	3.14	0.29	0.25	0.84	1.38
	利津	309.2	0.40	0.29	0.42	1.11				
	三—利						-0.53	-0.53	-0.83	-1.89

续表 2-9

类别	站名（河段）	W（亿 m^3）	$W_{S细}$（亿 t）	$W_{S中}$（亿 t）	$W_{S粗}$（亿 t）	W_S（亿 t）	$DW_{S细}$（亿 t）	$DW_{S中}$（亿 t）	$DW_{S粗}$（亿 t）	DW_S（亿 t）
分流量级	流量 = 800 ~ 1 000 m^3/s						天数 = 1 209 d			
	三黑武	935.3	0.25	0.12	0.31	0.67	-0.96	-1.01	-3.33	-5.29
	花园口	878.6	1.05	1.06	3.53	5.64	-0.55	-0.77	-0.74	-2.05
	高村	756.4	1.50	1.73	3.97	7.20	0.22	0.50	1.18	1.90
	艾山	580.3	1.15	1.06	2.38	4.59	0.51	0.52	1.33	2.36
	利津	320.7	0.42	0.29	0.43	1.13				
	三—利						-0.77	-0.76	-1.54	-3.07
	流量 = 1 000 ~ 1 500 m^3/s						天数 = 1 052 d			
	三黑武	1 096.1	0.88	0.41	0.88	2.18	-1.24	-1.31	-4.46	-7.01
	花园口	1 057.3	2.02	1.67	5.27	8.96	-0.94	-1.32	-0.90	-3.16
	高村	956.6	2.87	2.91	5.93	11.71	0.07	0.46	0.68	1.21
	艾山	849.1	2.63	2.26	4.84	9.72	0.67	0.64	2.43	3.75
	利津	649.9	1.71	1.35	1.80	4.87				
	三—利						-1.44	-1.52	-2.25	-5.22
	流量 > 1 500 m^3/s						天数 = 407 d			
	三黑武	681.1	1.35	0.71	1.42	3.47	-1.38	-1.01	-2.27	-4.66
	花园口	678.4	2.68	1.70	3.65	8.04	-0.43	-0.56	-0.58	-1.56
	高村	629.6	3.07	2.23	4.16	9.45	-0.65	-0.39	-0.17	-1.21
	艾山	605.1	3.65	2.56	4.22	10.42	-0.06	0.32	1.55	1.82
	利津	547.6	3.61	2.15	2.50	8.26				
	三—利						-2.51	-1.64	-1.46	-5.61
汇总	天数 = 5 388 d									
	三黑武	3 996.2	3.10	1.52	3.62	8.23	-4.74	-4.53	-13.87	-23.13
	花园口	3 828.7	7.34	5.81	17.16	30.30	-2.18	-3.03	-1.71	-6.91
	高村	3 360.2	9.12	8.53	17.88	35.53	-0.10	1.08	2.92	3.91
	艾山	2 844.2	8.70	6.84	13.66	29.20	1.57	1.88	6.55	10.00
	利津	2 090.7	6.30	4.15	5.25	15.70				
	三—利						-5.44	-4.60	-6.10	-16.14

1960 年 9 月 15 日至 1996 年 6 月，非汛期黄河下游三黑武含沙量小于 20 kg/m^3 水流的天数共 5 388 d，三黑武来水 3 996.2 亿 m^3，来沙 8.23 亿 t，分别占 36 年总量的 27.7% 和 2.1%，平均含沙量 2.1 kg/m^3。下游河道共冲刷泥沙 16.14 亿 t，从冲淤的沿程分布来看，花园口以上冲刷 23.13 亿 t，花园口—高村段冲刷 6.91 亿 t，高村—艾山段淤积 3.91 亿 t，艾山—利津段淤积 10 亿 t。粗泥沙在四个河段分别淤积 -13.87 亿 t、-1.71 亿 t、2.92 亿 t 和 6.55 亿 t，说明铁谢至高村之间冲刷恢复的泥沙特别是粗泥沙至高村以下大量淤积，即出现所谓“泥沙搬家”，高村以下河段的淤积比高达 39%，粗泥沙淤积比则高达 53%。由此说明，小浪底水库初期运用期间出库的非汛期低含沙水流将对山东河道的淤积产生重要影响，水库调度运用中应充分予以重视。

将非汛期按三黑武流量大小进行分析,可得到以下认识:

(1)流量小于400 m^3/s 的情况下,花园口以上发生冲刷,以下河段则发生淤积。由于流量较小,冲刷量和淤积量均不大,且淤积主要在花园口—高村和高村—艾山段,对艾山—利津河段而言,淤积效率甚小。流量增加至400～600 m^3/s 时,下游河道各河段冲淤性质与400 m^3/s 流量以下基本相同,差别之处在于花园口以上的冲刷及以下的淤积均有较大增加,且淤积重心下移至山东河段,高村以下河段平均约350亿 m^3 水量淤积泥沙1亿t。

(2)流量超过600 m^3/s 后,下游河道的冲刷发展到高村,淤积重心完全落在山东河段,出现典型的"冲河南,淤山东"的局面。当流量超过800 m^3/s 后,河南河段的冲刷和山东河段的淤积均明显加剧。流量为800～1 500 m^3/s 时,高村以上平均约120亿 m^3 水冲刷1亿t泥沙,高村以下河段淤积比则达49%,平均约220亿 m^3 水淤积1亿t泥沙。可见,此时山东河道的淤积已相当严重。

(3)流量超过1 500 m^3/s 后,下游河道的冲刷发展到艾山,淤积重心完全落在艾山—利津河段,平均约370亿 m^3 水淤积1亿t泥沙。在小浪底运用初期的出库水沙中,这种水沙组合往往会出现在丰水年的非汛期或非汛期蓄水较多的6月。

由以上分析可以看出,非汛期下泄流量越大,对河南河段冲刷越有利,而对山东河道减淤越不利,特别是对艾山—利津河段更为不利。因此,从山东河段减淤的角度出发,在满足水库发电、灌溉、供水等要求的前提下,应尽量控制下泄流量。

第二节　小浪底水库泥沙输移规律

基础理论与基本规律的研究不仅是对自然现象和自然演变规律的认知过程,而且是掌握进而利用这些自然规律的基础。通过对水库实测资料整理、二次加工及分析,水槽试验及实体模型相关试验成果研究,结合对前人提出的计算公式的验证等,形成了可用于定量描述小浪底水库均匀流输沙、溯源冲刷、异重流输沙、干支流倒灌等的表达式,在黄河调水调沙预案编制过程中发挥了重要作用。

一、水库自然状态及淤积形态

小浪底水库为峡谷型水库,平面形态上窄下宽。根据河道平面形态不同,可将库区划分为两段。上段自三门峡水文站至板涧河口,长约62.4 km,河谷底宽200～400 m。下段自板涧河口至小浪底拦河坝,长约61.59 km,河谷底宽200～1 400 m,其中距坝25 km至29 km之间的八里胡同库段,河谷宽仅200～300 m。库区原始库容大于1亿 m^3 的支流有畛水、大峪河、石井河等11条,集中分布在距坝60余km的库段内。小浪底水库正常蓄水位275 m,原始总库容约126.5亿 m^3,长期有效库容51亿 m^3。

水库主要建筑物包括拦河坝、泄洪排沙系统和发电引水系统。水库泄洪、排沙、引水建筑物均集中布置在左岸,3条排沙洞和3条孔板泄洪洞进口高程为175 m,3条明流泄洪洞进口高程分别为195 m、209 m和225 m,溢洪道高程为258 m,发电洞进口高程1#～4#为195 m,5#～6#为190 m,泄水建筑物形成了一个低位排沙、高位排漂、中间引水发电的布局。

小浪底水库从1999年10月开始蓄水运用至2008年10月的9年时间内，全库区断面法淤积量为24.11亿m^3，其中，干流淤积量为20.01亿m^3，支流淤积量为4.10亿m^3，分别占总淤积量的82.99%和17.01%。支流淤积量占支流原始库容52.68亿m^3的7.78%。

水库干流呈三角洲淤积形态，三角洲形态及顶点位置随着水库运用状况而变化，总的趋势是逐步向下游推进，见图2-2。库区支流因干流浑水倒灌而淤积，随干流淤积面的抬高，支流沟口淤积面同步发展。支流的纵剖面形态由正坡逐步过渡至倒坡，见图2-3。

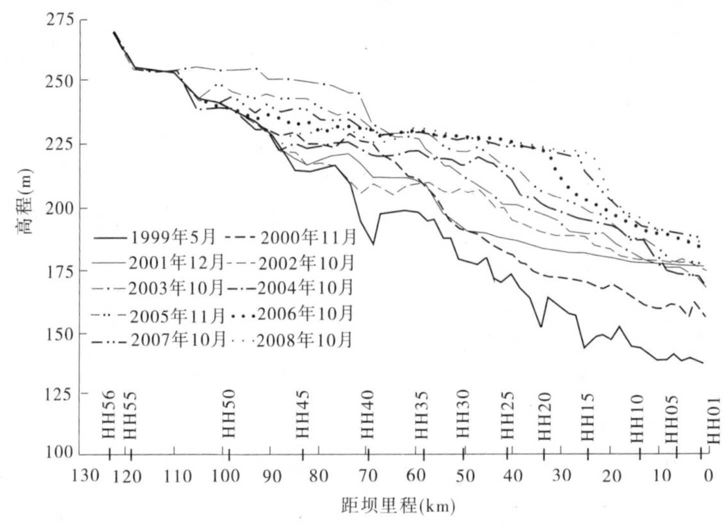

图2-2　干流纵剖面淤积形态

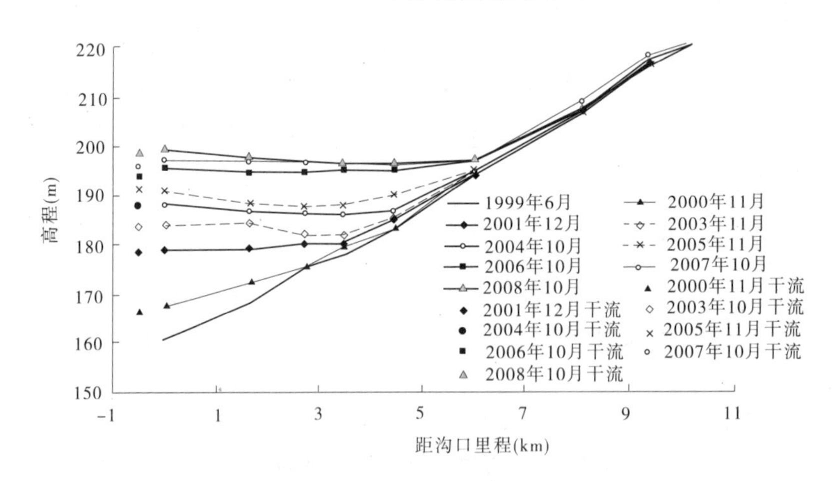

图2-3　库区支流畛水纵剖面淤积形态

小浪底库区泥沙淤积时空分布有以下特点：①泥沙主要淤积在干流，占总淤积量的82.99%；②库区干流纵剖面呈三角洲淤积形态，并逐步向坝前推进；③支流主要为干流异重流倒灌淤积，纵剖面总的趋势是由正坡至水平而后逐步出现倒坡。

二、库区输沙流态

小浪底水库运用以来,随着时间空间的变化,库区呈现不同的输沙流态。在小浪底水库回水末端以下库段为壅水输沙流态,若来水来沙条件与河床边界条件满足异重流潜入,则形成异重流输沙流态。若异重流运行至坝前的浑水未能全部排出,则聚集于坝前形成浑水水库。而回水末端以上的库段,输沙流态接近均匀流。

(1)异重流输沙。浑水进入库区壅水段后潜入到清水的下面,沿库底向下游继续运动。若入库洪水有足够的后续过程且异重流的初始能量足以克服沿程阻力,则异重流可运行至坝前,在底部闸门开启情况下排沙出库,否则中途停止,逐渐沉降成为淤积物。在黄河调水调沙过程中,除对自然形成的异重流进行多种目标的调度之外,还通过中游水库联合调度塑造异重流,实现减少水库淤积的目标。

(2)壅水明流输沙。浑水水流进入库区壅水段后不能满足形成异重流的条件而扩散到整个过水断面,因过流面积沿程增加,流速沿程递减,水流挟带的沙量沿程递减。在黄河调水调沙过程中,某些年份小浪底库区淤积三角洲洲面处于水库回水范围之内,入库浑水运行至该库段后,往往由于河床纵比降小于临界值而不能形成异重流,即转化为壅水明流输沙流态。

(3)浑水水库输沙。异重流到达坝前不能及时排出库外而滞蓄形成浑水水库。由于异重流所含的泥沙颗粒比较细,若含沙量较高,则浑水水库中泥沙沉降方式与明流输沙中分散颗粒沉降过程明显不同,一般表现为沉降速度极为缓慢。

(4)均匀明流输沙。水流挟沙特征与天然河流相同,当水流挟带沙量大于或小于水流挟沙能力时,则相应发生淤积或冲刷。在小浪底库区脱离水库回水的库段,水流接近均匀明流输沙流态。

(5)水库溯源冲刷。水库溯源冲刷是指坝前水位迅速大幅下降,以致局部河段水深远小于平衡水深而产生的自下而上的强烈冲刷。因其冲刷效率高、输沙强度大,是水库冲刷的重要形式。黄河调水调沙即是利用水库溯源冲刷的特点,达到调整局部库段的淤积形态或形成高含沙水流排沙出库的目的。

三、异重流输沙规律

异重流是两种可以相混的流体,因比重的差异而发生的相对运动。小浪底水库运用初期往往处于蓄水状态,当汛期黄河中游降雨产沙或者三门峡水库泄水排沙时,挟沙水流涌入小浪底水库后,唯有形成异重流方能排泄出库。在水库发生异重流时,若水库调度合理,可充分利用异重流的输移规律,在保持一定的蓄水条件下排泄部分泥沙,达到减少水库淤积、延长水库寿命的目的。

小浪底水库异重流形成与输移既遵循普遍性规律又有其特殊性。其特殊性体现在受三门峡水库调控影响大,库区平面形态复杂,频繁出现局部放大、收缩或弯曲等突变地形,在地形变化剧烈处会产生局部损失。尤其是库区十余条较大支流入汇,在干支流交汇处往往发生异重流向支流倒灌,使异重流能量大幅度削减。通过对小浪底水库异重流实测资料的整理、二次加工及分析,水槽试验及实体模型相关试验成果的研究,结合对前人提出的计算公式的验证等,提出了可定量描述小浪底水库来水来沙条件及现状边界条件下异重流持续运行条件、干支流倒灌、不同水沙组合条件下异重流运行速度及排沙效果的表达式,在调水调沙试验中发挥了重要作用。历次黄河调水调沙的实践过程,既是对所掌握的异重流输移规律的检验,也是对其逐步深化的过程。

(一)异重流潜入条件

1. 水流流态与异重流潜入的影响

小浪底库区地形变化具有三维性,异重流潜入点水流特征往往随水库运用水位与地形的变化而发生改变。对于矩形河道,异重流与明渠流的临界底坡为

$$J_k = \frac{\lambda_m}{8}\frac{h_k}{R_k} = 0.0019 \tag{2-2}$$

异重流在三角洲顶坡潜入后多为缓流,潜入点在三角洲前坡时,接近临界底坡。小浪底水库历年异重流潜入点附近底坡变化范围在 1.8‰~2.3‰。2005 年的异重流发生在水库三角洲顶坡段,由于底坡比降比较小,发生了异重流潜入后又浮出水面,运行一定距离后又潜入的现象。

2. 悬移质含沙量对异重流潜入的影响

实测资料表明,随含沙量的增加,异重流潜入点处弗汝德数值有较大幅度的衰减。为了进一步强化含沙量对潜入点的影响,可利用式(2-3)预测小浪底水库异重流潜入点的位置

$$\frac{v_0}{\sqrt{S_0 h_0/\alpha}} = 0.78 \tag{2-3}$$

式中 α——修正系数。

(二)综合阻力

异重流与一般明渠流的根本差异是具有其特殊的边界条件。异重流的上边界是可动的清水层,往往随异重流运动而发生变化,反过来必然对异重流阻力产生不同的影响。因此,异重流运动方程和能量方程中的阻力通常用一个包括床面阻力系数 λ_0 及交界面阻力系数 λ_i 在内的综合阻力系数 λ_m 来表示。

异重流综合阻力系数值 λ_m 采用范家骅的阻力公式。在恒定条件下,$\partial v/\partial t=0$,从异重流非恒定运动方程

$$\frac{\Delta\gamma}{\gamma_m}\left(J_0 - \frac{\partial h}{\partial s}\right) + \frac{v^2}{gh}\frac{\partial h}{\partial s} - \frac{\lambda_m v^2}{8gR} - \frac{1}{8}\frac{\partial v}{\partial t} = 0 \tag{2-4}$$

可以得出

$$\lambda_m = 8\frac{R}{h}\frac{\frac{\Delta\gamma}{\gamma_m}gh}{v^2}\left[J_0 - \frac{dh}{ds}\left(1 - \frac{v^2}{\frac{\Delta\gamma}{\gamma_m}gh}\right)\right] \tag{2-5}$$

式中 J_0——河底比降;

dh/ds——异重流厚度沿程变化,可根据上下断面求得。

异重流的湿周比明渠流湿周多了一项交界面宽度 B。用式(2-5)计算小浪底水库不同测次异重流沿程综合阻力系数,平均值为 0.022~0.029,见图 2-4。

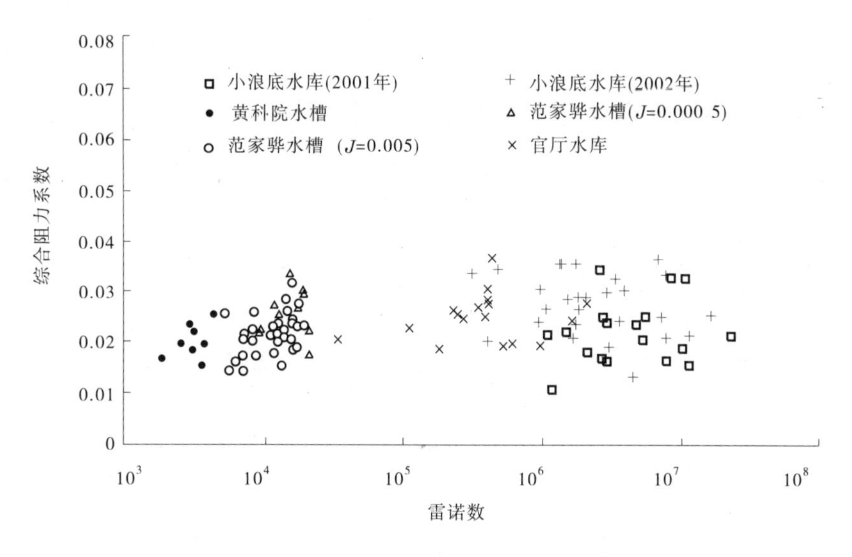

图 2-4　异重流综合阻力系数

(三)异重流挟沙力

运用能耗原理,建立异重流挟沙力公式(见式(2-6))。该式可反映异重流多来多排的输沙规律,并利用三门峡、小浪底水库实测及模型试验资料进行了检验。

$$S_{*e} = 2.5\left[\frac{S_{Ve}v_e^3}{\kappa\frac{\gamma_S-\gamma_m}{\gamma_m}g'h_e\omega_S}\ln\left(\frac{h_e}{eD_{50}}\right)\right]^{0.62} \tag{2-6}$$

上式中单位采用 kg、m、s 制,其中沉速可由下式计算

$$\omega_S = \omega_0\left(1-\frac{S_{Ve}}{2.25\sqrt{d_{50}}}\right)^{3.5}(1-1.25S_{Ve}) \tag{2-7}$$

(四)干支流倒灌

基于实体模型试验显示出的物理图形,概化干、支流分流比计算方法。

(1)若支流位于三角洲顶坡段,则干、支流均为明流,支流分流比 α 为

$$\alpha = K\frac{b_2h_2^{5/3}J_2^{1/2}}{b_1h_1^{5/3}J_1^{1/2}} \tag{2-8}$$

(2)若支流位于干流异重流潜入点下游,则干、支流均为异重流,支流分流比 α 为

$$\alpha = K\frac{b_{e2}h_{e2}^{3/2}J_2^{1/2}}{b_{e1}h_{e1}^{3/2}J_1^{1/2}} \tag{2-9}$$

式中　b、h、J——宽度、水深、比降,其下角标 1、2、e 分别代表干流、支流、异重流相应值;

　　K——考虑干、支流的夹角 θ 及干流主流方位而引入的修正系数。

(五)异重流传播时间

异重流到达坝前的时间是优化异重流调度的重要参数之一。异重流传播时间 T_2 的大小主要受来水洪峰、含沙量、水库回水长度、库底比降等多种因素的影响。

异重流前锋的运动属于不稳定流运动,因此到达坝前的时间严格地说应通过不稳定流来计算,但作为近似考虑,异重流运行时间可利用韩其为公式

$$T_2 = C\frac{L}{(qS_iJ)^{\frac{1}{3}}} \tag{2-10}$$

式中　L——异重流潜入点距坝里程（约等于回水长度）；

q——单宽流量；

S_i——潜入断面含沙量；

J——库底比降（‰）；

C——系数，利用小浪底水库异重流观测资料率定得出。

（六）异重流排沙计算

采用韩其为公式的模式，并通过实测资料的验证，小浪底水库异重流含沙量及级配沿程变化可表示为

$$S_j = S_i\sum_{l=1}^{n}P_{4,l,i}\mathrm{e}^{-\frac{\alpha\omega L}{q}} \tag{2-11}$$

$$P_{4,l} = P_{4,l,i}(1-\lambda)^{[(\frac{\omega_l}{\omega_m})^{\gamma}-1]} \tag{2-12}$$

式中　$P_{4,l,i}$——潜入断面级配百分数；

α——系数，由实测资料率定；

l——粒径组号；

ω_l——第 l 组粒径沉速；

$P_{4,l}$——出口断面级配百分数；

ω_m——有效沉速；

λ——淤积百分数。

利用三门峡水库、官厅水库、红山水库等异重流资料分别计算了异重流出库含沙量及级配，结果与实测资料基本符合，见图 2-5。

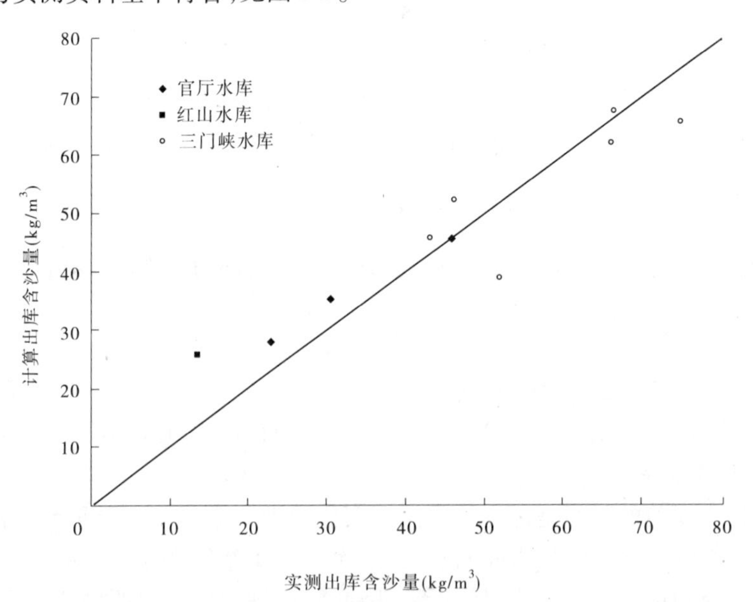

图 2-5　异重流出库含沙量计算与实测资料对比结果

四、浑水水库沉降规律

(一)浑水水库特征值变化

1. 泥沙粒径沿程变化

小浪底库区淤积物级配观测资料表明，到坝前段桐树岭断面泥沙级配相当均匀，d_{50} 基本在 0.006 ~ 0.007 mm，垂线分布相差不大。

2. 清浑水交界面沿程变化

浑水水库的范围基本在距坝约 30 km(HH18 断面以下库区)以内，见图 2-6。在浑水水库形成和后期排沙过程中，属于同等厚度的抬高和沉降，说明浑水水库内浑液面沉降基本不受距坝里程的影响。而 HH18 断面以上库区属异重流沿程变化区，清浑水交界面变化主要受异重流厚度及河床控制。

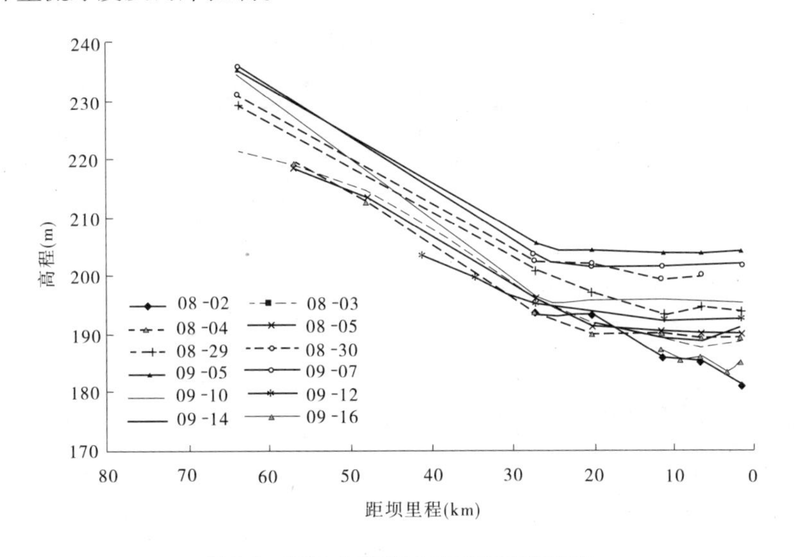

图 2-6　2003 年清浑水交界面沿程变化

3. 浑水水库沉降过程

清浑水交界面的变化，除受悬沙颗粒级配的影响外，还与产生浑水水库的异重流的含沙浓度有关。由图 2-7 可以看出，浑液面的变化速度随含沙浓度的增大而减小。图中显示，对于 $d_{50}=0.006 \sim 0.007$ mm 的细沙而言，当 $S<30$ kg/m^3 时，浑液面变化较快，当 $S>60$ kg/m^3 时，浑液面沉降速度非常缓慢。

(二)浑水水库沉降规律探讨

1. 水库不排沙情况下浑液面沉降规律

在水库不排沙的情况下，异重流的连续加入，使异重流浑水层逐渐升高。这时，浑水水库中的浑水层、淤积压缩层都不断变化，而各层的交界面都以一定速度上升。

根据浑水水库泥沙运动平衡原理，建立微分方程组

$$q_0 S_0 \mathrm{d}t = S_0 \mathrm{d}H_2 + u_G S_0 \mathrm{d}t \tag{2-13}$$

$$u_G S_0 \mathrm{d}t = S_S \mathrm{d}H_3 \tag{2-14}$$

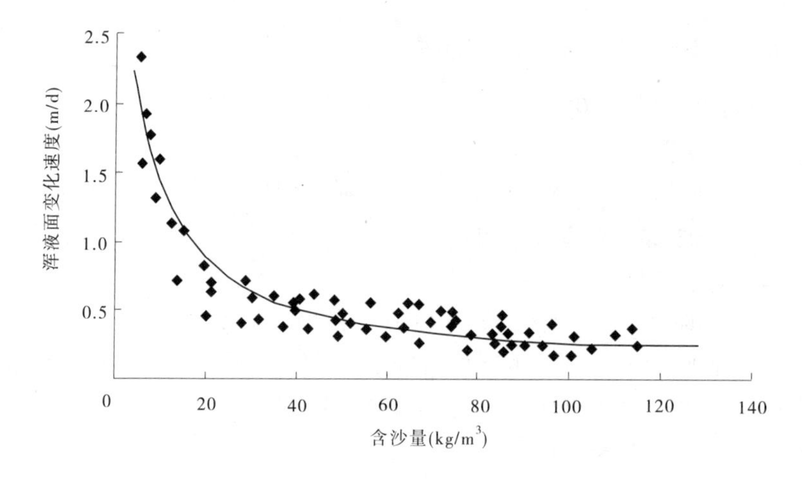

图 2-7　清浑水交界面沉速与含沙量关系

浑液面变化速度
$$u_H = \frac{dH_3}{dt} + \frac{dH_2}{dt} = q_0 - u_G + \frac{u_G S_0}{S_S} \tag{2-15}$$

式中　u_H——浑液面变化速度；

u_G——动水浑液面沉降速度；

H_2——浑水层在 t 时间的厚度；

H_3——淤积层在 t 时间的厚度。

对于一定的悬浮液，其静水浑液面沉速是一定的，假设与相应的动水浑液面沉速的比为 φ'，则有 $u_G = \varphi' u_S$。由试验结果一般取 $\varphi' = 0.78$。在浑水水库不排沙期间，往往在入库输沙率较大时，浑液面表现为抬升。由式(2-15)计算的结果与实测值对比见图 2-8。

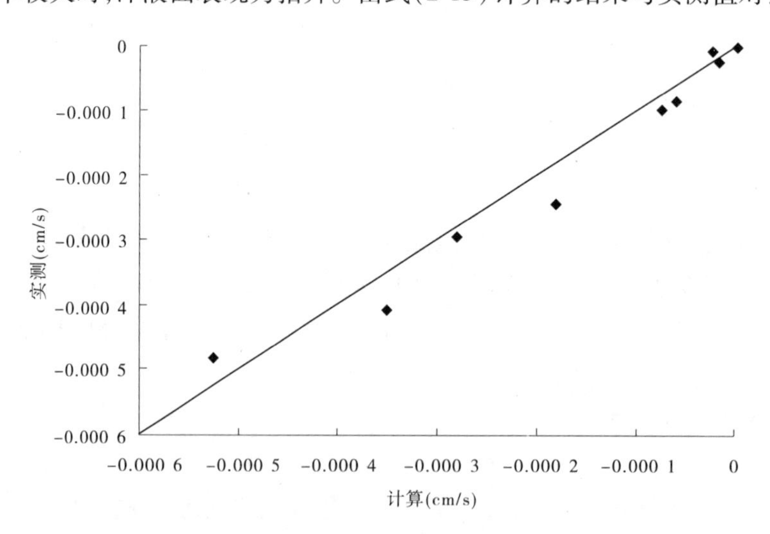

图 2-8　不排沙情况下计算与实测对比

2. 浑水水库排沙情况下浑液面沉降规律

在水库排沙的情况下，浑液面除考虑异重流的连续加入外，还要考虑水库排沙对浑水体积的影响。浑水水库中浑液面的变化由进出库浑水体积不平衡引起的浑水层变化、动水浑液面沉降造成的浑水层变化以及淤积层变化等三方面共同影响。

设入库浑水含沙量为 S_0，入库浑水水量为 V_0，出库浑水含沙量为 S_1，出库浑水水量为 V_1，则

$$\Delta V = V_0 - V_1, \Delta h = \frac{\Delta V}{A}$$

式中　Δh——由于进出库浑水体积不平衡引起的浑液面升降值；

ΔV——进出库浑水体积差值；

A——浑水体平面面积。

则在水库排沙情况下

$$u_H = \frac{\Delta h}{\Delta t} - u_G + \frac{u_G S_0}{S_S} \tag{2-16}$$

由图 2-9 可看出，通过式(2-16)计算的浑液面变化速度与实测值基本一致。

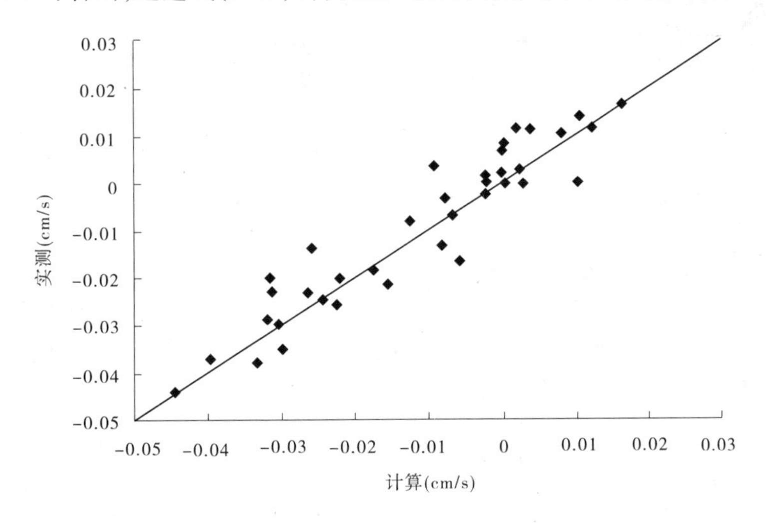

图 2-9　排沙情况下计算与实测对比

五、明流输沙计算

在小浪底水库异重流潜入点以上为明流输沙流态，无论三门峡水库下泄较大流量低含沙水流或较小流量高含沙水流，其水流悬移质的量与级配的沿程变化，对塑造异重流产生重大影响。小浪底水库明流输沙计算主要采用黄委及其他文献研究成果。

(一)冲刷计算

(1)公式 1

$$G = \psi \frac{Q^{1.6} J^{1.2}}{B^{0.6}} \times 10^3 \tag{2-17}$$

式中　Q——流量；

J——水面比降；

B——河宽；

ψ——系数(依据沿程冲刷或溯源冲刷，以及河床质抗冲性的不同取不同的系数)。

(2)公式2

$$Q_{S0} = \psi' Q^{1.43} J^{5/3} \tag{2-18}$$

式中　Q——流量；

J——比降；

ψ'——系数。

(3)公式3

$$q_{S*} = k(\gamma q J)^m \tag{2-19}$$

式中　γ——浑水容重；

q——单宽流量；

J——比降；

k、m——率定的系数、指数。

(二)壅水输沙计算

依据水库实测资料建立了水库壅水输沙计算经验关系式

$$\eta = a\lg Z + b \tag{2-20}$$

式中　η——排沙比；

Z——壅水指标，$Z = \dfrac{VQ_{入}}{Q_{出}^2}$，其中 V 为计算时段中蓄水体积(m^3)；

a，b——系数，$a = -0.823$，$b = 4.5087$。

此外，用三门峡水库及盐锅峡水库1964～1969年实测资料，建立粗沙($d > 0.05$ mm)、中沙($d = 0.025 \sim 0.05$ mm)、细沙($d < 0.025$ mm)分组泥沙出库输沙率关系式。

粗沙出库输沙率

$$Q_{S出粗} = Q_{S入粗}\left(\frac{Q_{S出}}{Q_{S入}}\right)^{\frac{0.399}{P_{入粗}^{1.78}}} \tag{2-21}$$

中沙出库输沙率

$$Q_{S出中} = Q_{S入中}\left(\frac{Q_{S出}}{Q_{S入}}\right)^{\frac{0.0145}{P_{入中}^{3.4358}}} \tag{2-22}$$

细沙出库输沙率

$$Q_{S出细} = Q_{S出总} - Q_{S出粗} - Q_{S出中} \tag{2-23}$$

六、水库数学模型

开发水库数学模型可将掌握的经验与规律进一步提炼深化，同时也为黄河调水调沙提供有力的预测工具，使黄河的调水调沙设计与调度技术不断成熟与完善。

(一)基本方程

(1)水流连续方程

$$\frac{dQ}{dx} + q_l = 0 \tag{2-24}$$

(2)水流运动方程

$$\frac{\mathrm{d}}{\mathrm{d}x}\left(\frac{Q^2}{A}\right)+gA\left(\frac{\mathrm{d}Z}{\mathrm{d}x}+J\right)+U_l q_l=0 \tag{2-25}$$

(3)沙量连续方程(分粒径组)

$$\frac{\partial}{\partial X}(QS_k)+\gamma'\frac{\partial A_{dk}}{\partial t}+q_{sk}=0 \tag{2-26}$$

(4)河床变形方程

$$\gamma'\frac{\partial Z_h}{\partial t}=\alpha\omega(S-S^*) \tag{2-27}$$

(二)补充方程和若干问题的处理

1. 非均匀沙分组挟沙力计算

泥沙的来源主要是上游随流而来和床面扩散而来两个途径,水流挟沙力作为输沙平衡时的含沙量,它的级配应与这两者的级配有关,综合考虑确定为

$$S_k^*=\left(\frac{P_{uk}h_u S_k^{*(1)}+S_k}{\sum_{k=kd}^{nfs}(P_{uk}h_u S_k^{*(1)}+S_k)}\right)S^* \tag{2-28}$$

$$S_k^*=\min\left(\frac{S_{kd}^*\omega_{kd}}{\omega_k},\frac{P_{uk}h_u\gamma'}{\omega_k\Delta t}+S_k\right) \tag{2-29}$$

式中　S^*——水流挟沙力,采用张红武公式计算;

k——粒径组;

kd——床沙质最小粒径组编号;

P_{uk}——表层床沙级配;

h_u——交换层厚度。

当来流为清水时,分组挟沙力级配为 $P_{uk}h_u S_k^{*(1)}$,表示从床沙中获得的补给,补给的多少与床沙级配和水流强度有关;当河床无补给或定床时,则分组挟沙力级配等于悬沙级配;一般情况下介于两者之间。

2. 恢复饱和系数计算

恢复饱和系数 α 是一个经验参数,一般的处理方法是根据实测资料进行率定。本模型则从水沙变化过程的连续性着手,采用以下处理方法

$$\alpha_k=\begin{cases}0.5\alpha_k^* & (S_k>1.5S_k^*)\\ \left(1-\dfrac{S_k-S_k^*}{S_k^*}\right)\alpha_k^* & (S_k^*<S_k\leqslant 1.5S_k^*)\\ \left(1-2\dfrac{S_k-S_k^*}{S_k^*}\right)\alpha_k^* & (0.5S_k^*<S_k\leqslant S_k^*)\\ 2\alpha_k^* & (S_k\leqslant 0.5S_k^*)\end{cases} \tag{2-30}$$

α^* 代表平衡条件下的恢复饱和系数,对于不同粒径组应有所不同,模型中采用 $\alpha_k^*=\alpha^*/d_k^{0.8}$。$\alpha^*$ 主要利用三门峡水库 1960 ~ 1996 年实测资料率定,取值范围为 0.000 2 ~ 0.07。

3. 床沙级配的调整模式

将床沙分层储存可以记录下床沙的变化过程，借此通过水流挟沙力和动床阻力的相应响应，来反映河床级配的变化对水流的反馈作用。

分层储存时，除最上一层外每层均采用相等的厚度 ΔH；但当层数超过分配的储存单元后，则将多余的层数归并到最下层（保持次序不变），因此最下一层的淤积厚度可能是 ΔH 的整数倍。床沙分层厚度调整如下：

1）淤积状态

$$\Delta h'_{i,j,m} = \begin{cases} (\Delta h'_{i,j} + \Delta h'_{i-1,j,p}) - k\Delta H & (m = m') \\ \Delta H & (m' > m \geqslant 2) \\ \Delta h'_{i-1,j,1} + (P + k - m')\Delta H & (m = 1 \text{ 且 } P > 1) \end{cases} \tag{2-31}$$

其中

$$m' = \min(P + k, m_p) \tag{2-32}$$

式中 i——时段；

j——断面；

k——本时段淤积后增加层数；

$\Delta h'_{i,j}$——虚淤积厚度；

m_p——能够储存的最大层数；

P、m'——淤积前后的层数值。

2）冲刷状态

$$\Delta h'_{i,j,m} = \begin{cases} k\Delta H + \Delta h'_{i-1,j,p} + \Delta h'_{i,j} & (m = m' - k) \\ \Delta H & (m' - k > m \geqslant 2) \\ (1 + P + \varphi - m')\Delta H & (m = 1 \text{ 且 } m' - k > 1) \end{cases} \tag{2-33}$$

其中

$$m' = \min(P + k, P + \varphi)$$

式中 φ——时段初最下一层合并的层数减 1，即 $\varphi = \Delta h'_{i-1,j,1} - 1$；

$P, m' - k$——冲刷前后的层数值。

至于分层淤积物级配，则根据相应公式进行计算。

4. 子断面含沙量与断面平均含沙量关系

将河床变形方程应用于各粒径组和各子断面，尚需求得子断面含沙量，根据沙量连续方程，建立子断面含沙量与断面平均含沙量的经验关系式

$$\frac{S_{k,i,j}}{S_{k,i}} = \frac{Q_i S_{k,i}^{*\beta}}{\sum_j Q_{i,j} S_{k,i,j}^{*\beta}} \left(\frac{S_{k,i,j}^*}{S_{k,i}^*}\right)^{\beta} \tag{2-34}$$

β 值增大，则主槽含沙量增大，反之则滩地含沙量增大。其值在 0.2～0.6 变化。

5. 流量的变化处理

恒定流模型的基本方程中忽略了水流泥沙因子的非恒定性，这样处理对一般的来水来沙而言，计算结果差别不大，但对于大洪水则影响较大。因此，需考虑洪水传播时间。洪水演进至坝前，由于水库调蓄或因泄流规模的限制，不能及时出库，就容易出现进出库流量差别较大的情形，随之带来一个流量沿程分配的问题。采用以下处理方法：

水库水平回水以上

$$Q_i = Q_{入库} \tag{2-35}$$

水库水平回水区
$$Q_i = Q_{出库} + \frac{Q_{入库} - Q_{出库}}{V_{水平}} DV_i \tag{2-36}$$

式中　$Q_{出库}$、$Q_{入库}$——出、入库流量；

$V_{水平}$——水库平库容；

DV_i——第 i 库段容积。

6. 异重流淤积计算

计算异重流的水力参数若采用均匀流方程，当河道宽窄相间、变化较大时，计算的水面线跌宕起伏，而且当河底出现负坡时，就不能继续计算，故采用非均匀流运动方程来计算浑水水面。

潜入后第一个断面水深

$$h_1' = \frac{1}{2}(\sqrt{1 + 8Fr_0^2} - 1)h_0$$

式中，下标“0”代表潜入前一个断面，潜入后其余断面均按非均匀异重流运动方程计算。

第三节　黄河下游协调水沙关系及指标体系

一、水沙关系与河道冲淤

水沙关系指来水来沙过程中水量（流量）、沙量（含沙量）、悬移质泥沙颗粒级配的组合搭配关系，上述三个要素的变化共同构成了水沙关系的变化。因此，对黄河下游而言，研究不同的水沙关系协调与否及协调程度应首先研究上述三个要素在黄河下游河道冲淤变化中所起的作用。由于水沙关系与前期河床边界也密切相关，还应考虑前期河床边界条件，如主槽宽度、滩槽高差等因素。

（一）含沙量对下游河道冲淤的影响

冲淤比指河段冲淤量与来沙量之比，河段冲淤比之和，即为全河冲淤比。

由表2-10可见，高村以上河段的冲淤性质主要取决于含沙量大小。含沙量愈低，冲刷比愈大；含沙量愈高，则淤积比愈大。当含沙量相同时，冲淤比的大小则取决于流量和粒径。进入黄河下游的高含沙水流，都属两相紊流，与一般含沙水流并无本质区别，随含沙量增高，河段排沙比减小、淤积比增大，但含沙量愈高，相同流量和粒径的水流输沙能力愈高，产生多来多排特性，从而使淤积比随含沙量愈高而增加愈慢。

黄河下游铁谢—河口长约880 km，粗沙和细沙的不平衡输沙距离相差很大；同时沿程的河相断面特性变化很大，由上段的宽浅游荡至下段的窄深河段，使不同流量时对不同粒径泥沙的挟沙能力沿程变化；再者，黄河下游两岸从河道取水很多，年引黄水量占三黑武来水量比例常达40%以上，特别是小流量时（如非汛期），引水比例常高达50%～70%，使沿程流量急剧减少甚至断流，从而使沿程水流挟沙能力不断减小。这些因素使黄河下游各河段冲淤特性复杂多变，同一水沙条件对高村以上河段与高村—利津河段的影响一般相差很大。

表 2-10　不同含沙量水流的影响

统计分项	1	2	3	4	5	6
含沙量统计范围(kg/m^3)	非汛期低含沙	<20	<20	20～80	>80	最大日均>300
平均含沙量(kg/m^3)	2.06	11.9	10.4	37.4	109	211
平均流量(m^3/s)	858	1 487	3 574	2 409	2 315	2 554
统计天数(d)	5 388	493	444	1 592	358	143
总冲淤量(亿 t)						
高村以上河段	-30.04	-3.75	-18.92	7.15	28.97	33.93
高村—利津河段	13.91	1.45	-5.76	-7.03	0.57	3.29
冲淤比(%)						
高村以上河段	-365	-49.6	-132	5.8	37	51
高村—利津河段	169	19.3	-40.3	-5.5	0.7	5

(二)流量对下游河道冲淤的影响

由表 2-11 可见,流量对各河段淤积比的影响,总趋势是相同含沙量时流量愈大淤积比愈小,但分析发现,当流量不大时,淤积比随流量增大变化不大,随后则淤积比随流量增大,急剧减小。对于 $S=20\sim80\ kg/m^3$ 的一般含沙水流,$Q>2\ 000\ m^3/s$ 以后,高村以上河段淤积比明显减小,而高村—利津河段则转淤为冲;对于 $S>80\ kg/m^3$ 的较高含沙量水流,高村以上河段 $Q>3\ 000\ m^3/s$ 后淤积比明显减小,高村—利津河段 $Q>2\ 500\ m^3/s$ 以后可转淤为冲;对于日平均最大 $S>300\ kg/m^3$ 的高含沙水流,无论是高村以上河段还是高村—利津河段,$Q>4\ 000\ m^3/s$ 以后,排沙比才急剧增加。

表 2-11　流量对不同河段冲淤的影响(冲淤比)　(%)

流量(m^3/s)	河段	$S=20\sim80\ kg/m^3$	$S>80\ kg/m^3$	$S_{日max}>300\ kg/m^3$
1 000～1 500	高村以上	21	55	80
	高村—利津	5	4	10
1 500～2 000	高村以上	21	49	34
	高村—利津	0	2	4
2 000～2 500	高村以上	8	40	51
	高村—利津	-5	3	5
2 500～3 000	高村以上	9	46	88
	高村—利津	-8	-3	4
3 000～4 000	高村以上	0	22	55
	高村—利津	-12	-1	8
>4 000	高村以上	-26	7	11
	高村—利津	-10	-5	-1

表2-12列出了1960～1996年间含沙量大于20 kg/m³情况细、中、粗三组粒径泥沙的冲淤比(%)和总冲淤量(亿t),除最大日均 $S>300$ kg/m³洪水包括部分漫滩洪水外,其余均为非漫滩洪水。由表可以看出,高村以上河段的淤积比均为粗沙最高而细沙最低甚至为冲刷,而高村—利津河段分组泥沙的调整则似无明显的规律。

表2-12　含沙量大于20 kg/m³时不同粒径泥沙的冲淤情况

统计参数	含沙量(kg/m³)	流量(m³/s)	细沙		中沙		粗沙	
			高村以上河段	高村—利津河段	高村以上河段	高村—利津河段	高村以上河段	高村—利津河段
冲淤比(%)	最大日均>300	2 554	36	5	60	4	72	6
	>80	2 315	23	3	49	-1	62	-5
	20～80	2 409	-8	-4	9	-8	39	-5
冲淤量(亿t)	最大日均>300		11.70	1.58	10.40	0.70	11.83	1.01
	>80		10.37	1.36	9.93	-0.15	8.67	-0.64
	20～80		-5.47	-2.99	2.93	-2.71	9.69	-1.33

(三)泥沙粒径对下游河道冲淤的影响

表2-13列出了低含沙水流高村以上河段冲刷时不同粒径泥沙在两大河段的冲淤效率,即每立方米水流冲淤泥沙的质量(kg/m³)。表中除第一行为非汛期以外,其余均为汛期。

表2-13　高村以上河段冲刷时不同粒径泥沙的冲淤效率　(单位:kg/m³)

平均含沙量(kg/m³)	平均流量(m³/s)	细沙		中沙		粗沙	
		高村以上河段	高村—利津河段	高村以上河段	高村—利津河段	高村以上河段	高村—利津河段
2.06	858	-1.73	0.37	-1.89	0.74	-3.90	2.37
6.24	584	-2.16	0.54	-1.38	0.59	-0.74	0.25
11.44	1 300	-2.19	0.49	-1.44	4.50	-0.82	0.91
12.29	1 720	-3.24	-0.09	-2.84	1.44	-1.28	0.40
8.93	2 298	-3.90	-7.06	-3.90	0.79	-2.27	1.13
13.42	2 689	-5.72	-5.38	-2.89	-1.53	-2.10	0.11
8.76	3 362	-7.52	-1.97	-3.04	-0.87	-1.67	-0.20

分析表2-13可看出如下几点规律:

(1)流量小于1 500 m³/s的低含沙水流,不同粒径级泥沙在高村以上河段均为冲刷,在高村—利津河段则均为淤积。流量愈小,高村以上河段冲得愈少、高村—利津河段也淤得愈少。

(2)高村以上河段的冲刷,对细沙的冲刷效率随流量增加而明显地不断增加;而对中沙的冲刷效率,当流量 $Q>1\ 500\ m^3/s$ 时明显增加,但随着 Q 的继续增加,则冲刷效率就不再增加;对粗沙的冲刷效率,这一临界流量为 $2\ 000\ m^3/s$。

(3)高村以上河段的冲刷物中,非汛期是粗沙冲刷最多、细沙冲刷最少,而汛期则反之。究其原因,因为汛期一般不会长时期连续冲刷,随着水沙条件变化,冲淤相间,冲刷时床沙中前期淤积的细沙比例较大,因而细沙的挟沙能力较大且补给较多。在非汛期因连续清水冲刷(1960 年后三门峡水库非汛期蓄水淤积排泄清水),而使表层床沙级配中细沙比例较少而使细沙挟沙能力较小。

(4)流量大于 $2\ 000\ m^3/s$ 的低含沙水流,高村—利津河段总体上为冲刷,但 $Q>1\ 500\ m^3/s$ 时细沙总体为冲刷,$Q>2\ 500\ m^3/s$ 时中沙总体上转淤为冲,Q 为 $3\ 000\sim4\ 000\ m^3/s$ 时粗沙在高村—利津河段总量上才由淤转冲。

(5)若高村—利津河段分为高村—艾山和艾山—利津两大段,则任何大流量时,粗、中沙均不出现连续冲刷,粗沙总是在某一河段淤积后下段才又冲刷,而细沙则可从上至下连续冲刷。这从实际上反映出细沙的冲刷不平衡输沙距离比粗沙长得多。

(四)河床边界对河道输沙能力的影响

河床边界主要是指河道横断面和纵剖面,设某一断面通过流量 Q 时,相应的水面宽、水深和流速分别为 B、h、v,令断面宽深比 $M=\dfrac{B}{h}$,则有 $v=\dfrac{Q}{Mh^2}$。根据黄河下游花园口、高村、艾山、利津水文站实测资料统计分析,h 与 Q/M 成正比,与比降 J 成反比,可表示为 $h=0.893\ 8\left(\dfrac{Q}{M}\right)^{0.417\ 9}J^{-0.224\ 5}$,由此可得到 $v=1.251\ 8\left(\dfrac{Q}{M}\right)^{0.164\ 2}J^{0.449}$。当给定某一河段比降、某一流量时,$v\propto M^{-0.164\ 2}$,这就是河槽形态影响输沙能力的原因所在。

黄河下游的水流输沙能力与河槽形态、河道纵比降、水流流速及悬沙级配等因素密切相关,其形式可表示为

$$Q_S = kQ^{\alpha}S_{上}^{\beta}\left(\frac{\sqrt{B}}{h}\right)^{m_1}J^{m_2}v^{m_3}\left(\sum P_i d_i^2\right)^{m_4} \tag{2-37}$$

式中,Q_S 以 t/s 计;$\dfrac{\sqrt{B}}{h}$为河段平均河相系数,B、h 均以 m 计;$S_{上}$ 以 kg/m^3 计;J 为河段平均比降,以万分率计;v 为河段平均流速,以 m/s 计;d_i 和 P_i 分别以 mm 和小数计;$k=9.1\times10^{-5}$,$\alpha=1.2$,$\beta=0.82$,$m_1=-0.31$,$m_2=0.35$,$m_3=0.55$,$m_4=-0.27$。

根据黄河下游 397 组洪水资料进行回归分析,结果表明,黄河下游的水流输沙能力与比降 J、流速 v 成增函数关系,而与$\dfrac{\sqrt{B}}{h}$、$P_i d_i^2$ 成减函数关系。该式反映了不同水沙过程中的水流输沙能力随着下游河道形态、水流流速及悬沙级配等因素的变化而调整。譬如,在较长期的清水冲刷过程中,下游河道不断冲深与展宽,随之而来的是河槽形态逐渐宽浅、河床糙率逐渐增大,流速减小和悬沙组成逐渐变粗,导致水流输沙能力下降、冲刷强度削弱;反之,在较长期的高含沙洪水过程中,下游河道不断淤滩刷槽,随之而来的是河槽形态逐渐窄深、河床糙率逐渐减小、流速增大,导致水流输沙能力增大,出现下游河道泥沙"多

来多排”的现象。

二、协调的水沙关系

黄河水少、沙多、含沙量高，水沙的时空分布复杂多变，上中游不同来水来沙的搭配在黄河下游得到集中体现，因此决定了黄河下游的水沙关系在多数情况下很不协调。从持续时间上看，黄河下游水沙关系的不协调表现在两个方面：

一是长期的不协调。这种不协调的水沙关系是由水少、沙多、含沙量高的黄河来水来沙的情势决定的，是黄河下游河道长时期淤积抬高的根本原因。二是短时期的水沙不协调。这种不协调的水沙关系，出现在一个汛期，或者一个汛期内一场或连续几场洪水之中，如高含沙量洪水、中等流量以下的较高含沙量洪水等。其水沙关系不协调的程度往往很大，由此造成黄河下游河道在一个较短时期内集中淤积。

就空间上说，黄河下游不协调的水沙关系主要由中游黄河干流来水来沙形成。

水沙关系协调与否和河床边界条件及人们预期的目标是密切相关的，黄河下游河道河床的可动性很大，不协调的水沙关系通过河道冲淤变化会在很大程度上改变河床边界。从黄河下游的防洪治理考虑，若某种水沙关系带来的影响仅限于下游河道滩槽平行淤积抬高，且速率不大，而主槽一直保持有较大的平滩流量，虽然就较长时段而言水流仍是过饱和输沙居主导地位，仍可认为水沙关系是基本协调的，或者说这种不协调的水沙关系可以接受。若进入黄河下游的水沙使得下游河道虽然在总量上的淤积不十分显著，但淤积主体在主河槽或在黄河下游某一河段集中淤积在主河槽，使得主槽行洪排沙能力逐步降低，以至于给防洪带来严重的不利影响，则这种水沙关系被认为是不协调的。当黄河下游河道或某些河段主槽淤积发展至某一程度，以致河道行洪排沙的基本功能明显丧失时（如2002年汛前），由于前期河床边界十分不利，即便此时进入黄河下游的水沙在下游河道不造成任何淤积，水沙关系仍被认为是不协调的。此时协调的水沙关系是使得下游河道沿程发生冲刷，特别是平滩流量较小的河段更是如此。随着河槽的冲刷，河床边界重新调整，河床边界调整后，主槽持续冲刷所要求的协调的水沙关系也会发生相应变化，应随河床边界作出相应的调整。待河槽行洪能力恢复到能够担负起河流行洪排沙的基本功能后，协调的水沙关系应是指能够维持行洪排沙基本功能的中水河槽的水沙搭配（含过程、泥沙粒径组成、水沙量等），在一个较长时期内河槽允许一定程度的冲淤变化，但应是有冲有淤、此冲彼淤，从一个较长时期看是冲淤平衡。1986年以后黄河下游主槽持续淤积，至2002年汛前，下游河槽最小过流能力衰减至1 800 m^3/s，防洪减淤是下游治理的第一要务，因此迫切需要尽快恢复下游河槽的行洪排沙功能，此时协调的水沙关系，应是指在一定的黄河干流支流来水来沙条件下（包括来水量、来沙量、悬移质泥沙颗粒级配及水库蓄水量），能使得黄河下游特别是平滩流量较小的夹河滩—孙口河段主槽发生明显冲刷的水沙过程，以尽快恢复下游河槽的行洪排沙能力。

三、黄河下游协调水沙关系指标体系

目前，黄河下游河道协调的水沙关系指各河段基本不淤或发生连续冲刷的水沙关系。为了寻求这种水沙关系，应首先对各种水沙组合条件下的历史洪水资料进行分析，找出各河段基本处于冲淤平衡的临界条件。

(一)各河段临界冲淤条件

黄河下游各河段不同水沙组合的低含沙及一般含沙量洪水的冲淤效率及临界冲淤条件见表 2-14、表 2-15。

表 2-14　黄河下游各含沙量级洪水冲淤效率统计　(单位:10^6 t/亿 m^3)

流量(m^3/s)	河段	含沙量(kg/m^3)						高含沙
		0~20	20~30	30~40	40~60	60~80	>80	
1 000~1 500	三—花	-0.36	1.85	0.68	0.60	3.72	3.33	19.38
	花—高	-0.08	-0.30	0.22	0.70	1.46	2.72	5.37
	高—艾	0.10	0.93	0.04	0.28	-0.09	0.21	1.20
	艾—利	0.19	0.93	0.26	0.15	0.38	0.25	1.72
1 500~2 000	三—花	-0.37	0.09	0.98	0.44	2.20	3.86	2.81
	花—高	-0.36	0.03	0.11	0.75	0.29	1.96	4.05
	高—艾	0.05	-0.08	0.01	0.09	0.18	0.09	0.66
	艾—利	0.11	0.01	0.24	-0.04	-0.18	0.18	0.24
2 000~2 500	三—花	-0.36	0.01	0.92	0.26	0.27	2.37	5.74
	花—高	-0.64	-0.04	0.86	0.86	0.73	2.51	5.45
	高—艾	-0.35	-0.10	0.30	0.02	-0.18	0.42	0.89
	艾—利	-0.17	-0.08	0.05	-0.15	-0.62	-0.01	0.17
2 500~3 000	三—花	-0.52	-0.33	0.06	1.60	0.54	2.42	8.41
	花—高	-0.54	-0.36	-0.26	0.54	1.20	2.14	10.93
	高—艾	-0.41	0.26	0.07	-0.09	-0.41	-0.31	0.80
	艾—利	-0.27	-0.37	-0.11	-0.37	-0.03	0	0
3 000~4 000	三—花	-0.71	-0.26	0.83	-0.07	1.13	0.90	0.68
	花—高	-0.52	0.10	0.21	-0.37	0.26	1.29	11.34
	高—艾	-0.18	-0.23	-0.26	-0.26	0.01	-0.03	1.30
	艾—利	-0.12	-0.20	0.10	-0.47	-0.34	-0.07	0.49
>4 000	三—花	-0.80	-0.57				-0.76	1.08
	花—高	-0.84	-0.61				1.44	1.38
	高—艾	-0.13	-0.27				0.11	0.80
	艾—利	-0.24	-0.17				-0.54	-1.00

与上述各含沙量级洪水的临界冲淤流量相对应的悬移质泥沙颗粒级配、河床边界条件及洪水历时均是指该类洪水的平均情况,若这些条件发生了变化,临界冲淤流量也会随

之做一定幅度的调整。

表 2-15　黄河下游各河段各含沙量级洪水临界冲淤流量　（单位：m^3/s）

河段	含沙量（kg/m^3）						高含沙
	0～20	20～30	30～40	40～60	60～80	>80	
花园口以上	<1 000	2 300	4 000	4 000	全淤	全淤	全淤
花园口—高村	<1 000	2 000	2 800	3 500	全淤	全淤	全淤
高村—艾山	2 000	2 000	3 000	2 500	2 000	2 500	全淤
艾山—利津	2 300	2 000	2 500	2 000	2 000	2 800	4 000

（二）指标体系分析确定

1. 流量、含沙量指标

小浪底水库拦沙初期，水库以异重流排沙为主，这就决定了多数情况下进入下游河道的水流含沙量不可能很高。根据前面分析的下游河道各河段临界冲淤条件及应使黄河下游各河段主槽尽快发生连续冲刷的需求，进入下游河道的洪水平均含沙量在 20 kg/m^3 以下时，应控制艾山流量大于 2 300 m^3/s，考虑正常的河道引水，相应进入下游的流量应在 2 600 m^3/s 左右；含沙量为 20～30 kg/m^3 时，应使进入黄河下游的流量大于 2 300 m^3/s，同时使艾山流量大于 2 000 m^3/s，流量越大，下游河槽冲刷效果将越明显。

同时，在黄河下游水沙调控过程中，还应考虑河防工程的安全。为此统计 1986～1996 年铁谢—高村河道工程年均出险情况，见表 2-16。

表 2-16　1986～1996 年铁谢—高村河道工程年均出险情况统计

项目	流量级（m^3/s）							合计
	<1 000	1 000～2 000	2 000～3 000	3 000～4 000	4 000～5 000	5 000～6 000	>6 000	
出险次数	23	97	28	43	56	16	25	288
出险概率 P（%）	8.0	33.7	9.7	14.9	19.4	5.6	8.7	100
流量频率 P_Q（%）	57.2	26.6	7.8	3.6	3.1	0.9	0.8	100
P/P_Q	0.14	1.27	1.24	4.14	6.26	6.22	10.88	

由表 2-16 可以看出，就出险概率 P 占该流量级频率 P_Q 的比例而言，小于 3 000 m^3/s 各流量级时均较小。因而，水库初期运用调控上限流量不宜太大，应根据河势流路的发展情况以及河道整治工程的设计流量，选择合适的泄放流量，以保证黄河下游防洪的安全。

另外，考虑河床边界条件的因素。1986 年以来下游河槽持续淤积，各河段主槽宽度均明显减小，滩槽高差虽也有所降低，但相对于主槽宽度的减小而言，降低幅度较小，总的结果是多数河段河相系数$\frac{\sqrt{B}}{h}$有所减小。根据河道输沙能力与$\frac{\sqrt{B}}{h}$成反比，由上述分析可得，按进入下游河道洪水平均流量 2 300 m^3/s 以上控制，可以保证下游河道全线冲刷。

在实际调控过程中，调控流量的确定还应考虑下游河道各河段沿程的引水要求。

2. 泥沙颗粒级配指标

根据前述对历史场次洪水资料的分析结果，黄河下游河道输沙能力 $Q_S \propto (\sum P_i d_i^2)^{-0.27}$，即在其他因子相同的情况下，悬移质泥沙粒径越细，河道的输沙能力越强。小浪底水库异重流的产生及输移过程中，将产生明显的分选淤积，出库泥沙细颗粒含量将大幅度增加。

依据的实测资料中含沙量小于 20 kg/m³ 和 20～30 kg/m³ 的洪水，对应的临界冲淤条件下悬移质细颗粒泥沙平均含量分别约为 70% 和 50%。小浪底水库拦沙初期运用，以异重流排沙为主，出库悬移质泥沙颗粒较细，流量及含沙量满足前述临界指标即可以实现下游河道全线冲刷。若小浪底水库出库细颗粒泥沙含量较临界条件所对应的更高，则冲刷效果更为明显，可根据前述输沙能力公式进行计算。譬如，进入下游的细沙和粗沙组成分别由 70% 和 10% 变为 90% 和 3%，计算表明在流量为 2 600 m³/s、含沙量为 10 kg/m³ 条件下可使下游河道冲刷量增加 20% 左右。

3. 洪水历时指标

就河床冲刷效果而言，洪水冲刷历时不宜太短，若较大流量的历时太短，则会因下游河道的槽蓄作用而衰减太快，至艾山时无法满足艾—利河道冲刷的流量要求。

根据黄河下游实测中常洪水资料分析，洪水历时太短不利于艾—利河段的冲刷，一般情况下历时应控制在 6 d 以上。

从实测历史洪水统计结果看，对于 2 300～4 000 m³/s 流量级洪水，含沙量小于 20 kg/m³ 和含沙量为 20～30 kg/m³ 时，其洪水平均历时均为 10 d，此类洪水的平均情况是下游河道全线冲刷（见表 2-17、表 2-18）。

表 2-17　平均含沙量小于 20 kg/m³ 洪水统计结果

（三黑武平均流量 2 300～4 000 m³/s）

起始时间（年-月-日）	历时（d）	平均流量（m³/s）	平均含沙量（kg/m³）	水量（亿 m³）	冲淤效率（kg/m³）				沙重百分数（%）			
		三黑武	三黑武	三黑武	铁—花	花—高	高—艾	艾—利	细	中	粗	全
1961-07-11	10	3 111	2.64	26.881	-7.63	-8.18	-5.39	-0.07	94.4	2.8	2.8	100.0
1961-07-21	10	3 681	9.796	31.806	-8.83	-10.88	-2.67	-0.60	94.9	2.2	2.6	100.0
1961-07-31	10	2 653	14.395	22.925	-2.75	-10.08	-11.04	5.32	95.2	2.4	2.7	100.0
1961-09-13	16	2 485	0.104	34.351	-5.30	-7.57	-7.63	-0.20	95.1	2.7	2.2	100.0
1961-10-09	4	2 505	0.108	8.656	-3.93	-9.82	-2.31	-1.27	97.0	2.0	1.0	100.0
1962-07-25	11	2 776	13.493	26.387	-4.85	-3.98	-5.04	-9.21	95.2	2.2	2.5	100.0
1962-08-05	10	3 035	8.42	26.222	-4.65	-4.27	-6.10	-4.88	95.5	1.8	2.3	100.0
1962-08-15	10	3 098	11.889	26.766	-3.89	-6.58	-3.33	-5.64	95.6	1.9	2.5	100.0
1962-09-24	10	2 328	12.951	20.11	-2.14	-10.34	-2.49	-11.98	93.8	4.2	2.3	100.0

续表 2-17

起始时间（年-月-日）	历时（d）	平均流量（m³/s）	平均含沙量（kg/m³）	水量（亿 m³）	冲淤效率（kg/m³）				沙重百分数（%）			
		三黑武	三黑武	三黑武	铁—花	花—高	高—艾	艾—利	细	中	粗	全
1962-10-04	6	2 513	4. 775	13. 027	-2. 53	-8. 44	-2. 00	-9. 13	95. 2	3. 2	1. 6	100. 0
1962-10-10	12	2 405	4. 632	24. 938	-2. 73	-7. 02	-1. 32	-4. 45	92. 2	5. 2	2. 6	100. 0
1963-08-06	15	2 826	14. 155	36. 63	-6. 31	-3. 99	-5. 21	-6. 85	83. 8	11. 2	4. 8	100. 0
1963-09-27	11	3 990	2. 071	37. 921	-8. 41	-7. 17	-3. 72	-3. 27	91. 1	5. 1	3. 8	100. 0
1963-10-08	6	3 422	5. 291	17. 74	-5. 58	-5. 52	-4. 79	-2. 03	86. 2	9. 6	3. 2	100. 0
1963-10-14	14	3 341	5. 249	40. 416	-7. 99	-4. 53	0. 69	2. 55	75. 5	19. 3	5. 2	100. 0
1967-07-10	9	3 062	16. 209	23. 814	-11. 67	3. 19	-3. 57	-2. 44	74. 1	19. 9	6. 0	100. 0
1973-10-05	10	2 518	17. 865	21. 759	-14. 94	0. 74	-4. 55	0. 23	64. 3	22. 9	12. 9	100. 0
1976-09-27	3	3 328	17. 87	8. 625	-4. 52	0. 12	0. 23	-2. 78	42. 2	29. 9	27. 9	100. 0
1976-10-01	9	2 948	11. 005	22. 924	-5. 19	-7. 02	-1. 44	-0. 74	71. 0	21. 0	7. 9	100. 0
1976-10-10	11	2 552	19. 027	24. 257	0. 74	-5. 61	1. 36	1. 77	42. 9	30. 1	26. 8	100. 0
1978-10-02	9	2 332	17. 812	18. 132	-4. 80	-0. 55	-0. 50	0. 28	54. 5	30. 7	14. 9	100. 0
1982-10-06	11	2 344	16. 551	22. 275	-0. 36	-4. 85	-3. 32	3. 95	48. 0	36. 0	16. 0	100. 0
1983-10-22	10	3 803	8. 201	32. 858	-5. 60	-8. 55	7. 46	0. 70	52. 4	33. 8	14. 1	100. 0
1984-09-17	10	3 203	14. 032	27. 672	-13. 88	-5. 10	-2. 49	-1. 19	59. 3	29. 4	11. 6	100. 0
1984-09-27	10	3 967	17. 424	34. 273	-3. 38	-10. 12	4. 23	-4. 49	33. 8	40. 0	26. 1	100. 0
1989-09-12	10	3 027	19. 447	26. 154	-6. 46	2. 71	-0. 96	1. 95	48. 5	32. 0	19. 3	100. 0
平均	10	2 850	10. 73	24. 63	-5. 76	-5. 49	-2. 37	-1. 89	68. 7	20. 0	11. 3	100. 0

表 2-18 平均含沙量 20～30 kg/m³ 洪水统计结果

（三黑武平均流量 2 300～4 000 m³/s）

起始时间（年-月-日）	历时（d）	平均流量（m³/s）	平均含沙量（kg/m³）	水量（亿 m³）	冲淤效率（kg/m³）				沙重百分数（%）			
		三黑武	三黑武	三黑武	铁—花	花—高	高—艾	艾—利	细	中	粗	全
1963-09-07	10	2 841	22. 05	24. 55	-6. 27	0. 24	-3. 10	-4. 85	75. 4	16. 6	7. 9	100. 0
1963-10-27	5	2 353	21. 78	10. 17	7. 08	-5. 51	5. 11	4. 92	56. 6	33. 9	10. 0	100. 0
1965-07-19	10	3 461	26. 53	29. 90	-12. 74	3. 31	0. 23	-4. 72	82. 6	13. 0	4. 4	100. 0
1967-07-01	9	2 679	23. 61	20. 83	-7. 78	-0. 05	1. 15	-1. 54	75. 0	12. 4	12. 4	100. 0

续表 2-18

起始时间（年-月-日）	历时（d）	平均流量（m^3/s）	平均含沙量（kg/m^3）	水量（亿 m^3）	冲淤效率（kg/m^3）				沙重百分数（%）			
		三黑武	三黑武	三黑武	铁—花	花—高	高—艾	艾—利	细	中	粗	全
1967-07-19	12	3 537	24.61	36.68	-10.12	0.85	-0.27	-2.32	77.9	15.9	6.2	100.0
1968-10-02	6	3 838	23.48	19.90	-8.54	-1.86	-1.86	4.07	38.5	38.1	23.3	100.0
1973-10-24	7	2 423	25.33	14.65	1.16	-8.94	1.50	0.34	33.2	26.7	40.4	100.0
1975-08-05	11	3 862	28.07	36.70	-5.12	-8.04	1.99	-3.62	61.5	27.8	10.9	100.0
1976-08-09	10	2 886	29.66	24.94	-1.24	2.25	-0.68	-6.86	68.1	22.6	9.3	100.0
1979-09-03	9	2 355	26.31	18.31	-2.51	-1.37	4.31	-3.66	41.3	21.2	37.3	100.0
1979-09-12	11	2 751	26.38	26.15	-2.07	-7.08	0.23	-9.94	47.0	21.9	31.2	100.0
1983-08-10	9	3 857	20.31	29.99	1.00	-2.43	-2.37	-5.57	37.9	24.8	37.4	100.0
1983-08-24	10	3 748	24.01	32.38	0.71	-0.62	-4.35	-3.52	55.0	30.1	14.9	100.0
1983-09-23	10	3 375	28.82	29.16	1.03	0.69	-5.97	-0.38	40.8	36.3	23.0	100.0
1984-07-21	10	3 418	26.72	29.53	-3.32	7.79	-3.86	-0.51	56.1	19.8	24.1	100.0
1984-08-20	9	2 744	28.10	21.34	5.72	-0.37	-0.70	0.70	51.3	19.2	29.5	100.0
1984-09-07	10	3 405	29.24	29.42	-4.21	0.54	-3.74	-0.78	47.1	32.8	20.1	100.0
1985-10-02	12	3 795	20.57	39.35	0.41	-5.62	-2.77	-3.08	36.2	39.9	23.9	100.0
1985-10-14	10	3 492	22.62	30.17	5.20	-8.85	4.28	3.35	24.9	31.4	43.7	100.0
1989-08-22	11	2 935	23.59	27.89	-10.54	10.04	-0.29	-1.68	45.4	37.1	17.6	100.0
1989-09-02	10	3 025	21.80	26.14	-4.32	2.75	-2.26	0.34	46.8	31.4	21.6	100.0
平均	10	3 214	24.95	26.58	-3.08	-0.91	-0.98	-2.23	53.2	26.3	20.5	100.0

考虑小浪底水库 1999 年 10 月蓄水运用后至首次调水调沙试验之前，下游河道未出现过 2 000 m^3/s 以上的洪水，洪水传播时间还可能加长，为了保证首次调水调沙试验的冲刷效果，推荐控制洪水历时在 9 d 以上。

四、小结

（1）水沙关系协调与否和河床边界条件以及人们预期的目标是密切相关的，是一个动态的变化过程。针对目前黄河下游的边界条件，协调的水沙关系应是能使黄河下游特别是平滩流量较小的夹河滩—孙口河段主槽发生明显冲刷的水沙过程。

（2）对于低含沙水流（含沙量小于 20 kg/m^3），随着流量的增加，全下游及艾山—利津河段的冲刷均有所增强。当艾山站流量达 2 300 m^3/s 左右时，冲刷可发展到利津，艾山站流量大于 3 000 m^3/s 后，冲刷效率明显加强。

(3)对于中等含沙量洪水(含沙量20～80 kg/m³),当流量达2 800 m³/s左右时,基本可维持输沙平衡,而就艾山—利津河段而言,流量在2 300 m³/s左右时即可发生冲刷。

(4)对于较高含沙量一般洪水(含沙量大于80 kg/m³),流量为1 000～1 500 m³/s时,淤积比在55%以上;当流量增至3 000 m³/s以上时,该河段淤积比降至7%～22%。

(5)小浪底水库拦沙初期,进入下游河道的洪水平均含沙量在20 kg/m³以下时,应控制艾山流量大于2 300 m³/s,考虑正常的河道引水,相应的进入下游的流量应在2 600 m³/s左右;含沙量为20～30 kg/m³时,应控制进入黄河下游的流量大于2 300 m³/s,同时控制艾山流量大于2 000 m³/s,洪水历时一般为9 d以上。

第四节　协调水沙关系的塑造技术

一、枢纽工程对水沙的调控作用

黄河干流龙羊峡和刘家峡水库联合调度,承担黄河上游河段的防洪和防凌任务。三门峡和小浪底水库与支流伊河陆浑、洛河故县水库以及下游堤防、河道整治工程、蓄滞洪区等构成"上拦下排、两岸分滞"的黄河中下游防洪工程体系,在防洪、防凌、减淤、调水调沙和水量调度等方面发挥了巨大作用。水库的调节亦较大地改变了自然水沙过程。以下仅以三门峡水库实测资料分析枢纽工程对水沙的调控作用。

(一)汛初小洪水排沙

在每年的6月末至7月初,三门峡水库坝前水位一般都要下降到305 m或更低,有两种情况会使汛初出现较明显的排沙过程:其一是因库水位降低造成溯源冲刷而产生的排沙;其二是潼关站发生洪水并伴随着库水位下降出现的排沙。统计1974～1999年汛初小水期排沙资料,详见表2-19。

表2-19　汛初小水期排沙特征值统计(1974～1999年累积)

项目	次数(次)	天数(d)	平均流量(m³/s)	水量(亿m³)	沙量(亿t)	含沙量(kg/m³)	冲刷量(亿t)
潼　关							
降低水位	18	197	605	103.0	1.054	10.2	3.361
小洪水	16	169	1 108	161.8	4.653	28.8	3.392
总计	34	366	837	264.8	5.707	21.6	6.753
三门峡							排沙比
降低水位	18	197	693	118.0	4.415	37.4	4.19
小洪水	16	169	1 091	159.4	8.045	50.5	1.73
总计	34	366	877	277.4	12.460	44.9	2.18

可以看出,属于前一种排沙类型的共有197 d,平均入库含沙量为10.2 kg/m³,同期出库含沙量为37.4 kg/m³,是入库的3.67倍;入库总沙量为1.054亿t,相应出库沙量4.415亿t,冲刷3.361亿t,排沙比达到4.19。属于后一种排沙类型的共有169 d,进出库流量接

近，平均入库含沙量为 28.8 kg/m³，平均出库含沙量为 50.5 kg/m³，是入库的 1.75 倍；入库总沙量 4.653 亿 t，相应出库沙量 8.045 亿 t，排沙比为 1.73。

进一步统计显示，汛初小水期冲刷量占汛期总冲刷量的 15.7%，而入库沙量仅占汛期来沙量的 3.03%，表明这一时段具有较高的冲刷效率。

降低水位和小洪水期排沙的效果主要受入库水沙条件和库区水面比降的影响，由图 2-10 可见，随着因子 $J_{潼关—史家滩}/(S/Q)^{0.35}$ 的增大，排沙比相应增加，两种排沙类型的变化趋势相差很大。在相同的 $J_{潼关—史家滩}/(S/Q)^{0.35}$ 条件下，降低水位冲刷的排沙比大于小洪水的排沙比。

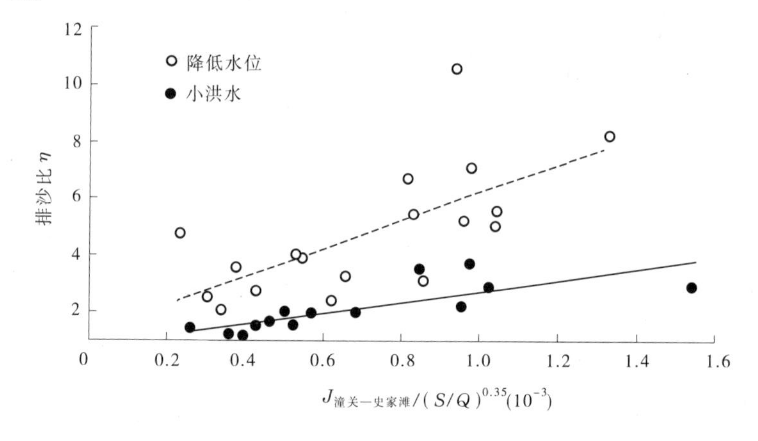

图 2-10　汛初小洪水期排沙比关系

（二）洪水期排沙

根据对 1974 ~ 1999 年 100 余场洪峰流量大于 2 500 m³/s 的洪水资料的分析，洪水期入库水量占汛期的 68%，沙量占汛期的 83%，持续时间仅占汛期的 43.1%，冲刷量占汛期的 88%，表明洪水期来沙量大，水库排沙量和冲刷量也大。洪水可分为一般含沙量洪水和高含沙量洪水（暂将洪水期潼关站最大含沙量在 250 kg/m³ 以上，平均含沙量大于 100 kg/m³ 定义为高含沙量洪水），前者平均排沙比为 1.29，后者为 1.19。单从排沙比看，一般含沙量洪水排沙比高于高含沙量洪水。实际上，高含沙量洪水具有更大的冲刷能力，如果以冲刷效率来表示，较高含沙量洪水的冲刷效率为 0.028 t/m³，是一般含沙量洪水的 3 倍。

由表 2-20 可见，1974 ~ 1999 年洪水期坝前平均水位低于 300 m 时，水库的排沙比最大，一般含沙量洪水的排沙比达 1.47，高含沙量洪水为 1.38；当坝前平均水位高于 305 m 时，水库的排沙比最小，一般含沙量洪水和高含沙量洪水分别为 1.19 和 1.05。从洪水冲刷效率考虑，坝前平均水位低于 300 m 时，高含沙量洪水和一般含沙量洪水冲刷效率分别为 0.056 t/m³ 和 0.022 t/m³，是坝前水位为 300 ~ 305 m 时同类洪水冲刷效率的 2 倍左右，是坝前水位高于 305 m 时同类洪水的 4 ~ 5 倍。可见，坝前水位越低，库区冲刷效果也越好。

（三）平水期排沙

通常将流量小于 1 000 m³/s 时作为平水期。由于平水期流量、含沙量小，水流输沙能力低，水库排沙量除受来沙直接影响外，还与前期冲淤状况、库水位等有关，致使汛期不同阶段平水期的冲淤和排沙特点有很大差异。

据分析，1974～1999年汛期平水期年均43.8 d，占汛期天数的35.6%，年均入库沙量为0.436亿t，仅占汛期的6%，冲刷量占汛期的3.7%，排沙比为1.14。其中7月平水持续时间超过13 d，排沙比为1.43，冲刷量为0.075亿t；8月平水持续时间为7 d，冲刷量0.029亿t，排沙比为1.24；9、10月水库略有淤积，排沙比小于1。

表2-20　三门峡水库洪水期排沙特征

洪水类型	年份	坝前水位(m)	累计天数(d)(场次)	潼关水量(亿 m^3)	沙量(亿t)		冲刷量(亿t)	排沙比	冲刷效率(t/m^3)
					潼关	三门峡			
高含沙量洪水	1974～1999	<300	37(4)	53.4	7.81	10.81	3.00	1.38	0.056 2
		300～305	173(16)	337.9	42.79	52.72	9.93	1.23	0.029 4
		>305	55(7)	111.1	24.94	26.26	1.32	1.05	0.011 9
		总量	265(27)	502.4	75.53	89.78	14.25	1.19	0.028 4
	1974～1985	总量	84(9)	170.1	31.29	33.73	2.44	1.08	0.014 3
	1986～1999	总量	181(18)	332.3	44.24	56.05	11.81	1.27	0.035 5
一般含沙量洪水	1974～1999	<300	92(9)	136.6	6.45	9.46	3.01	1.47	0.022 0
		300～305	634(47)	1 300	43.12	57.5	14.38	1.33	0.011 1
		>305	386(18)	1 125	32.06	38.21	6.15	1.19	0.005 5
		总量	1 112(74)	2 562	81.63	105.17	23.54	1.29	0.009 2
	1974～1985	总量	834(51)	2 091.4	63.09	79.98	16.89	1.27	0.008 1
	1986～1999	总量	278(23)	470.3	18.54	25.19	6.65	1.36	0.014 2

(四)对含沙量的调节幅度

1990年10月初，三门峡水库投放钢围堰施工，水库降低水位历时12 d，出现溯源冲刷，其冲刷过程见表2-21。可以看出，10月4日三门峡水库坝前水位较前一日水位下降4.02 m，日平均出库流量与入库流量接近，出库含沙量243.7 kg/m^3(当日瞬时最大出库含沙量高达497 kg/m^3)，日均含沙量增幅达216 kg/m^3。本次降水冲刷期，流量小，冲刷主要集中在开始的2～3 d。

根据1991年10月1日实测大断面资料，三门峡水库距坝1 km处淤积面高程约为302 m，1991年10月14～18日，三门峡水库打开底孔排沙，出库含沙量初期较高，10月15日较前一天日均水位下降10.64 m，当天出库日均含沙量达到最高，为298 kg/m^3，增幅291 kg/m^3，随后逐渐衰减，10月19日，库水位开始抬升，入、出库含沙量大致相等，见表2-22。

根据1993年5月4日实测大断面资料，三门峡水库距坝1 km处淤积面高程约为297 m，1993年6月25～29日，三门峡水库进行了自非汛期运用以来第一次降低水位的排沙过程，降水期入库流量372～639 m^3/s，入库含沙量小于17 kg/m^3。降水的第二天，日平均库水位降幅最大为 9.3 m，相应日均出库含沙量也达到最大，为 251.23 kg/m³，增幅达 250.23 kg/m³，排沙历时约 9 d。

表 2-21　1990 年 10 月投放钢围堰施工时的排沙过程

日期	3 日	4 日	5 日	6 日	7 日	8 日	9 日
库水位(m)	304.13	300.11	294.99	295.61	291.05	293.44	300.36
入库流量(m^3/s)	1 090	1 290	1 270	1 090	946	889	833
出库流量(m^3/s)	983	1 350	1 190	1 140	807	557	673
入库含沙量(kg/m^3)	31.56	27.52	30.47	26.24	28.12	20.81	14.65
出库含沙量(kg/m^3)	33.27	243.70	136.13	65.26	38.79	27.47	12.79
冲淤量(亿 t)	0.001 5	-0.253 6	-0.106 5	-0.039 6	-0.004 1	0.002 8	0.003 1

表 2-22　1991 年 10 月三门峡水库泄空排沙过程

日期	13 日	14 日	15 日	16 日	17 日	18 日	19 日
库水位(m)	304.8	302.23	291.59	289.95	288.89	289.56	296.97
入库流量(m^3/s)	375	376	362	332	336	324	347
出库流量(m^3/s)	341	509	483	347	337	208	274
入库含沙量(kg/m^3)	6.32	6.09	7.02	6.57	6.16	5.80	6.20
出库含沙量(kg/m^3)	3.37	143.03	298.14	145.53	154.90	70.19	5.47
冲淤量(亿 t)	0.001 1	-0.061	-0.122 2	-0.041 7	-0.043 3	-0.011 0	0.000 6

二、出库含沙量预测

水库的兴建改变了天然河道的输沙特性，其运用方式的不同将对进入黄河下游的水沙条件产生较大影响。根据入库水沙情况，科学预测水库排沙情况，不仅对水库的实时调度运用十分重要，而且对黄河中下游的实时联合调度具有重要意义。

黄河三次调水调沙试验，在吸取各方面研究成果并对大量实测资料整理分析的基础上，采用物理成因分析和水文统计方法，对出库含沙量进行了预测。

（一）三门峡水库汛期出库含沙量预测

1. 汛期水库出库含沙量影响因子分析

综合分析水库多年运用实践，影响三门峡水库汛期出库含沙量的主要因素有三个方面：来水来沙变化，调沙库容内淤积量，泄流条件等。

三门峡水库汛期出库含沙量的影响因素可分解为：入库流量 $Q_入$、出库流量 $Q_出$、入库含沙量 $S_入$ 及床沙组成（颗粒级配）、库区水面比降、排沙时间与时机、孔洞分流比、调沙库容内淤积量、库水位等。

从以上影响因素可知，影响三门峡水库汛期出库含沙量的因子众多，从大量的可能因素中挑选出一些具有一定物理意义的因子是首要工作。

2. 水库出库含沙量敏感因子分析

根据有关河流泥沙动力学理论与经验,以及汛期三门峡水库调度运用经验和水库多年水沙资料整理分析成果,三门峡水库在汛期不同时期出库含沙量敏感因子也有所不同。按照出库含沙量敏感因子变化,把汛期的排沙过程分为非首次排沙和首次排沙两种。

1)汛期非首次排沙

据资料分析,在汛期已发生过大量排沙之后,三门峡水库出库含沙量对入库含沙量、入库流量、出库流量、库区水面比降以及底孔分流比较为敏感。其中,出库含沙量与入库含沙量关系相当密切,一般入库含沙量增大时出库含沙量会相应增大;而与流量的关系主要表现在与出入库流量之间的对比关系上,出入库流量比在一定程度上决定了库区水流冲刷力度,也直接影响着出库含沙量的大小;水面比降的作用主要体现在对水流的冲刷力度上,水面比降大则水流冲刷力度也大。

由于坝前含沙量分布不均匀,底孔分流比 P 对出库含沙量 $S_{出}$ 有一定影响。

2)汛期首次排沙

水库汛期首次排沙的出库含沙量一般较大,大部分在 50 kg/m^3 以上,有时甚至达到 300 kg/m^3 以上,过程一般持续 3 d 左右。这时的出库含沙量对入库流量、底孔分流比等不敏感,与入库含沙量关系也不密切。

经分析认为,汛初或汛期首次排沙过程,水库以溯源冲刷为主。这与水库的运用原则有关。三门峡水库自改建完成至今,一直采用蓄清排浑运用方式。水库在经历较长时间的蓄水后,如在汛末和翌年汛初,会发生一定的泥沙淤积情况,因此水库一般会利用汛末洪水或在汛初的第一场洪水进行排沙运用。在这种情况下,前期淤积量以及淤积物的颗粒级配对出库含沙量影响强烈。

3. 汛期输沙公式

根据目前水库水沙测验资料,建立出库日平均含沙量预测公式。鉴于三门峡水库泄流设施直到 1989 年后才基本趋于稳定,主要选取 1989～1997 年汛期和 2002 年调水调沙期间共约 437 组三门峡水库出入库水沙资料以及水库孔洞组合资料。

根据敏感因子分析,对汛初的第一场洪水排沙运用后或接近汛末的排沙过程进行了回归分析。三门峡水库汛期排沙时的出库含沙量与入库含沙量、出入库流量比值、水面比降以及底孔分流比等参数之间的关系可表达为

$$S_{出} = aS_{入}^{b}(Q_{出}/Q_{入})^{c}J^{d}(1+P)^{e} \tag{2-38}$$

式中　$S_{出}$——出库含沙量;

$Q_{出}$——出库流量;

$Q_{入}$——入库流量;

J——水面比降;

P——底孔分流比;

a——系数;

b、c、d、e——指数。

式(2-38)中比降 J 可表示为$(H-H_{史})/L$,其中 H 为坫埼断面水位,$H_{史}$ 为史家滩水位,即库水位。由于 L 变化不大,所以可以用$(H-H_{史})$反映比降因子。考虑洪水传播时

间因素,式(2-38)亦可表示为

$$S_{出_i} = aS^b_{入_{i-1}}(Q_{出_i}/Q_{入_{i-1}})^c(H_i - H_{史_i})^d(1 + P_i)^e \tag{2-39}$$

式中　i、$i-1$——本时段及上时段相应值。

根据 1989 ~ 1997 年资料,应用非线性逐步回归方法进行回归计算分析,出库含沙量预测模型的复相关系数为 0.88,待定系数 a、b、c、d、e 分别为 0.004 932、0.996、0.752、1.843 和 0.127。验证结果见图 2-11。

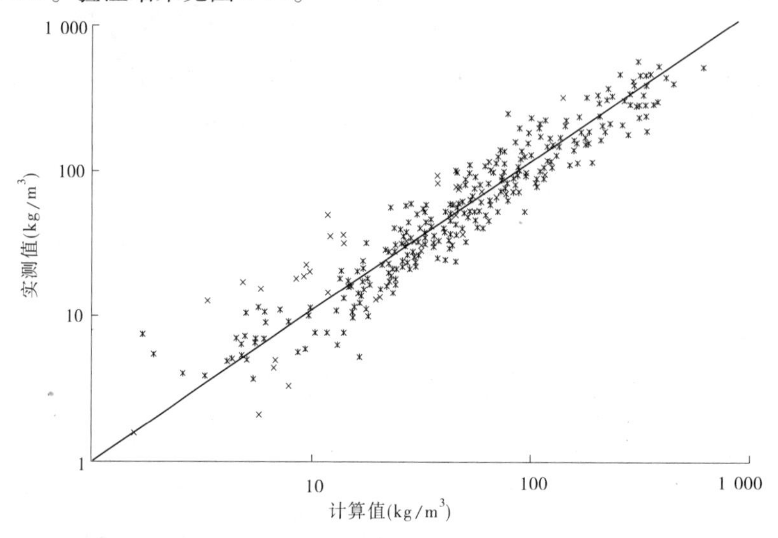

图 2-11　三门峡汛期排沙关系验证

(二)小浪底水库出库含沙量预测

1. 水库异重流排沙比估算

小浪底水库施工期进行的水库运用方式研究实体模型试验结果表明(见表 2-23),水库运用初期 1 ~5 年汛期大多时段为异重流排沙,排沙比的大小与来水来沙过程、悬沙组成、异重流潜入点位置、库区平面形态、初始地形、水库调度等因素有关。库区淤积形态为三角洲,异重流潜入点一般位于三角洲的前坡段。随水库运用历时延长,三角洲不断向坝前推进,异重流潜入点亦不断下移。实体模型试验第 5 年水库淤积三角洲顶点已推进至距坝约 8 km 处,由于异重流潜入后运行距离短,在流量及沙量并不太大的条件下,排沙比达到了 46.5%。

表 2-23　小浪底水库运用初期模型试验水库历年排沙比统计

年序	入库水量(亿 m³)	入库沙量(亿 t)	冲淤量(亿 t)	排沙比(%)
1	173.53	11.27	9.76	13.4
2	153.17	8.00	6.65	16.9
3	86.87	4.18	3.69	11.7
4	199.29	9.40	6.92	26.4
5	111.03	4.17	2.23	46.5
1 ~5	723.89	37.02	29.25	21.0

基于对小浪底水库历年异重流及浑水水库观测资料的分析，估计在异重流充分排沙的情况下，其排沙比变化范围为28% ~32%。即在目前库区淤积状况、水库蓄水条件，以及中小洪水条件下，小浪底水库异重流排沙比约为30%，随着水沙条件及边界条件的改变，该值将会不断地变化。

2. 浑水水库排沙分析

水库异重流运行至坝前后，若不能全部排出，则在坝前聚集形成浑水水库。2002 年 9 月 2 日，曾在小浪底水库进水塔前进行悬移质泥沙取样分析，结果见表 2-24。观测时水位 240.87 m，水深 59.1 m，浑水层厚度 23 m，平均含沙量约 150 kg/m^3，181.77 m 高程处测点含沙量达到 383 kg/m^3，而排沙洞底坎高程为 175 m，显然打开排沙洞，其瞬时含沙量将大于 383 kg/m^3。

2002 年 9 月 5 ~10 日，小浪底水库曾经为恢复坝前漏斗而开启排沙洞排沙（见表 2-25）。该时段小浪底水库平均出库流量为 511 m^3/s，平均含沙量为 150.20 kg/m^3，最大日平均出库含沙量 173.90 kg/m^3。9 月 7 日 22 时瞬时最大含沙量为 282 kg/m^3，相应流量为 1 390 m^3/s。由此可大致看出，若仅排泄坝前浑水水库的水体，其出库平均含沙量与浑水水库的平均含沙量接近。

表 2-24　2002 年小浪底水库进水塔前浑水层泥沙级配分析结果

测点深 (m)	测点高程 (m)	含沙量 (kg/m^3)	小于某粒径(mm)沙重百分数(%)					中值粒径 (mm)
			0.004	0.008	0.016	0.031	0.062	
35.5	205.37	0.32	48.6	77.3	93.1	99.0	100	0.004
37.0	203.87	37.3	49.5	79.4	98.4	100		0.004
39.0	201.87	43.8	48.0	77.2	97.5	100		0.004
43.0	197.87	57.4	44.9	72.3	94.5	100		0.004
47.0	193.87	84.9	42.1	67.2	91.1	99.8	100	0.005
52.0	188.87	273	47.2	74.4	93.1	99.8	100	0.004
56.0	184.87	320	47.1	74.2	93.1	99.8	100	0.004
59.1	181.77	383	45.8	72.2	97.5	97.5	100	0.004

3. 出库含沙量调控

小浪底水库坝前无论是异重流还是浑水水库，均为上清下浑的分布状态，对出库含沙量的控制主要是通过对不同高程泄水孔洞的调度实现的。

在制订调度预案或实时调度过程中，可基于由水动力学模型、小浪底水库实测资料建立的经验关系，对水库异重流排沙过程进行分析计算。异重流运行至坝前或形成浑水水库后，则利用坝前实测含沙量分布、清浑水交界面高程、小浪底水文站水沙监测反馈等资料，指导水库各泄水孔洞的调度。通过控制不同高程泄水孔洞的分流比而使出库含沙量满足调度指标。

表 2-25　2002 年小浪底水库开底孔排沙时出库流量及含沙量

日期（年-月-日）	入库流量（m^3/s）	入库含沙量（kg/m^3）	坝前水位（m）	出库流量（m^3/s）	出库含沙量（kg/m^3）
2002-09-05	216	5.32	210.14	532	112.03
2002-09-06	273	6.26	209.77	482	69.92
2002-09-07	360	10.2	209.57	505	155.64
2002-09-08	348	12.9	209.44	498	173.90
2002-09-09	262	9.73	209.31	521	152.02
2002-09-10	236	3.75	208.96	526	87.07
平均	283	8.53	209.62	511	150.20

三、人工扰沙技术

(一)水库扰沙

根据 2004 年 2 月小浪底水库淤积形态分析,库尾河床的淤积面已高于设计淤积纵剖面,即部分淤积物侵占了有效库容。因此,改善水库库尾淤积形态是 2004 年调水调沙试验的重要目标之一。在调水调沙试验实施过程中,借助入库清水的冲刷能力,并同时实施人工扰动试验,对清除设计平衡纵剖面以上的泥沙,降低库尾河段的河底高程,恢复被侵占的有效库容,调整泥沙淤积部位等,具有重大的意义。

1. 库尾泥沙扰动方案设计

在河流航道、港口疏浚等领域,泥沙扰动和输移技术已经得到了广泛的应用,比较常用的主要扰动形式有泥浆泵射流技术、水下挖泥船技术、水下爆破技术和高压水泵射流技术等。但上述泥沙扰动技术,在黄河这样的高含沙河流中,用于改善大范围淤积形态的生产实践,尚无成功的经验。由于黄河特殊的水沙特性、多变的河道边界条件和复杂的泥沙运动规律,许多先进、成熟的仪器设备和技术,无法得到有效运用;有些设备和技术虽然在理论上可以应用,但高昂的经济代价和相对于黄河巨量泥沙的有限扰动及输移量,使其尚不具备工程意义。

结合小浪底水库的具体情况,在广泛调研了机械扰沙、水下爆破、管道输移等扰沙技术的基础上,确定采用水下射流技术扰动库尾泥沙。目前国内外成熟的泥沙扰动设备主要有射流抽吸式、气力泵式、泵刀式、长臂绞吸式(或斗轮式)、深水抓斗式及潜水泥泵抽吸式等。

经过多种方案的比较,确定采用射流设备实施库尾泥沙的扰动。为了节省时间与经费,采取在小浪底库区就近租船,购置水泵、柴油机、发电机等主要设备,制作部分专用设备,进行现场组装射流扰动船的方案。在小浪底库区共有吨位 100 t 以上的机船 4 艘,这些船尺度较大,甲板宽敞,可以满足组装试验船的需要。

射流船主要技术参数如下:

射流量：1 200 m^3/h；

射流速度：10 m/s；

射流喷头口径：35 mm；

射流喷头数量：35 个；

射流喷头间距：0. 3 m；

适应水深：1. 5 ~ 10 m。

扰动库段选择的原则是目前淤积已影响到有效库容的库段，具体作业部位应选择在便于射流冲起的泥沙向下游输移同时又有利于溯源冲刷向上发展的地方。根据 2004 年 2 月实测的小浪底库尾淤积三角洲范围的淤积分布情况，选定主要扰沙库段在 HH42—HH45 断面（距坝 74 ~ 83 km）之间，长度约 9 km 的范围内。此库段位于淤积三角洲的顶点附近，泥沙中值粒径约 0. 06 mm，便于冲起泥沙的输移。同时，在该段河道上的射流冲刷也有利于溯源冲刷向上发展。

2. 小浪底库区泥沙扰动工程概况

1）施工设备

扰沙船主要参数见表 2-26。

表 2-26　2004 年小浪底库区扰沙船主要参数

项目	1 号船	2 号船	3 号船	4 号船
功率（kW）	450	249	249	249
射流量（m^3/h）	2 100	1 500	1 500	550
喷头口径（mm）	45	35	35	16
喷头数量（个）	21	24	24	20
喷头间距（cm）	30	30	30	30
适应水深（m）	1 ~ 10	1 ~ 10	1 ~ 10	1 ~ 10
射流速度（m/s）	21	24	24	24

2）施工河段

调水调沙试验期间，小浪底库区扰沙作业河段在 HH34—HH40 断面间进行，作业河段长 12. 39 km。不同时间段的扰沙部位，根据实际需求及可操作性进行调整。

试验的第一阶段，库尾泥沙扰动的范围在 HH40—HH36 断面之间，从时间上可以划分为 4 个时段：6 月 19 ~ 21 日，作业河段在 HH39—HH40 断面之间；6 月 22 ~ 28 日，作业河段选择在 HH38—HH39 断面之间；6 月 29 日以后，作业河段下移至 HH37—HH38 断面之间；7 月 3 ~ 5 日，作业河段下移至 HH36—HH37 断面之间。

试验第二阶段，7 月 3 ~ 10 日，随着库水位的逐渐降低，上游水深沿程逐渐变浅，泥沙扰动的位置也随之向下移动，从 HH36 断面逐渐下移到 HH34 断面。

为分析扰沙效果，加强了试验观测。外业测量累计施测库区断面 60 多个（次），采取河床质沙样 80 多个，观测扰动断面前后垂线含沙量 80 多条，采取试验沙样 400 多个，施测输沙率 2 次，开展冲沙能力试验 3 次，扰动泥沙输移试验 3 次。

3. 小浪底库尾泥沙扰动效果分析

1)河床断面形态变化

从图 2-12、图 2-13 可以看出,入库水流的动力并辅以人工扰动,将库尾三角洲扰动起来的泥沙不断地向下游输移,河床断面形态得到大幅度的调整,库尾淤积三角洲的形态得到明显的改善,具体表现为河床高程下降,淤积三角洲顶点高程降低,顶点位置下移,由原来的距坝 70 km 处下移 23 km 至距坝 47 km 处。

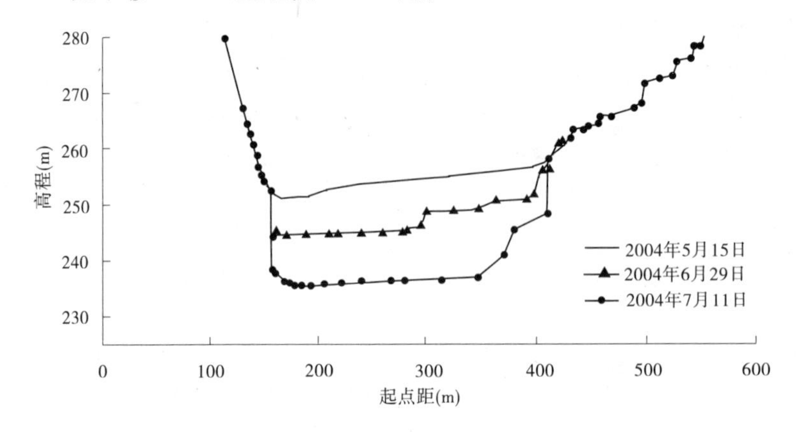

图 2-12 小浪底库尾 HH45 断面变化过程

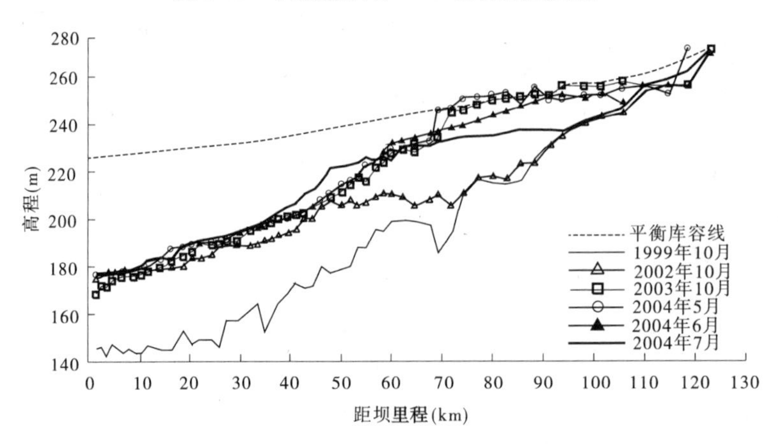

图 2-13 小浪底水库河床最低点变化

2)扰动前后垂线含沙量变化

通过扰动,沉积在库底的泥沙悬浮起来,增大了水流含沙量。在试验过程中,现场观测了扰动前后垂线含沙量变化过程,见图 2-14。从图中可以看出,扰动前后局部含沙量可增大 10 kg/m³ 左右,最大可增大 30 kg/m³ 以上。

3)颗粒级配变化

(1)扰动前后垂线颗粒级配变化。图 2-15 为 6 月 22 日进行的扰动试验作业前后垂线颗粒级配观测结果。扰动以前,相对水深 0.8 测点的颗粒级配比 0.6 测点偏细。扰动试验后 0.6 与 0.8 测点颗粒级配曲线基本重合,说明扰动后垂线泥沙分布相对均匀。

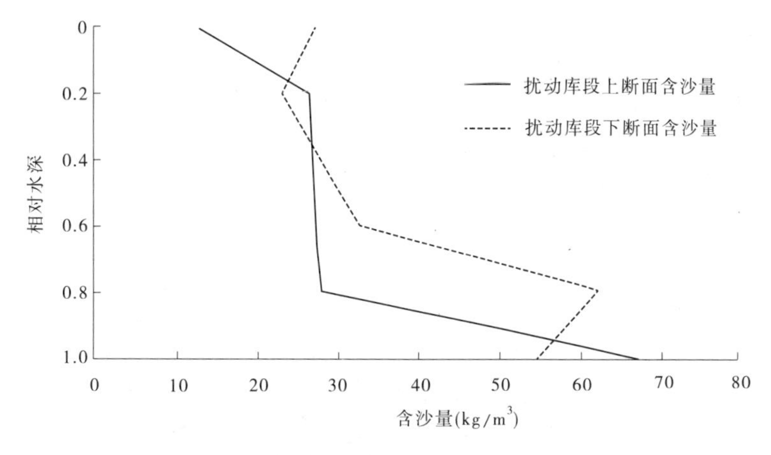

图 2-14　扰动前后垂线含沙量分布

图 2-16 为 7 月 7 日观测的扰动前后的垂线颗粒级配情况,从图中可看出,扰动前泥沙组成较细,扰动后泥沙变粗。

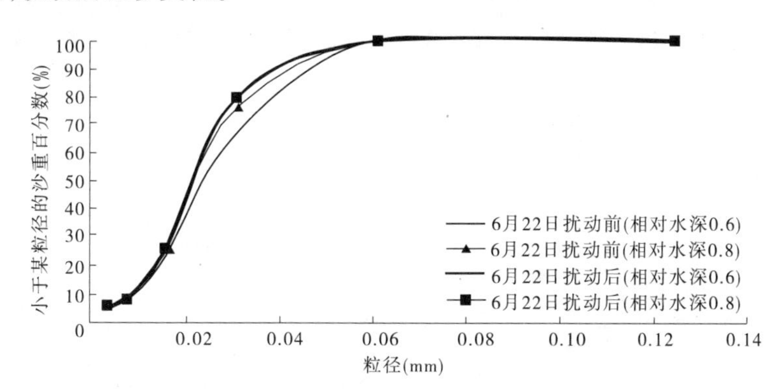

图 2-15　扰动前后垂线平均悬移质颗粒级配对比

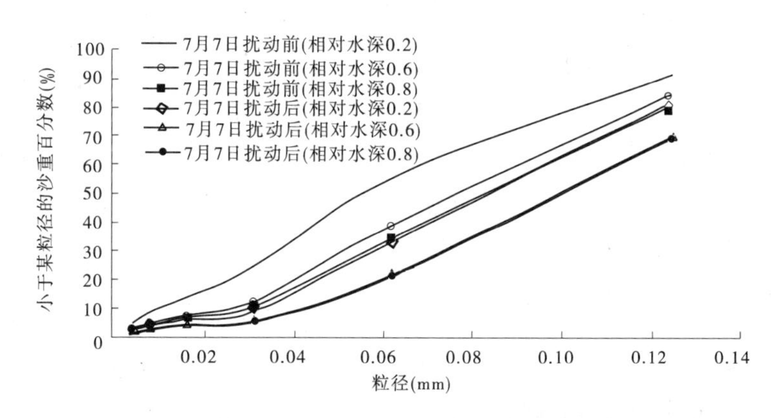

图 2-16　扰动河段扰动前后垂线颗粒级配对比

(2)不同输移距离颗粒级配变化。被扰动起来的泥沙在输移过程中粗沙容易沉降。图 2-17 是 6 月 22 日扰动后不同输移距离泥沙颗粒级配观测结果。从图上看出,由于泥沙的分选,距扰动部位愈远,悬移质泥沙组成愈细。

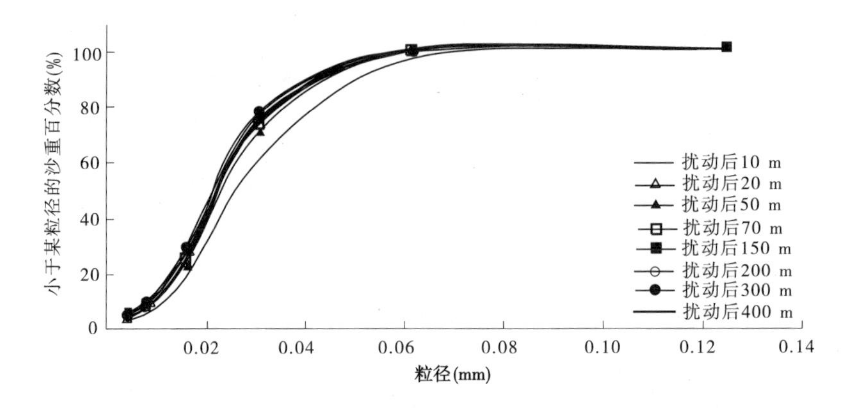

图 2-17　6 月 22 日小浪底水库扰动后泥沙输移观测

(3)扰动对沿程床沙颗粒级配的影响。图 2-18 ~ 图 2-22 为沿程河床质各粒径级沙重百分数变化。

图 2-18 为扰动前、扰动第一阶段结束、扰动终了三次河床质颗粒级配观测结果。扰动前,河床质颗粒级配沿程变化是一条比较规则的曲线,坝前泥沙中值粒径较小,基本在 0.01 mm 以下,距坝里程 65 km 以上粒径明显开始变粗。

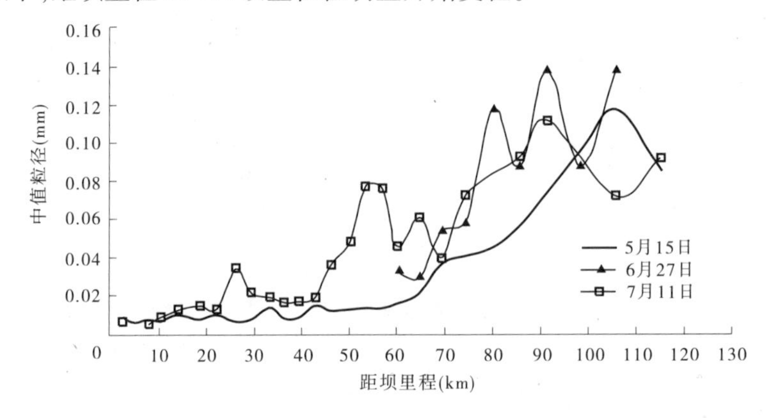

图 2-18　小浪底水库床沙沿程中值粒径变化

从图 2-19 可以看出,扰动前距坝 70 km 以上基本不存在粒径 0.004 mm 以下的泥沙,扰动第一阶段后距坝 60 km 以上仍不存在粒径 0.004 mm 以下的泥沙。扰动结束后,细沙向坝前移动排出库外,距坝 70 km 以下各断面粒径 0.004 mm 以下的泥沙普遍减少,上游粒径 0.004 mm 以下的泥沙稍有增加,应是三门峡水库排沙的原因。从图上看,距坝 25 ~ 70 km 河段粒径 0.004 mm 以下的泥沙明显减少。

从图 2-20 可看出,扰动施工后距坝里程 45 km 以上小于 0.031 mm 粒径的泥沙很少。从图 2-21、图 2-22 可看出,距坝里程 50 km 以下基本为粒径小于 0.125 mm 的泥沙,距坝里程 60 km 以下基本为粒径小于 0.25 mm 的泥沙。从整个库区来说,河床质基本都在 0.5 mm 以下。

(二)下游河段扰沙

在黄河下游各河段,水沙条件和边界条件的不同,造成泥沙沿程冲淤分布的不均匀

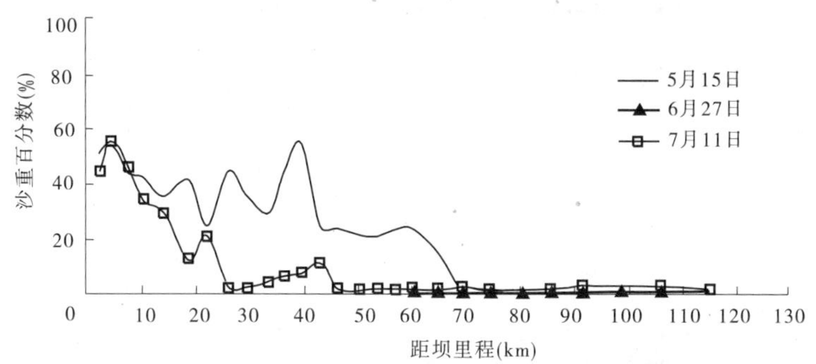

图 2-19　小浪底水库床沙小于 0.004 mm 粒径沙重百分数沿程变化

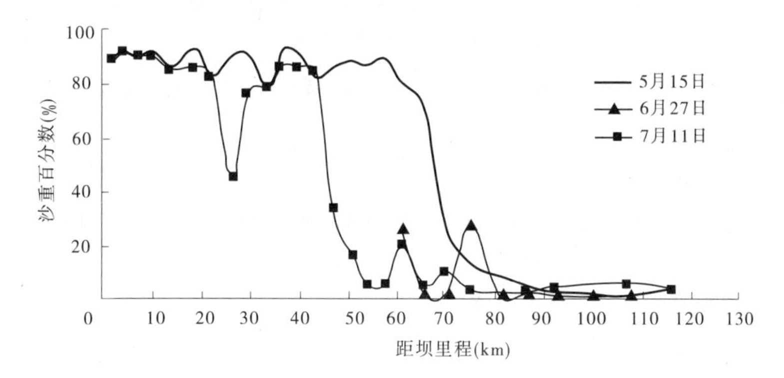

图 2-20　小浪底水库床沙小于 0.031 mm 粒径沙重百分数沿程变化

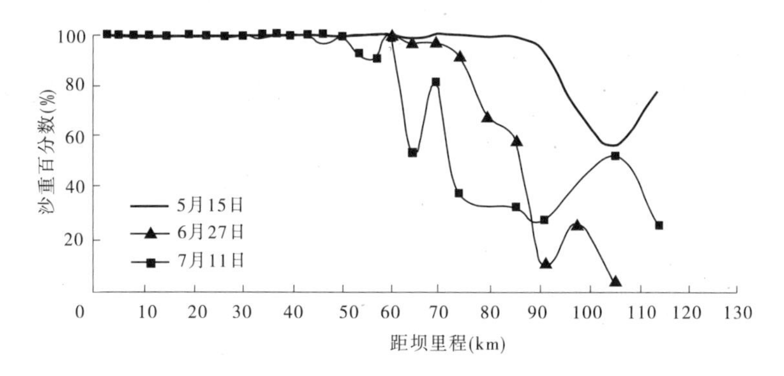

图 2-21　小浪底水库床沙小于 0.125 mm 粒径沙重百分数沿程变化

性，某些河段极易淤积或难以冲刷，排洪能力明显小于其他河段，局部过洪不畅给整个下游的防洪带来了被动。

同时，在小浪底水库拦沙运用初期，下泄水流含沙量较低，水流往往处于次饱和状态。通过水流自身的冲刷恢复很难达到水流冲淤临界指标，具有一定的富余能量。“人工扰沙”就是通过人工扰动让河床淤积的泥沙悬浮，并充分利用洪水的富余能量将悬浮的泥沙带走。同时，在“二级悬河”最严重和平滩流量最小的“卡口”河段辅以人工措施扰动加沙，又可改善“卡口”段主槽断面形态，显著增加“卡口段”平滩流量，扩大主河槽行洪输沙能力，使下游河道行洪能力全线提高。

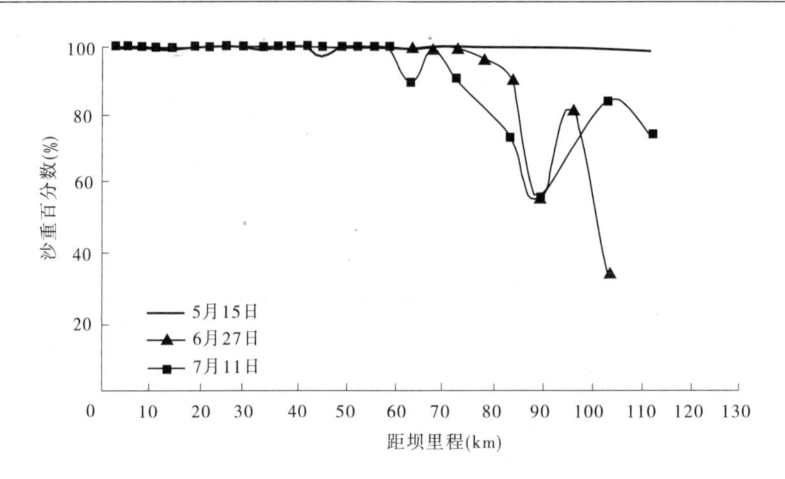

图 2-22　小浪底水库床沙小于 0.25 mm 粒径沙重百分数沿程变化

1. 扰沙河段及部位选择

1) 扰沙河段选择

黄河下游人工扰沙河段的选取,应遵循两个原则:一是与"二级悬河"治理相结合;二是选取平滩流量最小、河槽断面形态最不利的河段。

根据主槽断面法冲淤量计算结果,小浪底水库下闸蓄水以来,1999 年 10 月至 2003 年 11 月,下游河道主槽累积冲刷 5.627 亿 m^3,且各河段均发生冲刷,但从沿程来看,高村以下河段冲刷量仍偏小,高村—艾山河段仍是冲刷幅度较小、排洪能力最低的河段。

根据大断面测验成果,运用多种方法对下游河道各断面的平滩流量进行分析计算,各河段平滩流量为:花园口以上大于4 000 m^3/s,花园口—夹河滩大于3 500 m^3/s,夹河滩—高村在3 000 m^3/s 左右,高村—艾山约为2 500 m^3/s,艾山以下大部分在3 000 m^3/s 以上。可以看出,各河段平滩流量不尽相同,其中高村—艾山河段平滩流量较小。

通过小浪底水库运用后下游河道冲淤发展趋势和各河段平滩流量分析,"二级悬河"较严重的高村—艾山河段是排洪能力薄弱的"卡口"河段。

2) 扰沙部位选择

弯曲性河道弯道段和浅滩段具有不同的水流泥沙输移特性。洪水期弯道段水流功率和挟沙能力较大,具有更强的排洪输沙能力;而浅滩河段则易淤积,使得其上游局部河段的侵蚀基面抬升,不利于上游弯道段的排洪。同时,浅滩河段淤积,在河底纵剖面(深泓线)上形成局部拦沙坝,也不利于上游河道的排沙。对浅滩断面实施人工扰沙,降低浅滩高程,削弱浅滩滩脊断面拦沙坎的作用,将有利于提高河段的输沙能力。

以上分析表明,浅滩河段对洪水期的排洪和输沙具有明显的不利影响,浅滩断面高程的降低可以提高汛期排洪输沙能力,因此扰沙应把重点放在各河段的浅滩河段,特别是浅滩滩脊断面的部位。

3) 扰动深度

根据 2003 年 10 月钻孔取样分析,高村—孙口河段河槽表层床沙组成中值粒径变化范围为 0.08 ~ 0.05 mm(见图 2-23),主槽 1 m 处的泥沙中值粒径变化范围为 0.068 ~ 0.047 mm。除彭楼和杨集两个断面表层与深层泥沙中值粒径变化不大外,其他断面的表层床沙均比深层泥沙要粗。高村—孙口河段河槽表面至 3 m 深泥沙组成平均情况为：小于 0.025 mm 的泥沙占 14.47%，小于 0.05 mm 的泥沙占 37.25%，小于 0.1 mm 的泥沙占 77.07%，中值粒径约为 0.06 mm。从河床泥沙在垂向的分布来看，为了增加细泥沙的扰动量，提高扰沙效果，扰动深度应在 1 m 以下。

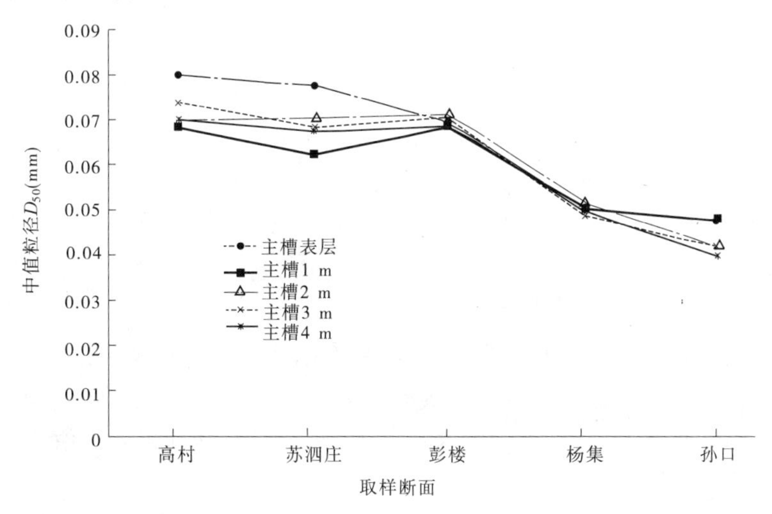

图 2-23　高村—孙口不同深度床沙中值粒径沿程变化

2. 扰沙指标控制技术

1) 设立前置站和反馈站

为了科学配置扰沙区的加沙量和泥沙颗粒级配，设立监测水沙因子的前置站和反馈站。扰沙区上游前置站设在距徐码头扰沙点 76 km 的高村水文站，以前置站水沙搭配来控制扰沙区的加沙时机、加沙量及泥沙颗粒级配，若高村前置站水流的含沙量或某一组粒径泥沙低于控制值（平衡值），则控制扰沙区按其差额补充泥沙。在雷口扰沙点下游 51 km 的艾山水文站设立反馈站，控制进入艾山—利津河道的水沙关系，若出现艾山站含沙量高于控制值（平衡值），则停止或减少扰沙量，以达到黄河下游全线冲刷的目标。

2) 确定扰沙控制指标

第三次调水调沙试验艾山站泥沙主要来源于下游河床冲刷，泥沙颗粒相对较粗，泥沙中值粒径甚至会达到 0.04 ~ 0.05 mm 以上，因此考虑泥沙粗细对河道冲淤的影响，则艾山站不同水沙条件下临界含沙量大小可以由下式表达

$$S = kQ^{\alpha}P_{*}^{\beta} \tag{2-40}$$

式中　Q——艾山流量；

P_{*}——艾山站小于 0.05 mm 泥沙占的权重；

k、α、β——待定参数，可由实测资料率定。

式(2-40)定性反映了粒径越粗临界含沙量越小。

根据以上公式，计算艾山站流量分别为 2 400 m^3/s、2 500 m^3/s 及 2 600 m^3/s 时，艾山—利津段不淤条件下，艾山站悬沙中值粒径在 0.025 mm 左右时，所允许挟带的最大含沙量分别为 27.3 kg/m^3、30.0 kg/m^3 和 32.9 kg/m^3。当艾山站泥沙中值粒径为 0.045 mm

时,流量在 2 600 m^3/s 条件下,艾山站临界含沙量在 18 kg/m^3 左右。

为了简便推求粗细泥沙对艾山以下河段输沙能力的影响,又采用了下列方法对其进行论证。

根据黄河下游水流挟沙能力公式

$$S_* = K\left(\frac{v^3}{gh\omega}\ln\frac{h}{6D_{50}}\right)^{0.6} \tag{2-41}$$

将沉速 ω 代入

$$\omega = \frac{1}{18}\frac{\gamma_S - \gamma}{\gamma}g\frac{d^2}{v} \tag{2-42}$$

于是,有

$$S_* \propto \frac{1}{d^{1.2}} \tag{2-43}$$

可见挟沙能力与粒径的高次方成反比,也就是说,粒径越粗其挟沙能力越低。

同时,又采用"黄河下游准二维泥沙数学模型"进行了艾山反馈站不同流量、不同含沙量和不同泥沙组成条件下不淤含沙量的系统计算与分析,从而确定下游扰沙反馈站监控指标。

根据实测资料分析,高村前置站不同水沙因子下需要扰动加沙的控制参数为

$$S = K\frac{(TQ)^{2.432}}{m} \tag{2-44}$$

式中 S——高村站计算含沙量,kg/m^3;

Q——高村站流量,m^3/s;

T——流量演进系数;

m——系数,取值与高村实测含沙量有关;

K——系数,取 1.023×10^{-7}。

根据以上公式,如果已知高村站实测流量和含沙量,代入式(2-44)计算控制含沙量 S,若实测值低于控制值,则允许在孙口附近扰动加沙,否则停止扰动加沙。经计算若高村站流量在 2 400 ~ 2 600 m^3/s,含沙量低于 23 ~ 29 kg/m^3,则允许进行扰动加沙,其加沙量大小视水沙情况计算而定。

3)扰沙设备选型

目前河湖拖淤疏浚措施主要有船舶疏浚、泥浆泵疏浚、水下爆破疏浚、气动法冲淤疏浚、加压水流扰动疏浚等。泥浆泵主要适用于在河道断流或流量较小情况下的挖河,在河道过流条件下的拖淤疏浚机械设备主要有射流冲沙船和挖泥船两种。

通过调研和技术咨询对可能方案进行了对比论证和现场试验研究。根据冲沙效果和从安全考虑,经过反复研究论证,确定下游扰沙主要采用抽沙扬散和水下射流相结合的措施。

抽沙扬散技术是利用渣浆泵直接搅吸河床泥沙,通过出水管将高浓度的泥浆喷洒向大河主流,使其与大河水流充分掺混,达到向大河加沙的目的。该技术具有挖深大、抽沙效率高、抽沙量大、出沙量稳定、抽沙与大河水流掺混均匀等优点,可使扰起的泥沙输移较

长距离。

为了提高扰沙效果，对以上两项技术进行了室内和现场试验，确定了含沙量控制方法、设备配置、喷头数量、喷射角度等技术指标。

扰沙设备布置原则：一是扰动设备相对集中于平滩流量较小的重点河段；二是同类设备相对集中布置；三是在浅滩段的中段和下段布置；四是有利于泥沙的输移，同时防止泥沙在下一河段淤积。

根据黄河下游断面流速分布情况，较小的船只或相对固定的设备基本安排在流速小于1.5 m/s的区域，即在距水边50 m左右的边流区；其他较大设备基本布置在水深2 m左右区域（2 m以下水深占主槽宽度的25%左右，宽100～120 m），尽量靠近主流区，离开固定扰沙设备100 m左右。另外，固定扰沙设备应根据河段边滩情况和具体河势变化作出相应调整。

应根据前置站和反馈站的水沙情况，决定开启的扰沙设备数量。先后次序为先启动活动式、大功率，后启动半固定式、小功率。扰沙方式为逆流扰沙。

4）扰沙量及输移量确定

（1）射流船的冲沙量。射流船的冲沙量由射流总宽度、有效流速、喷枪距河底高度、射流角度及泥沙密实度等多种因素来确定，可按下式计算

$$Q_S = \frac{3\,600kBQhT}{n\delta}\left[\frac{1}{\pi\left(\frac{\varphi}{2}+\frac{h\tan\theta}{\sin\alpha}\right)^2}\right]\left[\frac{1}{\tan(\alpha-\theta)}-\frac{1}{\tan(\alpha+\theta)}\right] \tag{2-45}$$

式中　Q_S——时段T内的冲沙量，t/h；

n——射流枪的个数，$n=23$；

B——射流总宽度，$B=4.5$ m；

Q——射流量，$Q=0.333\,3$ m^3/s；

h——喷嘴距河底距离，$h=0.5$ m；

T——时段，取$T=3\,600$ s；

δ——床沙密度，取$\delta=1.35$ t/m^3；

φ——射流枪管嘴直径，取$\varphi=28$ mm；

k——有效冲刷系数，取$k=0.15$；

α——射流轴线与水平面夹角；

θ——射流扩散角，取$\theta=2°$。

经计算得$Q_S=293$ t/h，即每小时可掀起泥沙293 t，折合217 m^3。

（2）潜吸式扬沙船悬浮泥沙效果。潜吸式抽沙扬散的扰沙原理主要是利用4台潜水泵的绞吸将河底的泥沙吸出后喷入大河，汇入河水中向下游输送。另外，泵口扰动的泥沙一小部分会被水流带向下游。

潜水泵的额定流量为250 m^3/h，但由于试验中无需远距离输沙，实际流量预计将增大为300 m^3/h。按试验中实测含沙量计算，扰动泥沙的数量约为69 m^3/h，加上推移质形式带向下游的泥沙（每抽走1 m^{3}泥沙，水流可再冲走0.4 m^{3}泥沙），一个工作台扰动泥沙的能力约为$(69+69\times0.4)\times4=386.4$（m^3/h）。

(3)扰动泥沙搬移距离计算。扰动起来的泥沙,由于粒径不同,能够随水流输移的距离也明显不同。颗粒较粗的泥沙大部分在较短的河段内就会沉积落淤,能够变为悬移质长距离输移的泥沙只占扰起泥沙的一部分。

扰动起来的泥沙在水流中一方面随水流向前输移,另一方面在自身重力的作用下下沉,泥沙自水面沉降到河底所运行的水平距离 L 的计算公式为

$$L = k\frac{vh}{\omega} \tag{2-46}$$

式中　h——河道水深,m;

v——水流平均流速,m/s;

ω——泥沙在浑水中的沉速,m/s;

k——考虑到水流的紊动作用而引入的大于1的系数,根据苏联水工手册,建议 $k=1.5$。

根据张红武研究成果,ω 值与泥沙在清水中的沉速关系为

$$\omega = \omega_{50}(1 - 1.25S_V)\left(1 - \frac{S_V}{2.25\sqrt{d_{50}}}\right)^{3.5} \tag{2-47}$$

式中　ω_{50}——泥沙在清水中的沉速;

S_V——体积比泥沙浓度。

对于拟扰动的河段,扰动起来的泥沙主要是河床床面至深度1.0 m范围的泥沙,其 $d_{50}=0.06$ mm,$\omega_{50}=0.348$ cm/s(水温20 ℃)。当大河流量为2 600 m^3/s,大河含沙量为25 kg/m^3 时,取 $v=2.0$ m/s,$h=2.5$ m。

对于不同粒径的泥沙,其输移的距离计算见表2-27。

表2-27　不同粒径泥沙输移距离

d_{50}(mm)	0.01	0.025	0.031	0.05	0.1	0.25	0.5	1.0
ω_{50}(cm/s)	0.006 24	0.040 5	0.060 47	0.156	0.62	3.045	6.99	11.93
L(km)	141.3	20.59	13.66	5.20	1.28	0.26	0.11	0.06

上面的计算公式表明,泥沙的输移距离与河道水流流速及水深成正比,而与泥沙的沉速成反比。实际上,在不饱和输沙状态下,扰动起的泥沙中相应于悬移质粒径范围内的部分都将随水流一起作悬浮输移,直至达到超饱和输沙的河段。

从上面计算的各粒径泥沙的输移距离可以看出,在调水调沙试验水流中粒径小于0.05 mm的泥沙可以输移较远的距离。考虑到扰动起来的主要是河床床面相对较粗的泥沙及浅层的泥沙,同时考虑到在扰动区域内存在不均匀扩散和过饱和问题,因此挖泥船扰动的泥沙中能够实现长距离输移的泥沙的比例可能比床沙平均粒径0.05 mm以下的比例37.5%要小一些。因此,将扰动的泥沙中能够实现长距离输移的比例粗略地确定为30%。

3. 人工扰沙实践

1)扰沙河段

前文已分析,高村—艾山河段2003年的平滩流量为2 500 m^3/s左右,其中大王庄至

雷口河段多数断面平滩流量不足 2 500 m^3/s，为平滩流量最小的河段，是黄河下游河道过流的“瓶颈”河段，尤其是邢庙—杨楼（其间有史楼、李天开、徐码头、于庄等断面）和影唐—国那里（其间有梁集、大田楼、雷口等断面）平滩流量一般不足 2 400 m^3/s，其间的徐码头、雷口两断面平滩流量分别为 2 260 m^3/s、2 390 m^3/s。因此，本次调水调沙试验期间将邢庙—杨楼和影唐—国那里分别长约 20 km 和 10 km 的两河段确定为人工扰动的重点河段。

2）扰沙设备及辅助设备数量

（1）徐码头河段扰沙设备。扰沙作业平台：80 t 自动驳 2 艘，布设高压射流设备，每个设备配 20 个高压喷头；200 t 双体自动驳 1 艘，浮桥双体压力舟 5 条，每艘布置 LGS250－35－1 两相流潜水渣浆泵 4 台；120 型挖泥船 2 艘，民船 1 艘，配射流枪 12 个。共计 11 个扰沙作业平台。

同时，配 135 型拖轮 3 艘，260 kW 汽艇 6 艘，作为扰沙平台的动力；另外，配河势巡视兼救护船（150 马力快艇，1 马力＝735.499 W）2 艘，生产人员接送兼救护船（小型冲锋舟）4 艘，共计 6 条服务船只。

（2）雷口河段扰沙设备。移动扰动采用 2 艘自航驳船和 2 艘移动承压舟进行移动扰动。自航驳船中的一艘为双体船，安装高压射流设备，水泵出水量 1 200 m^3/h，配 12 个喷头；另一艘为单体自航驳船，安装 6 台小机泵组，每台小机泵组出水量 100 m^3/h，配 8 个喷头。每艘移动承压舟用 2 台 300 马力机动舟推移，其中一艘移动承压舟安装高压射流设备，另一艘移动承压舟安装 185 马力柴油机带动 10EPN－30 大机泵，配 18 个喷管 18 个喷头，出水量 1 200 m^3/h。

相对固定扰动采用 11 艘安装高压射流设备的承压舟或组合式工作平台进行相对固定扰动，承压舟选用交通浮桥浮体。其中 4 艘采用战备舟桥处组合式工作平台，每艘安装 2 台 90 kW 发电机，6 台小机泵组，每台泵组出水能力 100 m^3/h，配 1 个喷管 8 个喷头；另外 7 艘采用交通浮桥用承压舟，安装设备与组合式工作平台相同。

3）扰沙设备布置

为了达到加深主槽、改善局部河段河道形态，提高水流输沙能力和河道行洪条件，并兼有补沙作用，增加水流挟沙能力的目的，确定扰沙河段为史楼至于庄 20 km 和梁集至雷口长 10 km 的两个河段。

根据船舶数量和生产能力，重点扰动段落分 5 段。第一段位于郭集工程至吴老家工程之间，自吴老家工程以上 200 m 开始，向上扰动 2 000 m，布置 3 个工作平台。第二段位于吴老家工程至苏阁险工之间，自苏阁险工以上 500 m 开始，向上扰动 2 500 m，布置 5 个工作平台。第三段位于苏阁险工至杨楼工程之间，自杨楼工程以上 200 m 开始，向上扰动 2 500 m，布置 3 个工作平台。第四段位于影唐险工至大田楼断面之间，自影唐险工以下 500 m 开始，向下扰动 2 500 m，布置 6 个工作平台。第五段位于大田楼断面至国那里险工之间，自国那里险工以上 200 m 开始，向上扰动 2 500 m，布置 9 个工作平台。

4）扰沙时间

根据高村前置站和艾山反馈站水沙过程，通过实时加沙系统计算，本次扰动共分两个阶段：第一阶段为 2004 年 6 月 22 日 12 时至 6 月 30 日 8 时，计 188 h；第二阶段为 2004 年

7月7日7时至7月13日6时，计143 h。两个阶段总计331 h。

5）扰沙效果

（1）扰沙量计算。根据两个河段投入的人工扰沙设备数量和性能，利用现场实际观测结果，并参考潼关射流清淤现场试验和射流冲刷室内试验射流扰沙量计算方法，不考虑由于扰动额外增加的冲刷量，计算出两个阶段实际扰起的泥沙量为164.13万m^3，其中徐码头河段扰沙93.79万m^3，雷口河段扰沙70.34万m^3。

（2）平滩流量变化。黄河第三次调水调沙试验之前，徐码头上下20 km河段平滩流量平均为2 350 m^3/s，其中徐码头断面最小为2 260 m^3/s；雷口上下10 km河段平滩流量平均为2 460 m^3/s，其中雷口断面最小为2 390 m^3/s。试验过程中与扰沙河段临近的高村水文站7月11日12时和7月12日9时36分流量均达2 870 m^3/s，而扰沙河段始终未出现漫滩，由此说明扰沙河段平滩流量已增加至2 900 m^3/s，即调水调沙试验在水流及人工扰沙的共同作用下，平滩流量增加了440～550 m^3/s。

（3）河道冲淤变化。根据黄河第三次调水调沙试验前后加测的徐码头河段断面资料计算各断面冲淤情况，见表2-28。从表中可看出，扰沙河段发生明显冲刷，处于扰沙范围内的4个断面平均冲刷135 m^2，另一扰沙河段的雷口断面冲刷104 m^2，均大于扰沙上下河段过渡段的平均值。

表2-28　徐码头河段冲淤情况

断面	间距（m）	冲淤面积（m^2）	冲淤量（万m^3）
徐码头（二）		-300	
HN1	1 000	-140	-22.00
HN2	900	-120	-11.70
HN3	700	-150	-9.45
苏阁	1 200	-660	-48.60
HN4	1 200	-130	-47.40
徐码头（二）—HN4	5 000		-139.15

从整个调水调沙试验过程看，黄河第三次调水调沙试验下游小浪底—利津河段的冲刷强度为8.7万t/km，花园口以上、高村—孙口及孙口—艾山河段冲刷强度相对较大，分别为13.1万t/km、10.4万t/km和11.8万t/km。高村以上河段冲刷强度沿程减小，可以看出实施人工扰动的高村—孙口及孙口—艾山两河段冲刷强度增大。

利用“黄河下游河道冲淤泥沙数学模型”和“下游河道洪水演进及河床冲淤演变数学模型”计算分析了扰沙效果：①若不进行扰沙，高村—孙口河段平均冲刷面积为75 m^2，人工扰沙使徐码头河段断面面积净扩大约60 m^2；②人工扰沙试验使高村以下河道多冲刷41万m^3，约占扰沙总量的25%，即约有1/4的泥沙可以远距离输移，与根据床沙级配粗略估算的能够实现长距离输移的比例相近。

(4)含沙量变化。黄河第三次调水调沙试验期间下游各站含沙量沿程得到恢复(见表2-29)。第一阶段,花园口平均含沙量3.88 kg/m^3,高村平均含沙量8.14 kg/m^3,利津平均含沙量15.74 kg/m^3。第二阶段,花园口平均含沙量5.27 kg/m^3,高村平均含沙量7.54 kg/m^3,利津平均含沙量13.85 kg/m^3。整个调水调沙试验期间,下游利津以上河段含沙量恢复13.6 kg/m^3。从表中看出两个阶段高村—孙口、孙口—艾山含沙量恢复值平均为2.42 kg/m^{3}和1.6 kg/m^3,均大于上下的夹河滩—高村和艾山—泺口河段的1.09 kg/m^{3}和0.13 kg/m^3。因此,人工扰沙使两河段的含沙量恢复值有所增大。

表2-29　黄河第三次调水调沙试验各站含沙量变化　（单位:kg/m^3）

项目		花园口	夹河滩	高村	孙口	艾山	泺口	利津
第一阶段		3.88	6.22	8.14	10.16	12.15	12.26	15.74
第二阶段		5.27	7.28	7.54	10.36	11.57	11.71	13.85
含沙量增加值	第一阶段		2.34	1.92	2.02	1.99	0.11	3.48
	第二阶段		2.01	0.26	2.82	1.21	0.14	2.14
	平均		2.18	1.09	2.42	1.60	0.13	2.81

(5)颗粒级配变化。从各站悬移质中值粒径沿程变化(见表2-30)看,第一阶段、第二阶段及全过程平均中值粒径沿程变化趋势基本相同。花园口—高村、艾山—利津河段,悬移质平均中值粒径沿程均有所减小。高村—艾山河段悬移质平均中值粒径是沿程增加的,第一阶段平均中值粒径从高村的0.034 mm增加到艾山的0.039 mm;第二阶段平均中值粒径从高村的0.023 mm增加到艾山的0.037 mm,增加幅度较大;全过程平均中值粒径从高村的0.028 mm增加到艾山的0.036 mm。从此也可以得出,由于河床泥沙较粗,扰动后悬移质中值粒径增大,这也说明了人工扰沙的效果。

表2-30　黄河第三次调水调沙试验各站悬移质中值粒径级配量变化　（单位:mm）

项目	花园口	夹河滩	高村	孙口	艾山	泺口	利津
第一阶段	0.044	0.037	0.034	0.036	0.039	0.037	0.030
第二阶段	0.037	0.030	0.023	0.030	0.037	0.032	0.029
全过程	0.042	0.032	0.028	0.030	0.036	0.035	0.031

同时,从下游各站悬移质粗泥沙($d>0.05$ mm)所占百分数沿程变化可以看出,其与平均中值粒径沿程变化情况基本一致。整个调水调沙试验过程期间,悬移质粗泥沙所占百分数由高村站的28.5%增加到孙口站的30.9%、艾山站的37.8%,悬移质泥沙组成明显粗化,高村—艾山河段粗泥沙($d>0.05$ mm)增加350万t。

(6)河槽形态变化。计算两扰沙河段各断面河宽、水深、河相关系,见表2-31,可以看出,除大田楼外,其余断面经人工扰沙后平滩水深增大,河相系数减小,断面趋于窄深。

表 2-31　扰沙河段各断面河宽、水深、河相关系变化

断面	试验前			试验后			河相系数减小幅度(%)
	宽度(m)	水深(m)	$B^{0.5}/H$	宽度(m)	水深(m)	$B^{0.5}/H$	
徐码头(二)	230	3.78	4.01	230	5.09	2.98	25.74
HN1	410	2.83	7.15	420	3.10	6.61	7.60
HN2	490	2.69	8.23	470	3.06	7.08	13.90
HN3	430	2.60	7.98	420	3.02	6.79	14.91
苏阁	450	3.58	5.93	420	5.40	3.80	35.95
HN4	1 000	2.82	11.21	1 000	2.95	10.72	4.41
大田楼	384	3.12	6.28	384	3.08	6.36	-1.30
雷口	309	3.23	5.44	310	3.55	4.96	8.87

四、水沙对接技术

(一)水库下泄浑水与下游支流清水对接技术

该项技术以黄河第二次调水调沙试验中小浪底水库下泄的浑水与小花间的清水在花园口实现对接为例来说明。

实施基于空间尺度的黄河调水调沙试验要重点解决两大关键问题,一是小浪底—花园口区间洪水、泥沙的准确预报,二是准确对接(黄河干流)小浪底、(伊洛河)黑石关、(沁河)武陟三站在花园口站形成的水沙过程。

1. 调控技术路线

(1)充分考虑小浪底水库有较大调洪库容的条件,以小浪底出库水沙为主要调控手段来实现花园口站合适的水沙过程;充分发挥故县、陆浑水库的调洪空间,在不影响大坝、库区和下游河道防洪安全条件下,使伊洛河黑石关站流量均匀化,并保持一定量级的流量。

(2)根据黄委水文局滚动发布的小花间 24 h(每 4 h 为一时段)的流量过程预报,分析推算出小浪底出库流量、含沙量,实施花园口断面水沙过程对接。在花园口控制断面加强实时监测,一旦发现偏差,实时进行修正,最终使整个过程都达到调控指标。

2. 四库水沙联合调度流程图

基于上述调控技术路线,绘制出四库水沙联合调度的流程图,见图 2-24。

根据预报(利用洪水预报模型)和实测的龙门、潼关、华县等站流量过程,三门峡水库的调控运用方式和龙门镇、白马寺、武陟、黑石关、小花干(小浪底至花园口区间干流)、五龙口等站(区间)的流量(含沙量)过程,以及陆浑、故县水库调控运用方式,结合四库联调模型、河道冲淤计算数学模型的分析计算结果,推算出满足花园口站水沙调控指标的小浪底出库水沙过程,并下发调令(方案调令)。若花园口站水沙过程实况在调控指标的允许误差范围之内,保持该调令执行情况;否则,实时人工修正小浪底出库水沙过程,下发修正

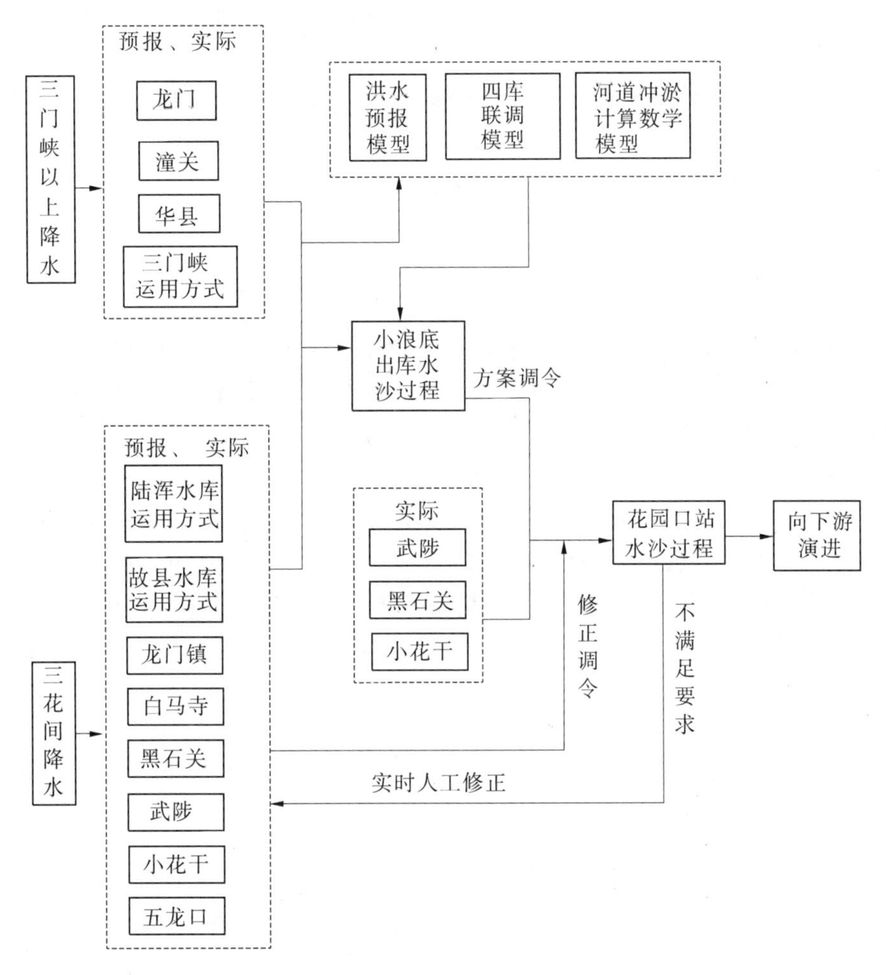

图 2-24　水沙对接四库联合调度流程图

调令。

3. 流量对接

1) 小浪底水库

花园口站的调控洪水过程以矩形峰的形式进行。具体确定方法是根据预报的小花间的流量，绘制小花间预报流量过程和要求的调控流量过程的对照图，反推小浪底水库的出库流量（小浪底至花园口传播时间按 12 ~ 16 h 计算）。

调控开始时段（0 时段），根据黄委水文局给出的 24 h 小花间洪水预报过程，概化出小花间 16 h 后（第 4 时段）的平均流量，调控流量减去该平均流量，即为小浪底水库本时段的出库流量（流量对接），按此流量给小浪底建管局下发调令。依次类推，根据滚动预报成果推算得出小浪底水库逐时段出库流量，向小浪底建管局滚动下发调令。

2) 陆浑水库

为了削减小花间的洪峰，并使小浪底水库有较大的出库流量，陆浑水库按合适的出库流量控制，允许短期超汛限水位运行。考虑到陆浑水库仍属病险库，其调控能力相应较小，不允许超历史最高水位 318.84 m，黄河第二次调水调沙试验中拟定为 318.5 m。洪水过后尽快回降至汛限水位。当到达 318.5 m 时，按流量进出库平衡方式运用。

3）故县水库

为使小花间洪水过程均匀化，故县水库根据陆浑水库调控情况相应调整调控流量，允许短期超汛限水位运行，但不允许超 534.8 m 征地水位，拟定为 534.3 m。洪水过后以合适流量回降至汛限水位。当到达 534.3 m 时，水库按进出库平衡方式运用。

4）三门峡水库

三门峡水库仍按敞泄运用方式运用。

4. 含沙量对接

根据 2003 年黄河下游第一次洪水过程，黑石关（黑石关站流量过程传播至花园口站）、武陟（武陟站流量过程传播至花园口站）、小花干（小浪底至花园口区间干流产生的洪水传播至花园口站）在花园口断面叠加后，含沙量在 5 kg/m^3 以下。在本次对接过程中，小花间来水的平均含沙量仍采用 5 kg/m^3。

为避免泥沙在退水期淤积河槽，同时考虑小浪底调控初期出库含沙量大的特点，含沙量过程对接结果为前大后小，即前 1/3 时段按控制花园口站 60 kg/m^3，中间 1/3 时段按控制花园口站 20 kg/m^3，后 1/3 时段按控制花园口站 10 kg/m^3。

具体对接按输沙量平衡原理进行分析计算，公式如下

$$(Q_1S_1 + Q_2S_2)/(Q_1 + Q_2) = S_3 \tag{2-48}$$

式中　Q_1——预报的小花间流量；

S_1——预报的小花间含沙量，在初始计算中按 5 kg/m^3 考虑，后期根据实测资料实时修正；

Q_2——要求的小浪底出库流量；

S_2——小浪底来水含沙量，取决于小浪底出库含沙量及河道的调整；

S_3——要求的花园口站调控含沙量。

由此可推算小浪底出库含沙量 $S_{小}$ 为

$$S_{小} = S_2 - kS_2 \tag{2-49}$$

式中　k——实测小花间冲刷量与小浪底出库沙量之比，初始计算中按 10% 考虑，后期按实测资料实时修正。

依据以上计算结果向小浪底建管局下发逐时段含沙量调令。

5. 逐时段实时修正调度技术路线

水文预报时，考虑了黑石关站、武陟站、小浪底站、小花干到花园口站的洪水传播时间，以产汇流模型计算加人工修正确定无控制区在花园口站的洪水过程，遇见期为 24～36 h。但由于降水时空分布及河道洪水涨落过程不同，其必然对花园口洪水对接过程影响较大，故必须在方案实施过程中进行实时修正。实时修正技术路线为：

（1）根据沁河五龙口站至武陟站洪水演进规律较稳定的特点，假定武陟站洪水过程为直线渐变（减小趋势）。

（2）根据区间相应流量级传播规律，不再考虑伊洛河黑石关站到花园口站的洪水传播时间，直接以黑石关站预估 4 h 在伊洛河口与小浪底出库洪水过程对接加武陟站，综合考虑小花干加水进行修正。

(3)以白马寺站、龙门镇站洪水过程预估黑石关站未来4 h的洪水流量。

以修正后的$Q_{花}$与根据调度方案计算的$Q_{花}$的对比分析,本着流量宁小勿大的原则,参考前段调度结果,选择确定较小流量为实时调度流量。计算公式为

$$Q_{花} = Q_{黑(预估4\ h)} + Q_{小} + Q_{武} + Q_{小花干(修正)} \quad (2\text{-}50)$$

该修正方法主要依据经验,其突出特点是利用黑石关站到花园口站和小浪底站到花园口站的洪水传播时间差为4 h左右的特点,来消除黑石关站到花园口站洪水传播时间为16~20 h的不确定误差。即判断4 h与16~20 h之间产生的误差,以避免发生调度方案对接产生的偶然性误差(传播时间)结果。

6.过程修正技术路线

除对各时段流量、含沙量进行实时修正外,还必须对花园口站已出现的水沙过程进行实时监控,计算出调控开始至当前花园口站水沙过程的平均流量、平均含沙量,以便检验是否达到预期目标。如果出现较大偏差,在后期的调度中给予及时补救,最终使整个过程的平均值达到要求的量值。

向小浪底水库下发的调令以时段制给出时段平均流量、平均含沙量。一次给出的时段数依小花间流量变幅大小确定。当变幅较大时,一般一次给出1~2个时段;小花间流量较为平稳时,一次可给出3个甚至更多时段。向陆浑、故县、三门峡水库下发的调令相应简化,可给出自某时刻开始按什么方式或按多大流量控制运用。

7.水沙对接效果评价

本次水沙对接,实测花园口站平均流量2 390 m^3/s,平均含沙量31.1 kg/m^3。从花园口站实测平均流量和平均含沙量来看,完全达到了预案规定的花园口断面平均流量2 400 m^3/s,平均含沙量30 kg/m^3的水沙调控指标。

8.该项技术的主要特点

整个试验过程可以概括为"无控区清水负载,小浪底补水配沙,花园口实现对接"。即根据实时雨水情势和水库蓄水情况,利用小浪底水库把中游洪水调控为挟沙量较高的"浑水";通过调度故县、陆浑水库,使伊洛河、沁河的清水对"浑水"进行稀释,并且使小浪底水库下泄的"浑水"与小花间清水在花园口站"对接",通过河道输沙入海。

(二)万家寨水库下泄水流与三门峡水库蓄水的对接技术

万家寨水库泄流与三门峡水库蓄水对接的目标,是最大程度冲刷三门峡水库泥沙,为小浪底水库异重流提供连续的水流动力和充足的细泥沙来源。为实现准确对接,要解决以下几个关键技术问题:一是对接时三门峡适当的库水位;二是根据万家寨至三门峡水库的河道情况,尤其是考虑第一场洪水的运行特点,准确计算水流从万家寨至三门峡入库的演进时间,特别是从龙门到潼关河段的洪水传播时间;三是万家寨水库泄流过程及泄流时机,在万家寨水库蓄水量一定的条件下,达到泄流量与泄水历时的最优组合。

1.万家寨与三门峡水库对接库水位分析

经过分析,万家寨水库下泄的水量应在三门峡水库水位310 m及其以下时实现对接,若万家寨水库下泄水量到达三门峡库区过早,三门峡水库水位过高,则万家寨来水不能对三门峡水库造成有效冲刷;若万家寨下泄水量到达三门峡库区过晚,两库泄流不能首尾衔接成为一个完整的水沙过程,三门峡水库临近泄空时产生的高含沙水流即使在小浪

底库区产生异重流亦会因无后续动力而迅速消失。

2. 万家寨—三门峡水库区间不同量级洪水的传播时间

对于第三次调水调沙试验的水文预报，北干流河段是重点之一。该河段位于晋陕交界处，从万家寨到三门峡水库坝前河道相继有皇甫川、窟野河、佳芦河、无定河等支流汇入，每到汛期常常出现峰高量大的高含沙洪水。水文资料显示，该区域的较大洪水演进时间3 d到5 d不等，针对万家寨泄水流量小、历时短且调度精确到小时的要求，把万家寨到三门峡坝前河段细分为万家寨—府谷、府谷—吴堡、吴堡—龙门、龙门—潼关等小区间逐段进行计算。与此同时，依托新开发的黄河洪水预报系统，对小区间洪水演进进行了参数率定，建立了北干流洪水的预报模型。经过综合分析作出预报：洪水从龙门到潼关将演进28 h。黄河干流各河段100～1 500 m^3/s 流量级水流传播时间分析见表2-32。

表2-32 万家寨水库泄流至三门峡水库干流各河段传播时间

河段	距离(km)	预报传播时间(h)	累计预报传播时间(h)	实际传播时间(h)	实际累计传播时间(h)
万家寨出库—府谷	102	12	12	13	13
府谷—吴堡	242	24	36	21	34
吴堡—龙门	275	22	58	22	56
龙门—潼关	128	28	86	28.5	84.5
潼关—三门峡水库(310 m)	54	10	96	10	94.5
三门峡—小浪底水库(235 m)	60	10	106	10	104.5
合计	861	106	106	104.5	104.5

3. 万家寨水库泄流时机分析

综合上述因素，最终确定万家寨水库先于三门峡水库于2004年7月5日15时开始泄流，下泄流量1 200 m^3/s，7月7日6时，万家寨水库水位降至959.89 m。万家寨水库下泄水流与三门峡水库蓄水模拟对接见图2-25。

4. 实际对接情况

7月7日8时，万家寨水库下泄的1 200 m^3/s 水流洪峰在三门峡水库水位降至310.3 m(三门峡水库蓄水1.57亿 m^3)时与之成功对接。

五、下游主槽过流能力分析预测技术

河道过流能力是指某水位下所通过流量的大小，通常主槽过流是主体。主槽过流能力的大小直接反映河道的过流能力，而衡量主槽过流能力大小的一个重要指标是平滩流量，平滩流量的大小又直接限制调水调沙试验的调控指标。因此，预测下游主槽过流能力及平滩流量至关重要。

由于黄河下游河道冲淤变化迅速，不同年份同流量水位值可差数米，同一年份的不同场次洪水，同流量水位表现也不同。即使在同一场洪水过程中，水位—流量关系往往是绳

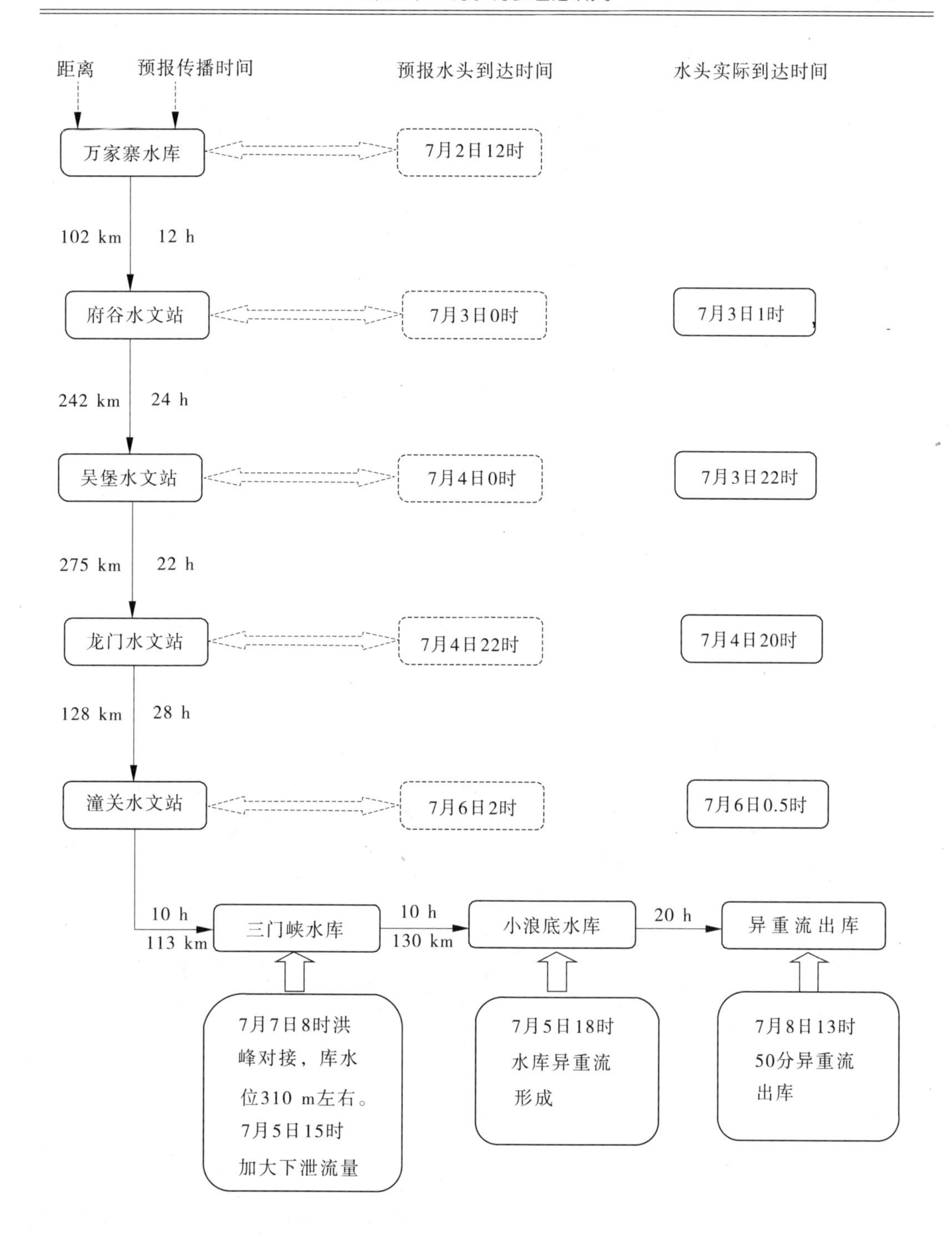

（按三门峡水库水位310 m左右控制）

图2-25　万家寨水库下泄水流与三门峡水库蓄水模拟对接图

套型，涨水期和落水期同流量水位可差0.7～0.8 m，同一水位下流量可差4 000～5 000 m^3/s。

平滩流量反映的是河道主槽的过流能力，而黄河下游的主槽是河道冲淤演变的结果，因此平滩流量应与河道冲淤有最直接的关系。但从图 2-26 可以看到，对于黄河下游这种堆积性河道来说，淤积是持续增加的，但平滩流量逐年呈跳跃式变化。因此，平滩流量和河道冲淤量反映的是河道演变的不同方面，冲淤量表示的主要是河道输沙能力，平滩流量则主要体现河道的过洪能力。水沙量及过程直接影响泥沙冲淤量和冲淤部位，进而影响平滩流量的变化。

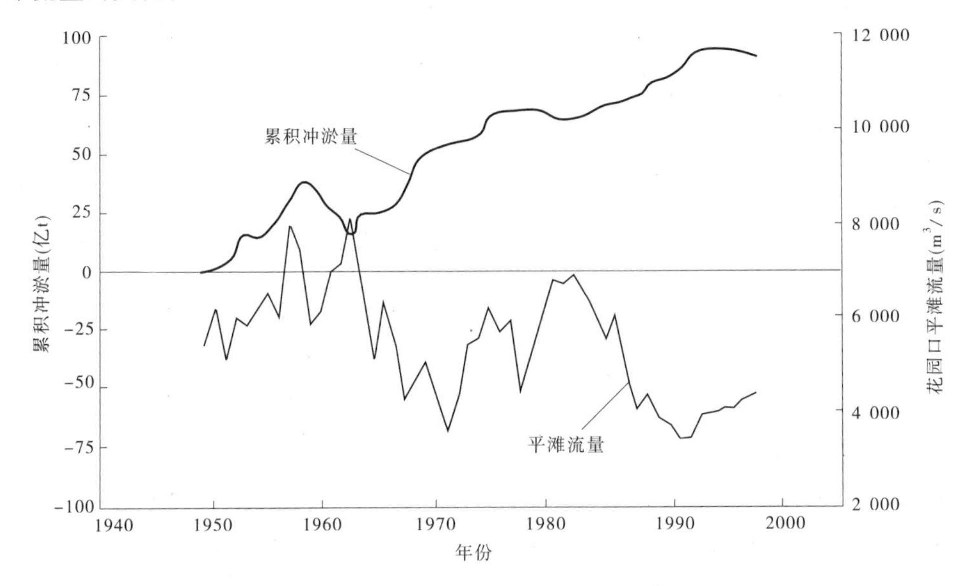

图 2-26　黄河下游冲淤量累积过程和花园口汛前平滩流量变化过程

根据黄河下游各河段的不同特点和断面形态的不同，采取的主槽过流能力分析计算方法主要有水力因子法、冲淤改正法、实测资料分析法和数学模型计算法等多种方法。

（一）水力因子法

1. 主要水力因子

水力因子法是利用各水力因素，如流量 Q、流速 v、断面某高程下过水面积 A 和洪水涨水过程中的冲淤面积 ΔA 之间的变化规律，通过水力计算，推求某测站的水位—流量关系，即

$$Q = Av$$

$$v = f_1(Q),A = f_2(Z)$$

则

$$Q = f_2(Z)f_1(Q) \tag{2-51}$$

2. 洪水涨水期断面冲淤变化

由流量计算公式 $Q = Av$ 可以导出涨水阶段主槽在某一涨水时段流量的变化 ΔQ，推导过程如下：

$$Q_0 = A_0v_0$$

$$Q = Av$$

$$Q - Q_0 = (A_0 + \Delta A)(v_0 + \Delta v) - A_0v_0$$

$$\Delta Q = A_0\Delta v + \Delta Av_0 \tag{2-52}$$

由式(2-52)可知,主槽过流能力的增加由两部分组成:一是随流量的增加,主槽平均流速变化而引起过流量的变化 $A_0\Delta v$;二是由于过水面积的增大所增加的过流量 ΔAv_0,其中包括流速增大而增加的流量。由分析可知,一般主槽平均流速随流量的增大而增大,当主槽流量增大到一定值后,流速随流量的变化幅度较小,即 Δv 较小。可见,洪水过程中主槽的过流能力增大主要靠主槽过水面积的增大来实现。

主槽过水面积的增大包括水位抬升增加的过水面积和洪水冲刷增加的过水面积两部分。

黄河下游为强烈淤积的冲积性河流,河床随来水来沙条件的变化而不断调整,同一洪水过程中滩地、主槽有着不同的冲淤特性,漫滩洪水期滩地淤积,主槽涨水期冲刷、落水期淤积,存在明显的涨冲落淤特性。因而洪水过程中洪水位的高低不仅取决于前期河床的冲淤状况,而且受洪水过程中主槽和滩地冲淤幅度大小的影响。

为此,利用实测小断面资料分析各水文站断面历次洪水主槽冲刷面积和主槽流量的关系,可以得出洪水期主槽的冲刷随流量的变化而变化,其冲刷幅度随流量的增大而增大。洪水期主槽冲刷面积与流量变化的关系为

$$\Delta A_c = K(Q_0 - Q_c) + C \tag{2-53}$$

式中　ΔA_c——主槽部分涨水过程冲刷面积;

Q_0——主槽冲刷起始流量;

Q_c——主槽部分涨水过程的瞬时流量;

K——反映主槽冲刷幅度大小的系数;

C——常数。

根据实测资料点绘历次大洪水涨水阶段主槽冲刷面积和流量变化之间的关系,下游七个水文站断面二者之间均有较好的相关关系。

通过回归分析,率定下游各测站的系数 K 值、起始流量 Q_0 和常数 C(见表 2-33),对于花园口、高村、艾山、泺口断面,K 值变化范围一般为 0.13 ~ 0.2,对于夹河滩、孙口、利津,K 值较小,基本为 0.10 左右。起始流量 Q_0 对宽河道取 2 500 m^3/s,窄河道取2 000 m^3/s。

表 2-33　式(2-53)中黄河下游各水文站参数选取及相关系数

站名	K	C	Q_0(m^3/s)	R
花园口	0.161 8	-261	2 500	0.96
夹河滩	0.103 9	22	2 500	0.96
高村	0.134 0	-23	2 500	0.94
孙口	0.098 0	170	2 500	0.98
艾山	0.187 9	-241	2 000	0.96
泺口	0.161 1	-88	2 000	0.95
利津	0.100 4	66	2 000	0.84

同时夹河滩断面涨水过程中断面的冲刷受前期断面冲淤的影响较大,经分析,该断面

洪水期主槽冲刷面积与洪水前同水位主槽面积的关系为

$$\Delta A_c = M_c A_{c0} \tag{2-54}$$

式中　A_{c0}——洪水前同水位主槽面积；

M_c——系数，本断面取 0.1 ~ 0.2。

3. 断面平均流速

据实测资料分析，黄河下游各控制站的断面平均流速变化有以下特点：主槽平均流速的变率 $\mathrm{d}v_c/\mathrm{d}h$（$v_c$ 为主槽平均流速，h 为主槽平均水深），随水深的增大而减小，水深达到某值后，流速变率几乎等于零。

点绘下游各测站断面主槽流速—流量的关系，发现二者相关关系较好，流速与流量之间可用下式表达

$$v_c = N_1 \lg Q + N_2 \tag{2-55}$$

式中　v_c——主槽的平均流速；

Q——主槽的流量；

N_1、N_2——系数和常数。

利用花园口、夹河滩、高村、孙口、艾山、泺口、利津等水文站历年大洪水的资料，点绘主槽流量（3 000 m^3/s 以上）和流速的关系，通过回归计算分析，可得出各站 N_1 和 N_2 值，见表 2-34。各断面的取值不同，N_1 为 0.36 ~ 0.51，N_2 为 -0.42 ~ -1.58。

表 2-34　黄河下游各站（主槽）系数 N_1 和常数 N_2 变化

站名	花园口	夹河滩	高村	孙口	艾山	泺口	利津
N_1	0.51	0.46	0.40	0.45	0.43	0.38	0.36
N_2	-1.58	-1.14	-0.97	-1.45	-1.45	-0.58	-0.42

4. 主槽过流能力计算

对各测验断面均可采用给定水位推求流量和给定流量推求水位的方法。对水文站断面可直接利用建立的相关关系，对测验大断面可借助与上下游相邻水文站的相关关系进行预测。

根据汛前测验大断面，划分主槽、滩地，并结合附近滩地地形读出滩唇高程，计算主槽水位—面积关系。利用各部位流量—流速关系、主槽涨水期断面冲淤和流量的关系，可得出主槽在一定流量下所需要的过水面积。根据某流量下所需要的初始面积，由水位—面积关系查得该面积所对应的流量，得到主槽平滩流量。

（二）冲淤改正法

冲淤改正法是利用实测资料建立各级流量水位抬升和断面冲淤幅度之间的关系，从而利用历史实测洪水的水位—流量关系或现状水位—流量关系，根据该断面洪水前期累计冲淤厚度，确定同流量水位的升降值，得出设计的水位—流量关系。

假设某断面为复式河槽，主槽宽 B_c，滩地宽 B_t，若干年后，主槽淤高 Δh_c，滩地淤高 Δh_t，假定滩槽宽度不变，同流量水位升高值可用下式计算

$$\Delta H = K_c \Delta h_c + K_t \Delta h_t \tag{2-56}$$

其中

$$K_c = B_c v_c / (B_c v_c + B_t v_t)$$
$$K_t = B_t v_t / (B_c v_c + B_t v_t)$$

以上公式适合滩槽比较稳定的断面，但对黄河来说，由于河道冲淤的复杂性，断面形态特别是滩槽的宽度变化较大，同时对各级流量的流速及汛前滩槽冲淤厚度的计算都存在难以确定的困难，为此我们对冲淤改正法进行了概化处理。

首先建立长时期主槽冲淤厚度和3 000 m^3/s 流量水位差值之间关系，然后又建立水文站7 000 m^3/s 和10 000 m^3/s 水位升降值与3 000 m^3/s 水位升降值的关系，从而设计主槽过流能力。

为分析各水文站3 000 m^3/s 水位的升降和断面冲淤厚度的关系，我们把1960～1997年长时段按3 000 m^3/s 的水位升降和冲淤交替划分为五个大的时段，即1960～1964年、1964～1973年、1973～1980年、1980～1985年、1985～1997年。分别计算出各个时段各个河段主槽的冲淤厚度（铺沙宽度按黄河下游断面法冲淤量分析评价专题计算）和各河段各站3 000 m^3/s 流量下水位的升降值，从而点绘3 000 m^3/s 流量下水位升降与冲刷厚度的关系图和3 000 m^3/s 流量下水位升降与淤积厚度的关系图。从中得出，当断面发生淤积时，3 000 m^3/s 水位的升降值和断面淤积厚度基本相当；当断面发生冲刷时，3 000 m^3/s 水位降低值是冲刷厚度的0.61倍，其水位下降值小于冲刷厚度。

另外，利用铁谢—利津各个水文站和水位站1958～1964年、1964～1976年以及1976～1982年3 000 m^3/s 的水位升降值和7 000 m^3/s 的水位升降值对比分析，建立相应关系式如下

$$\Delta Z_{7\,000} = k\Delta Z_{3\,000} + c \tag{2-57}$$

k 值为0.95，c 值为0.15。这说明当3 000 m^3/s 的水位抬升时，则7 000 m^3/s 的水位抬升值大于3 000 m^3/s 的水位抬升值；当3 000 m^3/s 的水位下降时，则7 000 m^3/s 的水位下降值小于3 000 m^3/s 的水位下降值。

对位于两水文站之间的水位站各级流量下的水位升降值可采用距离加权法，设上下游两水文站河道冲淤变化后各级流量下相应水位变化值分别为 $\Delta H_{上}$、$\Delta H_{下}$，在其间的水位站水位变化值为

$$\Delta H = \Delta H_{上} + \Delta L / L(\Delta H_{下} - \Delta H_{上}) \tag{2-58}$$

式中　L——水文站间距；

ΔL——上游水文站至水位站间距。

（三）实测资料分析法

实测资料分析法是建立在大量实测资料的基础上，通过对历史洪水的水位—流量关系线趋势的分析，并根据上年实测的水位—流量关系，顺洪水的水位—流量关系的趋势进行高水部分的外延。然后再考虑到上年汛后与当年汛前河道的冲淤情况和幅度，将关系线抬高或降低即可得到所求的水位—流量关系，进而得出主槽过流能力。

实测资料分析法适合有实测水位—流量关系资料的水文测站，或者邻近水文站断面、有较多洪水期水位观测资料的水位站。

（四）数学模型计算法

利用黄河下游准二维非恒定流数学模型，在已知河道初始边界条件、出口水位—流量

关系和一定的水沙条件下,可计算沿程各控制站的主槽过流能力关系。

根据计算的需要,针对黄河下游河道冲淤变化和洪水预报的特点,我们对下游河道滩、槽水流交换模式和冲淤过程中河道阻力变化特点进行了改进和修正。通过改进和进一步的完善,模型的计算结果更接近于黄河的实际。

1. 下游河道滩、槽水流交换模式

洪峰过程中,当主槽洪水位高于滩唇后,由于滩地横比降较大,入滩水流越过滩唇向大堤方向流动。在靠低洼处汇集后,部分水流滞留在洼地,其余水体顺堤行洪,在下游某处与主流汇合。在洪水起涨阶段,主槽水位上升快,滩地返回主槽水流受阻,甚至发生回流倒灌入滩,当滩地水位高于滩唇时,滩地水流与主槽共同向下游演进。在模拟过程中,将进滩水流过程概化为宽顶堰过流。在忽略了侧向行进流速水头后,入流量为

$$q_{Lg} = \sigma mb\sqrt{2g}H_1^{3/2} \tag{2-59}$$

$$b = H_1^{\alpha}\Delta X \tag{2-60}$$

式中 m——堰流系数,一般为0.3左右;

σ——宽顶堰淹没出流系数,σ与堰前、后堰顶以上水深比值有关,当堰后与堰前水深比值$H_2/H_1=0.8\sim0.98$时,σ由1.0下降至0.4;

b——堰流宽度,随堰顶水深增加而增大;

α——指数;

ΔX——计算河段长度。

当二滩水位高于滩唇后,滩地水流与主槽共同演进,并取滩地水深为平堰顶以上的水深,此时二滩分流量与滩地纵向流量模数有关。

2. 河道阻力

河道在冲淤变化过程中,随着床沙级配的调整,糙率必然会作相应的调整。河道淤积时,糙率减小,河道冲刷时,糙率增大。特别是小浪底水库运用初期水库下泄清水,河道冲刷,床沙由细变粗,逐渐粗化,所以在本模型计算中需根据冲淤情况对糙率进行修正和改进。

糙率随冲淤变化的关系式如下

$$n = n_0 - m\frac{\Delta A_d}{A_0} \tag{2-61}$$

式中 n_0——初始糙率;

m、A_0——常数;

ΔA_d——断面累计冲淤面积。

当河段冲刷或淤积较严重时,n值有可能很大或很小。为防止糙率在连续冲刷计算过程中的无限制增大和连续冲刷计算过程中的无限制减小,以适应黄河下游河道阻力特性的实际变化情况,在计算中对糙率的变化给予以下限制

$$n = \begin{cases} 1.5n_0 & (n > 1.5n_0) \\ 0.65n_0 & (n < 0.65n_0) \end{cases} \tag{2-62}$$

六、调水调沙试验流程控制技术

黄河调水调沙试验作为大规模的原型科学试验,其控制流程非常复杂,涉及的因素也

很多,为确保试验成功,必须对试验流程进行科学设计和控制。从时间上讲,分为预决策、决策、实时调度修正和效果评价四个阶段,不同阶段技术路线不同,对试验流程控制技术的要求也不同。

(一)预决策阶段

该阶段流程图如图2-27所示,主要包括以下内容:

(1)中期天气及趋势预报(预估)。在6~9月,每周进行一次黄河中游中期(未来4~10 d)天气过程趋势预报。如遇有较大尺度天气系统,根据需要和天气形势变化每周增加一次预报。

(2)短期降雨预报。在6~9月,每日做黄河中、下游未来3 d降水量预报。同时,利用卫星云图和测雨雷达等手段,对中、小尺度天气系统进行实时监控和分析。出现与降雨有关的重大天气过程时,及时加报降雨等值线预报。

(3)中期径流预报(预估)。从6月15日开始,每周进行一次潼关站和小花区间未来7 d的径流情势分析和预估(前2 d为日平均流量预报,后5 d为径流情势分析预估)。如遇有较大天气和洪水过程,随时预报。

(4)短期洪水、流量预报。7~9月,根据降雨预报结果,对潼关站和小花区间未来1~2 d日平均流量作出预报;每日制作潼关站和小花区间未来1~2 d日平均流量预报图。

(5)获取龙门、华县、河津和洑头四个水文站水沙测验数据,通过水沙序列预测模型分析和水沙频率分析,预估潼关水文站水沙过程、相应频率。

(6)获取龙门水文站水沙数据和龙门—潼关河段测验数据,通过建立龙潼河段高含沙水流揭河底模型,预测分析该河段揭河底发生情况。

(7)获取华县水文站水沙数据和华县—潼关河段测验数据,通过建立华潼河段高含沙水流揭河底模型,预测分析该河段揭河底发生情况。

(8)根据三门峡水库运行方式,通过水库泥沙淤积的相关分析与神经网络快速预测模型,预测潼关高程变化情况、三门峡库区冲淤情况及出库水沙过程。

(9)决策三门峡水库运行方式,即是否敞泄。

(10)根据三门峡、小浪底、故县、陆浑水库蓄水及小花间来水情况,拟定四库水沙联合运行方式,预决策是否进行调水调沙试验。

根据上述流程,在2002年首次调水调沙试验的预决策阶段,确定的预案为:以小浪底水库蓄水为主或小花间来大水水库相机控制花园口流量2 600 m^3/s历时6 d的试验,目的是检验调控指标花园口流量2 600 m^3/s历时6 d的合理性。具体为:

库水位低于210 m时:考虑小花间来水,根据下游必要的用水和保证下游河道不断流,尽可能减少出库流量,增加水库蓄水量。

库水位为210~225 m时:①预报河道流量小于800 m^3/s时,控制花园口流量不超过800 m^3/s。②预报河道流量大于或等于800 m^3/s小于2 600 m^3/s时,若水库可调水量和预报2 d加预估后4 d河道来水量之和不小于13.5亿m^3,控制花园口流量2 600 m^3/s历时6 d,进行调水调沙试验;否则,以下游河道不断流为原则,尽可能减少出库流量,增加水库蓄水量。③预报河道流量大于或等于2 600 m^3/s而小于4 000 m^3/s时。当预报小花间流量小于2 600 m^3/s时,若水库可调水量和预报2 d加预估后4 d河道来水量之和不小

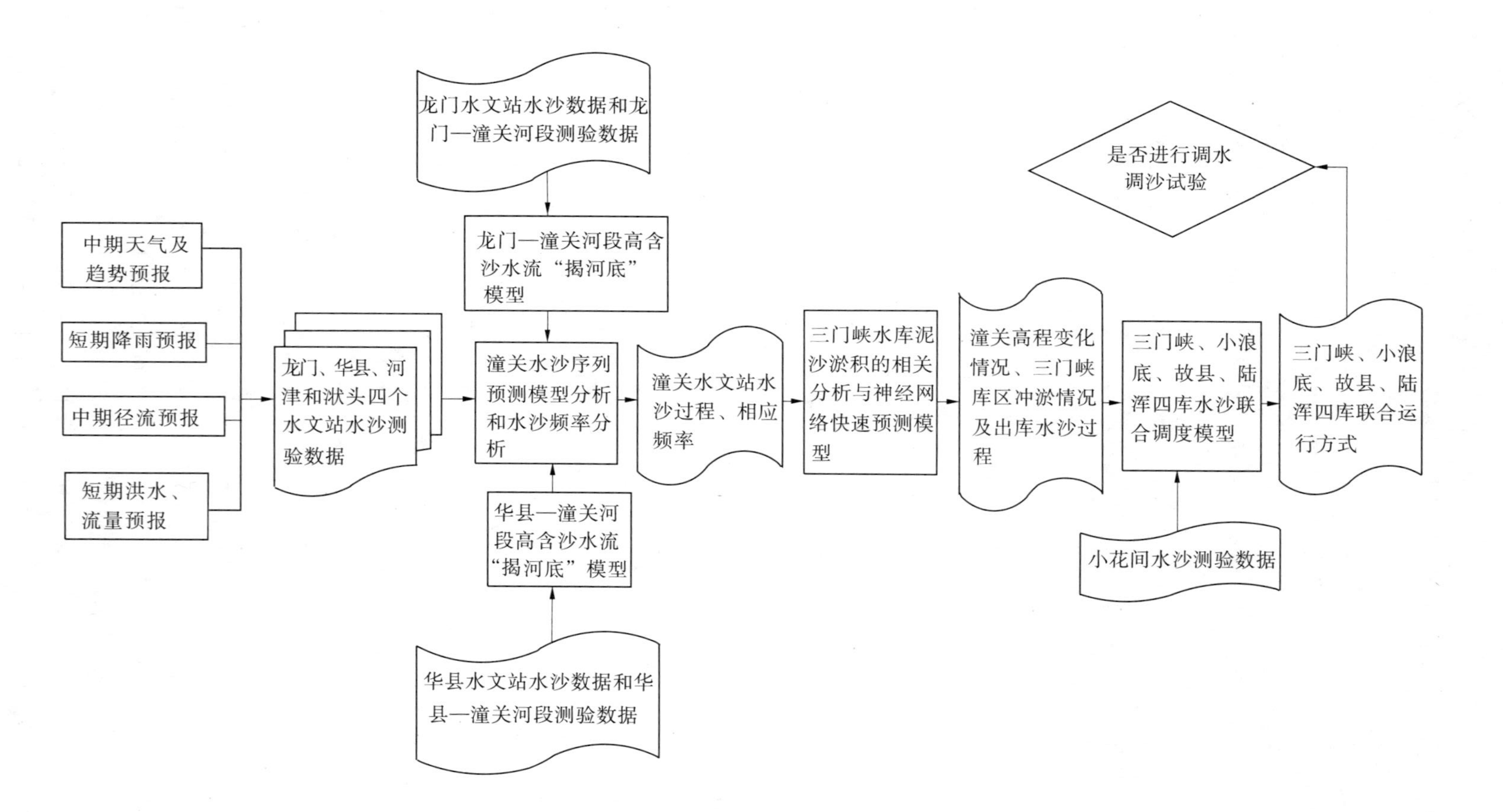

图2-27　调水调沙试验预决策阶段流程图

于13.5亿 m^3，控制花园口流量2 600 m^3/s 历时6 d，进行调水调沙试验；否则，以下游河道不断流为原则，尽可能减少出库流量，增加水库蓄水量。当预报小花间流量在2 600～4 000 m^3/s 时，若水库可调水量和预报2 d加预估后4 d河道来水量之和满足花园口流量大于2 600 m^3/s 并持续6 d要求，控制花园口流量2 600～4 000 m^3/s 不少于6 d，即调水调沙正常调度；否则，尽可能减少出库流量。

库水位等于225 m时：①当预报小花间流量小于等于2 600 m^3/s 时，控制花园口流量2 600 m^3/s 历时6 d，进行调水调沙试验。②当预报小花间流量为2 600～4 000 m^3/s 时，控制花园口流量2 600～4 000 m^3/s 不少于6 d，即调水调沙正常调度。

（二）决策阶段

1. 流程图及主要内容

该阶段流程图如图2-28所示，主要包括以下内容：

（1）获取潼关水文站水沙测验数据，包括洪峰流量、峰现时间、时段流量过程、时段平均流量、沙峰、时段含沙量过程、时段平均含沙量、洪水总量。要求洪峰流量预报误差不大于洪峰流量的±10%或预见期内流量变幅的±20%；峰现时间预报误差不大于依据站与预报站实际洪水传播时间的±30%或预报误差不大于4 h。

（2）通过三门峡水库出库含沙量预测模型，预测小浪底水库入库水沙过程，判断是否发生水库异重流，并确定是否动用万家寨水库进行联合调度。根据分析，小浪底水库要产生异重流，入库流量一般应不小于300 m^3/s。若流量大于800 m^3/s，要求相应含沙量约为10 kg/m^3；流量约为300 m^3/s 时，要求水流含沙量约为50 kg/m^3；流量介于300～800 m^3/s 时，水流含沙量可随流量的增加而减少，两者之间的关系可表达为 $S \geq 74 - 0.08Q$。对上述临界条件，还要求悬沙中细泥沙的百分比一般不小于70%。若水流中细泥沙的沙重百分数进一步增大，则流量及含沙量可相应减少。

（3）根据三门峡水库出库水沙过程，通过小浪底库区异重流分析，预测小浪底库区异重流运行至坝前的时机。

（4）通过小浪底坝前浑水垂线含沙量实测分布、库区异重流参数，通过小浪底水库出库含沙量预测模型预测小浪底枢纽各高程孔洞出流含沙量。

（5）获取黑石关、武陟水文站洪峰流量、时段流量过程、时段平均流量。

（6）运用小浪底、三门峡、陆浑、故县水库联合调度模型，按花园口允许流量值，调算小浪底出库流量过程。

（7）通过小浪底至花园口水沙对接模型，按花园口允许含沙量，调算修正小浪底出库含沙量，进而确定小浪底枢纽泄流孔洞组合。

2. 总体思路

根据上述流程，在2004年第三次调水调沙试验中，确定的总体思路为：

（1）库区以异重流排沙为主，下游河道以低含沙水流沿程冲刷为主，分别辅以人工扰动排沙。

（2）调水调沙试验实施的前一阶段，若中游不来洪水，小浪底水库清水下泄，待库水位降低至三角洲顶点高程以下的适当时机，适时利用万家寨、三门峡水库的蓄水，加大流量下泄，形成人工异重流，使小浪底水库排沙出库，下游河道沿程冲刷。

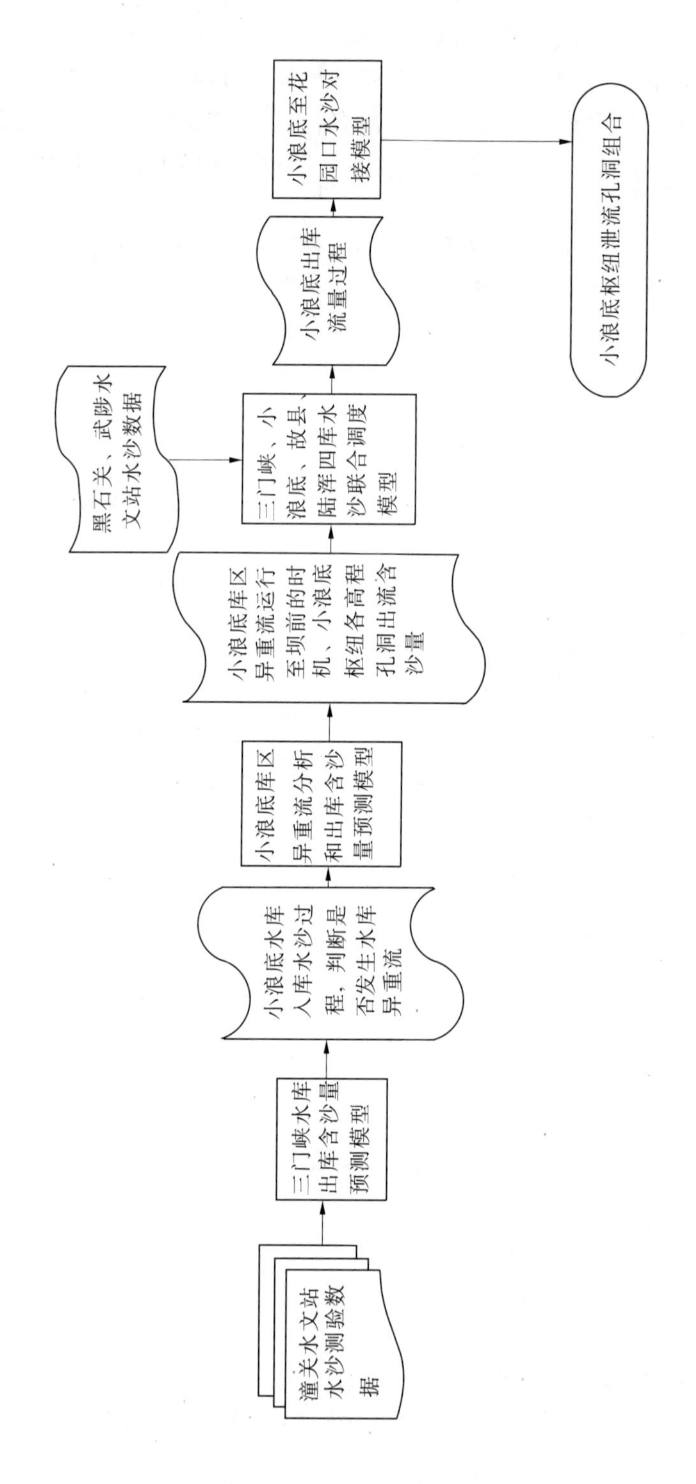

图2-28　调水调沙试验决策阶段流程图

(3)若调水调沙试验期间中游发生一定量级的洪水,先敞泄三门峡水库,形成天然条件下的异重流排沙。

(4)在调水调沙试验泄放较大流量之前,应使下游河道自花园口流量 800 m^3/s 至 2 700 m^3/s 之间有一个过渡过程,以使河道在水位冲淤及河势调整等方面对相对大流量有一个适应过程。参照 2003 年调水调沙的情况,先以控制花园口站 2 300 m^3/s 的流量预泄 3 d,并在小浪底库区坝前漏斗冲刷过程中,控制小浪底、黑石关、武陟三站之和的平均含沙量不超过 25 kg/m^3,以保证在水流不出槽的情况下,此时仍能发生一定数量的冲刷,为正式调水调沙试验创造有利条件,预泄过程中下游河道停止引水。

3. 水库调度方案

调水调沙试验开始,黄河中游万家寨水库按进出库平衡计算,汛限水位 966 m 以上蓄水量为 2.15 亿 m^3;三门峡水库按蓄水位 318 m 考虑,汛限水位以上蓄水量 4.72 亿 m^3,两库合计可调水量达 6.87 亿 m^3。根据黄委水文局中长期来水预报,6 月上、中、下旬和 7 月上、中旬潼关流量分别为 489 m^3/s、633 m^3/s、612 m^3/s、783 m^3/s、1 068 m^3/s,与多年平均流量相近。6 月下旬以后,即使不考虑洪水发生,当小浪底水库水位降低至淤积三角洲顶点高程 250 m 以下的 235 m 时,利用三门峡、万家寨蓄水及相应的基流对库区的冲刷而使水体中具有一定的含沙量,形成并维持人工异重流,历时在 6 d 左右,仍可排出一部分库区淤积泥沙。

按上述水库调度的总体思路和水情预报结果,考虑黄河中游潼关以上发生中小洪水的可能性,提出 2004 年黄河调水调沙试验水库调度方案如下。

1)潼关以上不发生洪水

潼关断面 1919 年至 2002 年多年平均流量 1 142 m^3/s,本次预案研究中将日平均流量大于 1 500 m^3/s 的情况作为洪水考虑。根据前述实测资料的分析结果,潼关断面 6 月不发生洪水的情况占 77.3%。对此种最可能发生的情况,水库按以下方案调度。

当预报 2 d 并预估后 5 d 潼关日平均流量小于或等于 1 500 m^3/s(即潼关断面 7 d 水量不大于 9.1 亿 m^3)时:

若小浪底水库水位在 235 m 以上,三门峡水库维持库水位不变,按入库流量下泄;小浪底水库按控制花园口断面 2 700 m^3/s 下泄,坝前漏斗冲刷过程中,控制出库含沙量不超过 25 kg/m^3;由于此时出库水流相对较清,下游河道按扰动排沙方案实施扰动排沙。

在小浪底水库水位达 235 m 时,小浪底水库首先按控制花园口流量 1 150 m^3/s 下泄 2 d。库区淤积三角洲面已高出水库蓄水位约 15 m,此时若加大入库流量,回水末端以上可以产生较为明显的沿程冲刷和溯源冲刷,并且挟沙水流进入回水区后可以形成持续时间相对较长的异重流。按本次分析研究成果,从水库排沙和改善库区淤积形态等方面考虑,异重流形成并持续的流量为 2 000 m^3/s。在小浪底水库控制花园口小流量结束前 8 h,三门峡水库按出库流量 Q = 2 000 m^3/s 下泄,直至库水位达 298 m,库区尾部开始泥沙扰动;在三门峡水库水位达 298 m 前 9 d 启动万家寨水库,出库流量按 2 000 m^3/s 下泄,直至库水位达汛限水位 966 m;小浪底水库仍按控制花园口流量 2 700 m^3/s 下泄,原则上控制小黑武洪水平均含沙量不大于 25 kg/m^3。泄流过程中,小黑武最大含沙量控制不超过 45 kg/m^3,直至库水位达汛限水位 225 m;在人工异重流的形成和排沙过程中,开展库区回水末端的扰动排沙试验，加强库区和下游河道的水文泥沙测验。根据高村前置站、艾山后置站的流量和含沙量，按下游扰动排沙预案，相机实施人工扰动排沙。

需要说明的是，在潼关不发生洪水条件下，万家寨、三门峡、小浪底三库联合调度形成人工异重流排沙的水库调度方案中，考虑形成人工异重流时，先启用三门峡水库，后启用万家寨水库，主要原因有两个：一是若先启用万家寨水库，此时三门峡水库蓄水位接近318 m，万家寨水库下泄的清水将在小北干流河段冲刷恢复部分含沙量，挟沙水流流经三门峡库区时将发生壅水淤积，一则不利于小浪底水库异重流的形成，二则淤损了三门峡水库的部分库容；二是先启用三门峡水库，待小浪底库区形成异重流后，三门峡水库水位降至298 m时，万家寨水库下泄的水流可以使三门峡库区发生一定的冲刷，一则可排出一部分泥沙，二则可以加强小浪底库区的异重流排沙。

2）潼关以上发生洪水

据潼关断面1960年以来的实测资料分析，6月发生最大日流量1 500 m^3/s以上洪水的概率为22.7%，最大洪峰可达3 500～4 000 m^3/s。因此，调水调沙试验期间潼关以上仍有可能发生中小洪水。若洪水量级在3 000 m^3/s以下（以最大日流量计，下同），平均含沙量一般在20 kg/m^3左右；若6月洪水量级在3 000 m^3/s以上，则平均含沙量可高达80～130 kg/m^3。

针对此种可能发生的情况，水库按以下方案调度：

当预报2 d并预估5 d潼关日平均流量大于1 500 m^3/s（潼关断面7 d水量大于9.1亿m^3）时，说明有洪水发生，应尽量利用来水在小浪底库区形成异重流，利用异重流排沙出库并冲刷下游河道。

若预报潼关最大流量不大于4 000 m^3/s，三门峡水库提前降低水位，降水时按补水流量1 500 m^3/s将库水位降至298 m，以后维持库水位298 m不变，按入库流量下泄；小浪底水库按控制花园口2 700 m^3/s流量下泄，泄流过程中含沙量控制同潼关不来洪水的情况，直至库水位达225 m。库区回水末端开展扰动排沙试验，下游河道按人工扰动排沙方案实施扰动排沙。

若预报潼关洪峰流量大于4 000 m^3/s，视后期来水预报和当时小浪底水库水位相机转入防洪或继续实施调水调沙。调水调沙试验时，方案同潼关流量大于1 500 m^3/s且小于等于4 000 m^3/s的情况。

（三）实时调度修正阶段

该阶段流程图如图2-29所示，主要包括以下内容：

（1）根据潼关水文站实测洪峰流量、时段流量过程、时段平均流量、沙峰、时段含沙量过程、时段平均含沙量，修正三门峡库区冲淤情况及出库水沙过程。

（2）根据三门峡水文站实测洪峰流量、时段流量过程、时段平均流量、沙峰、时段含沙量过程、时段平均含沙量，修正小浪底库区异重流预测结果、坝前浑水垂线含沙量、各高程孔洞出流含沙量。

（3）根据小浪底、黑石关、武陟水文站实测水文数据，修正花园口水文站水沙对接方案。

（4）通过花园口水文站实测时段流量过程、时段平均流量、沙峰、时段含沙量过程、时

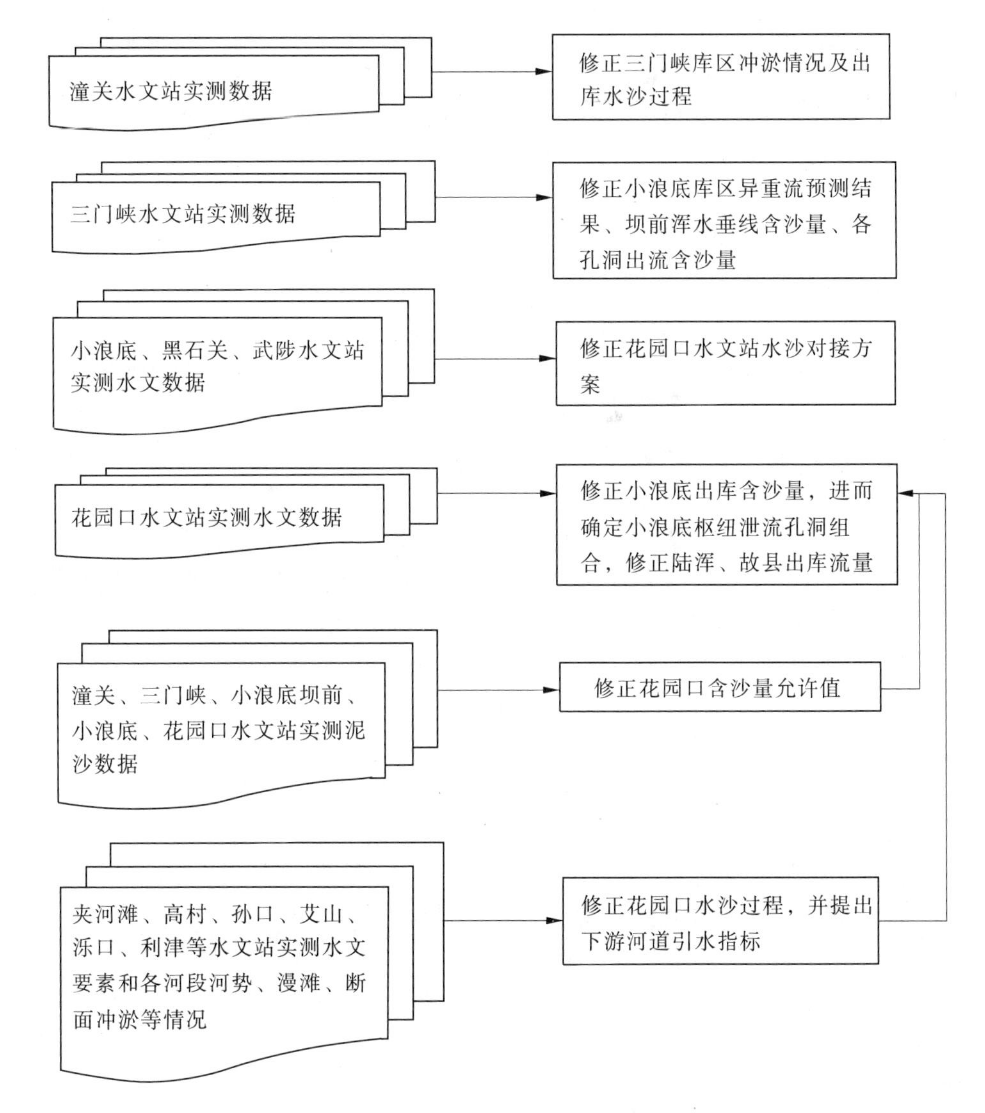

图 2-29　调水调沙试验实时调度修正阶段流程图

段平均含沙量，修正小浪底出库含沙量，进而确定小浪底枢纽泄流孔洞组合，修正陆浑、故县出库流量。

(5)根据潼关、三门峡、小浪底坝前、小浪底、花园口水文站实测泥沙颗粒级配，修正花园口含沙量允许值。

(6)根据下游夹河滩、高村、孙口、艾山、泺口、利津等水文站实测水文要素和各河段河势、漫滩、断面冲淤等情况，修正花园口水沙过程，并提出下游河道引水指标。

例如，在 2002 年首次调水调沙试验中，综合考虑黄河下游部分河段主槽过洪能力、水库实际蓄水量和试验目标，黄河首次调水调沙试验调度的具体指标为：根据水库蓄水、黄河上中游来水和支流伊洛河、沁河加水，通过科学、合理地调度水库，满足调水调沙试验实时调度预案要求，即控制黄河花园口站流量不小于 2 600 m^3/s，时间不少于 10 d，平均含沙量不大于 20 kg/m^3，相应艾山站流量为 2 300 m^3/s 左右，利津站流量为 2 000 m^3/s。

为实现上述指标，黄河首次调水调沙试验总指挥部办公室根据控制流程，密切监视相关环节，特别是小浪底水库出库流量和含沙量变化，并根据水情预报组提供的小花间来水预报，实时调整小浪底水库的下泄流量及泄水孔洞组合。调水调沙期间，小浪底水库共进行了176次闸门启闭操作。

通过频繁启闭小浪底水库不同高程孔洞组合和联合调度三门峡水库，实现了预案规定的黄河下游主要站水沙过程，使小浪底站出库平均流量2 741 m^3/s，平均含沙量12.2 kg/m^3，花园口站日平均流量2 649 m^3/s，平均含沙量13.3 kg/m^3，其中2 600 m^3/s以上流量过程持续了10.3 d，艾山站2 300 m^3/s以上流量过程持续了6.7 d，利津站2 000 m^3/s以上流量过程持续了9.9 d，完全符合预案要求。同时既实现了调水调沙，又节约了水量。2002年7月4日调水调沙试验开始，至7月14日8时，小浪底水库水位为225.96 m，仍高于汛限水位225 m。因此，小浪底水库在按试验流量下泄10 d后，仍需继续按试验流量下泄，使库水位尽快降至汛限水位以下。7月15日9时库水位降至223.84 m，还可以继续试验。但为了后期的水资源利用，确定小浪底水库从7月15日开始停止按试验流量下泄。本次试验既使已准备了3年的黄河调水调沙得以实现，也为后期供水储备了水源。

（四）调度效果评价阶段

为及时、有序和深入地分析小浪底水库调水调沙的效果与作用，每次调水调沙试验结束后，都要对调度效果进行评价，从而为黄河中下游水、沙联调提供有益的经验。主要内容有：

（1）水沙预报、预测效果评价。包括预报站点的安排和预报内容设置，洪峰、洪量、含沙量预报精度评价等。

（2）各水库防洪、库区冲淤、减淤效果、调度精度等调度评价。包括库区冲淤变化分析、库区淤积过程分析、库区冲淤量及其分布、淤积物颗粒级配沿程分布、近坝区漏斗地形测验分析、水库调度过程及精度分析等。

（3）下游河道河势、过洪能力、冲淤等评价。包括冲淤变化、断面形态变化、主槽床沙粒径变化、断面测验成果合理性分析、河道行洪能力变化、河势变化分析、河道整治工程险情分析等。

（4）河口冲淤分布评价。包括河口拦门沙区冲淤量、冲淤分布等。

（5）输沙效果评价。通过不同方法对黄河下游输沙效果进行分析，进一步总结调水调沙试验中各个控制指标的合理性，从而为以后黄河中下游水、沙联合调度提供依据。

总之，调水调沙试验作为世界水利史上大规模的原型试验，其控制流程从时间上讲分为预决策、决策、实时调度修正和效果评价四个阶段；从空间上讲涵盖了黄河中游干支流水库群和下游河道的调度与控制；从内容上讲涉及水文泥沙预报、水库调度、工程抢险等防汛工作的各个环节。控制流程技术对每次调水调沙试验的顺利进行发挥了重要作用。

七、小结

（1）根据三门峡汛期排沙资料，回归出三门峡水库汛期出库含沙量计算公式，可用于预测三门峡水库在不同水沙条件及边界条件下的出库沙量。

（2）小浪底水库在拦沙运用初期，洪水期水沙主要以异重流形式输移。通过实测资料分析估算认为，水库拦沙初期异重流排沙比约为30%。当坝前形成浑水水库后，利用坝前实测含沙量分布、清浑水交界面高程、小浪底水文站水沙监测反馈等资料，指导水库各泄水孔洞的调度。通过控制排沙洞分流比而调配出库含沙量的量值。

（3）利用天然水流的力量并辅以库尾扰沙，小浪底库尾占用有效库容的淤积泥沙全部清除，三角洲顶点由距坝70 km下移至距坝47 km，下移23 km。

（4）调水调沙试验使扰沙河段冲刷有所增大，平滩流量略有增加，断面形态趋于窄深。对黄河下游排洪能力薄弱的“卡口”河段辅以人工扰沙具有明显效果。

（5）小浪底水库下泄的浑水与水库下游区间入汇的清水对接技术可以概括为“无控区清水负载，小浪底补水配沙，花园口实现对接”。万家寨水库泄流与三门峡蓄水对接，目标是冲刷三门峡水库泥沙，为小浪底水库异重流提供动力和细泥沙来源，关键技术问题包括对接时三门峡的库水位、水流从万家寨至三门峡入库的演进时间，以及万家寨水库泄流时机。

（6）利用多种方法对黄河三次调水调沙试验前黄河下游河道主槽过流能力进行了分析预测。在第三次调水调沙试验中，预报徐码头和雷口河段主槽过流能力不足，是黄河下游过流能力最为薄弱的“卡口”河段，为扰沙部位的选择奠定了基础。

第五节　塑造和利用异重流延长小浪底水库拦沙期寿命的减淤技术

所谓塑造异重流，是在中游未发生洪水的情况下，利用中游水库的蓄水冲刷沉积在库区的泥沙形成悬沙水流，在小浪底库区形成异重流并排沙出库，达到减少水库淤积的目的。塑造异重流的水源包括万家寨与三门峡水库汛限水位以上水量。塑造异重流可利用的沙源有两处：一是淤积在小浪底水库上段的泥沙，主要靠三门峡水库下泄较大流量冲刷使之悬浮；二是三门峡水库槽库容里的细颗粒泥沙，主要是在三门峡水库临近泄空，以及万家寨水库泄流在三门峡水库低水位或空库时产生溯源冲刷排出。因此，汛前调水调沙人工塑造异重流过程可大致分为三个阶段：第一阶段，小浪底水库泄放库区蓄水冲刷下游河道，与此同时库水位逐渐降低，回水末端下移，使水库上段脱离回水，有利于三门峡清水冲刷或高含沙水流输移，并相应缩短异重流运行距离，为异重流排沙提供较为有利的边界条件。其间万家寨水库开闸泄水。第二阶段，三门峡水库下泄较大流量过程冲刷小浪底库区上段淤积的泥沙，在小浪底水库回水末端形成较高浓度的悬沙水流，进而转化为异重流输沙流态。第三阶段，流程近900 km的万家寨水库下泄水流过程，在三门峡水库临近泄空之时抵达三门峡水库，冲刷库区淤积泥沙，形成高含沙水流进入小浪底库区，并衔接在前期异重流过程之后，使三门峡与万家寨水库泄流形成一次完整的异重流排沙过程。

一、异重流塑造关键因素

人工塑造异重流，并使之持续运行到坝前，必须使形成异重流的水沙过程满足异重流持续运动条件。从物理意义上来说，必须使洪水提供给异重流的能量，能克服异重流沿程和局部的能量损失，否则异重流将在中途消失。因此，成功塑造异重流并排沙出库的关键，首先是确定在当时的边界条件下，形成异重流并运行至坝前的临界水沙条件；其次是通过中游各水库联合调度，使得运行至小浪底水库回水末端的水沙过程满足并超越其临界条件，实现异重流排沙或增大异重流排沙比。总体上讲，水库联合调度要把握时机、空间、量级三个关键因素。

(一)时机

时机，即调水调沙时序过程中开始塑造异重流的时间点。在调水调沙过程中的第一阶段，小浪底水库蓄水位呈逐步降低的趋势，较低的蓄水位可使库区有更多的泥沙补给，而且异重流运行距离更短，塑造的异重流相应有较大的排沙效果，但同时应考虑预留足够的水量稀释异重流排出的泥沙，以满足泥沙在黄河下游输送的需求。因此，调水调沙过程中开始塑造异重流的时间是塑造异重流的关键因素之一。确定该因素应充分考虑水库边界条件、来水来沙过程、调水调沙终止水位等条件，并准确把握库区与黄河下游河道的输沙规律。

(二)空间

空间，即使得相距约1 000 km的大空间尺度中各水库的水沙过程准确对接。塑造异重流依赖的是黄河中游万家寨、三门峡水库汛限水位以上的蓄水及三门峡库区下段与小浪底库区上段的泥沙。通过科学调度使各水库的蓄水有效地作用于不同部位沉积的泥沙使之悬浮，且使得产生的悬沙水流在小浪底水库回水末端形成一个水沙搭配相对合理且持续的水流过程。万家寨水库泄流与三门峡水库水位对接的时机，应是万家寨水库泄流在三门峡水位下降至310 m及其以下时流达三门峡水库，随之，适当加大三门峡下泄流量，使水库迅速泄空，营造万家寨来水可产生沿程冲刷与溯源冲刷的边界条件，最大限度地冲刷三门峡水库淤积物，为小浪底水库异重流提供连续的动力和充足的泥沙。实现大空间尺度水沙过程准确对接，应把握不同量级的水流在黄河北干流、三门峡与小浪底水库的传播速度，三门峡水库速降水位冲刷规律，小浪底水库明流库段泥沙输移规律等。

(三)量级

量级，即三门峡与万家寨水库下泄流量和历时的优化组合。三门峡及万家寨水库两库泄量的大小与历时决定了水库冲刷量、水库淤积形态调整过程及形成异重流的水沙过程，由于两库汛限水位以上的蓄水量非常有限，因此其泄水过程对成功塑造异重流并排沙出库十分重要。

1. 三门峡水库泄流过程

三门峡水库下泄流量的目标是调整小浪底库区淤积形态并形成异重流的前锋，因此选择三门峡水库下泄流量的大小时主要考虑两方面的因素：一是充分调整小浪底库尾淤积三角洲形态，即使小浪底水库上段在横向及纵向均得到充分调整；二是在水流冲刷小浪底库尾淤积三角洲时有较大的能量，使悬浮在水体中的泥沙满足异重流产生的条件并有较大的初始能量。

2. 万家寨水库泄流过程

万家寨水库泄流过程应作为异重流的后续能量。确定万家寨水库泄量时，既要保证有一定的历时，还应保证水流在三门峡库区传播的过程中，能冲起并挟带一定量的泥沙。因此，万家寨水库泄流过程应确定下限流量级，并在三门峡水库临近泄空时进入库区，这样不仅可获得最大的冲刷效果，而且可保证与三门峡泄流过程衔接。

在制订调水调沙预案过程中，基于预报的来水来沙、水库蓄水及河床边界条件，以及对小浪底水库异重流潜入条件、持续运动条件、排沙能力、水库不同流态水沙运动规律的认识，确定三门峡、万家寨水库的不同泄水时机及泄流过程，分析三门峡水库及小浪底水库冲刷过程和异重流排沙效果，为塑造异重流奠定了基础。

二、历次调水调沙异重流塑造过程及关键点

黄委在2004年至2009年汛前的调水调沙过程中，均采用了基于水库群联合调度塑造异重流模式，但由于历年来水来沙条件及河床边界条件相去甚远，在设计调水调沙方案过程中的“关键点”各不相同。以下对2004年至2009年塑造异重流的关键点进行论述。

（一）2004年调水调沙塑造异重流

1.临界条件分析

在2004年黄河调水调沙试验过程中，确定在当时的边界条件下，异重流产生并运行至坝前的临界条件是成功塑造异重流的关键。

水库产生异重流并能到达坝前，除需具备一定的洪水历时外，还需满足一定的流量及含沙量条件，即形成异重流的水沙过程所提供给异重流的能量，足以克服异重流的能量损失。

异重流的流速及挟沙力与其含沙量成正比，形成异重流的流速与含沙量具有互补性，同时与悬沙粒径关系密切，因此利用小浪底水库实测资料分析三者的关系。图2-30为基于2001～2003年小浪底水库发生异重流时入库水沙资料，并根据坝前浑水水库变化情况（判断异重流是否运行至坝前），点绘的入库流量与含沙量的关系（图中点群边标注数据为细泥沙的沙重百分数，后续补充了2004年），由该图分析异重流产生并持续运行至坝前的临界条件。从点群分布状况可大致划分3个区域。

C区基本为入库流量小于500 m^3/s或含沙量小于40 kg/m^3的资料，异重流往往不能运行到坝前。

B区涵盖了异重流可持续到坝前与不能到坝前两种情况。其中异重流可运动到坝前的资料往往具备以下三种条件之一：一是处于洪水落峰期，此时异重流行进过程中需要克服的阻力要小于其前锋所克服的阻力。因异重流前锋在运动时，必须排开前方的清水，异重流头部前进的力量要比维持继之而来的潜流的力量大。二是虽然入库含沙量较低，但在水库进口与水库回水末端之间的库段产生冲刷，使异重流潜入点断面含沙量增大。三是入库细泥沙（$d<0.025$ mm）沙重百分数基本在75%以上。

A区为满足异重流持续运动至坝前的区域。其临界条件（即左下侧外包线）在满足洪水历时且入库细泥沙的沙重百分数约50%的条件下，还应具备足够大的流量及含沙量，即满足下列条件之一：①入库流量大于2 000 m^3/s且含沙量大于40 kg/m^3；②入库流量大于500 m^3/s且含沙量大于220 kg/m^3；③流量为500～2 000 m^3/s时，相应的含沙量应满足$S \geqslant 280-0.12Q$。

悬沙细颗粒泥沙的沙重百分数P_i与流量及含沙量之间有较为明显的相关关系，三者之间基本可用式(2-63)描述。

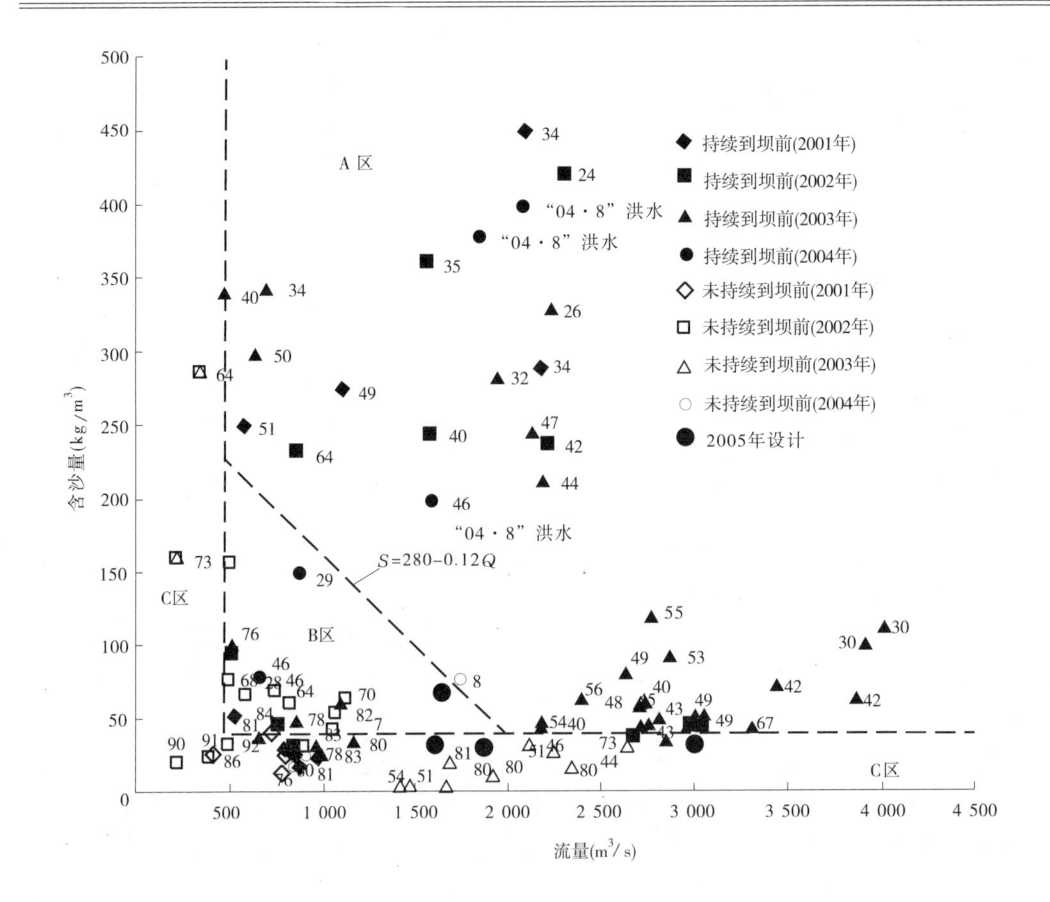

图 2-30　异重流持续运动水沙条件分析

$$S = 980e^{-0.025P_i} - 0.12Q \tag{2-63}$$

2. 异重流排沙控制条件

异重流排沙方案的设计即为提出水库联合运用的优化调度模式。分析提出异重流排沙的临界条件之后，通过水库调度使得形成异重流的水沙条件满足或超越其临界条件，才能实现异重流排沙出库或获得较大的排沙效果。

(1)三门峡下泄流量。从小浪底水库异重流排沙的角度而言，水库下泄流量越大则冲刷效率越高，较大的流量及含沙量有利于异重流的形成和输移，但会相应缩短冲刷历时，进而缩短异重流排沙历时。基于图 2-30，确定三门峡水库泄流过程不小于 2 000 m^3/s。

(2)塑造异重流时机。调水调沙过程中塑造异重流的时机以小浪底水库坝前水位作为控制指标。控制水位的高低直接影响异重流排沙效果与异重流在黄河下游河道的输送。该水位的确定应保障其与汛限水位之间有足够的蓄水体，以满足三门峡及万家寨水库泄流时的补水及小浪底水库在调水调沙第三阶段的泄水。

3. 排沙分析

采用数学模型、资料分析及理论与经验公式计算等方法，分别计算三门峡库区排沙过程、小浪底水库淤积三角洲冲刷过程及在小浪底水库回水区产生的异重流排沙过程。

（1）三门峡水库排沙计算。采用黄河水利科学研究院三门峡水库准二维恒定流泥沙冲淤水动力学数学模型计算水库不同调度方式下水库排沙结果。将来水来沙过程分为若干时段，使每一个时段的水流接近于恒定流；根据河道形态划分为若干河段，每一河段内水流接近于均匀流，并将每一个河段断面均概化为主槽和滩地两部分，主槽部分可以由不同数量的子断面组成。利用一维恒定流水流连续方程、水流动量方程、泥沙连续方程和河床变形方程，以及补充的动床阻力和挟沙能力公式、溯源冲刷计算河床断面形态模拟技术进行排沙计算。

计算结果表明，三门峡水库泄水初期，在蓄水量较大的情况下，水库基本上不排沙，在接近泄空时，大量的泥沙才会被排泄出库。三门峡水库泄空后，接踵而来的万家寨水库泄水，可在三门峡库区产生较大的冲刷而使出库含沙量较大。

（2）小浪底水库库尾段冲刷估算。小浪底水库库尾段河谷狭窄、比降大，调水调沙第一阶段连续泄水使淤积三角洲顶点脱离回水影响。三门峡水库下泄较大的流量过程，在该库段沿程冲刷与溯源冲刷会相继发生，从而使水流含沙量沿程增加。采用类比法与公式法两种方法对三门峡泄水过程对该库段的冲刷过程加以估算。

（3）小浪底水库异重流排沙分析。依据小浪底水库地形、库水位变化过程及回水末端流量与含沙量过程，确定异重流潜入位置应位于距坝60 km左右。利用水库异重流基本规律研究成果确定了异重流传播时间及排沙过程。

4. 试验效果

黄河第三次调水调沙试验达到了以下试验目标：

（1）小浪底库尾淤积形态得到调整。通过小浪底库尾扰动及水流自然冲刷，小浪底水库尾部淤积三角洲顶点由距坝70 km下移至距坝47 km，淤积三角洲冲刷泥沙1.329亿m^3，库尾淤积形态得到合理调整。

（2）人工塑造异重流排沙出库。人工异重流塑造分两个阶段。一是7月5日15时始，三门峡水库清水下泄，小浪底水库淤积三角洲发生了强烈冲刷，异重流在库区HH34断面（距坝约57 km）潜入，并持续向坝前推进。二是7月7日8时万家寨水库泄流和三门峡水库泄流对接后加大三门峡水库泄水流量，并冲刷三门峡库区淤积的泥沙。7月8日13时50分，小浪底库区异重流排沙出库。

（3）深化了对异重流运动规律的认识。调水调沙试验塑造异重流经历了实践—认识—实践的过程，对今后小浪底水库调水调沙具有重要意义。

（二）2005年调水调沙塑造异重流

2005年调水调沙塑造异重流的关键点是判断小浪底水库三角洲洲面水流流态，并准确把握异重流的潜入位置。

1. 异重流潜入点

距坝88 km以下库段处于水库回水范围之内，其中88～44 km为水库淤积三角洲的顶坡段，比降较缓，约为1‰。随着库水位、入库流量及含沙量、地形的变化，该库段既可为壅水明流输沙流态，亦可为异重流输沙流态，甚至会出现两种流态沿时程与流程相互转化的现象。

异重流潜入位置与流量、水流含沙量、库区地形、水库蓄水位等因素有关。单宽流量大、含沙量小则潜入点水深大，潜入位置下移。在排沙期，小浪底入库流量、水流含沙量及水库蓄水位等因素均不断变化，异重流潜入位置亦会随之发生较大的位移。

大量研究表明，小浪底水库异重流潜入点水深亦可用式(2-64)计算

$$h_0 = \left(\frac{1}{0.6\eta_g g}\frac{Q^2}{B^2}\right)^{\frac{1}{3}} \tag{2-64}$$

韩其为认为，异重流潜入后，经过一定距离后成为均匀流，其水深

$$h'_n = \frac{Q}{v'B} = \left(\frac{\lambda'}{8\eta_g g}\frac{Q^2}{J_0 B^2}\right)^{1/3} \tag{2-65}$$

式中　η_g——重力修正系数；

$\eta_g g$——有效重力加速度；

Q——流量；

B——平均宽度；

J_0——水库底坡；

λ'——异重流的阻力系数，取为0.025。

若异重流潜入后接近均匀流，且其水深 $h'_n < h_0$，则潜入成功；否则若 $h'_n > h_0$，则潜入后变为均匀流的水深将超过表层清水水面，这表示异重流上浮而消失，亦即潜入不成功。

分析计算表明，在小浪底水库顶坡段的上段，大多数时段三角洲洲面水深不能满足异重流潜入水深，或者 $h'_n > h_0$，异重流潜入不成功。

2. 排沙计算

在塑造异重流时期，距坝约88 km的HH48断面以上库段在水库回水末端以上，为均匀明流输沙流态。虽然该库段比降大，水流处于次饱和状态，但由于淤积纵剖面基本接近原始地形，沿程无大量的泥沙补给，水流含沙量沿程不会有显著增加，因此HH48断面以上不再进行输沙计算，直接采用入库水沙过程作为水库回水末端处的水沙条件。

淤积三角洲洲面库段和三角洲前坡段及其以下库段排沙量分别采用第二节中的壅水明流输沙与异重流输沙公式计算。

（三）2006年调水调沙塑造异重流

2006年调水调沙塑造异重流的关键点是万家寨与三门峡两水库泄水衔接。

在调水调沙生产运行期间，万家寨水库为迎峰度夏提前泄水，在塑造异重流期间可调水量极少，仅可提供24 h的800 m^3/s 过程，演进到三门峡水库坝前需要5 d时间。作为小浪底水库异重流的后续动力，万家寨与三门峡水库泄流过程的衔接至关重要。2006年塑造异重流的有利条件是：三门峡库区下段淤积泥沙量较大且颗粒较细，易于排沙出库；小浪底库区上段前期淤积泥沙量较大，三角洲洲面比降陡，约为4.3‰，且大部分河段床面组成偏细，易于水流冲刷挟带；小浪底库区下段纵比降相对较大，对异重流排沙有利。

利用三门峡库存水量冲刷小浪底库区淤积三角洲泥沙形成较高含沙水流过程，利用万家寨水库有限的水量冲刷三门峡水库泥沙形成高含沙水流过程，并保证两者衔接，作为塑造异重流水沙条件；以有利于异重流输移出库为原则，论证小浪底水库排水期与排沙期之间的界定水位和各水库泄流时机及泄量。

（四）2007 年调水调沙塑造异重流

2007 年调水调沙过程中，考虑了 4 种情况：①仅利用小浪底水库汛限水位以上蓄水进行调水调沙；②通过万家寨、三门峡、小浪底水库联合调度调水调沙，其间在小浪底库区塑造异重流；③三门峡、小浪底水库联合调度调水调沙，其间在小浪底库区塑造异重流；④中游发生天然洪水，三门峡、小浪底水库联合调度。在实施调度过程中，依据预报来水来沙条件采用了万家寨、三门峡、小浪底水库联合调度调水调沙方式。

2007 年汛前调水调沙期间中游来水相对较丰，三门峡水库排沙量大，历时长，相应小浪底水库异重流持续时间长，排沙比大。

（五）2008 年调水调沙塑造异重流

2008 年塑造异重流过程中，三门峡水库出库泥沙 0.580 亿 t，小浪底水库出库泥沙 0.517 亿 t，排沙比高达 89%，为历年塑造异重流小浪底水库排沙之最，而且有着与往年不同的排沙过程。其特点是，出库含沙量大、历时长，而且出现了两个沙峰过程。由目前已有的资料对其特点进行分析，主要原因有以下几点。

1. 形成异重流的能量大

小浪底库区形成异重流的水沙过程，赋予异重流有较大的能量，有利于异重流排沙。①三门峡水库从 6 月 28 日 16 时开始加大泄量，至 6 月 29 日 4 时泄空，水位从 315.04 m 降至 299.8 m，历时 14 h，最大泄量高达 5 580 m^3/s（6 月 29 日 0 时 12 分）。泄空过程流量大，在小浪底水库三角洲洲面发生强烈冲刷，大流量及与其相应的高悬沙浓度使得异重流有较大的初始能量。②优化调度使得三门峡泄水冲刷小浪底三角洲洲面与万家寨泄水冲刷三门峡库区所形成的浑水水流较好地衔接。③相对而言，万家寨泄水对三门峡水库的冲刷强度较大，历时较长。

2. 能量损失小

库区边界条件使得异重流运行距离短，支流倒灌量相对较小，沿程能量损失小。①小浪底水库 2008 年 4 月观测地形资料表明，三角洲顶点位于 HH17 断面，距坝仅 27.185 km。至塑造异重流之前，小浪底水库蓄水位下降的过程中，三角洲顶点附近洲面会有所抬升，顶点相应下移，意味着异重流潜入位置随之下移。②三角洲前坡比降大，为 35‱。③异重流潜入点以下仅石井河、畛水、大峪河 3 条支流，支流分流量少。

3. 地形调整

在塑造异重流期间，小浪底库区部分库段发生的先淤积、后冲刷过程，是小浪底排沙过程出现两个峰值的主要原因。实测资料表明，库区 HH14、HH15 断面与汛前相比，最大淤积厚度分别为 3.54 m 与 7.04 m。这些刚刚淤积在床面的淤积物可动性强，甚至处于“浮泥”状态，随着小浪底水位的逐步下降而产生大幅度冲刷或流动，进而使得水流含沙量大幅度提高，造成了第二个沙峰出库。

（六）2009 年调水调沙塑造异重流

2009 年塑造的异重流同样实现了排沙出库的目标，但异重流排沙比仅 6.52%。分析塑造异重流期间水沙条件与河床边界条件，认为其原因包括以下几个方面：其一，小浪底库区边界条件。2009 年汛前小浪底库区上段 HH38—HH48 断面之间深泓点高程与 2008 年同期相比低 4 ~6 m，HH38—HH37 断面之间河床为倒坡，不利于三门峡大流量时的冲刷及小流量高含沙水流输移。初步分析，小浪底库区的泥沙在 HH37 断面以上削减近 60%，使得形成异重流的含沙量大幅度降低。其二，入库水沙条件。小浪底入库较大流量及高含沙水流持续历时较短，且水流悬沙颗粒相对较粗。2009 年小浪底水库入库细泥沙颗粒含量为 26.99%，低于 2007 年的 44.27% 和 2008 年的 32.26%，入库粗泥沙颗粒含量高达 48.46%，而 2007 年与 2008 年入库粗泥沙颗粒含量分别为 28.35%、39.67%。

三、历次调水调沙塑造异重流的排沙效果

历次汛前调水调沙异重流水沙特征值与排沙状况见表 2-35。总体看来，异重流排沙效果与其流量与历时、水流含沙量、运行距离、悬沙级配等因素密切相关。

表 2-35　汛前调水调沙塑造异重流排沙特征值

年份	时段（月-日）	入库平均流量（m^3/s）	入库平均含沙量（kg/m^3）	历时（d）	三门峡站 d_{50}（mm）	沙量（亿 t）		排沙比（%）
						三门峡	小浪底	
2004	07-07 ~ 07-14	689.675	80.713	8	0.003 7 ~ 0.040 2	0.385	0.054 8	14.23
2005	06-27 ~ 07-02	776.917	112.204	6	0.021 7 ~ 0.046 8	0.45	0.02	4.44
2006	06-25 ~ 06-29	1 254.52	42.384	5	0.014 4 ~ 0.041 3	0.23	0.071	30.87
2007	06-26 ~ 07-02	1 568.71	64.579	7	0.005 9 ~ 0.036 3	0.612 7	0.233 7	38.14
2008	06-29 ~ 07-04			6		0.741	0.458	61.81
2009	06-30 ~ 07-03			4		0.552	0.036	6.52

在调水调沙过程中塑造异重流，总体上减少了水库的淤积，具有较大的经济效益，而且加深了对异重流输移规律的认识。

四、小结

（1）小浪底水库拦沙初期，进入水库的泥沙唯有形成异重流方能排泄出库。显而易见，通过水库合理调度，可充分利用异重流的规律，达到延长水库寿命的目的。

（2）通过对小浪底水库异重流实测资料的整理、二次加工和分析、水槽试验及实体模型相关试验成果的研究，结合对前人提出的计算公式的验证等，提出了可定量描述小浪底水库天然来水来沙条件及现状边界条件下，异重流持续运行条件、干支流倒灌、不同水沙组合条件下异重流运行速度及排沙效果的表达式，在调水调沙试验中发挥了重要作用。

（3）黄河 2004 年及其之后的汛前调水调沙，充分利用万家寨、三门峡水库汛限水位以上水量，通过万家寨、三门峡与小浪底水库联合调度，借助自然的力量，冲刷三门峡水库非汛期淤积物与堆积在小浪底库区上段的泥沙，进而塑造异重流并排沙出库，实现了水库排沙及调整库尾段淤积形态的目的。

第六节　调水调沙中的水文监测和预报技术

一、试验的监测体系

(一)监测体系的建设

要保证调水调沙试验总体目标的实现,完善的原型监测体系是十分重要的。早在2002年黄河首次调水调沙试验以前,黄委就开始进行黄河中下游水库、河道原型监测体系的建设工作。在现有的水文测验站网和设施的基础上,对小浪底水库和下游河道的原型监测站网(断面)、测验设施、观测仪器、观测技术和组织管理等方面进行了大规模的更新与加强,采取的主要措施有:

(1)完善了小浪底水库异重流测验断面,丰富了水库异重流的观测内容。

(2)增加了下游河道淤积测验断面,使得断面总数由过去的154个达到373个,平均断面间距接近2 km/个。

(3)购置了大批GPS、ADCP、浑水测深仪、激光粒度分析仪等先进的测验仪器和设备,水文测验的科技含量和自动化程度大大提高,提高了观测精度,缩短了测验历时。

(4)根据黄河特殊的水沙特性,研制成功了振动式测沙仪、清浑水界面探测仪、多仓悬移质泥沙取样器等一大批水文测验仪器;开发成功了自动化缆道测流系统、水情无线传输系统、测船自动测流系统等先进的水文测报系统;研制、开发了水库水文测验数据信息管理系统、河道淤积测验信息管理系统、水文情报预报系统等软件,“数字水文”已经初现雏形。

(5)编制完成了完善的、适应调水调沙试验的水文测验、水情预报方案,制定了适用于黄河水文测验的技术标准和技术要求。

(6)健全了测验组织和测验管理机构,做到了任务明确、分工科学、人员精干、反应迅速。

(二)监测体系的组成

黄河万家寨水库、三门峡水库、小浪底水库、黄河下游河道和河口滨海区的水文站与水库、河道测验断面,构成了较为完善的调水调沙原型监测体系。共包括734个淤积测验断面、25个基本水位站和19个水文站(万家寨水库以下),配备了完善的测验设施和先进的测验仪器,三次调水调沙试验期间,全面开展了水位、流量、含沙量、异重流和水库河道等项目的监测。

1.万家寨—三门峡水库水沙测报

根据调水调沙试验调度预案的总体设计,为在小浪底水库适时塑造形成异重流,调水调沙期间采用万家寨、三门峡和小浪底三库联合调度的运用方式,与此相适应的原型监测内容如下。

1)水位观测

调水调沙试验期间史家滩水位站的水位观测要求如下:

(1)观测手段:遥测水位计配合人工观测。

(2)观测次数:使用遥测水位计观测者,每日在 8 时、20 时进行人工校测。人工观测平水时按 4 段制观测,每日 2 时、8 时、14 时、20 时各观测 1 次;洪水过程中每 2 h 观测 1 次,峰顶附近应加密测次。

府谷、吴堡、龙门、潼关、华县 5 水文站采用自记水位计观测水位,并在每日 8 时、14 时、20 时 3 次进行人工校测。及时点绘水位过程线,做到随观测随点绘,发现问题及时分析解决。

2)流量测验

万家寨、河曲、府谷、吴堡、白家川、龙门、潼关、华县 8 站每日实测 1 次流量并及时点绘过程线。

3)含沙量测验

万家寨、河曲、府谷、吴堡、白家川、龙门、潼关、华县 8 站每日取单沙 2 次,含沙量有明显变化时,增加测次,严格控制含沙量变化过程。泥沙颗粒分析留样应能控制含沙量变化过程,兼作颗粒分析的沙样同时加测水温。

在调水调沙试验期间各站施测输沙率不少于 5 次,并加取河床质。兼作颗粒分析的测点同时测记水温。输沙率测次中至少应安排 60% 的测次测验取样作颗粒分析。所测沙样一部分在调水调沙试验结束后分析,一部分按常规方式送样。

4)水情拍报

每日 14 时、20 时定时上报水情,在洪水期间按照汛期报汛的要求安排报汛次数。

2. 小浪底库区水文泥沙测验

1)进、出库水沙测验

在调水调沙试验期间,龙门、华县、潼关、三门峡、小浪底站的测验工作应以控制完整的水位变化过程为原则,水位观测采用自记水位计。小浪底水文站在调水调沙试验期间应加强输沙率测验,输沙率测验的同时取河床质。

2)库区水沙因子测验

(1)水位观测。库区水位变化平稳,水位日变化小于 1.0 m 时,每日 2 时、8 时、14 时、20 时观测 1 次;水位日变化超过 1.0 m 时,每 2 h 观测 1 次;水位涨落率大于 0.15 m/h 时,每 1 h 观测 1 次。

(2)含沙量观测。含沙量变化平稳时,每日取样 1 次;有明显变化时,应增加取样次数,控制含沙量变化的全过程。

(3)输沙率测验。河堤水沙因子站在库区水位降低,测验断面不受水库回水影响时,每次洪水过程中流量测验要控制完整的洪水,输沙率测验不少于 3 次,同时取河床质并适当增加测速垂线和含沙量测点数。

3)小浪底水库库区淤积测量

小浪底库区淤积测量主要是对已布设的 174 个固定断面开展监测,具体要求为:

(1)监测断面包括小浪底库区黄河干流 56 个断面、河底高程低于前次淤积测量至调水调沙试验结束期间最高库区水位的支流淤积断面。

(2)断面测量的同时应测取河床质,河床质取样在偶数断面上进行,当断面出现滩地时进行干容重取样。

4）近坝区水下地形测量

坝前0～4.2 km（坝前至HH4断面）范围内所布设的21个淤积测验断面，采用固定断面法施测，使用GPS导航定位、双频测深仪测深。

5）异重流测验

（1）观测项目。异重流的厚度、宽度、发生河段长度和发生河段沿程水位、水深、水温、流速、含沙量、泥沙颗粒级配的变化以及泄水建筑物开启情况等。

（2）观测断面。基本断面依次为坝前、桐树岭、HH9、河堤断面，进行固定断面测验；辅助断面5个，依次为HH5、HH13、HH17、沇西河口、潜入点，进行主流线测验。

（3）测船。小浪底库区异重流测验安排测船9艘，其中小浪底1号施测河堤水沙因子断面，小浪底2号施测桐树岭水沙因子断面，小浪底3号施测沇西河口断面兼作生活基地，小浪底007号快艇作为异重流测验指挥调度船；此外，从小浪底水文站上运小型铁壳船1艘、租借民船4艘，作为其他监测断面的测验用船。

（4）测验设备。

定位：断面定位采用GPS或利用断面标志，测验垂线定位采用激光测距仪。

测深：采用浑水测深仪配合铅鱼测深。除4个基本断面测船采用浑水测深仪外，其余各测船配备统一规格的测深仪器和设备。

流速、流向、泥沙测验：采用铅鱼悬挂流速仪、流向仪、测沙仪。每条测船至少保证1套流向仪。在具备条件的前提下，应尽量采用ADCP（声学多普勒流速剖面仪）进行流速测验。

泥沙处理及颗粒分析：泥沙处理采用电子天平称重处理，颗粒分析采用激光粒度分析仪。

6）库区水位观测

调水调沙试验期间，库区尖坪、白浪、五福涧、河堤、麻峪、陈家岭、西庄、桐树岭等8处水位站加密观测。

库区水位变化平稳时每日观测4次（2时、8时、14时、20时）；水位日变化大于1.0 m时，每2 h观测1次；水位涨落率大于0.15 m/h时，每1 h观测1次。

3. 下游水文泥沙及河道淤积断面测验

根据调水调沙试验的总体方案，确定花园口水文站为调水调沙试验水库调度水沙参数控制站，艾山水文站为调水调沙试验下游减淤及泥沙扰动信息反馈站。

1）下游水文泥沙测验和水位观测

（1）水位观测。

观测断面：裴峪、官庄峪、苏泗庄、杨集、国那里、黄庄、南桥、韩刘、北店子、刘家园、清河镇、张肖堂、麻湾、一号坝、西河口等15处委属水位站。

观测手段：人工观测或遥测水位计观测。

观测次数：使用遥测水位计观测者，每日在8时、20时进行人工校测。人工观测平水时按4段制观测，每日2时、8时、14时、20时各观测1次；洪水过程中每2 h观测1次，峰顶附近加密测次。

（2）水文测验。

水位观测：花园口、艾山2站采用水位观测自记水位计，每日按6段制的要求进行人工校测，其他各水文站在每日8时、14时、20时3次进行人工校测。及时点绘水位过程线，做到随观测随点绘，发现问题及时分析解决。

流量测验：调水调沙试验期间每日实测1次流量并及时点绘过程线。

单沙测验：含沙量变化平稳时，花园口、艾山2站每日4时、8时、12时、16时、20时、24时取单沙6次，测验仪器以振动式测沙仪为主，常规测验设备为辅助手段。其他各站每日取单沙2次。以上单沙不包括输沙率测验时的相应单沙。含沙量有明显变化时，应增加测次，严格控制含沙量变化过程。泥沙颗粒分析留样应能控制含沙量变化过程，兼作颗粒分析的沙样同时加测水温。

输沙率测验：花园口、艾山2站在调水调沙试验期间施测输沙率不少于10次，其他各站不少于5次，并加取河床质。兼作颗粒分析的测点同时测记水温。输沙率测次中至少安排60%的测次取样作颗粒分析。花园口、艾山2站本日所取颗粒分析沙样应在次日14时前完成颗粒分析，其他各站所测沙样一部分在调水调沙试验结束后分析，一部分按常规方式送样。

水情拍报：花园口、艾山2站6段制上报水情，其他各站每日14时、20时定时上报水情，在洪水期间按照汛期要求安排报汛次数。

2）下游河道典型断面冲淤监测

为及时了解调水调沙试验期间下游各河段冲淤变化的过程，继续开展小浪底、花园口、夹河滩、高村、孙口、艾山、泺口、利津、潘庄和丁字路口等10个断面的冲淤变化监测工作，并加强断面冲淤变化过程的分析。

调水调沙试验期间，每日进行1次过水断面测量（不含流量测验的断面测量），并在次日12时以前将测量成果报黄委水文局，由水文局汇总后以电子文档的形式报黄委有关领导和部门。

3）黄河下游河道冲淤测验

在小浪底水库大坝至黄河河口近900 km的河道上共布设固定淤积测验断面373个，其中高村以上河段155个，高村以下河段218个。

河道淤积断面测量包括水下测量、岸上和滩地测量。岸上及滩地测至汛前统测以来本断面最高水位以上1～2个地形点，未上水部分借用前一次测量成果。

在调水调沙试验期间，将在黄河下游“二级悬河”形势严峻和平滩流量最小的河段进行泥沙扰动作业，在泥沙扰动开始、期间和之后，按照泥沙扰动实施方案的要求进行观测。

调水调沙试验结束后进行淤积测量，范围为小浪底以下河段内的所有淤积断面，各断面测至最高水位以上。

4）淤积断面河床质测验

在进行河道淤积测验的同时，以下78个淤积断面进行河床质取样与泥沙颗粒分析工作，78个取样断面分布如表2-36所示。

各断面取样垂线的布设、取样数量以及取样方法都应严格按照水文泥沙测验规范的规定进行。

表 2-36　取样断面分布

河段	固定断面	专用断面
小浪底—高村河段（28个）	小铁3断面、小铁5断面、白鹤、铁谢、下古街、花园镇、马峪沟、裴峪、伊洛河口、孤柏嘴、罗村坡、官庄峪、秦厂、八堡、来潼寨、辛寨、黑石、韦城、黑岗口、柳园口、古城、曹岗、东坝头、禅房、油房寨、马寨、杨小寨、河道	
高村以下河段（50个）	高村（四）、双合岭、苏泗庄、彭楼、史楼、徐码头、杨集、龙湾、孙口、大田楼、路那里、十里堡、邵庄、陶城铺、位山、王坡、艾山（二）、大义屯、朱圈、娄集、官庄、阴河、水牛赵、曹家圈、泺口（三）、霍家溜、王家梨行、刘家园、张桥、董家、杨房、齐冯、贾家、道旭、王旺庄、张家滩、利津（三）、东张、一号坝、朱家屋子、6号、清1、清3、清4、清7、汊2	刘庄、李天开、杨道口、张肖堂

5）丁字路口临时水文站测验

丁字路口临时水文站因河势改变，已不具备流量测验的条件，不再进行流量测验，保留水位观测和断面监测任务。

（1）水位采用直立式水尺人工观测。

（2）调水调沙试验期间水位日变幅小于0.1 m时，每日观测4次（2时、8时、14时、20时）；水位日变幅0.1～0.4 m时，每2 h观测1次；水位日变幅超过0.4 m时，每1 h观测1次；洪峰起涨及峰顶附近增加测次。

（3）调水调沙试验期间，每日实测1次过水断面，并在次日12时前上报。

6）黄河口拦门沙水下地形测验

（1）观测范围。河口两侧各10 km范围内的浅水滨海区，自海岸向外延伸15～25 km，测绘面积450 km^2；河道内自拦门沙坎坡底开始，沿河流方向，按河道中泓线、两侧水边三条线向上游测至清6断面，口外拦门沙中泓线测至15 m水深，两侧测出河口海岸形态。

（2）测验内容。进行81个水下地形断面、60 km河道纵断面水深测量；开展孤东、河口北烂泥、截流沟3个潮位站的潮汐观测，在黄河河道内设立丁字路口、汊1及河口口门三处水位站观测水位；在11个断面进行海底质取样，在河道主流线进行河床质取样，取样间隔2.5 km。

7）下游河道河势观测

（1）在小浪底—陶城铺河段流量为2 000 m^3/s时，进行一次该河段的河势观测，同时进行渔洼—河口口门60 km范围内的河势观测。

（2）观测方法：GPS定位、机船配合小船测量、1:10 000测图、1:50 000成图。

（3）观测内容：主流线1条、水边线2条、鸡心滩、流路岔口及其他河流要素，内业资料整理、河势图点绘、清绘等。

二、试验的预报体系

水文气象情报预报是开展调水调沙试验的重要保障。调水调沙试验期间,在有关测站进行空前的加密测验和报汛的同时,加强了黄河中下游的中短期天气和降水分析及预报,并对潼关站、小浪底至花园口区间以及黄河下游花园口等干流7个水文站的径流进行了分析和预测,为调水调沙试验的顺利实施提供了可靠的决策依据。新开发的黄河中下游洪水预报系统,为提高水情预报的时效性、准确性,满足调水调沙试验需要起到了决定性的作用。

(一)预报体系和精度要求

1. 预报站点和预报内容

(1)预报站点包括潼关、小浪底、黑石关、武陟、花园口、夹河滩、高村、孙口、艾山、泺口、利津等11处水文测站。在调水调沙期间,要求对上述各站可能出现的中小洪水及时作出预报(如果花园口洪水达到4 000 m^3/s 以上,按照汛期正常洪水预报要求执行,下同)。

(2)开展中期天气预报。

(3)开展短期降雨及产汇流预报。

(4)开展中、短期径流预报(预估)。

2. 洪峰的预报精度要求

洪峰的预报精度,按照《水文情报预报规范》和《黄河汛期水文、气象情报预报工作责任制(试行)》的要求评定。

3. 洪水预报的时间要求

黄河下游测站的洪水预报应在上游站洪峰出现后2 h内作出。如花园口站出现洪峰后,2 h内作出夹河滩站的洪水预报及高村站的参考预报等。

4. 测站径流量及其过程预报(估算)的精度要求

(1)潼关水文站未来7 d逐日径流量预报;

(2)潼关水文站未来3～7 d径流总量预估;

(3)小浪底到花园口区间未来36 h洪水过程在花园口的相应过程滚动预报;

(4)小浪底到花园口区间未来2 d逐日径流量预报;

(5)小浪底到花园口区间未来3～7 d径流总量预估。

由于汛期中期径流及其过程预报、预估暂无国家标准可依,因此对调水调沙的预报、预估精度暂不作要求,而是依据具体要求而定。

5. 洪水预报制作要求

洪水预报制作,必须经过集体讨论会商,并签署预报、审核、签发人姓名。

(二)预报方案的准备制作

黄河中下游原有的各种洪水的预报方案,都是根据历史上发生的较大洪水(4 000 m^3/s 以上洪峰)的资料制作的,其目的是为防御洪水提供决策依据,立足于预报较大洪水。而调水调沙试验针对的是中小洪水,因此需要对历史上的中小洪水(洪峰2 000～4 000 m^3/s)进行分析,在分析的基础上建立或更新中小洪水和径流的预报方案,以满足调水调沙试验对洪水预报的要求。更新内容包括：

(1)整理、分析历史上6～9月头道拐—万家寨、万家寨坝下—府谷、府谷—吴堡、吴堡—龙门、龙门—潼关、三门峡库区、三门峡—小浪底、小浪底—花园口区间以及花园口、夹河滩、高村、孙口、艾山、泺口、利津站2 000～4 000 m^3/s的洪水(包括其洪水来源与组成、洪水特点等)及旬、月径流量。

(2)在资料分析的基础上修订、完善黄河中游北干流龙门和华县、河津、洑头、潼关、三小区间、小花区间(黑石关、武陟等)以及花园口、夹河滩、高村、孙口、艾山、泺口和利津等站的洪水(或径流)预报方案。

(3)为了掌握黄河中下游主要控制站的洪水、径流情势，在调水调沙期间需对潼关、小浪底、花园口、夹河滩、高村、孙口、艾山、泺口、利津、黑石关、武陟等11站的中小洪水进行加密报汛，调水调沙期加报每日14时、20时实测水情资料。根据试验需要随时增加加报的频次和内容。5月底之前落实上述各站加密报汛任务，并下达加密报汛任务书。

(三)黄河中下游气象水文预报系统建立

经过多年的努力，黄河中下游已建成了洪水预报系统。根据调水调沙试验的新要求，黄河中下游新建洪水预报系统具备了比较完善的计算机软件系统功能，可以将洪水过程预报与水库调度运用密切结合起来，实现黄河中下游实时洪水预报调度交互会商、仿真一体化功能。

1.预报系统功能

本系统开发以现有成果为基础，整理现有预报模型与调度模型，使之通用化，可被预报和调度双方共用；洪水预报与调度采用分布式运行，洪水预报与调度结果以自动报警的方式进行交互。该系统的完成，使各信息可以通过计算机网络传递，调度和预报作业互为可视，互为调用。因此，预报作业可以模拟调度，调度作业又可得到洪水仿真计算，可为调水调沙等的科学调度提供较充分的信息。二者合理配置，相互协调，构成一个较为完整的调水调沙决策支持体系。

本系统由信息查询、数据处理、模型率定和洪水预报四部分组成，其功能分别叙述如下。

信息查询功能：主要用于流域概况、实时水情、历史洪水、洪水预报成果、调度成果、河道形态等信息的检索与显示，为预报人员提供相关信息，亦作为预报会商的一种辅助工具。查询结果主要以图形、图像、文字等多种形式来显示。

数据处理功能：主要用于处理洪水预报、模型参数率定、洪水仿真计算等所需的规范数据，如雨量、流量序列的插补、展延。

模型率定功能：用于产、汇流预报模型参数优选。

洪水预报功能：是本系统的核心，可用于实时洪水预报、洪水仿真计算。实时洪水预报就是根据实时雨、水、工情，进行流域产汇流或河道洪水演进预报，为实时调度提供依据。洪水仿真计算则是根据典型洪水资料，将降雨或洪水过程缩放，进行产汇流及洪水演进模拟，为制作下一阶段的调度方案提供依据。

根据洪水预报任务，本系统的洪水预报覆盖范围为黄河中下游干支流重点河段。系统实现了府谷—龙门、龙门—潼关、黄河下游花园口以下河道洪水演进及三花区间降雨径流预报，还可根据调度方案，进行三门峡、小浪底、陆浑、故县水库调洪演算及东平湖分洪计算。洪水预报包括下列功能：

降雨径流预报：根据流域降雨过程和下垫面情况，利用水文模型进行流域产汇流计算。

洪峰流量相关：利用上下断面洪峰流量相关法进行下断面洪峰流量、峰现时间预报。

流量演算：采用水文学方法，进行河道洪水演进计算。

特殊问题处理：主要指对小花区间中小水库群、伊洛河夹滩地区、沁北滞洪区、黄河下游及小北干流滩区等影响正常洪水演进的特殊情况所进行的经验处理。

调洪及分洪演算：根据调度运用方案，进行三门峡、小浪底、陆浑、故县水库调洪演算，东平湖分洪计算。

实时校正：根据已出现的实测流量，对预报流量值进行反馈模拟校正。

2. 黄河中游降水预报

采用天气学、统计学和数值预报相结合的方法，利用欧洲中心和我国中央气象台的数值预报产品，并把数值预报结果作为实时资料在预报中加以应用，从关键区天气形势、高低压中心、特征等值线以及两点差等方面，寻找和当前天气形势相似的历史形势，计算实时资料天气形势和历史形势的相似程度，按相似指数进行顺序排列，经过相似统计、相似过滤和择优集成，制作出潼关、小花区间等 4 ~ 7 d 降雨过程预报。

3. 黄河中游 4 ~ 7 d 径流量预报

由于黄河中游以及小花区间径流量的影响因素较多，所以首先要对黄河中游和小花区间各区域降雨、径流变化特点及影响因素进行综合分析，使用方法为成因分析和数理统计，在可靠的物理成因基础上，建立预报因子和径流之间的相关关系。根据黄河中游和小花区间未来 4 ~ 7 d 降水预报，考虑降雨量、前期径流量、水库下泄量、区间可能耗水量等影响因素，采用多种统计方法（如河道洪水演算）和水文模型（如降水径流关系）进行预报计算，建立 7 d 径流预报模型，制作出黄河中游各河段出口断面以及小花区间黑石关、武陟站的 7 d 径流预报。

（四）黄河中游洪水预报模型和方法

黄河中游的洪水预报主要是河道洪水演进预报，其预报模型基本是洪峰流量相关和马斯京根流量演算，以及针对小北干流漫滩洪水所进行的经验处理。

1. 洪峰流量相关

洪峰流量相关是水文预报中简单而实用的方法，在只要求预报洪峰流量和峰现时间时，该法简捷迅速，因此目前仍在使用。

本法主要是根据相应流量的基本原理，即用已知上站的流量，预报一定时间（传播时间）后下站的流量。

因为黄河中游的洪水来自于不同区间（河龙区间、泾河、渭河、北洛河），洪水来源不同，洪水特性也不同，根据多年资料分析，洪水形状对洪水演进影响较大。为此，加进了综合峰型系数这个反映洪水特性的特征参数。

在本系统中，共有 5 种相关关系：府谷及区间支流—吴堡洪峰相关，吴堡及区间支流—龙门洪峰相关，龙门—潼关洪峰相关，龙、华、河、洑—潼关洪峰相关，张家山、临潼—

华县洪峰相关。其相关关系用离散数据表示，放在数据文件中，用抛物线法进行插值计算，只需输入上站洪峰流量、峰现时间及峰形系数。

2. 河道洪水流量演算

河道洪水流量演算一般采用的是马斯京根法，该法是河道洪水演算的基本方法，其基本依据是圣维南方程组，用运动波的数值扩散特性来模拟天然河道扩散波。

3. 小北干流漫滩洪水处理

黄河中游自龙门至潼关，全长100多km，其间主要加入支流的出口控制站有龙门、河津、洑头、华县4个水文站。河道游荡多变，主流摆动剧烈，河槽冲淤变化频繁，两岸有滩地和护岸约束，坝头之间有大小不一的滩地，滩地边缘有生产堤围护。一般洪水（近期只有2 000 m^3/s）由主槽排泄，较大洪水则出槽漫滩。从1954～2003年的几十场洪水来看，河床变动对洪水演进影响较大，河道逐年萎缩使洪水演进规律遭到破坏，漫滩后对滩区生产堤也有较大影响。由于河道两侧生产堤的不连续以及各河段的漫滩标准不一，因此可以将滩区与大河隔开，并分隔成众多闭合或非闭合的小集水区域，一旦洪水漫滩，就会明显削减洪峰，滞蓄部分洪水，加大洪水过程变形，并大大延迟峰现时间。

根据以上分析，黄河中游对洪水漫滩问题进行处理的途径和黄河下游类似。可以将每个河段的滩地概化为一个线性水库，发生漫滩洪水时将漫滩流量以上部分再进行一次水库调洪演算；也可以对河段中每块闭合（准闭合、非闭合）的滩地分别进行处理，洪水一边向下演进，一边沿途进滩扣损。用马斯京根法作一般洪水演算，发生漫滩洪水时，漫滩流量以上部分再进行水库型调洪演算并扣除损失量，所得结果即为预报成果。

（五）黄河小花区间洪水预报方法

小花区间自然地理条件比较复杂，加之降雨时空分布很不均匀，因此建立的是综合分散性模型，即将全区分块，每块又划分为若干单元，分别进行产汇流计算。采用的产流模型有降雨径流相关模型、霍顿下渗模型、包夫顿下渗模型、新安江三水源模型和坦克模型，汇流模型为单位线计算模型。此外，还有水库调洪演算、特殊问题处理及实时校正等计算模型。

1. 降雨径流相关模型

降雨径流相关模型用于建立产流量与降雨和前期影响雨量三者相关图。

2. 下渗模型

下渗模型一般采用霍顿模型和包夫顿模型。霍顿模型也称超渗产流模型，在整个三花区间应用情况好于其他模型，这与区间的下垫面条件及降雨特性有关。包夫顿模型适用于沁河中上游区域。

3. 新安江模型

新安江模型为蓄满产流模型，应用在三门峡—小浪底区间和小浪底、黑石关、武陟—花园口区间。由于该区间地下径流、壤中流所占比重很小，因此略去了水源划分。

流域蒸散发计算采用三层模型，即将流域平均张力水容量划分为表层、下层和深层三部分。降雨首先补充表层，表层蓄满后即补充下层，该层蓄满后，再补充深层。蒸发首先在表层进行，表层水分蒸发完毕，下层水分再蒸发，当下层水量蒸发殆尽，最后开始蒸发深层水量。

4. 坦克模型

坦克模型亦称水箱模型，采用本模型的分块为五龙口、山路平—武陟区间，选用四级串联型。

第一级水箱设三个出流孔，第二级设两个出流孔，第三、四级各设一个出流孔。第一级水箱反映地面径流，第二级反映壤中流，第三、四级反映地下径流。模型的基本原理是假定流域中各种径流成分及各级水箱的下渗是相应的积水深的函数，第一、二级水箱的多孔出流及以下各级水箱的出流具有考虑出流非线性效应的效果，雨水进入上层水箱，一部分成为径流，另一部分进入次一级水箱，各级水箱的出流相加即为总的流域出流。为了适应半干旱地区的应用，第一级水箱的下部设计一种土壤水结构，水箱中的水分分为自由水和张力水两类，张力水分为上下两层。水分运行的原则是雨水首先供给上层水分，由上层向下层运行，直到上层饱和，然后剩余降雨作为地面径流流出，而上层土壤水逐渐慢慢地供给下层土壤水，当干旱时，由上层水箱减去蒸发，当自由水耗尽，则由上层土壤水中扣除，当上层土壤水耗尽，蒸发水分则由下层坦克自由水和下层土壤水供给。

5. 坡面汇流模型

本区各分块的单元汇流模型均采用纳希瞬时单位线计算模型。

6. 河道汇流模型

本区各河段的河道汇流计算采用马斯京根多河段连续演算模型。

7. 水库调洪演算

陆浑、故县、青天河等水库采用蓄率中线法进行调洪演算，以求得水库出流过程和水位过程。为便于计算机计算，将库容曲线 $W=f(Q)$ 和泄流曲线 $Q=f(H)$ 转换成函数表，用插值公式计算。

演算分控制出流和不控制出流两种情况，控制出流就是已经给定出流过程，则用调洪演算公式直接求水库水位过程；不控制出流即闸门敞泄，采用试算法，利用调洪演算公式求得水库出流过程和水位过程。

8. 中小水库群处理

三花区间有中小水库400多座，这些水库一般只有溢洪口门，且无闸门控制，因此对洪水的影响主要是拦蓄作用，调蓄作用一般很小，水库拦蓄量采用流域填洼公式计算。

9. 滞洪区处理和实时校正模型

本区有伊洛河的夹滩地区和沁河的沁北两处滞洪区。对于夹滩地区，当伊河龙门镇和洛河白马寺站流量分别超过3 000 m^3/s 时，即有可能决堤滞洪，演算方法有马斯京根法、经验槽蓄法和水库蓄率中线法；对于沁北滞洪区，当沁河流量超过2 500 m^3/s 时则自然滞洪，演算方法为马斯京根法。

由于流域特性和降雨分布的复杂性、多变性，用降雨径流或河道汇流作出的流量序列预报，有时误差很大，需进行实时校正。本流域采用的是反馈模拟实时校正模型，充分利用已获得的实测流量信息，并根据这些已出现的实测流量与原预报流量值的关系，对未来的预报流量值进行反馈模拟。

（六）黄河下游洪水预报方法

黄河下游的洪水预报主要是河道洪水演进预报，其预报模型基本是洪峰流量相关和马斯京根流量演算,以及针对漫滩洪水所进行的经验处理。

1. 洪峰流量相关

本法主要是根据相应流量的基本原理,即用已知上站的流量,预报一定时间(传播时间)后下站的流量。在实际应用中,主要是用上站洪峰流量来预报下站洪峰流量。因为黄河下游花园口以下基本无旁侧入流,根据多年资料分析,洪水形状对洪水演进影响较大。为此,加进了峰型系数这个反映洪水特性的特征参数。

在本系统中,共有多种相关关系:花园口—夹河滩洪峰相关、花园口—高村洪峰相关、花园口—孙口洪峰相关、夹河滩—高村洪峰相关、高村—孙口洪峰相关等。

2. 一般洪水流量演算

一般洪水流量演算采用的是马斯京根法,该法是河道洪水演算的基本方法,其基本依据是圣维南方程组,用运动波的数值扩散特性来模拟天然河道扩散波。

3. 漫滩洪水流量演算

对洪水漫滩问题进行处理的途径为:将每段河段的滩地概化为一个线性水库,发生漫滩洪水时将漫滩流量以上部分再进行一次水库调洪演算;对河段中每块闭合(准闭合、非闭合)的滩地分别进行处理,洪水一边向下演进,一边沿途进滩调蓄;将漫滩水流与大河水流在入流断面处分开,分别进行洪水演算,最后在出流断面进行叠加。

4. 滩区蓄率中线法

本法用马斯京根法作一般洪水演算,发生漫滩洪水时,漫滩流量以上部分再进行水库型调洪演算并扣除损失量,所得结果即为预报成果,其计算时段长为 8 h。滩区蓄率中线法有以下概化和假定:假设漫滩洪水是入库洪水过程,将滩区概化为一个完整的水库,出库站在河段中间;水库出库站水位与上下水文站相应流量可建立关系,并可用曼宁公式延长高水部分。蓄率中线工作曲线以离散点形式表示,采用插值法进行求解。

5. 滩区汇流系数法

本法也是以马斯京根法为基础进行一般洪水演算。发生漫滩洪水时将洪水在入流断面分成滩、槽部分分别演算,最后叠加得到预报结果。本方法的基本思想是:

(1)洪水不漫滩时用马斯京根法演算;

(2)当大河流量达到一定值时,洪水将漫滩;

(3)漫滩后滩地水流独立向下演进,符合马斯京根法演进规律;

(4)滩地对水流的滞流作用用滞时处理;

(5)漫滩前后大河水流的演进参数不变。

6. 逐滩演算法

河道洪水在自上而下的演进过程中,不断经过各滩调蓄。因此,分河段进行处理,正是本方法的基本思想。河槽和滩地均可用马斯京根法处理,但演算参数各不相同。根据实际情况,花园口到夹河滩之间不分滩,夹河滩到高村之间分为左滩(长垣滩)和右滩(东明滩),高村到孙口之间分为 7 个滩块。

(七)含沙量预报方法

塑造协调的水沙关系,要依靠水库群水沙联合调度,而水库群水沙联合调度除对洪峰、洪量、过程有要求外,更需要对沙峰含沙量、过程、沙量进行预报或预估。当前,国内外对后者的研究几乎处于空白状态。为满足黄河调水调沙试验需求，开展了次洪最大含沙量试预报研究和实践。

泥沙输移不仅与上游的来水来沙条件有关，而且与河道的边界条件有关。随着含沙量的变化，水流形态会发生变化，当出现一些特殊的水文泥沙现象，如揭河底、浆河时会更为复杂。黄河干流河道冲淤变化剧烈，基本属于不平衡输沙状态，泥沙在输移过程中，河床质与悬移质之间、滩地与主槽之间泥沙交换规律也极为复杂。因此，含沙量预报难度很大。

根据调水调沙试验工作的需要，2003 年汛前，黄委多部门联合，开始对黄河中下游次洪最大含沙量预报进行研究，采用上下游站简单相关的方法，制订了初步的预报方案，并在洪水预报的基础上，发布了相关的最大含沙量试预报。

三、含沙量和颗粒级配的在线监测

（一）含沙量和颗粒级配在线监测技术体系

在研究黄河下游洪水期泥沙运行调整规律和洪水演进特点的基础上，归纳了不同水沙条件下，主要控制站含沙量变化与本站流量、上站含沙量、泥沙组成等的相关关系。

为了保证下游河道泥沙扰动试验的实施，需要对花园口、孙口、艾山等站的含沙量和泥沙颗粒级配进行实时在线监测，根据实时监测数据不断调整小浪底水库的下泄水量和沙量，保证花园口的含沙量满足下游扰动试验的要求。同时，根据艾山站的实测含沙量和泥沙颗粒级配监测数据，调整泥沙扰动的实施方案和作业方式。

为完成上述任务，在第三次调水调沙试验期间，确定花园口水文站为水沙控制站、孙口水文站为水沙控制参证站、艾山水文站为水沙信息反馈站。在试验期间，上述 3 站加强含沙量的测验，要求做到含沙量的在线监测、泥沙颗粒级配的实时监测。

为此，在调水调沙试验开始前，为花园口和艾山 2 站配备了振动式测沙仪和激光粒度分析仪等先进的测验和分析仪器；开通了艾山站的无线网络通信线路，保证监测数据和分析成果的实时传输；调整了花园口、孙口、艾山等水文站的含沙量监测任务要求，大幅度增加了观测和成果分析的频次；制订了严密的观测方案和严格的技术要求，构成了先进、完善的泥沙含沙量和颗粒级配的在线监测技术体系。

（二）含沙量在线监测

1. 基本要求

含沙量变化平稳时，花园口、艾山 2 站每日 4 时、8 时、12 时、16 时、20 时、24 时取单沙 6 次，测验仪器以振动式测沙仪为主，常规测验设备为辅助手段。其他各站每日取单沙 2 次，以上单沙不包括输沙率测验时的相应单沙。含沙量有明显变化时，应增加测次，严格控制含沙量变化过程。泥沙颗粒分析留样应能控制含沙量变化过程，兼作颗粒分析的沙样同时加测水温。

2. 振动式测沙仪

花园口水文站作为调水调沙的前置控制站，试验期间，测沙任务为每天 4 段制实测单沙，6 段制实时含沙量报汛。采用振动式测沙仪测垂线含沙量，并与横式采样器主流 3 线法进行比测，水样分别处理。另外，根据河道冲淤变化较大，浅水区及部分深水区水流紊动强烈，断面含沙量横向分布极不规则的特点，该站加大主流3线的间距，尽量在流速、流向较为匀直的主流上布设测沙垂线，确保单沙的取样精度。

正常情况下孙口、艾山2站每日含沙量测验不少于6段制，含沙量大于30 kg/m^3 且有明显变化时，每6～2 h取样1次，以控制含沙量变化过程。

高村、孙口、艾山3站调水调沙试验期间输沙率测验不少于8次，输沙率测验的同时取河床质。

（三）泥沙颗粒级配实时监测

1. 基本要求

在泥沙扰动期间，要求花园口、艾山水文站在含沙量单位水样取出后，立即进行泥沙颗粒分析工作，在2～4 h内提交本次含沙量测验的颗粒级配成果，并立即向黄委有关单位提交。

2. 监测情况

激光粒度分析仪的使用，彻底改变了传统的泥沙颗粒分析模式，可以实现水样的实时分析和多级（100级）沙样级配资料，使过去分析一个沙样需要40～50 min缩减到每5 min 1个样，充分展示了其高效率、操作方便、实用性强的特点。试验期间，花园口、艾山2站共分析沙样602组。

四、小结

（1）原型监测体系的完善，对了解试验期间水库、河道水沙特性的变化过程，监测河道冲淤变化，调整调水调沙调度方案发挥了重要作用，为“数字黄河”、“模型黄河”的建设提供了大量基本而宝贵的基本原型数据。

（2）在对有关测站进行加密测验和报汛的同时，加强了黄河中下游的中短期天气和降水分析及预报，并对潼关站以下等干流水文站的径流进行了分析和预测。新开发的黄河中游洪水预报系统，提高了水情预报的时效性、准确性。

（3）调水调沙试验使用了振动式测沙仪和激光粒度分析仪等先进的泥沙实时监测与处理仪器，可保证及时掌握下游河道沿程含沙量及不同河段淤积物的泥沙级配等，对及时调整小浪底水库的调度方案、最大限度地利用小浪底水库下泄水流的输沙能力、改善“卡口”河段的淤积形态发挥了重要作用。

第三章　调水调沙试验

第一节　调水调沙试验模式

黄河径流主要来自四个地区，即黄河上游兰州以上地区、黄河中游河口镇至龙门区间（河龙区间）、龙门至三门峡区间（龙三区间）和三门峡至花园口区间（三花区间）。在中游干支流，建有五座大型水库，即万家寨、三门峡、小浪底、故县和陆浑水库。调水调沙就是对河道来水和五座水库的蓄水进行调度，塑造有利于黄河下游输沙、河道冲刷和水库减淤的水沙过程。调水调沙试验模式则是在不同来源区的水沙及水库蓄水条件下，根据不同的试验目标采用的不同水库联合调度方式。调水调沙试验模式是在长期科学研究、实体模型、数学模型模拟基础之上形成的，对调水调沙生产运行具有指导作用。

一、河道来水组成

（一）三门峡以上来水

"三门峡以上来水"包括兰州以上来水、河龙区间来水和龙三区间来水。兰州以上来水的特点是：径流过程长，径流总量大，峰值流量小，含沙量低；河龙区间来水的特点是：径流过程短，径流总量小，峰值流量高，含沙量高，有明显的洪水特征；龙三区间来水的特点介于前二者之间。

（二）三花间来水

"三花间来水"是指以三门峡至花园口区间干支流来水为主形成的径流过程。三花区间又分为三（门峡）小（浪底）区间和小（浪底）花（园口）区间。三小区间的径流量不大且直接进入小浪底水库，而小花区间有 2.7 万 km^2 的无控制区。一般情况下小花区间径流过程的径流量不大，峰值流量也较小，一旦形成洪水，对下游的影响大。

（三）上下共同来水

"上下共同来水"是指以三门峡以上和三花间共同来水组成的径流过程。

二、河道来水调度的基本原则

（一）径流过程的量级划分

根据黄河中下游洪水调度方案，按照径流过程中花园口站可能出现的最大流量，将径流过程划分为 4 000 m^3/s 以下、4 000 ~ 8 000 m^3/s、8 000 m^3/s 以上三级。划分依据如下。

1. 4 000 m^3/s 流量的确定

花园口站编号洪水的标准为洪峰流量达到或超过 4 000 m^3/s。该标准是在 20 世纪 90 年代初依据黄河下游的平滩流量确定的。

2. 8 000 m^3/s 流量的确定

(1)小浪底枢纽初步设计中,水库对中常洪水的控制流量为 8 000 m^3/s。

(2)小浪底水库汛限水位 225 m 相应的泄流能力为 7 480 m^3/s。

(二)调度原则

以河道来水为主进行调水调沙试验遵循以下原则:

(1)在确保大堤安全条件下,尽快恢复下游主槽过流能力,尽量减少小浪底库区淤积,兼顾洪水资源化。

(2)花园口站洪峰流量在 4 000 m^3/s 以下时,以主槽排洪为主,根据来水来沙情况,相机进行调水调沙运用。

(3)花园口站洪峰流量在 4 000 ~ 8 000 m^3/s 时,根据洪水来源、洪峰、洪量和含沙量情况,相机进行调水调沙运用,或转入防洪。

(4)花园口站洪峰流量在 8 000 m^3/s 以上时,转入防洪运用调度。

(三)转入防洪运用条件

满足下列条件之一时,即转入防洪运用调度:

(1)预报小花间来水大于 3 500 m^3/s(下游平滩流量)。

(2)按调水调沙方式运用库区将发生严重淤积或中期预报黄河中游可能发生较大洪水。

(3)预报河道流量大于 8 000 m^3/s。

三、水库调度运用方式

在黄河调水调沙过程中,针对河道径流情势和工程蓄水条件,水库调度运用方式主要有以下几种。

(一)单库调度方式

单库调度方式是指以利用小浪底水库蓄水为主的调节水沙的调度方式。当小浪底水库蓄水量加上预见期内河道来水量满足调水调沙总水量要求时,利用小浪底枢纽不同高程泄流孔洞组合调控出库含沙量,达到调水调沙调控指标要求。此种方式将上、下游河道径流过程调节为适合于下游河道条件的冲刷输沙径流过程;或以小浪底水库蓄水为主,塑造适合于下游河道条件的冲刷输沙径流过程。

(二)二库联调方式

二库联调是指以小浪底水库为主,配合以三门峡水库或者故县水库等进行两水库联合水沙调度。即利用三门峡水库调控小浪底水库的入库水沙过程,影响小浪底水库异重流的产生、强弱变化、消亡及浑水水库的体积、持续时间,调节小浪底库区泥沙淤积形态,最终影响小浪底水库的出库含沙量。利用故县水库可以在一定程度上控制小花区间的径流过程,使小花区间的清水与小浪底水库下泄的较大含沙量的浑水对接,协调水沙关系,以利于输沙和下游河道冲刷。

(三)多库联调方式

多库联调是指对中游五库(万家寨、三门峡、小浪底、故县、陆浑水库)按不同组合进行联合水沙调度。多库联调是在更大的空间尺度上进行的调水调沙,可以更充分地利用水量和水能资源，发挥已建工程在水沙过程塑造中的作用，达到更有效地输沙和冲刷河道的效果。多库联合调度，能够实现不同水沙过程的空间对接，将不协调的水沙关系调节为协调的水沙关系；可以实现对水库异重流的调度，既可以对天然异重流进行调控，也可以进行人工异重流的塑造，从而实现在不加大河道淤积的前提下，使水库有效排放泥沙，并调控水库淤积形态。

人工辅助措施是指利用水库异重流排沙和河道泥沙不饱和输沙等规律，在库区淤积三角洲和下游平滩流量小的"卡口"河段处实施人工扰动、疏浚等人工干预措施，以达到最佳的调水调沙效果。

四、调水调沙试验模式

2002~2004年，针对小浪底水库初期运用的水沙调控方式，进行了三次调水调沙试验。试验的目的就是探索如何利用小浪底水库初期的巨大库容，有效地协调黄河的水沙关系，通过对河道径流和水库蓄水的调度，调节水沙过程，减少小浪底水库和黄河下游河道的淤积，恢复和提高黄河下游主河槽的过流能力。在这三次调水调沙试验中，根据不同来源区水沙条件、水库蓄水情况和工程调度原则，采用了不同的模式。

（一）基于小浪底水库单库调节为主的调水调沙模式

此种模式所对应的来水来沙条件是，洪水和泥沙只来自于水库的上游，而水库的下游地区没有发生洪水，同时水库蓄有部分水量且须为腾空防洪库容在进入汛期之际泄至汛限水位。

小浪底水库排泄水沙的孔洞有3条排沙洞、3条明流洞、6条发电洞。其中，明流洞一般是清水，发电洞下泄水流含沙量较低，一般不超过60 kg/m^3，排沙洞下泄水流含沙量较大，一般可达300~400 kg/m^3。对小浪底水库不同高程泄流设施进行泄流组合，可对水库出流要素进行控制，人为塑造一种适合下游河道输沙特性的水沙关系，充分发挥使下游河道不淤积或冲刷条件下单位水体的输沙效能。

综合考虑下游部分河段主槽过洪能力已不到3 000 m^3/s的河道条件、水库的蓄水量和试验目标，确定本次试验的方案为：控制黄河花园口站流量不小于2 600 m^3/s，时间不少于10 d，平均含沙量不大于20 kg/m^3，相应艾山站流量为2 300 m^3/s左右，利津站流量为2 000 m^3/s左右。

实施情况为：

2002年7月4日上午9时，小浪底水库开始按调水调沙方案泄流，7月15日9时小浪底出库流量恢复正常，历时共11 d，平均下泄流量为2 740 m^3/s，下泄总水量26.1亿m^3，其中河道入库水量为10.2亿m^3，小浪底水库补水15.9亿m^3（汛限水位以上补水14.6亿m^3），出库平均含沙量为12.2 kg/m^3。

花园口站2 600 m^3/s以上流量持续10.3 d，平均含沙量为13.3 kg/m^3。艾山站2 300 m^3/s以上流量持续6.7 d。利津站2 000 m^3/s以上流量持续9.9 d。7月21日，调水调沙试验流量过程全部入海。

此次试验进入下游河道总水量28.23亿m^3，入海水量22.94亿m^3，入海沙量0.664亿t。黄河下游河道总冲刷量0.362亿t。

(二)基于空间尺度水沙对接的调水调沙模式

此种模式所对应的来水来沙条件是,小浪底水库上游发生洪水并挟带泥沙入库,与此同时,小浪底水库下游伊洛河、沁河也发生洪水,因小浪底水库下游支流均未经过黄土高原,故其来水挟带泥沙数量很少,基本上可以认为是“清水”。所对应的工程条件:除小浪底水库外,伊河上有陆浑水库,洛河上有故县水库。

对此种模式的调节机制可概括为:利用小浪底水库不同泄水孔洞组合,塑造一定历时和大小的流量、含沙量及泥沙颗粒级配过程,加载于小浪底水库下游伊洛河、沁河的“清水”之上,并使之在花园口站准确对接,形成花园口站协调的水沙关系,实现既排出小浪底水库的库区泥沙,又使小浪底—花园口区间“清水”不空载运行,同时使黄河下游河道不淤积的目标。见图3-1。

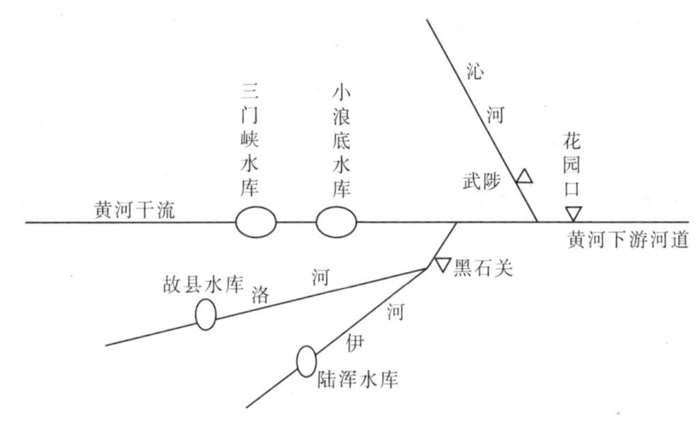

图3-1　不同来源区水沙过程对接示意图

流量调控:以小花间来水为基流,控制小浪底出库流量在花园口站进行叠加,控制花园口站平均流量在2 400 m^3/s左右。

含沙量调控:以伊洛河、沁河含沙量为基数,考虑小花间干流河道的加沙量,调控小浪底水库的出库含沙量,控制花园口站平均含沙量在30 kg/m^3左右。

实施情况为:

9月6日9时开始试验,9月18日18时30分结束,历时12.4 d。小浪底水库下泄水量18.25亿m^3,沙量0.74亿t,平均流量1 690 m^3/s,平均含沙量40.5 kg/m^3;通过小花间的加水加沙,相应花园口站水量27.49亿m^3,沙量0.856亿t,平均流量2 390 m^3/s,平均含沙量31.1 kg/m^3;利津站水量27.19亿m^3,沙量1.207亿t,平均流量2 330 m^3/s,平均含沙量44.4 kg/m^3。

此次试验黄河下游河道总冲刷量0.456亿t。

(三)基于干流水库群联合调度、人工异重流塑造和泥沙扰动的调水调沙模式

此种模式所对应的水沙条件:小浪底水库上游没有发生洪水,小浪底水库下游也没有发生洪水,可资利用的水资源只是水库中在进入汛期之际须泄放至汛限水位的水量。所对应的工程条件:黄河干流上除小浪底水库外,尚有三门峡水库和万家寨水库。

此种模式的设计思路是:利用水库蓄水,充分借助自然力量,通过联合调度黄河干流万家寨、三门峡、小浪底水库,辅以人工扰动措施,在小浪底库区塑造人工异重流,调整其库尾段淤积形态，并加大小浪底水库排沙量。同时，利用进入下游河道水流富余的挟沙能力，在黄河下游“二级悬河”及主槽淤积最为严重的卡口河段实施河床泥沙扰动，扩大主槽过洪能力。

此种模式的关键在于小浪底库区塑造异重流并实现排沙出库。

所谓异重流，是指两种密度相差不大可以相混的流体因为密度的差异而发生的相对运动。在多沙河流的水库中，当河道挟沙水流与库区清水相遇时，由于前者的密度比后者大，在条件合适时，挟沙水流就会潜入清水底部继续向坝前流动。

流量调控：控制花园口断面流量 2 700 m^3/s。

含沙量调控：考虑到异重流出库，控制花园口断面含沙量在 40 kg/m^3 以内。

实施情况为：

第一阶段：7 月 5 日 15 时，三门峡水库开始按 2 000 m^3/s 流量下泄，小浪底水库淤积三角洲发生了强烈冲刷，库水位 235 m 回水末端附近的河堤站（距坝约 65 km）含沙量达 36 ~ 120 kg/m^3。7 月 5 日 18 时 30 分，异重流在库区 HH34 断面（距坝约 57 km）潜入，并持续向坝前推进。

第二阶段：万家寨和三门峡水库水流对接后冲刷三门峡库区淤积的泥沙，较高含沙量洪水继续冲刷小浪底库区淤积三角洲，并形成异重流的后续动力推动异重流向坝前运动。

7 月 8 日 13 时 50 分，小浪底库区异重流排沙出库，浑水持续历时约 80 h。至此，首次人工异重流塑造获得圆满成功。

此次试验进入下游河道总水量 44.6 亿 m^3，入海水量 48.01 亿 m^3，入海沙量 0.697 亿 t。黄河下游河道总冲刷量 0.665 亿 t。

第二节　不同模式实施效果预测

在原型试验之前，利用黄河实体模型及数学模型检验试验模式和预案的合理性、可靠性及可操作性是黄河调水调沙试验的重要特点之一。

一、实体模型试验

黄河三次调水调沙试验各具特色，且具有不同的技术难点。实体模型围绕黄河三次调水调沙试验中小浪底水库调度的关键技术问题，基于水库实体模型相关试验成果的整理分析，对调水调沙试验过程及现象作出预测，为黄河调水调沙试验提供技术支撑。

参与调水调沙试验的实体模型包括小浪底水库模型及黄河下游小浪底至苏泗庄河道模型。

在原型试验之前，利用黄河实体模型及数学模型检验预案的合理性、可靠性及可操作性是黄河调水调沙的重要环节之一。

（一）水库实体模型试验

1. 模型概况

小浪底库区模型模拟范围为大坝以上 62 km 库段，该库段包括了库区近 90% 的干流原始库容，有十余条库区内的较大支流在模型范围之内。模型高程模拟范围选择 165 m

至水库正常蓄水位 275 m。

模型设计采用的相似条件包括水流重力相似、阻力相似、挟沙相似、泥沙悬移相似、河床变形相似、泥沙起动及扬动相似，同时考虑异重流运动相似，即满足异重流发生（或潜入）相似、异重流挟沙相似及异重流连续相似。

2. 调水调沙试验实体模型关键技术

1）调水调沙试验控制指标模拟

黄河首次调水调沙试验的关键是能否充分发挥水库自身的调节功能，当有高含沙洪水发生时，将天然的入库水沙过程调整为协调的出库水沙过程，满足出库含沙量的试验指标。

水库实体模型试验边界条件为实测地形条件及预测的蓄水状况。水沙条件采用 2001 年 8 月中下旬洪水过程，小浪底入库最大流量为 2 890 m^3/s。含沙量大于 100 kg/m^3 的历时约 116 h，其中含沙量 300 kg/m^3 以上维持了 42 h。

试验过程显示，洪水进入水库的壅水段之后，由于沿程水深的不断增加，其流速及含沙量分布从明流状态逐渐变化为异重流状态，水流最大流速由接近水面向库底转移，当水流流速减小到一定值时，浑水开始下潜并且沿库底向前运行。

异重流的输移状况与入库水沙条件及库区边界条件关系密切。入库流量大且持续时间长、水流含沙量大且细颗粒泥沙含量高、河床纵比降大且库区地形比较平顺，则异重流运行距离长，异重流输移泥沙效率高。

在模型试验的水沙条件下，异重流输移至坝前仍可保持较高的含沙量。若以排沙洞下泄水流含沙量代表异重流挟带的含沙量，则最大含沙量达到 190 kg/m^3，见图 3-2。

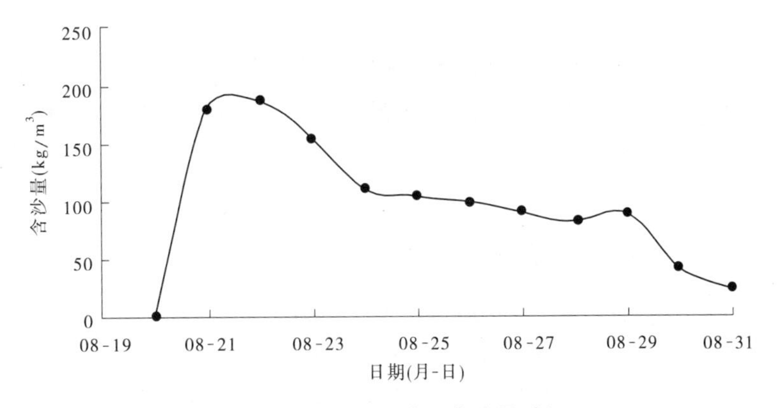

图 3-2　模拟排沙洞出流含沙量过程

异重流运行至坝前后，若控制泄流，部分到达坝前的浑水被拦蓄在库内形成浑水水库，浑水面的高程随到达坝前浑水水量的增加而不断抬升，见图 3-3。当坝前浑液面高程大于发电洞底坎 190 m 高程时，发电洞亦会下泄浑水。

从坝前含沙量沿垂线分布看，含沙量垂向梯度非常大，底层含沙量可达 400 kg/m^3，见图 3-4。因此，随时关注浑液面高程的变化及垂线含沙量分布状况而调控各泄水洞分流比，对控制出库含沙量至关重要。

模型试验结果表明，在调水调沙试验过程中，如果有异重流发生时，为了调整小浪底

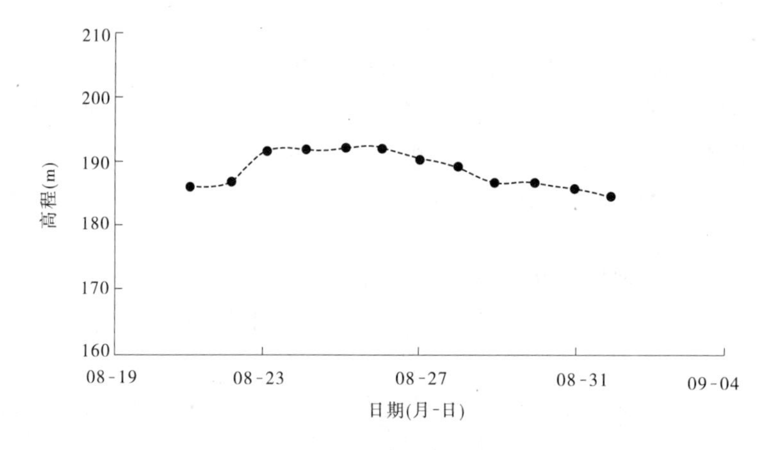

图 3-3　坝前浑水层顶高度变化过程

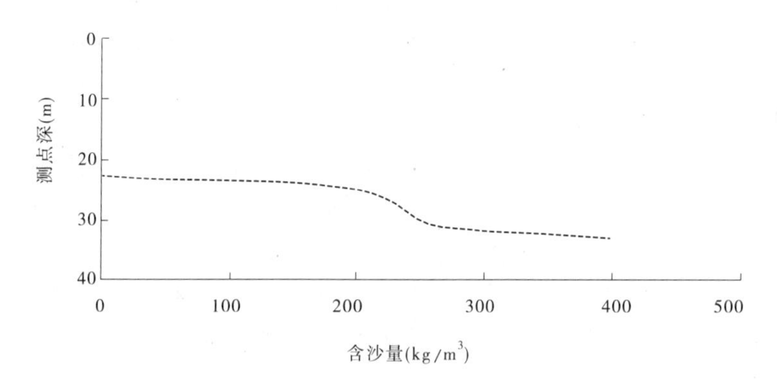

图 3-4　坝前 HH1 断面含沙量沿垂线分布

水库的出库含沙量,满足调水调沙试验与下游协调水沙关系的控制指标,一是要密切监测异重流的运行推移,特别是异重流到达坝前的变化;二是根据实测坝前不同高程的泥沙含量,及时调整泄流孔洞组合,控制位于水库泄水洞群底部的排沙洞的泄流量。

2)异重流排沙临界水沙条件试验

基于干流水库群联合调度的调水调沙模式,目标之一是通过科学调控万家寨、三门峡、小浪底三座水库的泄流时间和流量,在库区塑造人工异重流,并实现异重流的排沙出库,从而减少水库淤积。显然,人工塑造异重流的关键技术是确定在当时的边界条件下,小浪底水库异重流排沙出库的临界水沙条件,包括入库流量及历时、水流含沙量及级配等。

模型试验模拟了不同流量和含沙量条件下,异重流形成和输移过程。从模型试验结果来看:

(1)在水库蓄水状态下,流量 300 m^3/s 左右、含沙量 10 kg/m^3 左右,并挟带一定数量的细颗粒泥沙即可产生异重流。因此,利用小浪底水库以上水源,冲刷小浪底水库淤积三角洲的泥沙,使之悬浮补充到水流中,进而在回水末端库段形成异重流是可能的。

(2)人工塑造产生异重流并使之输移至坝前,必须使形成异重流的水沙过程提供给异重流的能量,足以克服异重流的能量损失。异重流能量损失包括沿程损失及局部损失。沿程损失产生于异重流所受的阻力,包括床面阻力和交界面阻力。局部损失产生于边界条件发生突变的部位,如异重流潜入,地形扩大段、收缩段、弯道处等流线的曲率很大或有不连续处。

异重流流经弯道时产生环流,并产生横向比降。异重流在凹岸受边壁的阻挡作用与清水发生剧烈的掺混,进而使异重流能量减少。图 3-5、图 3-6 显示在弯道处异重流流速及厚度凹岸均大于凸岸。

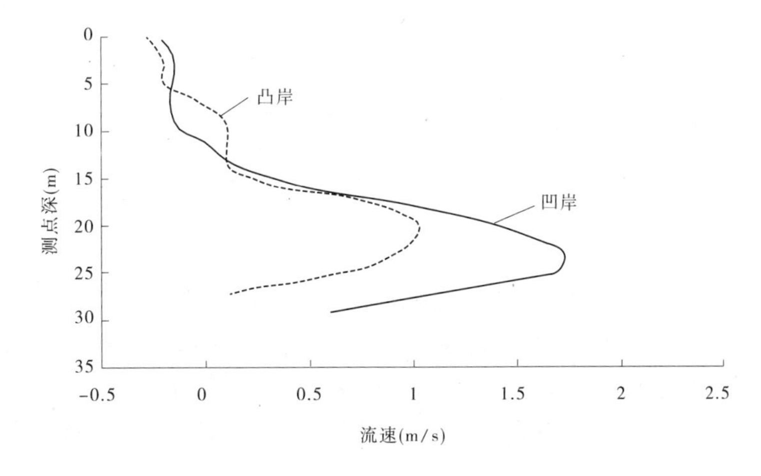

图 3-5 HH23 断面凹、凸岸流速沿垂线分布

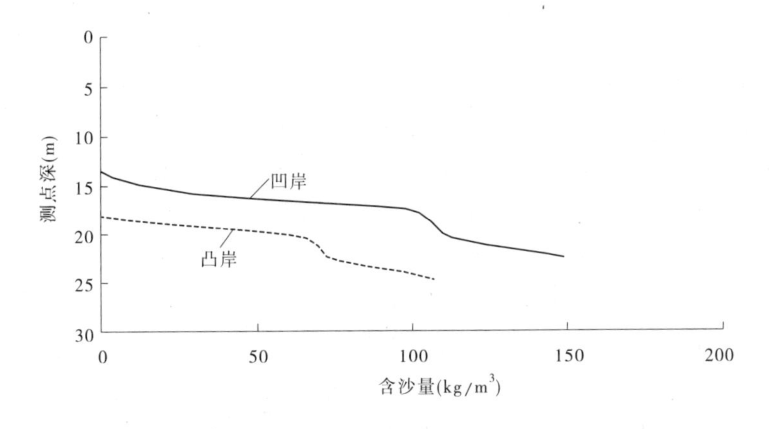

图 3-6 HH23 断面凹、凸岸含沙量沿垂线分布

异重流进入收缩河段后,流速会因过水面积减小而有所增大;而进入断面扩展河段后,流速会大幅度减小。两者均会产生较大的能量损失。

干流异重流经过支流沟口,异重流会产生侧向流动倒灌支流。图 3-7 所示为小浪底库区最大一条支流畛水口门处,干流异重流向支流倒灌时流速沿垂线分布图。在异重流向支流倒灌时,其挟带的泥沙则几乎全部沉积在支流内,干流异重流流量随着向沿程支流的倒灌而减少,能量也不断损失。

由于异重流总是处于超饱和输沙状态,在运行过程中,泥沙沿程淤积,交界面的掺混及清水的析出等,均可使异重流的流量逐渐减小,其动能相应减小,其含沙量及悬沙中值粒径均沿程减小。

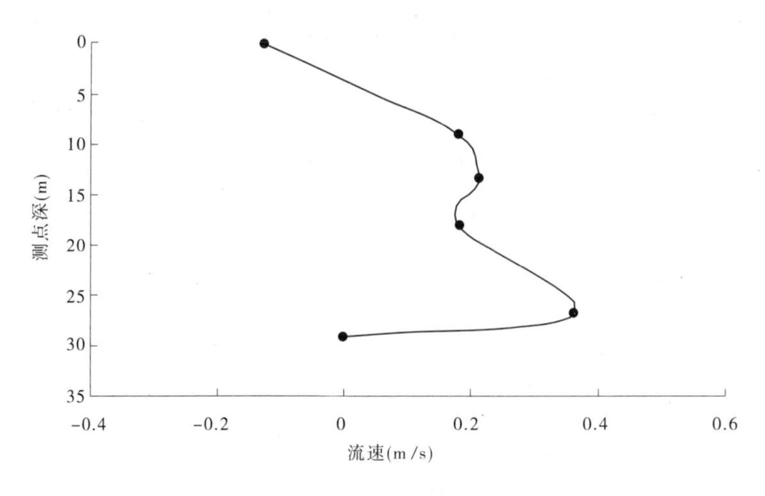

图 3-7　支流畛水口门处流速沿垂线分布

通过模型试验的模拟，流量 2 000 m³/s 以上洪水，含沙量达到 50 kg/m³ 以上，且粒径小于 0.002 5 mm 的细颗粒泥沙含量不小于 50%，浑水历时不短于 24 h，异重流即具有必需的能量，可以到达坝前，实现排沙出库。但若单纯依靠小浪底水库淤积三角洲的泥沙作为塑造异重流的沙源，因此处泥沙较粗，则需更大的流量。

3）调整库尾淤积形态的临界冲刷流量试验

调整小浪底水库淤积形态是黄河第三次调水调沙试验的目标之一。这里提到的调整淤积形态体现在两个方面，其一是横向冲刷形态，即能否使三角洲顶坡段的冲刷横贯整个断面；其二是纵向冲刷形态，即能否使库区上段纵剖面得到充分的调整。调整淤积形态的动力条件是存在于万家寨与三门峡水库汛限水位以上的水量，以及区间来水量。对于一般的沙质河床，河槽宽度 B 与流量 Q 呈正比，较大的流量可使横向得到充分的调整，同时需具有一定的冲刷历时，使得地形在纵向充分调整。除水流条件外，下边界控制条件至关重要。对上述流量、历时、水库控制水位三个因素而言，当流量确定后，历时取决于三门峡水库蓄水量，而小浪底水库控制水位取决于塑造异重流的时机，因此模型试验重点观测流量与河槽展宽度的关系。

试验结果表明，当小浪底水库水位下降至淤积三角洲脱离水库回水影响之后，三门峡水库下泄的水流在三角洲范围内为明流，在水流的作用下，河床冲刷下切，个别部位还会出现少量的塌滩现象。因库区上段河谷最宽处约为 400 m，当流量约为 2 000 m³/s 时，基本上可满足全断面冲刷。随着流量的逐步减小，虽然河槽仍继续下切，但冲刷宽度不断减小，当流量减小至 1 000 m³/s 及以下时，河槽冲刷宽度仅为 200 m 左右，近似呈高滩深槽的断面形态，见图 3-8。因此，调整库尾淤积形态的临界冲刷流量应不小于 2 000 m³/s。

（二）河道实体模型试验

为了预测小浪底水库不同调水调沙试验模式在黄河下游的实施效果，利用“小浪底至苏泗庄河道动床模型”开展了相关的预备及预测预报试验。该模型模拟范围自小浪底坝址至山东鄄城苏泗庄险工，原型河道总长 349 km。模型除包括黄河干流外，还模拟了伊洛河、沁河两条支流的入汇情况。

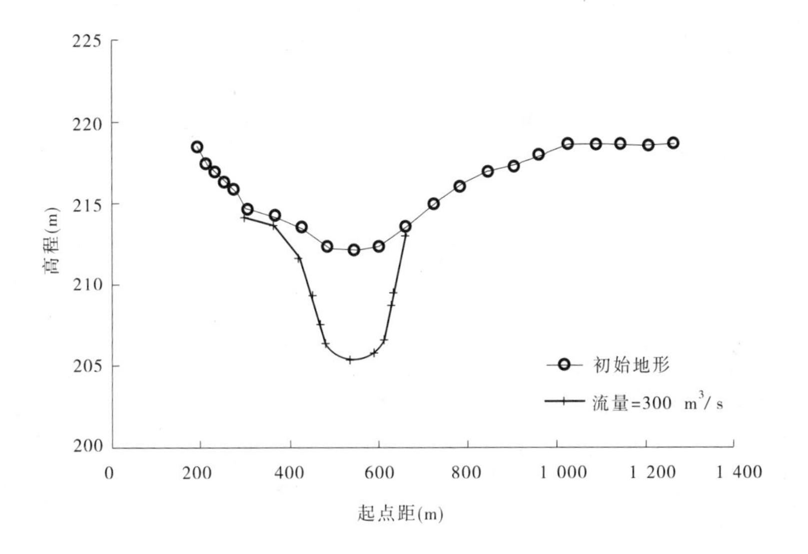

图 3-8　HH36 断面调整过程

该模型曾经进行过 1963～1964 年系列和 1999～2001 年系列的验证试验，并利用该模型先后完成了"小浪底水库运用方式研究——小浪底至苏泗庄河段模型试验研究"、"小浪底水库 2000 年运用方案研究"、"小浪底至苏泗庄河段 1999 年、2000 年、2002 年汛期洪水预报模型试验"、"黄河下游游荡性河段河道整治方案的试验研究"等多项生产科研任务。所有这些成果，都为黄河调水调沙试验提供了技术储备。

1. 不同调控流量效果对比模拟

对比模拟是为了分析小浪底水库运用初期调水调沙最优的调控流量，模拟调控流量(花园口，下同)选择了 2 600 m^3/s、3 700 m^3/s 两个方案。同时，为了进一步深入分析、比较，相应于调控流量 2 600 m^3/s 方案，进行了 2 000 m^3/s 调控流量、小浪底水库自然滞洪运用(相当于 2 400 m^3/s 调控流量)的对比试验；相应于调控流量 3 700 m^3/s 方案，进行了调水调沙与否的对比试验。模型试验目标是分析论证不同调控流量下河床冲淤变化、河势变化、河岸坍塌情况及其效果。

1)调控流量 2 600 m^3/s 方案对比模拟

A. 水沙及边界条件

调控流量 2 600 m^3/s 方案共进行了三组试验。试验一，调控上限流量 2 000 m^3/s；试验二，调控上限流量 2 600 m^3/s；试验三，水库自然滞洪运用。三组试验均以干流小浪底站来水为主，含沙量小于 10 kg/m^3，且来沙较细，以 0.005～0.01 mm 泥沙为主。伊洛河和沁河的入汇流量、含沙量过程相同，流量一般小于 300 m^3/s，伊洛河含沙量一般小于 3 kg/m^3，最大含沙量约为 15 kg/m^3，沁河含沙量均小于 3 kg/m^3。

试验初始边界条件均采用与当时相近的地形、河势及工程状况。试验河段内河道整治工程以 1998 年河务部门提供的资料为基础，模型进口按设计的水沙过程控制，尾部苏泗庄断面的水位，参考黄河下游河道排洪能力设计所提供的苏泗庄设计水位—流量关系进行初步确定。

B. 试验结果

a. 水位变化

三组试验在试验前后相同流量下水位降低幅度具有同一规律，即上段大于下段，水位降幅自上而下呈递减趋势。其中，试验一试验前后的水位，花园口以上降低 0. 31 ~0. 41 m，花园口以下降低 0. 10 ~0. 28 m；对于试验二和试验三，试验前后相比，上段水位降低幅度分别为 0. 27 ~0. 50 m 和 0. 25 ~0. 35 m，下段水位降低幅度分别为 0. 13 ~0. 25 m 和 0. 07 ~0. 23 m。从水位变化上看，调控上限流量 2 600 m^3/s 方案效果最好，自然滞洪方案效果较差。

b. 河床冲淤变化

三组试验中，模拟河段内河床普遍冲刷，冲刷强度上段大于下段，这与上述水位变化一致。调控上限流量 2 600 m^3/s 方案冲刷强度大于 2 000 m^3/s 方案，自然滞洪方案冲刷强度均小于前两种调控方案。但由于三组试验来水来沙总量接近，冲刷总量相差并不是很大。

c. 断面形态及深泓点高程变化

根据试验前后典型断面套绘情况，冲刷后断面面积较冲刷前有所增大。比较而言，铁谢—花园口主槽以下切为主，花园口以下以断面展宽为主，其中，花园口—东坝头河段展宽幅度最大。三组试验河槽平均展宽和下切幅度相差不大，铁谢—花园口河段、花园口—东坝头河段、东坝头—高村河段河槽平均展宽约为 110 m、270 m、150 m。

点绘深泓点高程沿程变化情况，花园口以上河段高程降低幅度一般为 0. 7 ~3. 0 m，花园口以下河段一般为 0. 5 ~2. 0 m，深泓点降幅从大到小依次是试验二、试验一、试验三，与水位变化和断面冲淤变化表现出相同的规律。试验二对河床形态影响最大，说明调水调沙集中大流量下泄具有较强的造床作用。

d. 河势变化

对比三组试验的河势，试验前后，总体上变化不大。铁谢以上是卵石河床，河势及主流摆幅相对变化较小；铁谢至逯村段，逯村靠溜部位靠下，显示出铁谢工程送溜不力。温孟滩河段，由于工程较为配套，河道整治工程都能有效地控导河势，靠溜部位上提下挫，均在工程控制范围内。调控流量 2 600 m^3/s 方案大流量历时相对较长，漫滩水流在南岸滩地拉沟成槽，而其他两方案依然保持原单股河态势。伊洛河口以下，工程少，河势演变过程中，易形成横河、斜河，造成塌滩。驾部至枣树沟，河势相对稳定，沁河口处的滩地塌失后退。桃花峪工程下游河势向好的方向发展。老田庵靠河长度增加，南裹头也由初始靠边溜而在试验结束时靠大溜。花园口至来潼寨之间，工程靠溜较好，河势比较规顺，武庄工程靠河部位靠下，时而有脱河现象。赵口下延工程修建后加大了主流北移的速度，大河滑过九堡，直接送到三官庙。九堡至徐庄工程之间，河势比较散乱。顺河街工程靠河长度短，使大宫工程上首塌滩。王庵工程至古城工程之间，因初始畸形河弯的影响，河势散乱。东坝头险工着溜稳定，其下河势较为规顺，主流变化与初始河势相差不大，只是工程靠溜部位上提下挫，主流摆幅较小。

从水流漫滩情况来看，由于前期中小水持续冲刷，铁谢至赵口河段几乎没有出现漫滩现象；赵口以下，因冲刷强度的逐渐减弱，大部分河段出现洪水漫滩，但漫滩范围相对不大,且持续时间较短。

2)调水调沙上限流量 3 700 m^3/s 方案试验

该组试验目的是研究调水调沙运用调控流量 3 700 m^3/s 条件下黄河下游水流演进、漫滩情况、河床冲淤变化及河势演变情况等,同时与 2 600 m^3/s 调控方案试验结果相对比,分析其合理性。

A. 水沙及边界条件

试验水沙过程见图 3-9,其中,伊洛河、沁河入汇水沙过程按 1978～1982 年实测过程在模型上施放。为便于比较,模型初始地形与 2 600 m^3/s 方案完全相同。

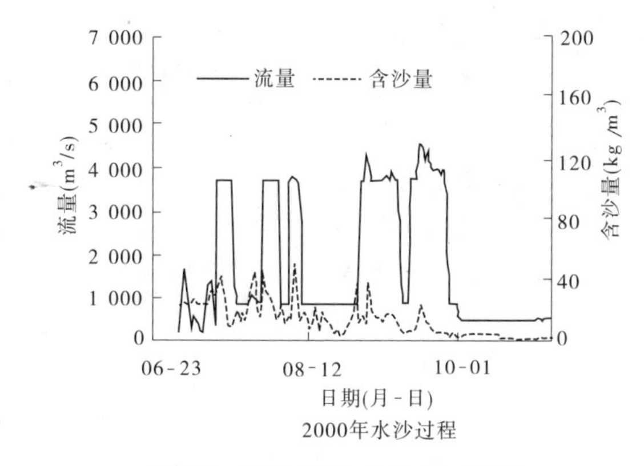

图 3-9　试验流量、含沙量过程线

B. 试验结果

a. 沿程含沙量恢复情况

由于小浪底水库拦沙运用,下泄水流含沙量很低,因此下游河道河床对新的水沙条件重新适应的过程中,河床变形相对剧烈。铁谢险工以下,河床沿程冲刷,使水流含沙量逐步加大。含沙量恢复状况及冲刷随时间的推移而不断发展,随着冲刷历时的延长,同流量级最大含沙量减小,而且出现最大含沙量的位置也向下游移动,表明冲刷不断向下游发展。2000 年 7 月,在 2 000～2 500 m^3/s 的流量作用下,河床冲刷使含沙量得到恢复,在官庄峪附近接近最大值,达到 15 kg/m^3 左右;8 月底,相同流量作用下,含沙量至花园口附近接近最大,达到 10～11 kg/m^3,较 7 月有所减少;10 月小浪底水库提前蓄水,出库含沙量几乎为零,沿程测得的含沙量随冲刷时间的延长而有所降低,反映了河床粗化影响。试验中还观察到,在上游段实测悬移质含沙量很低、河床基本无悬沙补给的情况下,河床变形主要以沙波运动的形式向下游推移。

b. 河势变化及洪水漫滩情况

在整个试验过程中,温孟滩河段、伊洛河口至马渡河段河势变化与 2 600 m^3/s 方案试验结果相似,差异的是河势上提下挫、河道展宽与下切的幅度。其他河段河势演变总体趋势基本一致,洪水漫滩情况有明显差别,且河势变化的幅度也明显大于 2 600 m^3/s 方案试验结果。九堡河段,初始时主流在九堡前坐弯后滑过九堡下首再折向黑石方向,九堡前河势北移,最后曲率半径较小的弯道全部取直,形成了黑石下首、徐庄、大张庄全部靠河的顺直河道。由于大张庄靠河部位靠上,黑岗口上延工程上首坐弯,顺河街工程尚未发挥控导溜势的作用,大宫工程以上滩地坍塌。大宫以下河段,王庵工程逐渐靠河并发挥作用,工程前初始的畸形河弯消失。古城工程以下北岸滩地塌滩。曹岗至东坝头河段,河势比较规顺,漫滩现象较为严重。河出东坝头险工后,由于滩地横比降较大,向东明滩区、长垣滩区漫水也比较严重。东坝头至高村河势变化不大,仅受堡城险工处河势下挫的影响,河道工程全线靠河,青庄险工处河势上提至上首,高村靠河位置相对变化较小。其下游直至苏泗庄,河势也基本在险工及控导工程控制范围之内。

由于前期河槽平滩流量较小,试验初始流量达3 000 m^3/s 时即出现漫滩现象,但随着滩唇的淤高,又影响了水流的漫滩。从各河段情况来看,黑岗口以上河段水流漫滩较多,滩地滞洪能力较强,致使下游段流量减小。但随着冲刷的发展,上游段平滩流量增大,洪峰削减量减少,下游漫滩状况有所增加。7 月 8 日小浪底水库下泄 3 724 m^3/s 的流量,花园口以上大面积漫滩,下游漫滩较少,而 9 月 21 日随着上游河床的冲刷,平滩流量增大,漫滩范围明显减小,泥沙向下游不断推进,当小浪底 $Q=3\ 656\ m^3/s$,伊洛河 $Q=28\ m^3/s$ 时,下游如大留寺至堡城河段,漫滩范围较 7 月明显加大。

本次试验反映出,水库运用初期应以尽量避免下泄较大的流量过程为原则。因为上游段剧烈冲刷后,在较短的距离内即达到输沙平衡,使下游平滩流量较小的河段大面积洪水漫滩,降低了对河床冲刷的效果,同时又给滩区群众带来淹没损失。

c. 水位变化

小浪底水库运用初期,下泄水流的含沙量较低,整个河段普遍遭受不同程度的下切,整个试验河段内平滩流量明显增加,上段可达 4 500 ~ 4 800 m^3/s,中段为 4 000 m^3/s,下段则可达 3 000 m^3/s 以上。随后开展的运用 5 年后调水调沙试验结果显示,水位降低更加明显。从整个冲刷过程看,冲刷强度前期大于后期,且自上而下发展。河槽冲刷下切,过洪能力增大,柳园口以上平滩流量可达 6 000 m^3/s,以下也在 4 500 m^3/s 左右。

d. 河床冲淤变化及塌滩状况

试验中对每年汛前汛后地形均进行了详细的测量,冲刷主要集中在汛期,非汛期因水量较小,冲刷量不大。图 3-10 所示为累积冲淤量分布。从横断面套绘情况看,不同时期

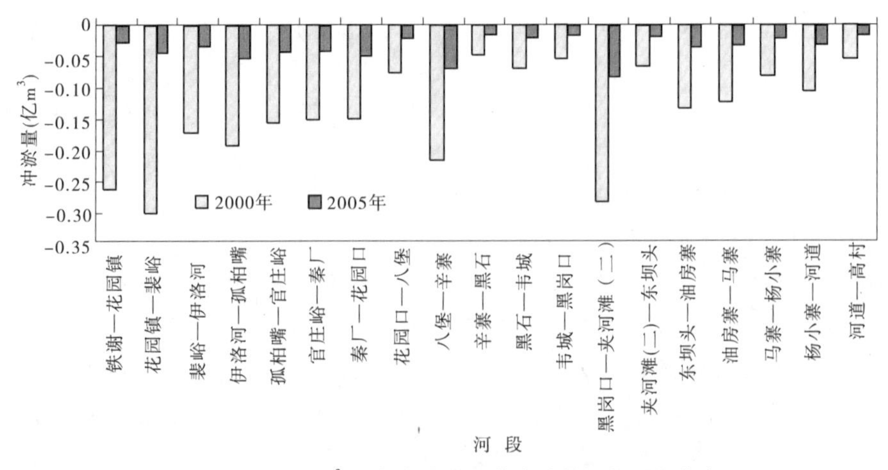

图 3-10　3 700 m^3/s 方案试验下游冲淤量沿程累积分布

河道横剖面有较大变化，其中有些断面主槽位置在横向出现很大位移。

C. 小浪底水库调水调沙与否试验结果对比

采用两种水沙条件开展的试验结束后，最显著的差别就是下游河段防洪形势的变化。由河势变化与主流线套绘情况可以看出，由于控导工程发挥作用，两组试验主流线相差不多。但在花园口以下河段，调水调沙方案河宽及漫滩范围明显比不进行调水调沙时小，充分说明小浪底水库调水调沙对下游河道防洪产生的积极作用，可以迅速提高河道过洪能力。

另外，从水位比较结果也不难看出，前一组试验（进行调水调沙）水位有所降低，而第二组（不进行调水调沙）水位一般为升高，后者比前者有较高的水位表现，显而易见，调水调沙减轻了下游的防洪压力。从两种试验冲淤量比较可知，调水调沙减淤作用也是显著的。

两种方案的河势变化相差不多，其中在工程配套情况较差的河段，河势演变规律也较为相近，如沙鱼沟工程前的裁弯、官庄峪下游的弯顶塌滩、大王寨和王高寨工程前的大幅摆动等。

2. 高含沙量水流过程在下游的演进模拟

1）设计水沙条件

2003 年调水调沙试验预案设计的出库水沙过程最大出库流量为 2 600 m^3/s，最高含沙量为 80 kg/m^3。水沙过程历时 11 d，不考虑伊洛河和沁河入汇，来水量和来沙量分别为 21.1 亿 m^3 和 0.72 亿 t。其中调水调沙试验洪水过程历时 8 d，平均含沙量为 40 kg/m^3。调水调沙试验设计预案水沙过程见表 3-1。

表 3-1　2003 年调水调沙试验设计预案水沙过程（花园口）

历时 (h)	累计天数 (d)	流量 (m^3/s)	含沙量 (kg/m^3)	历时 (h)	累计天数 (d)	流量 (m^3/s)	含沙量 (kg/m^3)
24	1	800	0	24	6	2 600	60
12	1.5	800	0	24	7	2 600	40
12	2	1 700	5	24	8	2 600	20
24	3	2 600	40	24	9	2 600	20
24	4	2 600	40	24	10	2 600	20
24	5	2 600	80	24	11	800	0

2）初始地形

模拟的河段内设有 104 个大断面，初始地形采用 2003 年汛前实测资料，并结合河势资料塑制模型初始河床地形。滩地、村庄、植被等地貌地物状况按 1999 年 4 月航摄、2000 年 6～7 月（实际年份）调绘成图的 1∶10 000 河道地形图制作，并结合现场查勘情况给予修正。河道整治工程按照现状实际情况进行布设。考虑到 2002 年调水调沙试验后，个别河段决口的生产堤又有所恢复，本次试验前专门对此进行了现场查勘，滩地生产堤按照调查的实际情况进行布设。

3）模型试验结果

A. 河势变化

铁谢—马渡河段，除张王庄上下河势由初始两股逐渐演变为一股，且洪峰期有少量漫滩现象外，河势变化均较小，水流基本在主槽中运行，只是随流量增大，水面有所展宽。河出来潼寨下延工程后，河宽明显增大。主流在武庄工程前逐渐刷滩坐弯，横向顶冲武庄工程。随武庄工程前的河势调整，赵口前河势逐渐南摆，试验后期赵口下延工程靠河并发挥控导作用。毛庵工程前主流逐渐北摆，但发展较为缓慢，试验结束时毛庵工程仍离大河约200 m。毛庵—大张庄河段，因初始大部分工程均不靠河，河势变化较大。在调水调沙第3天，流量增大至2 600 m^3/s 时，三官庙工程前河宽迅速增大，并出现局部漫滩。三官庙—大张庄河段的河势较初始变化很大，该河段河势一直处于不断调整过程中。黑岗口—顺河街河段河势一直比较稳定，顺河街工程下首大河继续向南淘刷滩地，但发展较为缓慢。主流过顺河街后仍基本沿汛前流路滑过大宫趋向王庵。王庵—古城之间的“S”形河弯未有大的变化，只是南北两弯顶处滩地继续向纵深塌失。古城—东坝头河段，主流走势与初始流路基本相同。调水调沙进行至第3天时，小浪底泄流流量涨至2 600 m^3/s，东坝头—苏泗庄部分河段开始漫滩，但漫滩的水量较小，范围也不大。同初始河势相比，除河宽明显展宽外，主流的走向基本不变，各工程的靠河情况变化也较小。随着洪水历时的增加，部分河段的漫滩水流在试验中后期开始归槽。

B. 洪水水位表现

从模型试验各主要测站的最高水位看，一般均较2002年调水调沙原型试验最高水位偏低。其中，2 600 m^3/s 流量下，花园口站最高水位为93. 36 m，夹河滩为77. 39 m，高村为63. 84 m。

C. 洪水传播时间

试验中小浪底—高村洪峰传播时间为128. 5 h。其中小浪底—花园口河段为20. 5 h，花园口—夹河滩为23. 3 h，夹河滩—高村为84. 7 h。通过比较2002年调水调沙原型试验实测相应河段洪峰沿程传播时间，可以看出，小浪底—花园口河段经过上年调水调沙试验，河槽受含沙量较小洪水的冲刷，水流更加集中，在本次模型试验水沙条件下，相应洪峰传播时间有所减少，但减少幅度较小；而花园口—夹河滩河段受2002年调水调沙原型试验洪水冲刷影响较小，其洪峰传播时间与上年调水调沙试验相比基本接近；夹河滩—高村河段洪峰传播时间较2002年调水调沙原型试验期间有所增加，但增加幅度较小。

D. 河道冲淤变化

在设计的调水调沙试验洪水过程中，小浪底—苏泗庄河段整体表现为冲刷。铁谢—花园口河段全断面冲刷0. 284 亿 t，花园口以下属微冲微淤性质。工程靠溜部位及最大冲深观测结果表明，铁谢、赵沟、裴峪、枣树沟、桃花峪、花园口、马渡、赵口等工程，河势长期比较稳定，且入流一般比较陡，水流集中形成的冲坑深度较大，冲坑深度一般大于15 m，但最大冲坑深度不超过19 m。

3. 对调水调沙试验的建议

通过对小浪底水库调水调沙前期储备试验研究及2003年调水调沙试验设计预案的

预报试验成果的综合分析,得出如下认识和建议:

(1)小浪底水库调水调沙可明显提高下游河道过洪能力。

由小浪底水库调水调沙调控流量2 600 m^3/s 方案和调控流量3 700 m^3/s 方案调水调沙与否的对比试验结果可以看出,在总的来水量、来沙量基本相同的情况下,试验前后水位的变幅及冲刷量统计结果均反映出小浪底水库进行调水调沙,可明显提高河道过洪能力。

(2)小浪底水库运用初期调水调沙调控流量选择。

上游河段剧烈冲刷后,水流在较短的距离内即达到输沙平衡,相应的下游各河段河槽冲刷下切幅度受限,平滩流量的提高尚需一定的时间,因而造成下游平滩流量较小的河段洪水大面积漫滩,不仅降低了对河床冲刷的效果,同时又给滩区群众带来经济损失。因此,小浪底水库运用初期调水调沙调控流量选择 2 600 m^3/s 比较合适,随冲刷历时的延长,下游河道平滩流量增加,再适当增加调控流量,以求下游河道在较长距离内发生冲刷。

(3)小浪底水库调水调沙应充分发挥异重流排沙对维持水库长期有效库容的效能。

根据小浪底水库调水调沙异重流排沙方案预报试验的成果,由于下泄沙量粒径较细(中值粒径在 0.005 ~ 0.01 mm),虽然最高含沙量达到 80 kg/m^3,平均含沙量达到 40 kg/m^3,但在合理的水沙搭配下,小浪底—苏泗庄河段整体仍表现为冲刷。因此,小浪底水库调水调沙运用,应根据库区淤积情况和淤积物粒径粗细,按"淤粗排细"原则,充分发挥异重流的排沙作用,将细颗粒泥沙适时排出库区。这样既维持了水库长期有效库容,提高了小浪底水库死水位以下库容的利用效率,又不会造成下游河道的淤积。

(4)适时提高调控流量,尽快提高下游河道的排洪输沙能力。

对比调控流量 2 000 m^3/s、2 600 m^3/s、3 700 m^3/s 下游河道的冲淤分布可以看出,大流量过程的冲刷幅度明显大于小流量过程。因此,随着黄河调水调沙的继续,为尽快提高下游河道的排洪输沙能力,应根据下游河道平滩流量的变化,尽可能地提高调控流量,增加对河床的冲刷效果。

另外,在各种模型试验中,我们发现,只要原始资料掌握得全面,初始地形制作能够与原型达到高度一致,对一些局部畸形河弯及其他典型河势的模拟和演变就基本可以达到与原型一致。相反,如果模拟不准,则会出现一些偏差。因此,为便于模型更好地模拟原型的河势演变、滩地坍塌、滩区漫水等情况,对原型一些河段的重点部位、存在畸形河弯河段或其他需要研究河势演变的部位,也应进行有目的的加密测量,以保证模型试验对原型数据的需求,进而保证试验成果的精度。

二、数学模型分析

(一)黄河泥沙数学模型的特点

黄河泥沙数学模型是研究库区及下游河道泥沙冲淤变化和河床演变的重要手段之一,随着黄河水资源的进一步开发和利用,特别是小浪底水库的投入运用,在分析不同来水来沙条件下水库调度运用方式对库区和下游河道的冲淤影响及减淤效果等方面,发挥了愈来愈大的作用。黄河泥沙数学模型按使用范围可分为库区和下游河道两类,从原理上可分为水动力学和水文学两类。黄河泥沙数学模型具有以下主要特点:

(1)水动力学模型是根据水流、泥沙运动学及河床演变基本规律建立的,基本方程是根据质量守恒定律和动量守恒定律推导出的,具有较严密的理论基础;水文学模型以大量的实测资料分析为基础,是以水文学与水动力学因素相结合为理论依据建立的,比较符合黄河的实际情况。无论是库区模型还是下游河道模型,在建模过程中均充分考虑了黄河水沙和库区及下游河道冲淤变化特性,使模型能适应库区及黄河下游河道复杂的冲淤变化情况。

(2)模型分滩槽或分若干子断面计算,以反映库区和黄河下游河道在横向不同形态调整的冲淤变化特点。

(3)水库泥沙数学模型既可进行明流的输沙计算,也可进行异重流的输沙模拟;既可模拟干流淤积形态的变化,也可模拟支流的淤积倒灌问题。

(4)考虑含沙量对沉速的影响,修正挟沙力计算公式中的泥沙沉降速度,使挟沙力公式适用于不同量级的高、低含沙量变化。

(5)挟沙力级配不仅与床沙级配有关,又与上游的来沙级配有关,用分组挟沙力可以计算河道粗、细泥沙的调整。

(6)根据河床冲淤情况或流量大小对糙率进行适当调整,来反映水流与河床的相互作用及泥沙冲淤对河床阻力的影响。

(7)利用分层储存模式储存床沙级配,跟踪冲淤过程中河床组成的变化。

(8)建立了含沙量横向分布计算公式,它不仅与诸多水力因子、含沙量的大小有关,还与悬沙组成密切相关。

(9)黄河泥沙数学模型均用库区及下游河道的实测资料进行了率定和验证。

(二)黄河泥沙数学模型试验

在小浪底水库初期运用方式研究中,结合黄河水沙变化特点,在以往数学模型研究的基础上,率定了相关参数,建立了库区和黄河下游河道泥沙数学模型,并利用数学模型进行了大量的方案计算。通过多方案计算,对水库各种运用条件下,水库淤积量情况、干支流淤积形态变化情况、小浪底水库拦调水沙对下游河道尤其是艾山—利津河段的冲淤影响及整个下游的减淤效果等方面进行了对比分析。

在每次调水调沙试验预案研究过程中,通过数学模型对不同的方案进行了分析计算,为调水调沙试验调度方案的确定提供了强有力的技术支撑。

1. 首次调水调沙试验

在小浪底水库初期运用方式研究的基础上,首次调水调沙试验预案研究根据水库初期运用特点及下游河道边界条件,从提高黄河下游河道尤其是艾山—利津河段的减淤效果的角度出发,采用1986~1999年历年的实测水沙过程,利用数学模型进行了水库调节计算,论证了控制花园口断面调控上限流量2 600 m^3/s,历时不少于6 d,出库含沙量小于20 kg/m^3 的调控指标。计算结果还表明,调控上限流量采用2 600 m^3/s 时,调控库容采用8亿 m^3 基本可以满足调水调沙运用要求。

2. 第二次调水调沙试验

在第二次调水调沙试验预案研究中,利用数学模型对流量2 600 m^3/s、含沙量20 kg/m^3、历时8 d和流量3 000 m^3/s、含沙量20~80 kg/m^3、历时8 d及流量3 500 m^3/s、含沙量80

kg/m^3 以上、历时 8 d 三个基本控制指标情况下下游河道冲淤变化情况进行了计算分析。计算考虑了不同含沙量的情况，计算结果见表 3-2。

表 3-2 不同方案下游河道的冲淤情况 （单位：亿 t）

河段	流量级	小黑武平均流量 2 600(m^3/s)			小黑武平均流量 3 000(m^3/s)				小黑武平均流量 3 500(m^3/s)		
	含沙量(kg/m^3)	0	10	20	20	40	60	80	80	100	120
花园口以上	主河槽	-0.201	-0.105	-0.073	-0.119	-0.046	0.066	0.237	0.261	0.430	0.503
	滩地	0	0	0	0	0	0	0	0.147	0.385	0.616
	全断面	-0.201	-0.105	-0.073	-0.119	-0.046	0.066	0.237	0.408	0.815	1.119
花园口—高村	主河槽	-0.077	-0.037	-0.001	-0.125	-0.061	0.032	0.055	-0.050	-0.020	-0.001
	滩地	0	0	0	0.137	0.213	0.298	0.410	0.622	0.670	0.772
	全断面	-0.077	-0.037	-0.001	0.012	0.152	0.330	0.465	0.572	0.650	0.771
高村—艾山	主河槽	-0.059	-0.064	-0.086	-0.135	-0.174	-0.198	-0.218	-0.280	-0.302	-0.312
	滩地	0.043	0.048	0.065	0.181	0.250	0.295	0.335	0.423	0.439	0.472
	全断面	-0.016	-0.016	-0.021	0.046	0.076	0.097	0.117	0.143	0.137	0.160
艾山—利津	主河槽	-0.062	-0.071	-0.088	-0.060	-0.080	-0.092	-0.104	-0.263	-0.271	-0.282
	滩地	0	0	0	0	0	0	0	0.185	0.191	0.202
	全断面	-0.062	-0.071	-0.088	-0.060	-0.080	-0.092	-0.104	-0.078	-0.080	-0.080
利津以上	主河槽	-0.399	-0.277	-0.248	-0.439	-0.361	-0.192	-0.030	-0.332	-0.163	-0.093
	滩地	0.043	0.048	0.065	0.318	0.463	0.593	0.745	1.377	1.685	2.062
	全断面	-0.356	-0.229	-0.183	-0.121	0.102	0.401	0.715	1.045	1.522	1.969

从数学模型计算结果可以看出，控泄花园口流量 2 600 m^3/s、含沙量不大于 20 kg/m^3 时，下游河道可以基本全线冲刷，其中高村—艾山河段因水流漫滩，滩地发生淤积。

控泄花园口流量 3 000 m^3/s，当含沙量为 20 kg/m^3 时，全下游沿程冲刷；当含沙量大于 40 kg/m^3 时，因花园口—高村、高村—艾山河段水流均上滩，滩地发生淤积，且随着含沙量的增加，淤积量也增多，全下游整体表现为淤积，但主河槽仍全线冲刷。当含沙量在 50 kg/m^3 左右时，高村以上河段主河槽略有淤积，高村以下主河槽则仍发生冲刷。

控泄花园口流量 3 500 m^3/s、含沙量大于 80 kg/m^3 时，下游河道总体淤积，但主河槽仍为冲刷。平均含沙量为 80 kg/m^3、100 kg/m^3、120 kg/m^3 时，下游河道总淤积量分别为 1.045 亿 t、1.522 亿 t、1.969 亿 t，主槽的冲刷量分别为 0.332 亿 t、0.163 亿 t、0.093 亿 t。

数学模型计算结果表明，在试验前下游河道边界条件下，相对较大流量和一定含沙量水流下泄，下游河道淤滩刷槽效果明显，有利于增加主河槽的过流能力。

在调水调沙试验方案确定后，又根据制订的调水调沙调度方案和预报可能出现的洪水情况，选择 1992 年、1994 年、1996 年三个典型洪水，利用数学模型对水库排沙、下游河道冲淤变化等方面进行了计算分析，进一步论证和完善了调水调沙试验方案。

3. 第三次调水调沙试验

第三次调水调沙试验的核心之一是塑造人工异重流，人工异重流的关键控制指标是异重流流量及时机。在 2004 年调水调沙预案制订中，利用数学模型从以下三个方面对上述关键指标进行了分析研究，为本次调水调沙试验小浪底库区人工异重流塑造方案的制订提供了依据。

1）不同流量的人工异重流排沙计算条件

为了比较不同流量下水库异重流排沙及淤积形态调整的效果，分别计算了三门峡水库泄放 2 000 m^3/s、2 500 m^3/s 流量形成人工异重流的情况。

水库调度过程为，在小浪底水库水位下降到 235 m 前，三门峡水库维持库水位不变，按预报的各旬潼关来水流量下泄，潼关含沙量及相应的级配从实测资料中概化得出；当小浪底水库水位达到 235 m 左右，按控制花园口流量 1 150 m^3/s 下泄 2 d 后，库区淤积三角洲已高出回水末端水位十余米，此时利用万家寨和三门峡水库超汛限水位的蓄水进行一定大流量泄放，塑造人工异重流，直至万家寨、三门峡两水库分别达到其汛限水位；此后，小浪底水库仍按控制花园口流量 2 700 m^3/s 下泄，直至库水位达汛限水位 225 m（简称 235 m 方案）。

2）小浪底水库不同库水位形成人工异重流时排沙计算条件

为对比分析小浪底水库在不同库水位形成人工异重流时的排沙效果和库区三角洲的冲刷情况，增加了小浪底水库水位降至 240 m 左右时塑造形成人工异重流的计算方案（简称 240 m 方案）。

240 m 方案的水库边界条件及调水调沙试验开始时机同 235 m 方案，比较的最小流量为 1 302 m^3/s（控制三门峡下泄流量 1 302 m^3/s，在小浪底水库达到汛限水位 225 m 时，万家寨、三门峡蓄水恰好全部泄空）。

3）天然异重流水库排沙计算条件

据潼关断面 1960 年以来的实测资料分析，6 月发生最大日流量 1 500 m^3/s 以上洪水的概率为 22.7%，最大日流量可达 3 000 ~ 4 000 m^3/s，因此调水调沙期间潼关断面仍有可能发生中小洪水。当潼关来洪水时，小浪底库区将形成天然异重流。

选择潼关 1984 年 6 月 27 日至 7 月 1 日的洪水过程作为典型洪水进行了排沙计算。该场洪水水量 11.85 亿 m^3，沙量 0.29 亿 t，日平均最大流量为 1 830 m^3/s。

对选定的典型洪水，分别进行了以下三个方案的排沙计算。其水库边界条件和调水调沙开始时机同 235 m 方案。

方案Ⅰ：开始调水调沙试验后，第三天潼关来洪水。

此种情况，三门峡水库提前 3 d 将库水位降至 298 m 下泄，以后维持库水位不变，按典型洪水过程入出库水量平衡，小浪底水库按控制花园口流量 2 700 m^3/s 下泄，直至库水位达到 225 m。洪水过程以外，入库流量以预报的各旬平均流量计。

方案Ⅱ：当小浪底水库水位降至 240 m 后，第三天潼关来洪水。水库泄放过程同上。

方案Ⅲ：当小浪底水库水位降至 235 m 后，第三天潼关来洪水。水库泄放过程同上。

根据上述Ⅰ ~ Ⅲ三个方案数学模型的计算结果综合分析，小浪底水库水位在 235 m

时开始形成人工异重流的方案，其库区三角洲冲刷及小浪底水库排沙效果均明显优于240 m方案。前者不同流量级塑造的人工异重流排沙期间，小浪底水库排沙量在0.36亿~0.49亿t，后者水库排沙量较前者减少0.11亿~0.14亿t。库区三角洲的冲刷量前者为1.28亿~1.71亿t，后者减少约25%。

小浪底水库水位235 m形成的人工异重流方案，流量小于2 000 m^3/s时人工异重流排沙效果较2 000 m^3/s以上为差，流量约1 500 m^3/s时水库排沙要比2 000 m^3/s方案减少约26%。

控制流量2 000 m^3/s和2 500 m^3/s，库区三角洲冲刷和水库冲刷相差不大，但2 000 m^3/s方案异重流持续时间6 d，而2 500 m^3/s方案仅4 d；另一方面，2 500 m^3/s方案流量与小浪底的控制下泄流量接近，异重流实际运行中，有可能在一定范围内扩散而部分形成浑水水库，降低水库排沙效果，这些因素在计算过程中往往难以反映。从水库排沙等方面考虑，2 000 m^3/s方案较为稳妥。

流量2 000 m^3/s时产生的人工异重流，河槽冲刷宽度约400 m，可以将库区设计淤积纵剖面以上淤积物冲走，达到改善库区淤积形态的目的。

从第三次调水调沙试验目的出发，在小浪底库水位235 m时以2 000 m^3/s的流量塑造人工异重流，水库的排沙效果、库区三角洲的冲刷效果以及库区淤积形态的改善均可基本达到拟定的试验目标。因此，推荐本次调水调沙试验采用该方案。

第三节　基于小浪底水库单库调节为主的原型试验

2002年5、6月，黄河上中游来水较近几年同期偏丰。在基本保证黄河下游用水的前提下，严格控制小浪底水库下泄流量，为调水调沙试验预留了一定的水量。至7月4日9时，小浪底水库水位已达236.42 m，水库蓄水量43.5亿m^3，具备了调水调沙试验的水量条件。

2002年7月4日9时至7月15日9时，黄委首次进行了有15 000人参加，涉及方案制订、工程调度、水文测验、预报、河道形态和河势监测、模型验证及工程维护等方面大规模的调水调沙原型科学试验。

一、试验条件和目标

（一）试验条件

2002年小浪底水库主体工程和泄洪系统全部具备设计挡水条件和设计运用条件，6台机组已全部投入运行发电。水库泄洪建筑物有3条明流洞、3条排沙洞、3条孔板洞和溢洪道。

小浪底水库运用初期各年的防洪限制水位因水库淤积、发电和水库调水调沙运用的要求而不同。2002年主汛期（7月11日至9月10日）防洪限制水位为225 m，相应库容29.2亿m^3，后汛期（9月11日至10月23日）防洪限制水位为248 m，相应库容62.4亿m^3。

拦沙初期小浪底水库各年的防洪运用条件主要依移民搬迁高程而不尽相同。根据库区移民安置情况，2002 年水库允许最高蓄水位为 265 m，相应库容 96.3 亿 m^3，水库最大泄流量为 11 355 m^3/s。试验前，小浪底水库坝前断面淤积高程达到 176.5 m，水库总库容为 120.4 亿 m^3。

2002 年 6 月 30 日，万家寨水库水位 973.85 m，相应蓄量 6.62 亿 m^3，超汛限水位 7.83 m，超蓄水量 1.92 亿 m^3；三门峡水库水位 307.72 m，相应蓄量 0.32 亿 m^3，超汛限水位 2.72 m，超蓄水量 0.22 亿 m^3；小浪底水库水位 236.09 m，相应蓄量 43.41 亿 m^3，超汛限水位 11.09 m，超蓄水量 14.21 亿 m^3。三个水库总蓄水量 50.35 亿 m^3，合计超蓄水量 16.35 亿 m^3。

（二）试验目标

试验目标一是寻求试验条件下黄河下游河道泥沙不淤积的临界流量和临界时间；二是使下游河道（特别是艾山—利津河段）不淤积或尽可能冲刷；三是检验河道整治成果，验证数学模型和实体模型，深化对黄河水沙规律的认识。

二、试验过程

（一）试验指标

1. 调控流量

调控流量既要有利于艾山以下河道不淤或冲刷，同时也应避免艾山以上河段的现状河势发生剧烈变化，且不应对河道整治工程产生重大影响。根据以往的分析研究成果和实体模型、数学模型的模拟，按照汛前制订的调水调沙试验预案，考虑来水和水库蓄水状况及水情预报情况，本次试验以小浪底库区的蓄水为主，结合上游河道和三花间来水，流量控制指标确定为花园口站流量 2 600 m^3/s，相应艾山站流量 2 300 m^3/s 左右，利津站流量 2 000 m^3/s 左右。试验结束后控制花园口流量不大于 800 m^3/s。

2. 试验历时

考虑到黄河下游从 1999 年以来没有出现过洪水过程，会影响洪水传播过程，为了保证试验的成功，避免艾山河段产生淤积，在原研究成果历时 6 d 的基础上，延长为时间不少于 10 d。

3. 过程平均含沙量

前期研究成果表明，在过程平均含沙量不大于 20 kg/m^3 时，艾山以上河段冲刷且不会造成艾山以下河段淤积，确定这一结果为试验的含沙量指标。

为确保试验目标的实现，试验期间，拆除所有浮桥，严格控制两岸涵闸引水。

（二）水库调度

1. 小浪底水库调度

试验前，小浪底水库坝前断面淤积高程达到 176.5 m，高出排沙洞底坎高程 1.5 m。为满足设计的出库水沙指标并适当兼顾小浪底水库坝前尽快形成淤积铺盖（小浪底枢纽大坝左岸漏水较严重，主要原因是淤积铺盖尚未完全形成），优先使用明流洞，适时开启排沙洞。为防止闸门振动和洞内可能出现不利流态对建筑物的影响，明流洞工作闸门不允许局部开启。水库流量及含沙量的精确控制主要通过排沙洞进行微调，必要时可利用发电洞进行微调。

试验期间，实时调整小浪底水库的下泄流量及泄水孔洞组合，成功实现试验要求的各项调度指标。

由于试验前期黄河下游河道沿河各站流量均在600 m^3/s以下，考虑水流传播和沿程衰减的情况，为使水量尽快充蓄河槽，以便在试验开始后花园口流量能够尽快达到2 600 m^3/s，小浪底水库于7月4日9时全启2#、3#明流洞作为基流，同时启用1#明流洞、1#～3#排沙洞和5台机组，在0.5 h之内总出库流量凑泄到3 100 m^3/s。

7月4日9时36分，小浪底水库最大下泄流量达3 250 m^3/s，此后小浪底水库逐渐减小下泄流量，至7月7日9时起调整流量为2 550 m^3/s。并于7月6日后，将含沙量尽量控制在15～20 kg/m^3，以更符合调水调沙试验预案的要求。

7月6日，中游小洪水在三门峡水库敞泄后演进至小浪底库区，小浪底库区发生异重流并不断增强，7月9日小浪底坝前浑水层顶部高程达到197.58 m，致使小浪底水库7月8日20时至7月9日8时出库含沙量较高。为控制出库含沙量并满足小浪底近坝区淤积铺盖的形成，小浪底水库关闭所有排沙洞，全开2#、3#明流洞，不足部分用1#明流洞调节。

7月10日，根据下游洪水表现，小浪底水库加大了下泄流量，自10日18时30分起，按2 600 m^3/s控泄，7月10日22时起，又调整为出库流量按2 700 m^3/s控泄。小浪底水库采用全开2#、3#明流洞，不足水量通过局部开启1#明流洞补水方式达到调令要求。

7月15日，小浪底水库水位已接近汛限水位225 m，鉴于试验历时已达预案要求，自15日9时，小浪底水库停止按试验流量控泄，控制日平均下泄流量800 m^3/s，小浪底水库调水调沙试验结束。

小浪底水库泄流调令及执行情况见图3-11。

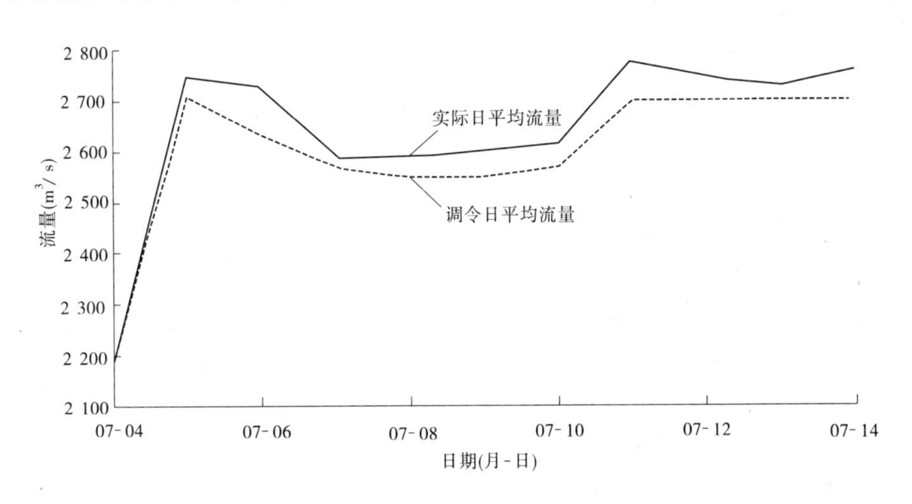

图3-11　首次调水调沙试验期间小浪底水库泄流调令流量与实际日平均流量对比

2. 三门峡水库调度

在试验首日，即2002年7月4日23时，黄河中游龙门水文站出现2002年入汛以来最大洪水，洪峰流量为4 600 m^3/s，最大含沙量为790 kg/m^3。经分析，这次洪水量级、水量不大，含沙量较高，决定按原定预案对三门峡、小浪底两水库进行联合水沙调度，妥善处理中游防洪、小浪底坝前淤积铺盖形成和满足试验控制指标之间的关系。

试验期间，三门峡水库闸门启闭操作 118 次，先后投入 12 个底孔、2 条隧洞泄洪排沙，控制异重流运行速度和强度，并及时调整小浪底水库泄流孔洞组合，控制出库含沙量，实现了三门峡水库敞泄排沙，最大限度地降低潼关高程；利用洪水将三门峡大量出库泥沙最大限度地输移至小浪底水库坝前，形成坝前防渗铺盖；确保已开始的调水调沙试验按预案顺利进行；有效调蓄洪水，减免黄河下游洪水漫滩损失等。

(1)7 月 3 ~4 日，在洪水进入三门峡水库前，三门峡水库按照控制 305 m 水位进出库平衡运用。其间三门峡水库闸门启闭操作 22 次，平均库水位 304.79 m，平均出库流量 831 m^3/s。

(2)7 月 5 日，根据入库洪峰预报和三门峡水库运行情况，为降低潼关高程且在小浪底库区形成异重流，三门峡水库于 5 日 20 时开始启动闸门排沙运用，排沙最低控制水位 300 m，为防止库区护岸工程坍塌，库水位降速按不大于 0.5 m/h 控制。7 月 5 日 20 时至 6 日 19 时 30 分，三门峡水库最大出库流量 3 780 m^3/s，最大出库含沙量 507 kg/m^3。

受三门峡水库大流量排沙影响，7 月 6 日，距小浪底大坝上游 64.83 km 处的河堤水文站出现异重流现象，潜入点位于河堤水文站上游 15 km 处。

(3)为控制小浪底库区异重流运动，避免小浪底出库含沙量大于预案确定的指标，同时又使异重流运行至小浪底水库坝前，不影响调水调沙试验的正常进行，7 月 6 日 20 时，三门峡水库进入控制运用状态，按滞洪水位不超过 305 m 控制；水位达到 305 m 后，加大流量下泄，逐步降至 300 m。调节三门峡水库出库流量和含沙量的量级及历时，对小浪底库区异重流排沙过程起到了重要作用。

(4)为最大限度地降低潼关高程，并使小浪底水库入库泥沙最大限度地输移至小浪底水库坝前，利于形成防渗铺盖，三门峡水库自 7 月 7 日 11 时起，出库流量按 800 m^3/s 左右控泄；待库水位达到 305 m 时，再按敞泄运用。在 7 日 11 时至 9 日 11 时，三门峡水库共启闭闸门 28 次，1 条隧洞、8 个底孔参与出库水沙的调节，出库最大洪峰流量为 3 780 m^3/s，最大含沙量 513 kg/m^3。

7 月 9 日，考虑潼关站流量已回落到 1 000 m^3/s 以下，三门峡水库停止排沙运用，底孔、隧洞相继关闭，水位逐步回升到 305 m，按入出库平衡运用。

(三)水沙过程

2002 年 7 月 4 日 9 时，小浪底水库水位 236.42 m，蓄水量 43.5 亿 m^3，7 月 15 日 9 时调水调沙试验结束时库水位 223.84 m，蓄水量 27.6 亿 m^3，水位共下降了 12.58 m，相应水库蓄水量减少了 15.90 亿 m^3，其中，汛限水位(225 m)以上补水 14.60 亿 m^3。同期小浪底水库入库水量 10.16 亿 m^3、沙量 1.831 亿 t，出库水量 26.06 亿 m^3、沙量 0.319 亿 t，平均含沙量 12.2 kg/m^3，水库淤积 1.512 亿 t，水库排沙比 17.4%。

1. 黄河中游洪水和潼关、三门峡水文站水沙特征

2002 年 7 月 4 日晨，黄河中游支流清涧河、延水上游骤降暴雨，受降雨影响，子长站 4 日 7 时 6 分出现 4 250 m^3/s 洪峰流量，清涧河延川水文站 4 日 11 时出现了 5 050 m^3/s 的洪峰流量，最大含沙量达 835 kg/m^3。支流洪水先后到达龙门站，4 日 23 时 24 分出现 4 600 m^3/s 洪峰流量，过程最大含沙量达 790 kg/m^3。洪水在黄河小北干流演进时，发生了 1977 年以来罕见的“揭河底”冲刷现象。洪水经过小北干流漫滩滞蓄，7 月 6 日 14 时

18 分到达潼关站，洪峰流量 2 150 m^3/s，洪峰削减率 45.6%，过程中最大含沙量 208 kg/m^3。7 月 1～15 日，潼关站径流量达到 11.5 亿 m^3，输沙量为 0.92 亿 t。

三门峡水文站既是三门峡水库的出库水文站，也是小浪底水库的入库水文站。试验期间中游出现的洪水，经三门峡水库的调节和调度后，三门峡站 7 月 6 日 10 时的洪峰流量是 3 100 m^3/s，7 月 7 日 21 时 48 分的洪峰流量是 3 780 m^3/s。相应流量过程，三门峡站也出现了高含沙量过程，并有 3 个沙峰，分别是 7 月 6 日 2 时的 513 kg/m^3、14 时的 503 kg/m^3 和 8 日 4 时的 385 kg/m^3。7 月 11 日再次出现短历时洪峰，8 时洪峰流量 2 390 m^3/s。7 月 1～15 日，三门峡水文站的径流量 12.5 亿 m^3，输沙量 2.09 亿 t。

2. 小浪底水库出库水沙过程

试验期间，小花区间来水只有 0.55 亿 m^3，因此主要水量来自小浪底水库的下泄。试验前，小浪底水库按日均流量不超过 800 m^3/s 下泄。7 月 4 日 9 时，小浪底水库加大下泄，流量快速上涨，10 时 54 分达到 3 480 m^3/s，3 000 m^3/s 以上的流量持续到 4 日 22 时；此后，流量基本维持在 2 500～3 000 m^3/s，7 月 15 日 9 时试验过程结束，小浪底水库出流控制到 800 m^3/s 以下。试验期间，小浪底站出现 2 个沙峰，最大含沙量分别为 7 月 7 日 12 时 18 分的 66.2 kg/m^3 和 9 日 4 时的 83.3 kg/m^3，而大部分时间，含沙量都在 20 kg/m^3 以下，平均含沙量 12.2 kg/m^3，过程变化见图 3-12。

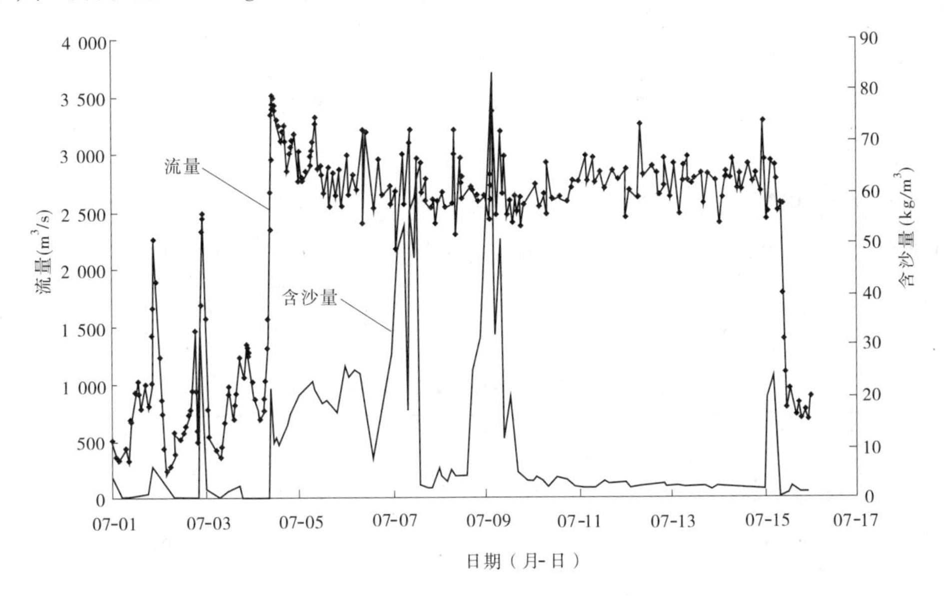

图 3-12　小浪底水文站流量、含沙量过程(2002 年)

3. 黄河下游水沙过程

试验期间小浪底水文站的水量为 26.06 亿 m^3，输沙量为 0.319 亿 t，时段平均含沙量 12.2 kg/m^3；小花区间沁河和伊洛河同期来水 0.55 亿 m^3；进入下游的水量共 26.61 亿 m^3，沙量为 0.319 亿 t。从整个流量过程看，花园口水文站历时 296 h，其中 2 600 m^3/s 以上流量持续 10.3 d，时段水量为 28.23 亿 m^3，输沙量 0.372 亿 t，平均含沙量为 13.2 kg/m^3；艾山水文站过程历时 352 h，2 300 m^3/s 以上流量持续 6.7 d；利津水文站过程历时

344 h,2 000 m^3/s 以上流量持续9.9 d。下游最后一个观测站丁字路口站从 7 月 7 日 16 时流量开始上涨至 7 月 22 日 0 时洪峰回落,历时 344 h,水量 22.94 亿 m^3,沙量为 0.532 亿 t。

小浪底水文站最大流量和最大含沙量分别为 3 480 m^3/s 和 83.3 kg/m^3,花园口水文站最大流量和最大含沙量分别为 3 170 m^3/s 和 44.6 kg/m^3,丁字路口水文站最大流量和最大含沙量分别为 2 450 m^3/s 和 32.9 kg/m^3。黄河下游各水文站过程特征见表 3-3,过程历时和水沙量统计见表 3-4。

表 3-3　黄河下游各水文站特征值统计

站名	最高水位		最大流量		最大含沙量	
	时间(月-日 T时:分)	水位(m)	时间(月-日 T时:分)	流量(m^3/s)	时间(月-日 T时:分)	含沙量(kg/m^3)
小浪底	07-04T10:54	136.38	07-04T10:54	3 480	07-09T04:00	83.3
黑石关	07-07T12:00	107.88	07-07T12:00	109	07-02T08:00	0.155
武陟	07-07T14:00	103.17	07-07T14:00	13.5	—	—
花园口	07-06T02:00	93.67	07-06T04:00	3 170	07-10T04:00	44.6
夹河滩	07-06T20:00	77.59	07-06T16:30	3 150	07-10T19:42	36.0
高村	07-11T09:00	63.76	07-11T09:10	2 980	07-07T14:00	24.7
孙口	07-17T11:42	49.00	07-17T11:42	2 800	07-08T00:00	30.2
艾山	07-18T00:24	41.76	07-18T00:24	2 670	07-09T20:00	27.7
泺口	07-18T15:24	31.03	07-18T15:24	2 550	07-13T08:06	26.7
利津	07-19T05:00	13.80	07-19T05:00	2 500	07-11T08:00	31.9
丁字路口	07-19T10:00	5.53	07-19T10:00	2 450	07-13T14:18	32.9

表 3-4　黄河下游各水文站水沙量计算

站名	起始时间(月-日 T时)	结束时间(月-日 T时)	历时(h)	水量(亿 m^3)	沙量(亿 t)
黑石关	07-04T09	07-15T09	264	0.49	—
武陟	07-04T09	07-15T09	264	0.06	—
小浪底	07-04T09	07-15T09	264	26.06	0.319
小黑武	07-04T09	07-15T09	264	26.61	0.319
花园口	07-04T16	07-17T00	296	28.23	0.372
夹河滩	07-05T00	07-17T12	300	28.14	0.400
高村	07-05T12	07-18T02	302	25.84	0.328
孙口	07-06T04	07-20T16	348	25.76	0.364
艾山	07-06T08	07-21T00	352	25.14	0.449

续表 3-4

站名	起始时间(月-日 T 时)	结束时间(月-日 T 时)	历时(h)	水量(亿 m^3)	沙量(亿 t)
泺口	07-06T14	07-21T00	346	23.74	0.451
利津	07-07T00	07-21T08	344	23.35	0.505
丁字路口	07-07T16	07-22T00	344	22.94	0.532

以最下游的丁字路口水文站的洪水历时作为计算时段,计算各水文站的径流量、输沙量。花园口水文站洪水总量为 29.54 亿 m^3,丁字路口水文站水量为 22.94 亿 m^3,全程水量损失为 6.6 亿 m^3,其中花园口—夹河滩河段水量损失 0.22 亿 m^3,夹河滩—高村河段水量损失 2.16 亿 m^3,高村—孙口河段水量损失 1.78 亿 m^3,孙口—艾山河段水量损失 0.65 亿 m^3,艾山—泺口河段水量损失 1.08 亿 m^3,泺口—利津河段水量损失 0.24 亿 m^3,利津—丁字路口河段水量损失 0.47 亿 m^3。

4. 黄河下游流量过程变化

尽管进入下游的流量只相当于小量级洪水,但流量过程出现坦化和变形,不同流量的传播时间相差明显,水量损失大,水位高。

从水文站的流量过程(见图 3-13、图 3-14)看,小浪底水库从 7 月 4 日 9 时加大流量,丁字路口水文站 7 月 7 日 16 时从 545 m^3/s 起涨,传播历时为 79 h,起涨以后各水文站的流量过程逐步表现出差异。

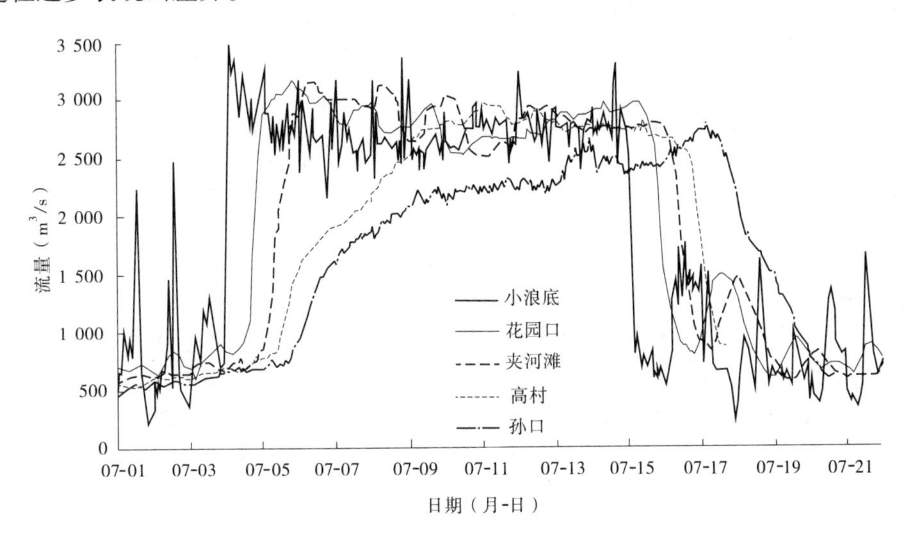

图 3-13　小浪底—孙口区间水文站流量过程线

小浪底、花园口、夹河滩水文站的流量过程线比较相似,基本呈现为矩形波,流量由 1 000 m^3/s 以下上涨到 3 000 m^3/s,花园口水文站历时 14 h,夹河滩水文站历时 24 h。小浪底水文站流量过程线受水库出流调节的影响,流量起伏变化频繁;经小花河段的河道调节,花园口、夹河滩水文站流量过程相对比较平稳,总体来看,两站的过程与小浪底水文站的过程基本一致。

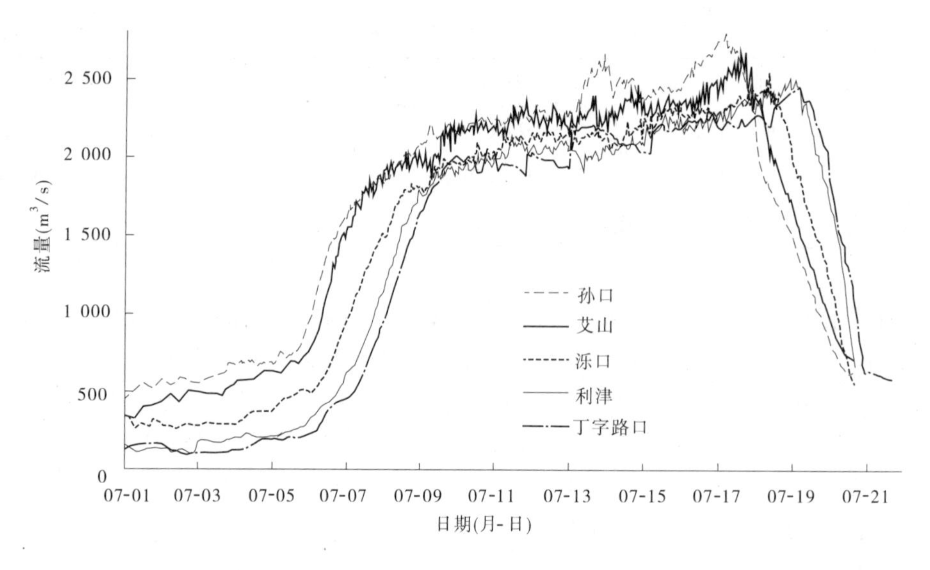

图 3-14　孙口—丁字路口区间水文站流量过程线

高村水文站流量过程的起涨段已发生变化，在 1 800 m^3/s 以下时，涨势较快，流量超过 1 800 m^3/s 后，呈现出明显的坦化，及至涨到 2 500 m^3/s，历时 58 h。孙口水文站在流量超过 2 200 m^3/s 后，进一步坦化，及至流量达到 2 500 m^3/s，历时 100 h，到 7 月 17 日 11 时，才出现过程的最大流量 2 800 m^3/s。比较小浪底至孙口各水文站的流量过程线，小浪底、花园口、夹河滩三站的最大流量出现在过程前期，高村水文站的最大流量出现在过程中期，而孙口水文站的最大流量出现在临近结束时。孙口以下各水文站的过程与孙口站基本一致。

5. 黄河下游流量传播时间及水位沿程表现

本次试验的洪水过程，不同于自然洪水。在这种情况下，分析流量过程的传播时间是比较困难的。

小浪底水文站 2002 年 7 月 4 日 10 时 54 分最大流量 3 480 m^3/s，花园口站 6 日 2 时最大流量 3 170 m^3/s，小花河段洪水传播时间长达 39.1 h，分别为 20 世纪 90 年代以来同流量洪水平均传播时间的 2.3 倍，比传播时间最长的 24.7 h(1997 年 8 月洪水)还要长 14.4 h。

以最大流量计，花园口至利津洪水传播时间达 313 h，是 20 世纪 90 年代同量级洪水平均传播时间的 3.5 倍，是历史最长传播时间的 1.6 倍。花园口至孙口洪水传播时间 271.7 h，是 90 年代同量级洪水平均传播时间的 4.9 倍，比 1996 年 8 月洪水传播时间 224.5 h 还长 47.2 h。其中，夹河滩—高村、高村—孙口河段最大流量传播时间分别为 114.2 h、146.5 h，分别是同量级洪水平均传播时间的 3.8 倍、4.8 倍，比 1996 年 8 月洪水传播时间分别长 36.7 h、25.5 h。

从小浪底流量起涨，到丁字路口起涨，历时 79 h，其中花园口—利津水文站历时 68 h，比正常洪水传播略快。在 1 500 m^3/s 和 2 000 m^3/s 流量级，花园口—利津河段洪水传播时间分别为 87 h、91.3 h，接近历史同量级洪水的平均传播时间。2 000 m^3/s 以上流量级，传播时间逐渐延长。在 2 500 m^3/s 流量级，花园口—利津河段洪水传播时间 136.5 h，其中花园口—孙口河段就达 102 h，约为该河段正常传播时间的 1.9 倍。在 3 000 m^3/s 流量级，花园口—利津河段洪水传播时间则长达296 h，其中花园口—孙口河段199 h，是正常洪水传播时间的3.6倍。原因是在2 000 m^3/s 流量时，夹河滩—孙口河段出现了漫滩现象，大大滞缓了流量的传播。

小浪底以及下游的艾山、泺口、利津、丁字路口等水文站，断面较窄，历年来水位—流量关系曲线变化相对比较稳定。而处于宽浅河道的花园口、夹河滩、高村、孙口等站，水位—流量关系曲线变化相对较大。

小浪底站的水位—流量关系为单一曲线；花园口站水位—流量关系为顺时针绳套曲线，同流量水位是下降的；夹河滩站表现为一个逆时针绳套曲线，而且涨落水段同水位流量的差值很小，可以近似作为单一线应用，同流量水位变化不大；高村站为一个顺时针绳套曲线，在其低水部分，涨落时的同水位流量变化不大，而高水部分（2 000 m^3/s 以上），同水位流量差值明显扩大；孙口为一个逆时针的狭窄绳套曲线，在低水部分同水位流量变化不大；艾山站也为一个逆时针的狭窄绳套曲线，在高水部分绳套曲线变化较大，同水位流量差值变化也较大；泺口为一个顺时针的“8”字形绳套曲线；利津站高水部分为单一关系；丁字路口的水位—流量关系基本为平行线族。

在调水调沙试验过程中，同流量（2 000 m^3/s）水位，花园口站、高村站分别降低了0.35 m、0.24 m，泺口站、丁字路口站分别降低了0.15 m和0.5 m，其他水文站断面同流量水位变化不大；全下游只有孙口站同流量水位抬升幅度较大，上升了0.15 m。

6.黄河下游含沙量过程及其变化

试验过程中黄河下游沿程含沙量取决于出库含沙量及沿程的调整，这些调整包括主槽冲刷、滩地淤积、沙峰坦化等。从小浪底水文站—丁字路口水文站含沙量过程线套绘图（见图3-15和图3-16）可以看出，小浪底的含沙量过程变化较大，但是，沙峰到达花园口和夹河滩水文站时，峰值已经坦化。而后几个水文站的过程，更是趋于均匀。从此次过程中

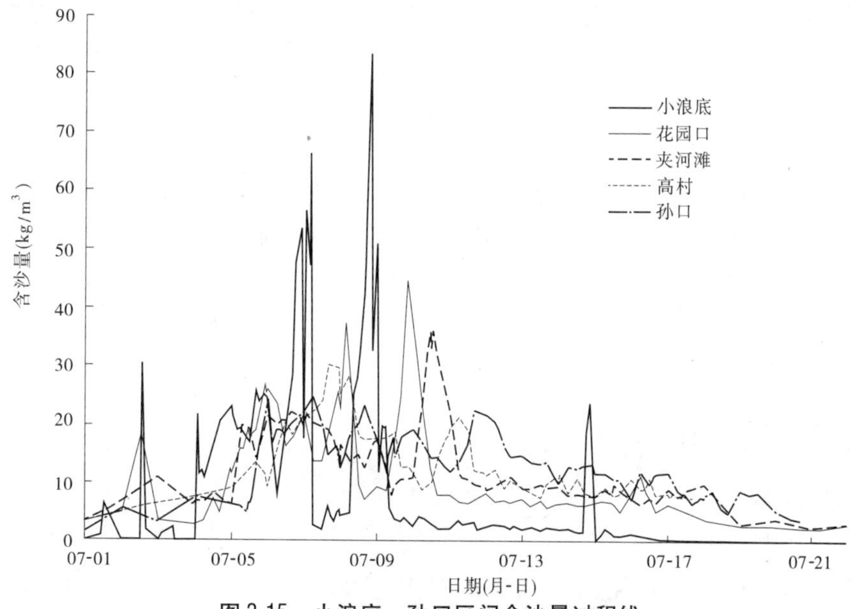

图3-15　小浪底—孙口区间含沙量过程线

各水文站的平均含沙量情况看，小浪底水文站到孙口水文站，平均含沙量变化不大，仅从 11.6 kg/m^3 增大到 14.5 kg/m^3，其中夹河滩—高村河段还有所减少。但是，孙口水文站以下各站，含沙量沿程增加较快，丁字路口水文站的平均含沙量达到 23.8 kg/m^3。

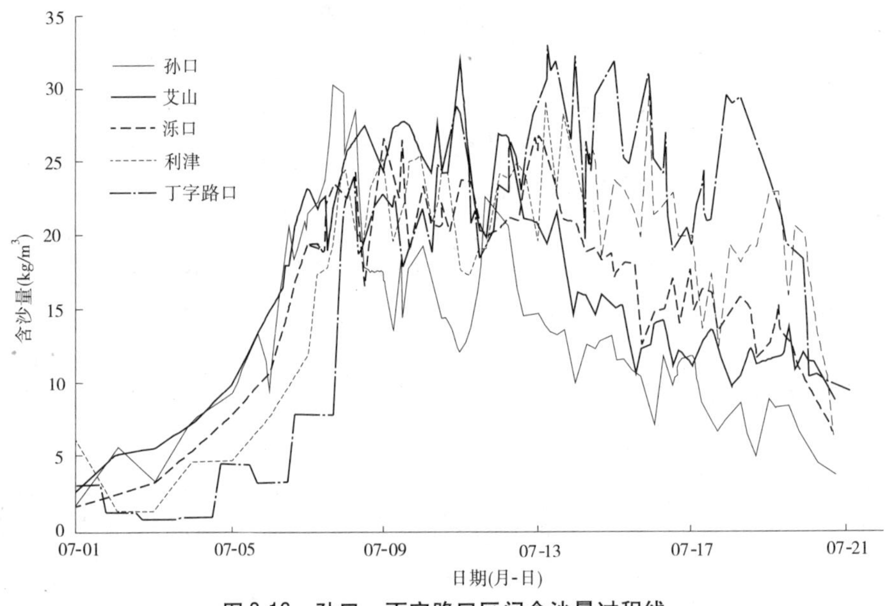

图 3-16　孙口—丁字路口区间含沙量过程线

第四节　基于空间尺度水沙对接的原型试验

2003 年 8 月下旬至 10 月中旬，黄河中游支流泾、渭、洛河流域和三花间出现了历史上少有的 50 余 d 的持续性降雨，干、支流相继出现 10 多次洪水，其中渭河接连发生了 6 次洪水过程，是历史上少见的“秋汛”。黄河防总根据汛前制订的调水调沙预案，抓住有利时机，继 2002 年首次调水调沙试验后，2003 年 9 月 6 ~ 18 日进行了黄河第二次调水调沙试验。

这次试验的主要特点是：通过小浪底、三门峡、故县、陆浑四座水库的水沙联合调度，利用小浪底水库不同泄水孔洞组合，塑造一定历时和不同流量、含沙量及泥沙颗粒级配的水沙过程，加载于小浪底水库下游伊洛河、沁河的“清水”之上，并使其在花园口站对接，形成花园口站相对协调的水沙关系，实现既排出小浪底水库的淤积泥沙，又使黄河下游河道达到不淤积的目标。

一、试验条件和目标

（一）试验条件

1. 前期水情

8 月 25 日至 9 月 5 日，泾、洛、渭河和小花间各支流相继涨水，潼关站先后出现 2 次洪峰。根据预报，9 月 5 日至 6 日，山陕区间局部、汾河、北洛河大部地区、泾渭河大部地区、三花间还将有一次大的降水过程。

经四库水沙联合调度后,9 月 3 日 22 时花园口站洪峰流量 2 780 m^3/s,该次洪峰来自小浪底水库坝下至花园口区间,含沙量在 5 kg/m^3 以下,在向下游演进过程中,洪峰平稳通过利津水文站,起到了“清水探路”的作用。考虑到防洪安全和洪水资源化利用,在上述洪水过程中,采取了以蓄为主的四库联调、削峰错峰运用方式。

2. 水库蓄水

9 月 5 日 8 时小浪底水库蓄水位已达 244.43 m,相应蓄量 53.7 亿 m^3,距 9 月 11 日以后的后汛期汛限水位 248 m 相应蓄量仅差 6.2 亿 m^3。若小浪底水库仍按蓄水方式运用,预计 9 月 8 日库水位将达到 248 m。如果后期继续来水,蓄水位将超过 250 m。

9 月 5 日,小浪底坝前(距坝 4 m)淤积面高程 182.8 m,按照设计条件,淤积面高程达到 183.5 m 就要进行防淤堵排沙运用。前期洪水在坝前形成了浑水层厚度达 22.2 m 的浑水水库,悬浮的泥沙为粒径小于 0.006 mm 的细泥沙。

三门峡水库汛期的第三次敞泄排沙仍在进行。

陆浑水库 9 月 5 日库水位为 317.19 m,故县水库 9 月 5 日库水位为 527.29 m。两库均超过汛限水位运行。

3. 下游河道情况

经过 2002 年调水调沙试验,根据冲淤计算结果,采用多种方法综合分析确定出试验前黄河下游河道主槽过流能力有所提高。但在史楼和雷口断面,过流能力还显不足。

(二)试验指导思想和目标

1. 试验指导思想

通过以小浪底水库为主的四库水沙联调,有效地利用小花间的清水,与小浪底水库下泄的高含沙量水流进行水沙“对接”,在下游河道冲刷或不发生淤积的前提下,最大限度地排出小浪底水库的泥沙,减少小浪底水库的淤积,并进一步深化对小浪底水库运用方式和黄河水沙规律的认识。

2. 试验目标

(1)下游河道发生冲刷或至少不发生大的淤积,尽可能多地排出小浪底水库的泥沙。

(2)进行小浪底水库运用方式探索,解决闸前防淤堵问题,确保枢纽运行安全。

(3)探讨、实践浑水水库排沙规律以及在泥沙较细、含沙量较高情况下黄河下游河道的输沙能力。

二、试验过程

(一)试验指标

根据汛前制订的 2003 年黄河调水调沙调度预案,结合当时的水情、工情,通过前期河道排洪分析、三花间洪水演进分析、数学模型计算和实体模型试验,考虑下游普遍降雨,引用水较少和小浪底水库已形成浑水水库、出库泥沙颗粒较细的实际情况,将试验时段内调控指标确定为:控制花园口站平均流量 2 400 m^3/s,平均含沙量 30 kg/m^3,流量历时第一阶段按 6 d 考虑,延续时间根据后续来水情况滚动确定。

(二)水库调度

1. 三门峡水库调度情况

1)敞泄运用阶段

试验初期,根据当时潼关流量仍在 2 500 m^3/s 左右、渭河防汛形势十分严峻及 9 月 4 ~ 6 日渭河流域强降雨预报等情况,综合分析当时防汛形势及对降低潼关高程的影响,在 9 月 10 日 22 时前,三门峡水库实施敞泄排洪运用。

2)回蓄阶段

9 月 10 日,考虑北村站水位降低、水库进出库含沙量减小和潼关流量下降等综合因素,三门峡水库自 22 时起开始逐步回蓄,按 305 m 水位控制运用。9 月 14 日后,为了协助查找华阴市被洪水冲失的弹药,三门峡水库曾经短暂关闭除机组以外的所有泄水孔洞,直到调水调沙结束的 9 月 18 日,三门峡水库蓄水位被迫暂时抬高至 308 m 运用。

2. 陆浑、故县水库调度情况

在试验过程中,陆浑水库适时调控、故县水库控泄运用,尽量拉长、稳定小花间的流量过程,以利于小浪底水库配沙;小浪底水库实时调控下泄水沙量,稳定花园口站水沙过程。

9 月 6 日,伊河、洛河再次发生洪水,东湾和卢氏站洪峰流量分别达 1 440 m^3/s 和 1 310 m^3/s。陆浑、故县水库开始分别按 500 m^3/s 和 300 m^3/s 的流量下泄,此后,陆浑、故县水库曾根据当时黄河中下游水情对下泄流量进行了调整。陆浑水库 9 月 7 日 13 时起调整为按日均 300 m^3/s 流量控泄,9 月 11 日 12 时起又调整为按 50 m^3/s 下泄。故县水库下泄流量分别自 9 月 7 日 13 时、9 月 8 日 10 时和 9 月 12 日 12 时调整为日均 90 m^3/s、200 m^3/s 和 90 m^3/s。陆浑、故县水库削峰分别为 65.3% 和 44.7%,最大拦蓄量分别为 0.46 亿 m^3 和 1.27 亿 m^3。

3. 小浪底水库调度情况

小浪底水库调度遵照以稳为主,宁小勿大的原则,前期以小水大沙运用为主,中期调整沙量,后期清水冲刷,保证在库区排沙的前提下下游河道不淤积。

流量调控:以小花间来水为基流,控制小浪底出库流量在花园口站进行叠加,控制花园口站平均流量在 2 400 m^3/s 左右。

含沙量调控:含沙量对接主要依据输沙量平衡原理。以伊洛河、沁河含沙量为基数,考虑小花间干流河道的加沙量,调控小浪底水库的出库含沙量,控制花园口站平均含沙量在 30 kg/m^3 左右。

为做到精细调度,在 7 d 河道水量预估的基础上,实施了以 4 h 为一个时段、小花间 36 h 流量过程滚动预报;对小浪底水库实行了 4 h 一个时段,每次两段制的平均流量、平均含沙量实时调度。

小浪底水库进行明流洞、排沙洞和机组多种孔洞组合方式运用,并通过实时监测修正,实现调控的出库流量和含沙量指标。

9 月 17 日小浪底水库浑水层全部泄完,坝前淤积面高程降低至 179 m 以下。9 月 18 日,黄河下游兰考蔡集工程前生产堤决口,出现漫滩,堤河水深达几米,对黄河大堤安全产生威胁;引黄济津也已经于 9 月 12 日开始,国家防办对降低引黄济津含沙量提出了要求;小浪底水库水位接近 250 m,很难得地能够实现大坝分阶段蓄水 250 ~ 260 m 水位检验的要求。综合考虑以上因素，决定从9月18日18时30分结束黄河第二次调水调沙试验调度，小浪底水库暂按日均400 m³/s 流量下泄。

试验期间小浪底水库泄流调令及执行情况见图3-17。

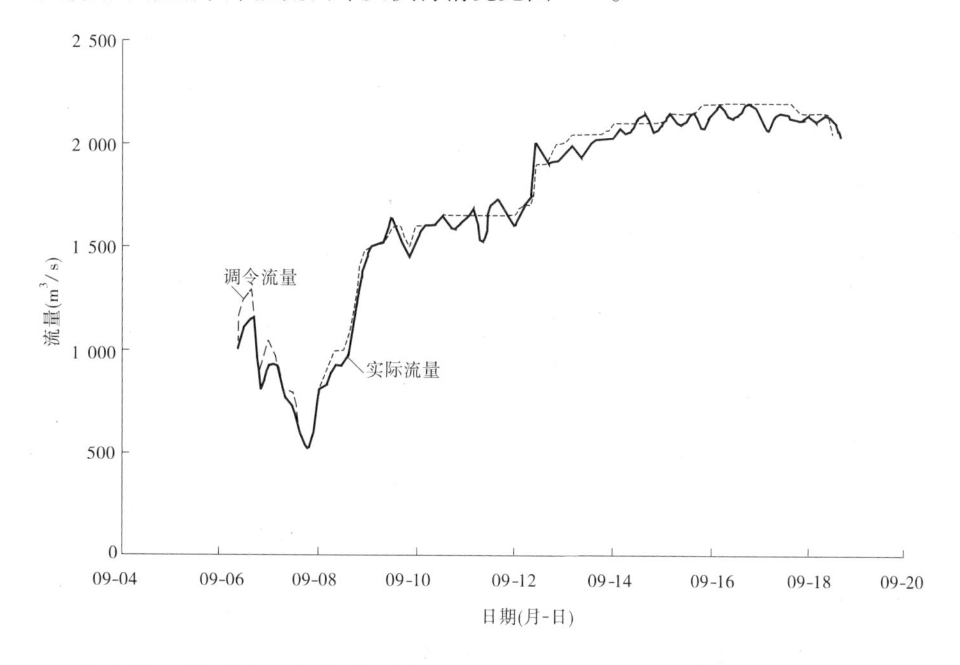

图3-17　第二次调水调沙试验期间小浪底水库泄流调令流量与实际流量对比

（三）水沙过程

1.试验期间三门峡、小浪底水库入出库水沙过程

1）三门峡水库入库（潼关站）水沙过程

8月25日至9月18日，渭河华县站先后出现3次洪水过程，最大洪峰流量(9月1日10时)3 570 m³/s，最大含沙量为606 kg/m³，径流量为25.07亿m³，输沙量为1.483亿t；同期，黄河干流龙门站也先后产生数次小洪水过程，最大洪峰流量(8月26日2.6时)为3 150 m³/s，最大含沙量为140 kg/m³，径流量为23.96亿m³，输沙量为0.289亿t。

受渭河持续洪水及黄河中游干流来水影响，黄河潼关水文站于8月25日至9月18日产生了一次持续洪水过程，最大洪峰流量为9月9日7.1时的3 200 m³/s，最大含沙量为8月28日17时的260 kg/m³，2 000 m³/s 以上流量持续时间达16 d。潼关站8月25日至9月18日径流量为47.98亿m³，输沙量为1.994亿t。洪水特征值见表3-5，流量及含沙量过程见图3-18、图3-19。

9月6日至9月18日的试验期间，渭河华县站最大洪峰流量为9月8日18时的2 290 m³/s，最大含沙量为10日8时的19.5 kg/m³，最高水位为8日18时的341.73 m，时段径流量为8.965亿m³，时段输沙量为0.06亿t。同期，黄河干流龙门站也先后产生数次小的洪水过程，最大洪峰流量为9月16日23.3时的1 650 m³/s，但是含沙量很小，时段径流量为12.62亿m³。同期黄河干流潼关站也先后产生数次小洪水过程，最大洪峰流量为9月9日7.1时的3 200 m³/s，最大含沙量为9月7日8时的35 kg/m³，最高水位为

8 日 21 时的 328.91 m，相应时段径流量为 22.88 亿 m^3，输沙量为 0.211 2 亿 t。

表 3-5　黄河中游重点水文站洪水特征值统计（9 月 6 日 8 时至 18 日 20 时）

站名	时段水量（亿 m^3）	时段沙量（亿 t）	最高水位		最大流量		最大含沙量	
			时间（月-日 T时:分）	水位（m）	时间（月-日 T时:分）	流量（m^3/s）	时间（月-日 T时:分）	含沙量（kg/m^3）
龙门	12.62		09-16T23:18	384.12	09-16T23:18	1 650	09-06T08:00	0
河津	0.568		09-06T08:00	374.44	09-06T08:00	120	09-06T08:00	0
华县	8.965	0.060	09-08T18:00	341.73	09-08T18:00	2 290	09-10T08:00	19.5
洑头	0.754		09-06T20:00	362.70	09-06T20:00	153	09-06T08:00	0
潼关	22.88	0.211	09-08T21:00	328.91	09-09T07:06	3 200	09-07T08:00	35

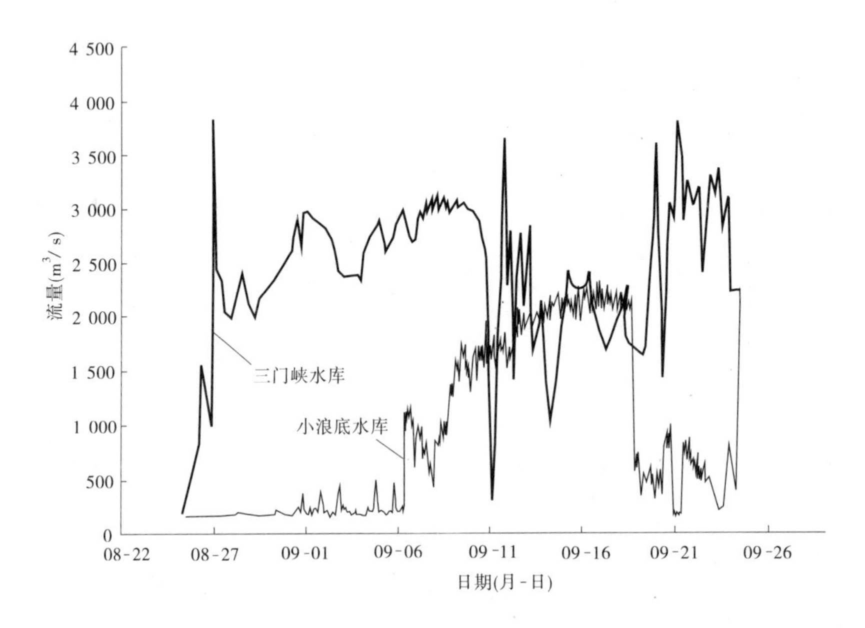

图 3-18　三门峡、小浪底水库出库流量过程（2003 年 8 月 25 日至 9 月 26 日）

2）三门峡水文站水沙过程

试验前和试验期间，黄河中游洪水经三门峡水库调节后，三门峡水文站于 8 月 25 日至 9 月 18 日产生了持续洪水过程，并呈现多次涨落。三门峡水库在试验前有一次明显的排沙过程，三门峡站 8 月 27 日 0.2 时洪峰流量 3 830 m^3/s，9 月 1 日 4 时洪峰流量 3 010 m^3/s，9 月 6 日 8 时洪峰流量 3 000 m^3/s，9 月 8 日 16 时洪峰流量 3 100 m^3/s；最大含沙量为 8 月 27 日 8 时的 486 kg/m^3。8 月 25 日 8 时至 9 月 18 日 20 时径流量为 48.1 亿 m^3，输沙量为 3.602 亿 t。

9 月 6 日 8 时至 9 月 18 日 20 时，三门峡站径流量为 24.25 亿 m^3，输沙量为 0.58 亿 t；最大流量为 11 日 20 时的 3 650 m^3/s，最大含沙量为 8 日 20 时的 48 kg/m^3。三门峡站水沙特征值见表 3-6。

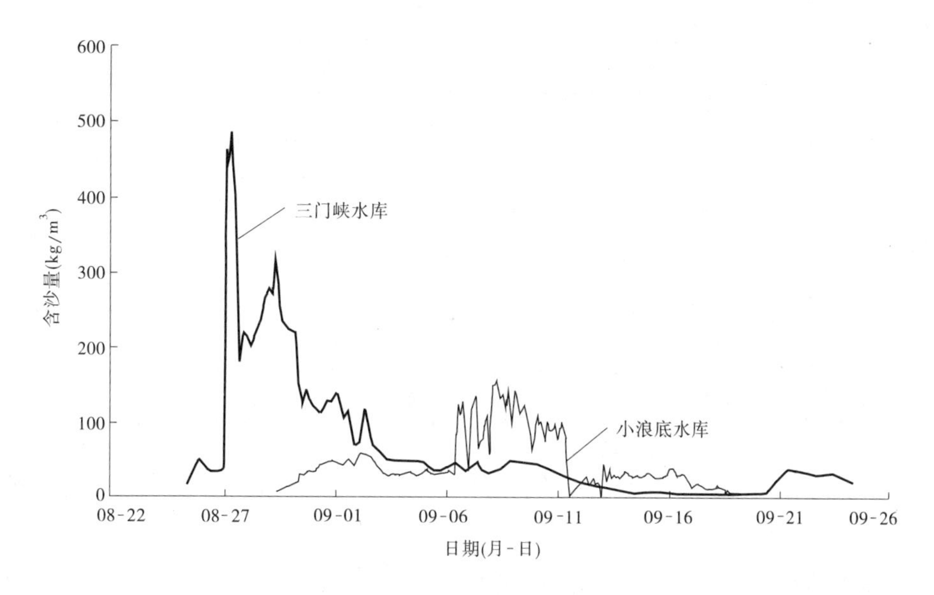

图 3-19　三门峡、小浪底站出库含沙量过程(2003 年 8 月 25 日至 9 月 26 日)

表 3-6　三门峡、小浪底出库水沙量特征值统计(9 月 6 日 8 时至 18 日 20 时)

站名	时段水量(亿 m^3)	时段沙量(亿 t)	最高水位		最大流量		最大含沙量	
			时间(月-日 T 时:分)	水位(m)	时间(月-日 T 时:分)	流量(m^3/s)	时间(月-日 T 时:分)	含沙量(kg/m^3)
三门峡	24.25	0.580	09-11T20:00	277.98	09-11T20:00	3 650	09-08T20:00	48
小浪底	18.27	0.815	09-16T23:00	135.72	09-16T09:30	2 340	09-08T06:00	156

3)小浪底站出库水沙过程

9 月 6 日试验开始后,小浪底水库蓄水仍持续增加,至 9 月 13 日,水库蓄水达 64 亿 m^3,后缓慢回落,至 9 月 18 日,水库蓄水量 61.7 亿 m^3。

8 月 25 日 8 时至 9 月 18 日 20 时,小浪底水库下泄径流量 20.36 亿 m^3,输沙量 0.868 亿 t。9 月 6 日 8 时至 9 月 18 日 20 时,小浪底水库下泄径流量 18.27 亿 m^3,输沙量 0.815 亿 t。按照输沙率法计算,9 月 6 日 8 时至 9 月 18 日 20 时,小浪底水库冲刷 0.235 亿 t,有效减少了水库淤积。

2. 试验期间黄河下游水沙过程

1)水沙特征

试验期间,小浪底站最大流量(9 月 16 日 9.5 时)为 2 340 m^3/s,最大含沙量(9 月 8 日 6 时)为 156 kg/m^3。

花园口站 9 月 8 日 7.1 时最大流量 2 720 m^3/s,相应水位 93.17 m,9 日 7 时最大含沙量 87.8 kg/m^3;高村站 11 日 3.2 时最大流量 2 790 m^3/s,相应水位 63.52 m,11 日 12 时最大含沙量 85.6 kg/m^3;利津站 9 月 13 日 3.1 时最大流量为 2 790 m^3/s,相应水位 13.93 m,15 日 0 时最大含沙量 80.1 kg/m^3。调水调沙试验期间下游主要站水沙特征值见

表 3-7、表 3-8 和图 3-20 ~ 图 3-23。

表 3-7　试验期间下游主要站洪水特征值

站名	最高水位		最大流量		最大含沙量	
	时间(月-日 T 时:分)	水位(m)	时间(月-日 T 时:分)	流量(m^3/s)	时间(月-日 T 时:分)	含沙量(kg/m^3)
小浪底	09-16T23:00	135.72	09-16T09:30	2 340	09-08T06:00	156
黑石关	09-07T15:00	111.83	09-07T15:00	1 390	09-12T07:00	0.53
武陟	09-06T08:00	105.00	09-06T08:00	396	09-13T08:00	2.03
花园口	09-08T07:00	93.18	09-08T07:06	2 720	09-09T07:00	87.8
夹河滩	09-08T10:00	77.27	09-08T08:06	2 630	09-10T18:00	80.0
高村	09-11T04:00	63.52	09-11T03:12	2 790	09-11T12:00	85.6
孙口	09-13T12:00	48.88	09-11T10:42	2 720	09-12T08:00	96.6
艾山	09-11T21:00	41.75	09-11T21:00	2 880	09-13T08:00	78.4
泺口	09-12T15:00	31.07	09-12T15:00	2 840	09-13T12:00	71.3
利津	09-13T03:06	13.93	09-13T03:06	2 790	09-15T00:00	80.1

表 3-8　下游各站时段水量特征值统计

序号	站名	开始时间(月-日 T 时:分)	结束时间(月-日 T 时:分)	历时(h)	时段径流量(亿 m^3)
1	黑石关	09-06T08:00	09-18T20:00	300	5.42
2	武陟	09-06T08:00	09-18T20:00	300	2.24
3	小浪底	09-06T08:00	09-18T20:00	300	18.25
4	1+2+3				25.91
5	花园口	09-07T03:00	09-20T10:00	319	27.49
6	夹河滩	09-07T12:00	09-21T08:00	332	27.47
7	高村	09-07T20:00	09-21T08:36	324.6	28.35
8	孙口	09-08T01:00	09-22T01:00	336	28.04
9	陈山口	09-08T12:00	09-22T12:00	336	1.950
10	位山闸	09-12T10:00	09-22T10:00	240	0.864
11	艾山	09-08T04:00	09-22T10:00	342	31.08
12	泺口	09-09T01:00	09-22T22:00	333	28.55
13	利津	09-10T00:00	09-23T12:00	324	27.19

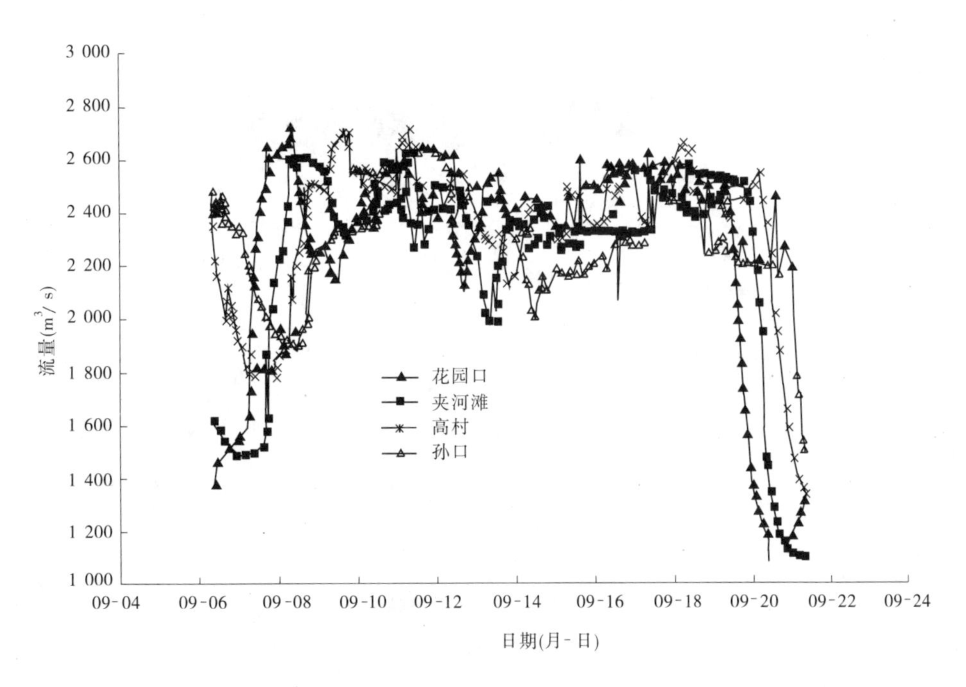

图 3-20 花园口、夹河滩、高村、孙口站流量过程变化

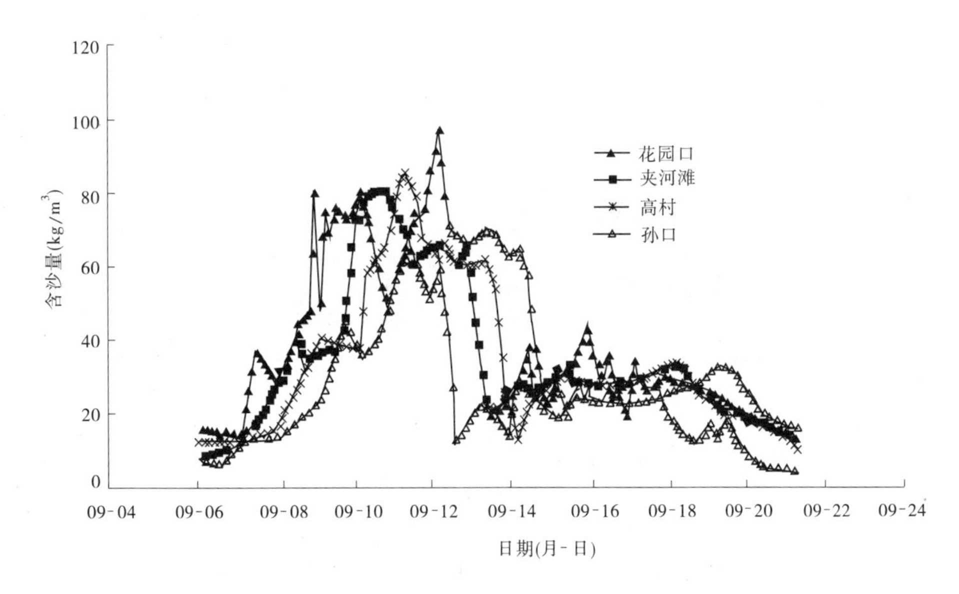

图 3-21 花园口、夹河滩、高村、孙口站含沙量过程变化

2)洪水传播时间

试验过程中,以各站 2 500 m³/s 流量统计,花园口至利津洪水传播时间为 122 h,其中,花园口至孙口洪水传播时间为 70 h,孙口以下洪水传播时间为 52 h。在本次流量过程中,若用最大流量出现时间来计算洪水传播时间,较难反映真实的洪水演进情况,用 2 500 m³/s 对本次洪水各量级的传播时间进行统计,河段不计算削减率(不考虑试验期间大汶河来水影响),统计结果见表 3-9。

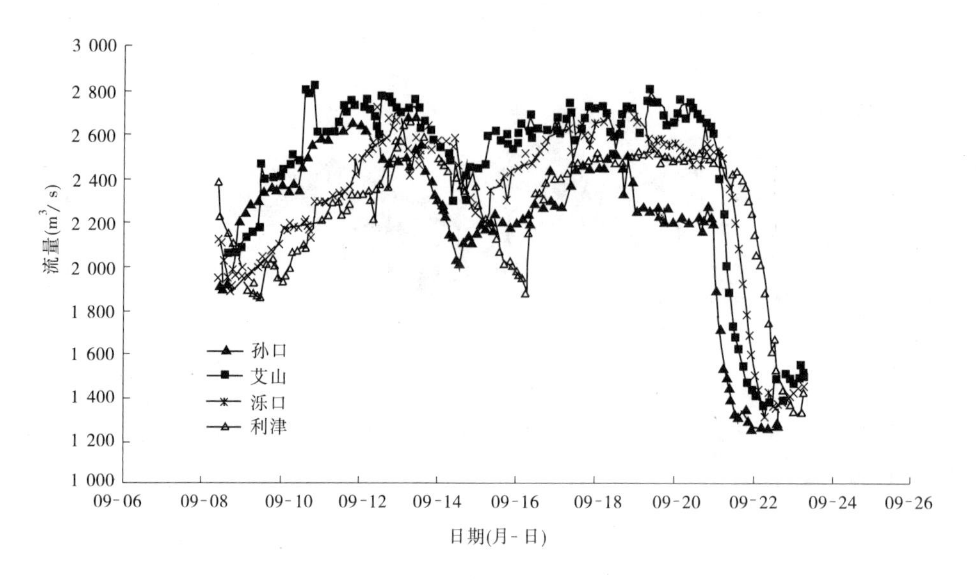

图 3-22　孙口、艾山、泺口、利津站流量过程变化

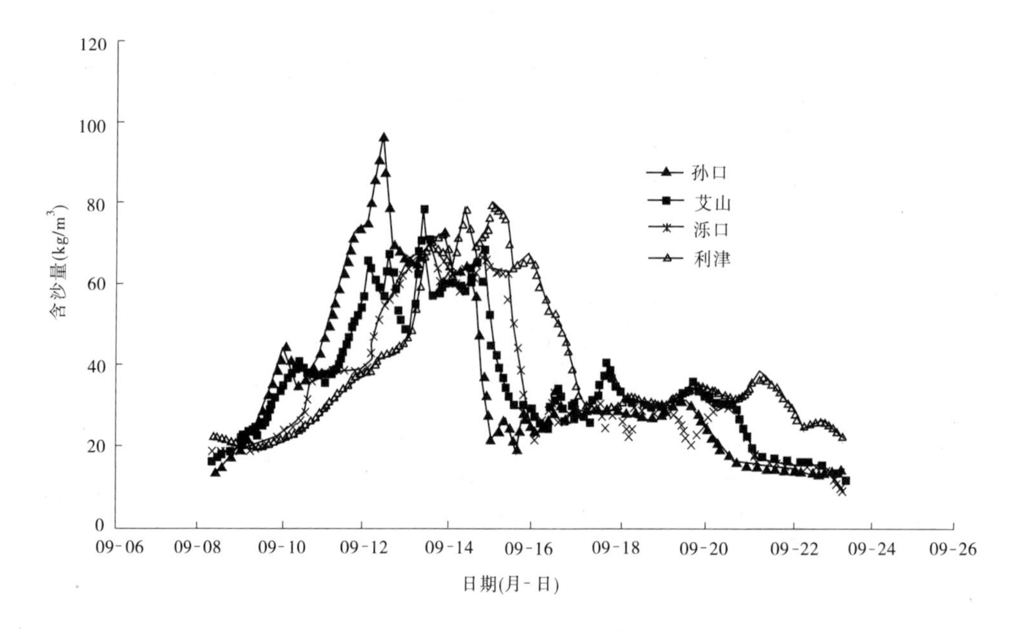

图 3-23　孙口、艾山、泺口、利津站含沙量过程变化

从统计结果可以看出,花园口至利津洪水传播时间与试验前伊洛河、沁河洪水在下游的传播时间基本相同,要长于 20 世纪 90 年代同量级洪水平均传播时间(90 年代约 90 h),而较黄河首次调水调沙试验期间洪水传播时间大大缩短,这主要反映在花园口—孙口河段(2002 年夹河滩—孙口河段发生了大漫滩现象),孙口以下河段传播时间相差不大。随着流量的增加,在不发生洪水漫滩的情况下洪水传播速度变化不大;部分河段发生漫滩,洪水传播速度就会逐渐变慢,传播时间加长,尤其是夹河滩—高村河段,最大流量的传播时间达 11.6 h。

表 3-9　黄河下游各河段洪水传播时间对比　（单位：h）

河段名称	小浪底—花园口	花园口—夹河滩	夹河滩—高村	高村—孙口	孙口—艾山	艾山—泺口	泺口—利津	花园口—孙口	孙口—利津
河段间距（km）	128	96	93	130	63	108	174	319	345
20 世纪 90 年代同量级洪水平均传播时间	17.6	23.5	17.1	14.4	9.3	9.9	15.6	55	34.8
20 世纪 90 年代同量级洪水最大传播时间	24.7	68.3	30	30.5	20.5	15.2	26.0	128.8	61.7
1996 年 8 月洪水传播时间	—	26.0	77.5	121	52.5	25.3	64.9	224.5	142.7
2002 年相应最大洪水传播时间	41.1	11.0	114.2	146.5	12.7	15.0	13.6	271.7	41.3
2003 年 2 500 m^3/s 流量传播时间	21	14.3	11.6	44.0	—*	44.7	22.9	69.9	67.6*

注：*2003 年孙口—艾山间因东平湖水库的泄流，洪峰传播时间无法计算，因此孙口—利津的传播时间为艾山—利津的传播时间。

洪水传播时间大大缩短的主要原因，一是黄河下游河段在 2002 年调水调沙以及 2003 年 8 月底伊洛河首次洪水过后，下游河道发生了不同程度的冲刷，河道行洪能力有所提高；二是在试验期间，下游河道总体未发生大的漫滩现象。所以，滩槽水量交换带来的传播时间延长等影响较小。

三、2003 年秋汛试验

2003 年 8 月下旬至 10 月中旬，黄河流域出现持续性降雨，中下游遭遇了罕见的“华西秋雨”天气，连续发生了 7 次强降雨过程。黄河中下游大部分地区累计雨量达 200 mm 以上，其中泾、渭、洛河和三花区间大部分地区达 300 mm 以上，局地降雨创历史最高。

受降雨影响，黄河中下游干支流相继发生 17 次洪水，其中黄河干流 1 次、泾河 1 次、渭河 6 次、伊洛河 4 次、沁河 3 次、汶河 2 次。部分支流出现了历史上较大洪峰和历史最高水位。

9 月 20～22 日、9 月 28 日至 10 月 5 日、10 月 8～11 日，黄河中游相继出现了第四、第五、第六次强降雨过程，渭河华县站洪峰流量分别为 3 400 m^3/s、2 810 m^3/s 和 2 010 m^3/s，干流潼关站洪峰流量分别为 3 540 m^3/s、4 270 m^3/s 和 3 900 m^3/s，特别是 9 月 28 日至 10 月 5 日黄河中游发生的第五场洪水，较前四场洪水，峰高、量大、历时长。

9 月 23 日小浪底水库水位达到 253.75 m，已超过后汛期汛限水位 248 m。考虑到小浪底水库大坝为新坝，为确保大坝安全为主，兼顾减轻下游防洪抢险压力、减少下游滩区损失，黄河防总办公室及时调整了调度思路，在征求小浪底水库设计、管理部门意见的基础上，决定结合防洪调度运用，抓住有利时机对大坝实施 250～260 m 台阶水位蓄水稳定性检验。小浪底水库按控制花园口不超过 2 700 m^3/s 拦洪控泄运用，库水位 9 月底前不得超过 255 m，10 月底前不得超过 260 m。为了实现 9 月底库水位不超过 255 m 的防洪运用目标，必须进行调水调沙。

9 月 23 日 17 时至 24 日 8 时小浪底水库按 1 000 m^3/s 下泄，24 日 8 时开始按 2 000

m^3/s 下泄。28 日起控制花园口站流量为 2 400 ~ 2 500 m^3/s 泄流。

10 月 1 日 8 时，小浪底水库水位为 254.15 m。10 月 6 日 7 时 12 分，库水位达 260 m，并在继续上涨。黄委设计院认为小浪底水库具备蓄水至 260 m 的条件，除短期(10 ~ 15 d)防洪运用外，蓄水不宜超过 260 m。

为尽量减轻小浪底水库的压力，黄河防总采取了各种措施，将花园口流量控制在 2 700 m^3/s左右；专门成立了小浪底水库安全评估小组，每天对大坝的安全进行观测和评估。小浪底水库水位 10 月 15 日最高达到 265.59 m，在实际运行过程中，超 265 m 运行 2.5 d，经专家论证要求小浪底水库水位尽快降到 260 m 以下。根据水情预报，仅靠小浪底水库调节，水位短时间很难降下来，决定三门峡水库于 10 月 16 日提前蓄水运用，以减轻小浪底水库高水位蓄水压力，10 月 21 日小浪底水库水位降至 264 m 以下。

本阶段的调度，保证了大坝的各项监测数据均在规定的指标范围内，同时将花园口站可能连续出现的 5 000 ~ 6 000 m^3/s 的三次洪水，削减为 2 700 m^3/s 以下，兼顾了下游的防洪安全。

10 月 26 日 8 时小浪底水库水位为 262.34 m。由于黄河下游漫滩时间已达 40 多 d，东明堤防出现较多的渗水和管涌险情，被水围困群众生活受到较大影响，需要尽快完成蔡集堵串。而小浪底大坝也已经过 250 m 以上近 40 d 高水位考验。

经综合研究分析，决定小浪底水库 260 m 以上水位蓄水时间可以延长，要求控泄小浪底下泄流量，配合蔡集于 10 月底完成堵串。小浪底水库 10 月 26 日开始按花园口不超过 500 m^3/s 控泄，蔡集堵串完成后继续按花园口不超过 2 500 m^3/s 流量缓慢泄水，为防凌腾出库容。

为配合黄河下游工程抢险，小浪底水库自 10 月 26 日 16 时开始，至 10 月 30 日 8 时小流量下泄达 100 h，库水位升至 264.11 m。

鉴于黄河下游工程抢险已取得预期效果，根据小浪底大坝安全运用要求，10 月 30 日 20 时 30 分开始，小浪底水库采取逐步加大泄流的方式恢复防洪控泄运用，控制花园口站 2 400 ~ 2 500 m^3/s 下泄。其间自 11 月 3 日 16 时起 2 d 左右的时间，再次减小三门峡、小浪底水库下泄流量，控制花园口站流量在 1 000 m^3/s 左右，以满足蔡集串沟口门封堵工程加固和闭气要求。

11 月 16 日小浪底水库水位为 259.62 m，在 260 m 以上运行达 40 d，小浪底水库经受了高水位风险调度的严峻考验。根据水文部门滚动预报结果及黄河下游河势变化情况，11 月 18 日 10 时小浪底水库水位为 258.56 m，开始按控制小浪底水库日平均流量 900 m^3/s 下泄，结束了 2003 年小浪底水库防洪控制运用。

在这期间，三门峡水库基本上采取了控制库水位平衡运用的调度方式。陆浑、故县两库配合，尽量稳定小花间的流量过程，以利于小浪底水库的实时流量调控，稳定花园口站流量过程。陆浑水库采取了控制最高库水位在历史最高水位左右运用、确保水库运用安全、尽量不超过汛限水位、适时调控以稳定伊河下游和小花间流量的运用方式。故县水库采取了控制最高库水位在历史最高水位左右运用、在尽量不超过汛限水位和移民征地水位的前提下控泄运用以稳定洛河下游和小花间流量的运用方式。

第五节　基于干流水库群联合调度、人工异重流塑造和泥沙扰动的原型试验

2004 年 6 月 19 日至 7 月 13 日黄委进行了第三次调水调沙试验，历时 24 d。其间，小浪底水库于 6 月 29 日 0 时至 7 月 3 日 21 时小流量下泄 5 d，此次试验实际历时 19 d。

本次试验和前两次有较大不同，是在上下游河道均不来水的情况下，利用水库蓄水量联合调度、人工塑造异重流和人工泥沙扰动等方式，实现水库减淤、改善水库淤积形态、扩大下游河道过洪能力。

第一阶段：利用小浪底水库下泄清水，形成下游河道 2 600 m^3/s 的流量过程，冲刷下游河槽，并在两处“卡口”河段实施人工扰动泥沙试验，对“卡口”河段的主河槽加以扩展并调整其河槽形态。同时，降低小浪底水库水位，为第二阶段冲刷库区淤积三角洲和人工塑造异重流创造条件。

第二阶段：当小浪底水库水位下降至 235 m 时，实施万家寨、三门峡、小浪底三水库的水沙联合调度。首先加大万家寨水库的下泄流量至 1 200 m^3/s，在万家寨水库下泄的水量向三门峡库区演进长达近千千米的过程中，适时调度三门峡水库下泄 2 000 m^3/s 以上的较大流量，实现万家寨、三门峡水库泄水过程衔接，排泄了三门峡水库非汛期淤积的泥沙；利用三门峡水库下泄的人造洪峰强烈冲刷小浪底库尾的淤积三角洲，并辅以人工扰沙措施，清除占用长期有效库容的淤积泥沙，调整三角洲淤积形态；三门峡水库槽库容冲出的泥沙和小浪底库尾淤积三角洲被冲起的细颗粒泥沙作为沙源，在小浪底水库塑造了人工异重流，并将泥沙向小浪底坝前输移，万家寨水库和三门峡水库泄放的水流接续，维持了异重流的动能，将小浪底水库异重流推出库外；继续利用小浪底水库泄流辅以人工扰动扩大下游河道主槽行洪能力。

一、试验条件和目标

（一）试验条件

1. 水库情况

万家寨水库汛限水位为 966 m，相应蓄水量为 4.3 亿 m^3。三门峡水库汛限水位为 305 m，相应蓄水量为 0.66 亿 m^3。小浪底水库前汛期（7 月 11 日至 9 月 10 日）汛限水位 225 m，相应蓄水量为 24.69 亿 m^3。

截至 2004 年 6 月 3 日 8 时，万家寨、三门峡、小浪底三库汛限水位以上共计蓄水 48.14 亿 m^3，其中小浪底水库汛限水位以上蓄水 41.81 亿 m^3，见表 3-10。

2. 下游河道情况

1）现状下游河道主槽过流能力

采用 2003 年汛后大断面计算黄河下游各断面平滩以下面积，运用多种方法对下游河道各断面的过流能力进行了分析，2004 年汛前黄河下游各河段过流能力为：花园口以上 4 000 m^3/s 左右，花园口—夹河滩 3 500 m^3/s 左右，夹河滩—高村 3 000 m^3/s 左右，高

村—艾山 2 500 m^3/s 左右，艾山以下大部分为 3 000 m^3/s 左右。其中，彭楼—陶城铺河段大部分断面过流能力小于 2 600 m^3/s，该河段的徐码头和雷口断面过流能力分别只有 2 260 m^3/s 和 2 390 m^3/s，是两个明显的“卡口”河段。

表 3-10 干流主要水库蓄水量

主要水库	2004 年 6 月 3 日		汛限水位及相应蓄水量		汛限以上蓄水量（亿 m^3）
	水位（m）	蓄水量（亿 m^3）	水位（m）	蓄水量（亿 m^3）	
万家寨	976.88	6.45	966	4.30	2.15
三门峡	317.77	4.84	305	0.66	4.18
小浪底	254.01	66.50	225	24.69	41.81
合计		77.79		29.65	48.14

2）“二级悬河”现状

利用 2003 年 10 月下游大断面资料测量成果，并结合地形资料和卫星遥感资料，重点统计了京广铁路桥以下各淤积大断面平滩水位（滩唇高程，下同）、河槽平均河底高程、临河滩面平均高程和堤河平均高程等断面特征值，同时参考主槽河底高程和堤河平均高程的关系，对下游各河段“二级悬河”的情况进行了初步分析。

从各河段悬河指标来看，彭楼—陶城铺约 110 km 长的河段是“二级悬河”最严重的河段。其中，彭楼—杨集约 45 km 长的河段平滩水位与临河滩面悬差及滩地横比降均较大，杨集—孙口约 27 km 长的河段左岸平滩水位和临河滩面悬差最大，孙口—陶城铺约 36 km 长的河段左岸滩地横比降最大。

（二）试验指导思想和目标

1. 试验指导思想

库区以异重流排沙为主，下游河道以低含沙水流沿程冲刷为主，并在库区和下游辅以人工扰动排沙。

调水调沙实施的前一阶段，若中游不来洪水，小浪底水库主要是清水下泄，相应地下游河道开展扰动排沙试验；待库水位降低至三角洲顶点高程以下的适当时机，适时利用万家寨、三门峡水库的蓄水，加大下泄流量，进行万家寨、三门峡、小浪底水库的联合调度，形成人工异重流，使小浪底水库排沙出库，下游河道沿程冲刷，实现更大空间尺度的水沙对接。相应地，三门峡水库下泄较大流量前一定时间，小浪底库区开展人工扰动泥沙试验，下游河道在小浪底水库异重流排沙出库后，根据拟定的控制指标，开展人工扰动排沙试验。

若试验期间中游发生一定量级的洪水，根据洪水情况先敞泄三门峡水库，形成自然条件下的异重流排沙，充分利用异重流的输移规律，排泄小浪底水库的入库泥沙，减缓库容淤损。同时在下游适时进行泥沙扰动，使下游河槽发生长距离冲刷，输沙入海，逐步改变下游平滩流量小、“二级悬河”形势严峻的不利局面。试验结束后，各水库水位基本降到汛限水位。

2. 试验目标

根据当前的防洪现状，调水调沙的近期目标是尽快恢复黄河下游河道主槽过洪能力，力争平滩流量在相对较短的时期内达到4 000 m^3/s 左右。本次调水调沙试验的主要目的是：

(1)实现黄河下游主河槽全线冲刷，进一步恢复下游河道主槽的过流能力；

(2)调整黄河下游两处"卡口"河段的河槽形态，增大过洪能力；

(3)调整小浪底库区的淤积部位和形态；

(4)进一步探索研究水库、河道水沙运动规律。

二、试验过程

(一)试验指标

1. 花园口断面的控制流量

从恢复主槽过流能力、减少下游河道淹没范围、保证下游用水和水库减淤排沙等方面综合考虑，黄河第三次调水调沙试验分为两个阶段：第一阶段，小浪底水库泄放清水，控制花园口流量2 600 m^3/s，历时10 d左右；第二阶段，万家寨、三门峡、小浪底水库联合调度，人工塑造异重流，控制花园口流量2 700 m^3/s，直至小浪底水库水位降至汛限水位225 m，历时10 d左右。

2. 各水库的流量、含沙量控制指标

充分利用自然的力量，精确调度万家寨、三门峡、小浪底水利枢纽，是实现本次试验目标和成功塑造人工异重流的关键。

1)万家寨水库

万家寨水库在本次试验中，起着补充试验水量从而冲刷三门峡库区泥沙，为后期小浪底水库人工塑造的异重流补充泥沙来源和后续动力并保证排沙出库的作用。考虑到万家寨当时工程情况(7月1日泄流建筑物才具备运用条件)，并考虑比较均匀地给三门峡水库补水、补水时机的安全和对三门峡库区的冲沙效果，万家寨水库按1 200 m^3/s 流量控泄补水至汛限水位966 m。

2)三门峡水库

研究成果表明，满足异重流持续运动的临界条件为：在满足洪水历时且入库细泥沙的沙重百分数约占50%的条件下，还应具备足够大的流量及含沙量，即满足下列条件之一：①入库流量大于2 000 m^3/s 且含沙量大于40 kg/m^3；②入库流量大于500 m^3/s 且含沙量大于220 kg/m^3；③流量为500～2 000 m^3/s 时，相应的含沙量应满足 $S \geqslant 280 - 0.12Q$。小浪底水库水位235 m回水末端以上库段，上层床沙中细沙百分数在37.2%～48.4%，但下层会偏粗，与异重流持续运动所要求的悬沙级配条件比较接近；多个数学模型计算结果表明，小浪底水库水位降至235 m后，三门峡水库以2 000 m^3/s 流量下泄，水流在235 m以上约50 km的库段内，经过冲刷调整，含沙量可恢复至40 kg/m^3 左右。一种结果认为40 kg/m^3 含沙量处于临界状态，另一种结果认为异重流持续运动的含沙量条件可以满足。经过国内专家的咨询，三门峡水库以2 000 m^3/s 流量下泄冲刷小浪底库区淤积三角洲，异重流的形成是可以肯定的，但对是否能运行到坝前没有形成统一的意见。为了稳妥起见，建议三门峡水库在小浪底水库水位下降至 235 m 左右时，先按 2 000 m³/s 流量下泄，并视异重流的形成和发展情况，必要时逐渐加大下泄流量。

3）小浪底水库

按照试验预案分析成果，试验第一阶段，小浪底水库按控制花园口断面 2 600 m³/s 的流量下泄。第二阶段，小浪底水库按控制花园口流量 2 700 m³/s 下泄，原则上控制小黑武洪水平均含沙量不大于 25 kg/m³，泄流过程中，小黑武最大含沙量控制不超过 45 kg/m³，直至库水位达汛限水位 225 m。

（二）水库调度

1. 试验前期防洪控泄阶段（6 月 16 日 0 时至 6 月 19 日 9 时）

为确保水库防洪安全并结合试验预案要求，在试验前，于 6 月 16 日 0 时至 19 日 6 时，实施小浪底水库清水下泄，其间考虑小花间加水，小浪底以明流洞泄流为主，加上机组发电严格控制出库流量 2 250 m³/s，日均误差不超过 ±5%；6 月 19 日 6 时至 19 日 9 时为减少平头峰对水流传播的影响，同时考虑小花间加水，控制小浪底出库流量在 500 ~ 1 150 m³/s。

2. 第一阶段（6 月 19 日 9 时至 6 月 29 日 0 时）

该阶段控制万家寨水库水位在 977 m 左右；控制三门峡水库水位不超过 318 m；主要是利用小浪底水库下泄的清水同时辅以人工扰沙，扩大下游河道“卡口”处的过洪能力，努力使下游河道主河槽实现全线冲刷。6 月 19 日 9 时至 6 月 29 日 0 时，小浪底水库下泄清水，按控制花园口流量 2 600 m³/s 运用。其间，小浪底水库 19 日 9 时至 22 日下泄流量按日均 2 550 m³/s 控制；23 ~ 28 日下泄流量按日均 2 500 m³/s 控制，小浪底水库水位由 249.1 m 下降到 236.6 m。

根据试验预案要求，试验过程中，小浪底水库需停泄 5 ~ 7 d，小浪底水库自 29 日 0 时起关闭泄流孔洞，出库流量由日均 2 500 m³/s 降至 500 m³/s；三门峡水库按 317.5 ~ 317.8 m 水位控制运用。

3. 第二阶段（7 月 3 日 20 时至 7 月 13 日 9 时）

该阶段的调度目标为调整小浪底库尾段淤积三角洲形态，通过人工塑造异重流将其排出库外，实现小浪底水库和三门峡水库减淤。

万家寨水库自 7 月 2 日 12 时起按日均 1 200 m³/s 下泄，直至 7 月 7 日 6 时水位降至 959.89 m，之后即按进出库平衡运用。

7 月 5 日 15 时，三门峡水库开始下泄大流量清水，15 时 24 分三门峡站流量达到 2 540 m³/s，此后至 7 月 7 日，流量基本维持在 1 800 ~ 2 500 m³/s。三门峡水库下泄的清水在小浪底水库库区淤积三角洲发生强烈冲刷，河堤站（距坝约 65.0 km）7 月 6 日 2 时含沙量达 121 kg/m³，之后迅速衰减。7 月 5 日 18 时，在 HH35 断面监测到第一次异重流潜入。HH34 和 HH32 断面采用主流线实测，水深分别为 5.7 m 和 16.7 m，异重流厚度分别为 1.49 m 和 2.16 m，异重流层平均流速分别为 1.49 m/s 和 0.78 m/s，最大测点含沙量分别为 970 kg/m³ 和 864 kg/m³。由于三角洲冲刷恢复的含沙量迅速衰减，且悬沙颗粒较粗，使得异重流向坝前推进过程中，流速逐渐减小，能量逐渐减弱，至坝前 60 m 处异重流消失。

7 月 7 日 8 时，万家寨水库下泄的 1 200 m^3/s 水流在三门峡水库水位降至 310.3 m（三门峡水库蓄水 1.57 亿 m^3）时与之成功对接，三门峡水库开始加大泄水流量，7 日 14 时 6 分三门峡站出现 5 130 m^3/s 的洪峰流量。三门峡水库从 14 时开始排沙至 20 时，出库含沙量由 2.19 kg/m^3 迅速增加至 446 kg/m^3，再次形成异重流向小浪底坝前运动。7 月 8 日 13 时 50 分，小浪底库区异重流排沙出库，排沙洞水流平均含沙量约 70 kg/m^3。7 月 9 日 2 时，异重流沙峰出库，小浪底站含沙量为 12.8 kg/m^3，为过程最大值。排沙持续历时 75.6 h，实现了异重流排沙出库目标。

随着水流冲刷和人工扰动使下游河道"卡口"段主槽平滩流量加大，小浪底水库出流自 7 月 3 日 21 时按控制花园口 2 800 m^3/s 运用，小浪底出库流量由 2 550 m^3/s 逐渐增至 2 750 m^3/s，7 月 13 日 8 时库水位下降至汛限水位 225 m，水库调水调沙调度结束。

整个试验过程中，三门峡水库泄水建筑物启闭 101 次，小浪底水库泄水建筑物启闭 288 次。

调令要求的小浪底水库泄流与实际泄放流量对比见图 3-24。

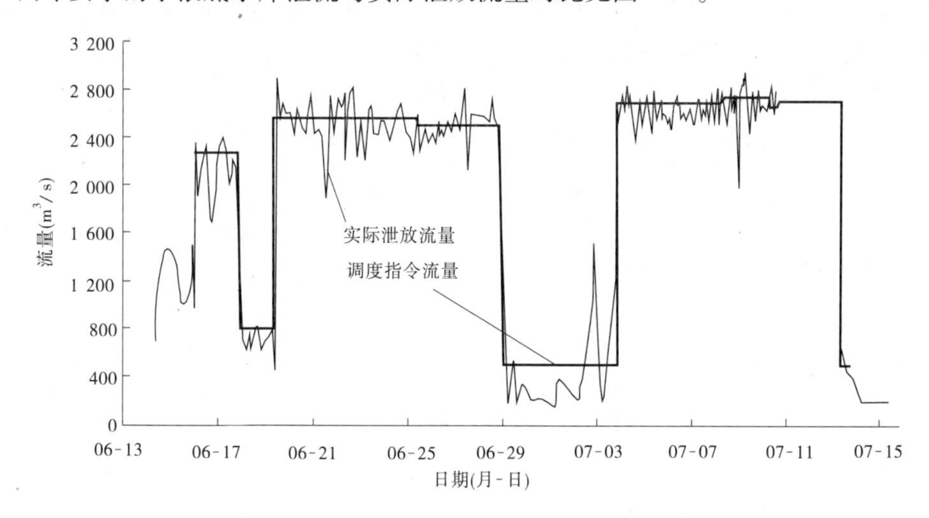

图 3-24 调令要求的小浪底水库泄流与实际对比图

（三）水沙过程

1. 水库水沙过程及其水位变化

1）万家寨水库入、出库水沙过程

6 月 16 日至 7 月 13 日，头道拐流量从 400 m^3/s 逐步减少，到 7 月上旬，流量一直在 50 ~ 100 m^3/s 波动。

从入库（头道拐）和出库（坝下）的水量差值来看，6 月 24 日以前基本上维持进出库平衡运用，6 月 25 日到 28 日下泄水量略大于入库值，从 29 日到 7 月 4 日，水库加大下泄，最大日均流量达到了 1 140 m^3/s，水库累计补水约 3.3 亿 m^3。

头道拐站从 6 月 16 日 8 时到 7 月 14 日 20 时的 684 h，相应水量约 4.07 亿 m^3，平均流量为 165 m^3/s。最大流量为 6 月 18 日 6 时的 465 m^3/s，最小流量为 7 月 6 日 17 时的 43.5 m^3/s。

万家寨坝下站，从6月16日8时到7月14日20时，平均流量510 m³/s，相应水量12.56亿m³；最大洪峰流量为7月4日14时的1 730 m³/s，最小流量为7月10日8时的6.95 m³/s。其中从7月2日8时到7月7日8时的120 h中，加大下泄，水量约4.4亿m³，平均流量达到1 020 m³/s。

2）三门峡水库入库水沙过程

6月19日至7月13日，渭河华县站来水过程平稳，最大流量161 m³/s，持续时间短，最大含沙量也只有109 kg/m³。同期，干流龙门站先后产生了2次小的洪水过程，最大洪峰流量为7月5日18.5时的1 610 m³/s，最大含沙量为6月30日22.2时的142 kg/m³。

受万家寨泄水及黄河支流来水影响，潼关水文站产生了一次持续洪水过程，最大洪峰流量为7月7日0时的1 190 m³/s，最大含沙量为7月3日14时的37.2 kg/m³。6月19日至7月13日（576 h），潼关站平均流量为526 m³/s，平均含沙量为7.96 kg/m³，径流量为9.414亿m³，输沙量为0.080 9亿t。

从7月3日20时到7月13日9时的229 h中，潼关站平均流量为667 m³/s，平均含沙量为12.1 kg/m³，径流量达到4.535亿m³，沙量为0.055 8亿t。

三门峡水库入库流量过程及含沙量过程特征值见表3-11、表3-12。

表3-11　三门峡水库入库洪水特征值统计表（6月19日9.3时至7月13日9时）

站名	时段水量（亿m³）	时段沙量（亿t）	最高水位		最大流量		最大含沙量	
			时间（月-日T时:分）	水位（m）	时间（月-日T时:分）	流量（m³/s）	时间（月-日T时:分）	含沙量（kg/m³）
龙门	10.04	0.162 6	07-05T18:30	384.00	07-05T18:30	1 610	06-30T22:12	142
河津	0.181 9	0	07-03T08:00	372.28	07-03T08:00	29	—	0
华县	0.589 6	0.014 6	07-04T04:00	336.15	07-04T04:00	161	07-04T17:48	109
洑头	0.036 0	0	06-20T08:00	361.53	06-20T08:00	5.23	—	0
潼关	9.414	0.080 9	07-08T08:00	327.69	07-07T00:00	1 190	07-03T14:00	37.2

表3-12　三门峡水库入库洪水特征值统计表（7月3日20时至7月13日9时）

站名	时段水量（亿m³）	时段沙量（亿t）	最高水位		最大流量		最大含沙量	
			时间（月-日T时:分）	水位（m）	时间（月-日T时:分）	流量（m³/s）	时间（月-日T时:分）	含沙量（kg/m³）
龙门	4.673	0.077 3	07-05T18:30	384.00	07-05T18:30	1 610	07-05T21:00	50.1
河津	0.094 8	0	07-03T20:00	372.20	07-03T20:00	20	—	0
华县	0.394 5	0.013 9	07-04T04:00	336.15	07-04T04:00	161	07-04T17:48	109
洑头	0.013 8	0	07-12T08:00	361.50	07-12T08:00	5.18	—	0
潼关	4.535	0.055 8	07-08T08:00	327.69	07-07T00:00	1 190	07-03T20:00	37.0

3）小浪底站入、出库水沙过程

试验前期和试验期间黄河中游洪水经三门峡水库的调节和调度后，三门峡水文站于6月19日至7月3日20时为持续的小洪水过程，每天虽然有波动，但变化不大。后期三门峡有一次明显的泄流、排沙过程，其间，三门峡站7月7日14.1时洪峰流量5 130 m^3/s，最大含沙量为7月7日20.3时的446 kg/m^3。从6月19日9.3时到7月13日9时径流量为10.88亿 m^3，输沙量为0.431 9亿t。其中7月3日20时到13日9时的第二阶段试验期间，三门峡站径流量为7.20亿 m^3，输沙量为0.431 9亿t。水沙过程特征值见表3-13、表3-14。

表3-13　三门峡、小浪底水沙量特征值统计(6月19日9.3时至7月13日9时)

站名	时段水量（亿 m^3）	时段沙量（亿t）	最高水位		最大流量		最大含沙量	
			时间（月-日T时:分）	水位（m）	时间（月-日T时:分）	流量（m^3/s）	时间（月-日T时:分）	含沙量（kg/m^3）
三门峡	10.88	0.431 9	07-07T14:06	279.03	07-07T14:06	5 130	07-07T20:18	446
小浪底	46.79	0.044	06-19T22:30	136.43	06-21T16:30	3 300	07-09T02:00	12.8

表3-14　三门峡、小浪底水沙量特征值统计(7月3日20时至13日9时)

站名	时段水量（亿 m^3）	时段沙量（亿t）	最高水位		最大流量		最大含沙量	
			时间（月-日T时:分）	水位（m）	时间（月-日T时:分）	流量（m^3/s）	时间（月-日T时:分）	含沙量（kg/m^3）
三门峡	7.20	0.431 9	07-07T14:06	279.03	07-07T14:06	5 130	07-07T20:18	446
小浪底	21.72	0.044	07-09T05:54	136.21	07-10T09:06	3 020	07-09T02:00	12.8

从6月19日到7月13日，小浪底水库下泄水量为46.79亿 m^3，沙量为440万t，平均流量约2 260 m^3/s，平均含沙量为0.94 kg/m^3。试验结束时，小浪底水库水位224.96 m，相应蓄水24.6亿 m^3。

第一阶段，从6月19日到6月29日，小浪底水库蓄水由57.5亿 m^3（水位249.0 m）减少到38.4亿 m^3（水位236.55 m）。

第二阶段，从7月3日20时到7月13日9时，小浪底下泄径流量21.72亿 m^3，输沙量440万t，平均流量为2 640 m^3/s，平均含沙量2.0 kg/m^3，大约10.2%的入库泥沙排出水库。

试验期间，小浪底库区水位发生了大的变化，2004年6月19日调水调沙试验开始时小浪底水库水位为249 m，试验结束后水位落至224.96 m。试验期间库区水位的变化分为以下几个阶段。

6月19日，小浪底水库以2 600 m^3/s左右的流量开始下泄，一直到6月29日4时关闸为试验的第一阶段。在此阶段小浪底水库的下泄流量平均为2 600 m^3/s左右，下泄流量变化不大，含沙量基本为零。

6 月 29 日 8 时至 7 月 3 日 20 时，小浪底水库采用小流量下泄，出库流量限制在 500 ~ 1 000 m^3/s，进出库水量基本平衡，水位变化不大。

7 月 3 日 20 时后，小浪底水库进行第二阶段试验，7 月 4 日 8 时至 7 月 13 日 8 时出库流量一直维持在 2 800 m^3/s 左右，水位持续下降。

7 月 7 日 9 时后，为增加异重流的后续动力，三门峡水库加大下泄流量，7 月 7 日 14 时 6 分三门峡站流量达到 5 130 m^3/s。受三门峡加大入库流量的影响，水位均表现出明显的上涨过程。

2. 黄河下游流量过程

2004 年 6 月 19 日 9 时至 7 月 13 日 8 时，第三次试验历时 24 d，扣除 6 月 29 日 0 时至 7 月 3 日 21 时小流量下泄的 5 d，实际历时 19 d。。

1）流量过程沿程变化

进入下游的流量明显分为两个过程（见图 3-25 和图 3-26），两个洪水过程流量基本都在 2 500 m^3/s 以上。从流量过程变化情况看，小浪底水文站过程线受水库出流调节的影响，流量起伏变化频繁；经过河道调节，花园口以下各站流量过程相对比较平稳。从峰型上看，下游各站均有明显的两次涨落过程，由于本次调水调沙试验期间下游各河段均未漫滩，洪水在下游的传播过程中，峰型变化较小，下游各站流量过程线很相似，基本为两个矩形波。

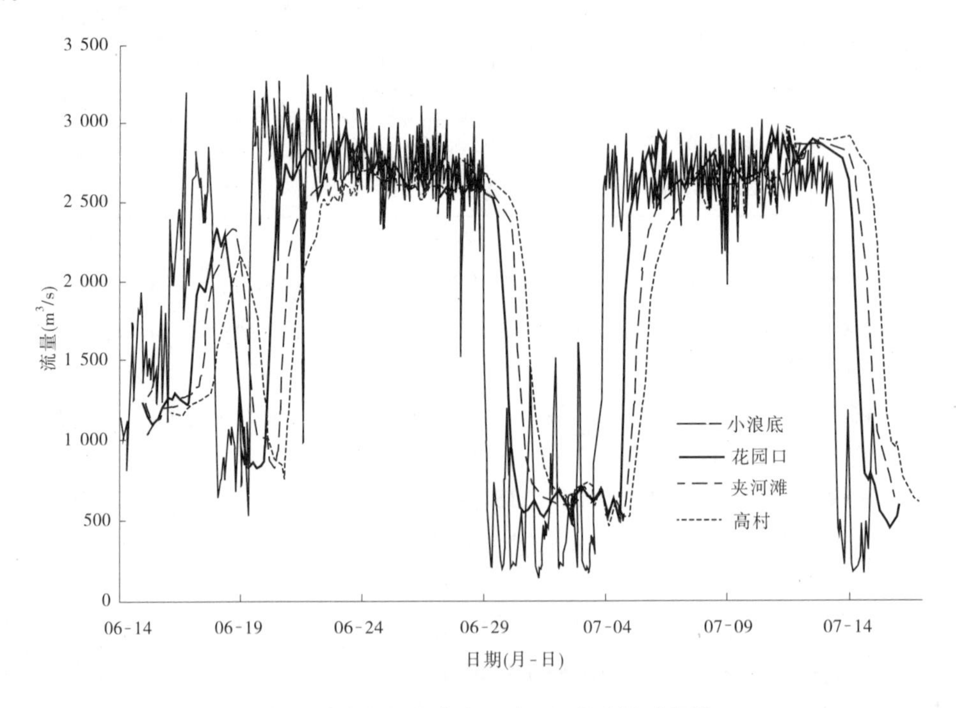

图 3-25　试验期间小浪底—孙口河段流量过程线

两个阶段的流量过程在下游演进过程中，呈现出一定程度的坦化。第一阶段小浪底站洪水历时 231. 9 h，至花园口洪水历时延长至 242 h，洪水历时增加 10. 1 h，最大洪峰流

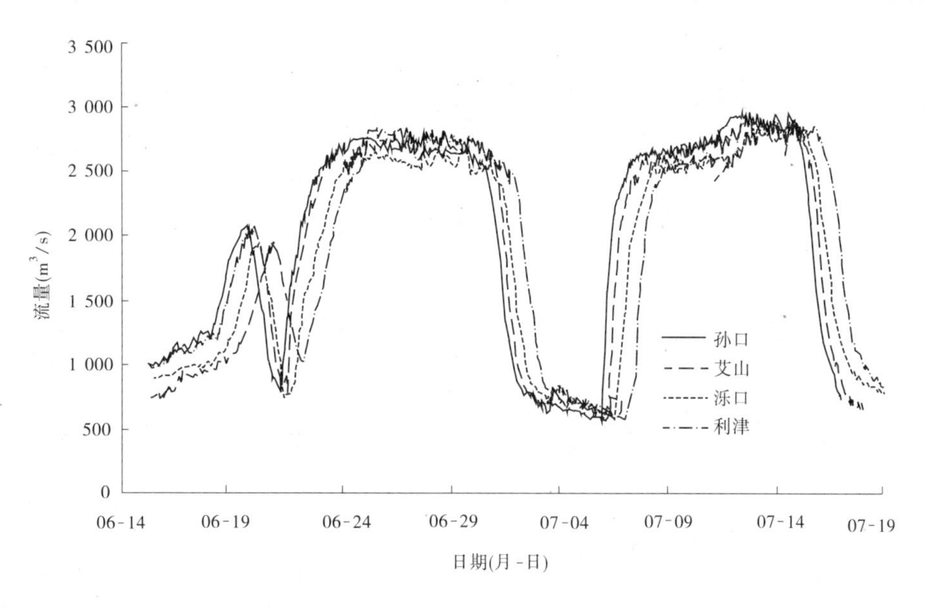

图 3-26 试验期间孙口—利津河段流量过程线

量由小浪底的 3 300 m³/s 削减至 2 970 m³/s,削减程度为 10%;至利津洪水历时延长至 296 h,洪水历时增加 64. 1 h,最大洪峰流量由小浪底的 3 300 m³/s 削减至 2 730 m³/s,削减程度为 17. 3%。第二阶段小浪底洪水历时 228. 6 h,至花园口洪水历时延长至 236 h,洪水历时增加 7. 4 h,最大洪峰流量由小浪底的 3 020 m³/s 削减至 2 950 m³/s,削减程度为 2%;至利津洪水历时延长至 288 h,洪水历时增加 59. 4 h,最大洪峰流量由小浪底的 3 020 m³/s削减至 2 950 m³/s,削减程度为 2%。试验期间整个洪水过程历时由小浪底的 575. 7 h 延长至利津的 648 h,洪水历时延长 72. 3 h。小浪底以下河道各水文站洪水演进特征值见表 3-15。

2)流量过程传播时间变化

试验中两个洪水过程最大洪峰流量传播时间统计见表 3-16。第一阶段,小浪底水文站最大流量 3 300 m³/s,出现时间为 6 月 21 日 16 时 30 分,花园口站 6 月 23 日 6 时最大流量 2 970 m³/s,小花河段洪水传播时间 37. 5 h;利津 6 月 25 日 20 时 36 分最大流量 2 730 m³/s;小浪底—利津传播时间 100. 1 h。第二阶段,小浪底水文站最大流量 3 020 m³/s,出现时间为 2004 年 7 月 10 日 9 时 5 分,花园口站 7 月 10 日 18 时最大流量 2 950 m³/s,小花河段洪水传播时间 8. 9 h;利津 7 月 13 日 20 时 6 分最大流量 2 950 m³/s,小浪底—利津传播时间 83 h,较第一阶段传播时间缩短 17. 1 h。从整个下游河道来看,两个阶段最大流量传播时间接近。

从各河段传播时间看,第一阶段,小浪底—高村河段最大流量传播时间 56 h,高村—孙口河段最大流量传播时间 11. 5 h,艾山—利津河段最大流量传播时间 18. 6 h。第二阶段,小浪底—高村河段最大流量传播时间 22. 6 h,较第一阶段缩短 33. 4 h;高村—孙口河段最大流量传播时间 25. 9 h,较第一阶段延长 14. 4 h;艾山—利津河段最大流量传播时间 28. 1 h,较第一阶段延长 9. 5 h。

表 3-15　试验期间小浪底以下河道洪水演进特征值统计

站名		黑石关	武陟	小浪底	花园口	夹河滩	高村	孙口	艾山	泺口	利津
第一阶段	起始时间（月-日 T 时:分）	06-19 T09:30	06-19 T08:00	06-19 T09:18	06-20 T00:00	06-20 T12:00	06-20 T22:00	06-21 T06:00	06-21 T12:00	06-21 T16:00	06-22 T04:00
	结束时间（月-日 T 时:分）	06-29 T02:00	06-29 T02:00	06-29 T01:12	06-30 T02:00	06-30 T16:00	07-01 T06:00	07-02 T00:00	07-02 T06:00	07-03 T20:00	07-04 T06:00
	历时(h)	232.5	234	231.9	242	244	248	258	258	292	296
	起始流量(m^3/s)	32.0	10.2	811	864	816	996	960	940	780	1 010
	结束流量(m^3/s)	10.6	4.18	997	972	928	971	892	847	699	731
	最大流量(m^3/s)	30.7	15.6	3 300	2 970	2 830	2 800	2 760	2 830	2 760	2 730
第二阶段	起始时间（月-日 T 时:分）	07-03 T20:00	07-03 T20:00	07-03 T20:24	07-04 T16:00	07-05 T04:00	07-05 T15:00	07-06 T00:00	07-06 T06:06	07-06 T12:30	07-07 T04:00
	结束时间（月-日 T 时:分）	07-13 T09:06	07-13 T08:00	07-13 T09:00	07-14 T12:00	07-15 T04:00	07-15 T17:36	07-16 T12:00	07-16 T17:54	07-17 T20:00	07-19 T02:00
	历时(h)	229.1	228	228.6	236	240	242.6	252	251.8	271.5	288
	起始流量(m^3/s)	38.8	29.7	893	860	995	1 010	755	897	590	813
	结束流量(m^3/s)	34.9	20.9	980	972	995	988	984	969	884	824
	最大流量(m^3/s)	153	32.4	3 020	2 950	2 900	2 970	2 960	2 950	2 950	2 950
中间段	历时(h)	114	114	115.2	110	108	105	96	96.1	64.5	64
合计	历时(h)	575.6	576	575.7	588	592	595.6	606	605.9	628	648

表 3-16　2004 年调水调沙试验期间下游河道最大洪峰流量传播时间统计

站名	第一阶段			第二阶段		
	最大流量（m^3/s）	相应时间（月-日 T 时:分）	传播时间（h）	最大流量（m^3/s）	相应时间（月-日 T 时:分）	传播时间（h）
小浪底	3 300	06-21T16:30		3 020	07-10T09:05	
			37.5			8.9
花园口	2 970	06-23T06:00		2 950	07-10T18:00	
			10.0			10.0
夹河滩	2 830	06-23T16:00		2 900	07-11T04:00	
			8.5			3.7
高村	2 800	06-24T00:30		2 970	07-11T07:42	
			11.5			25.9
孙口	2 760	06-24T12:00		2 960	07-12T09:36	
			14.0			6.4
艾山	2 830	06-25T02:00		2 950	07-12T16:00	
			7.3			6.2
泺口	2 760	06-27T17:12		2 950	07-12T22:12	
			11.3			21.9
利津	2 730	06-25T20:36		2 950	07-13T20:06	

三次调水调沙试验传播时间对比可知，首次试验期间小浪底、花园口最大流量分别为 3 480 m^3/s、3 170 m^3/s；第二次试验期间小浪底、花园口最大流量分别为 2 340 m^3/s、2 720 m^3/s；第三次试验期间小浪底两个阶段最大流量分别为 3 300 m^3/s、3 020 m^3/s，花园口两个阶段最大流量分别为 2 970 m^3/s、2 950 m^3/s。第三次试验小浪底最大流量与第一次基本接近，花园口最大流量相差不大。从传播时间看，由于下游河道经过 2002 年、2003 年的冲刷，河道行洪能力明显提高，第三次下游河道未发生漫滩现象，下游河道最大流量传播时间较首次试验缩短。第三次试验第二阶段，小浪底—花园口河段传播时间较第二次试验传播时间缩短 12.1 h，较首次试验传播时间缩短 32.2 h。第三次试验两个阶段，小浪底—利津河段传播时间较首次试验传播时间缩短 254 h 和 271.1 h。

3. 黄河下游含沙量过程沿程变化及水沙平衡

1）含沙量过程沿程变化

与流量过程相应，下游各站含沙量过程也分为两个阶段，存在两个沙峰，见图 3-27 和图 3-28。第一阶段，小浪底水库清水下泄，出库含沙量为 0。第二阶段，小浪底水库有少量排沙，最大含沙量 12.8 kg/m^3。

2）下游水沙量及其平衡

试验期间，第一阶段小浪底水库清水下泄，小浪底水文站水量 23.01 亿 m^3，基本无沙量；伊洛河和沁河同期来水 0.24 亿 m^3，小黑武总水量 23.25 亿 m^3，总沙量基本为 0。第二阶段，小浪底水库少量排沙，小浪底水文站实测水量 21.72 亿 m^3，沙量为 0.044 亿 t，平均含沙量 2.01 kg/m^3；伊洛河和沁河同期来水 0.54 亿 m^3，小黑武总水量 22.26 亿 m^3，沙量为 0.044 亿 t，平均含沙量 1.97 kg/m^3。水库小流量下泄的中间段，小浪底水文站水量 2.06 亿 m^3，伊洛河和沁河同期来水 0.31 亿 m^3，小黑武总水量共 2.37 亿 m^3，沙量为 0。

整个试验过程，小浪底站过程历时 575.7 h，水量 46.79 亿 m^3，沙量 0.044 亿 t。伊洛河和沁河同期来水 1.09 亿 m^3，小黑武水量 47.88 亿 m^3，沙量 0.044 亿 t，平均含沙量 0.92 kg/m^3。利津站过程历时 648 h，水量为 48.01 亿 m^3，沙量为 0.697 亿 t，平均含沙量 14.52

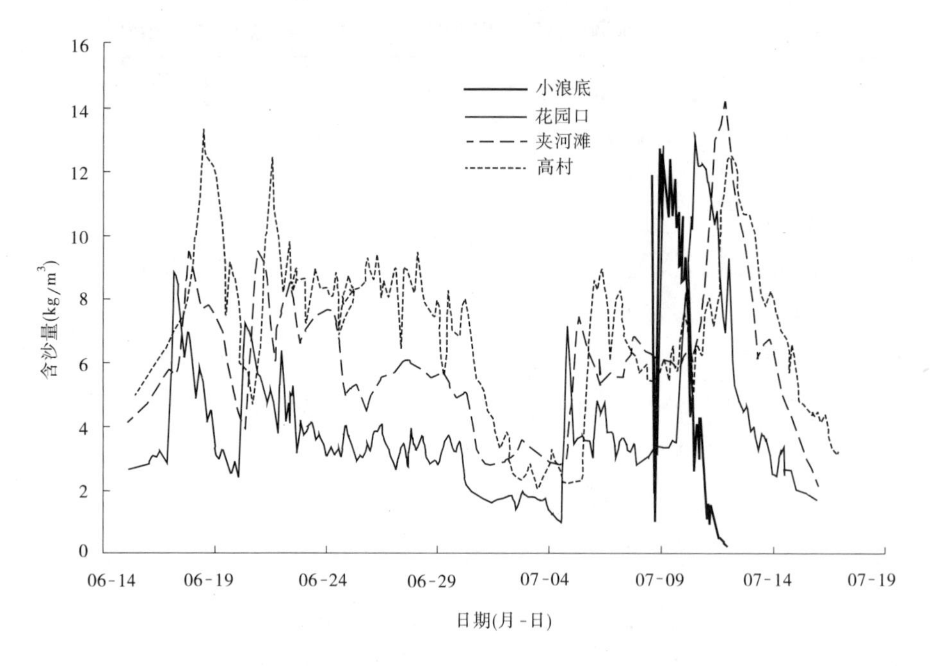

图 3-27　试验期间小浪底—孙口河段含沙量过程线

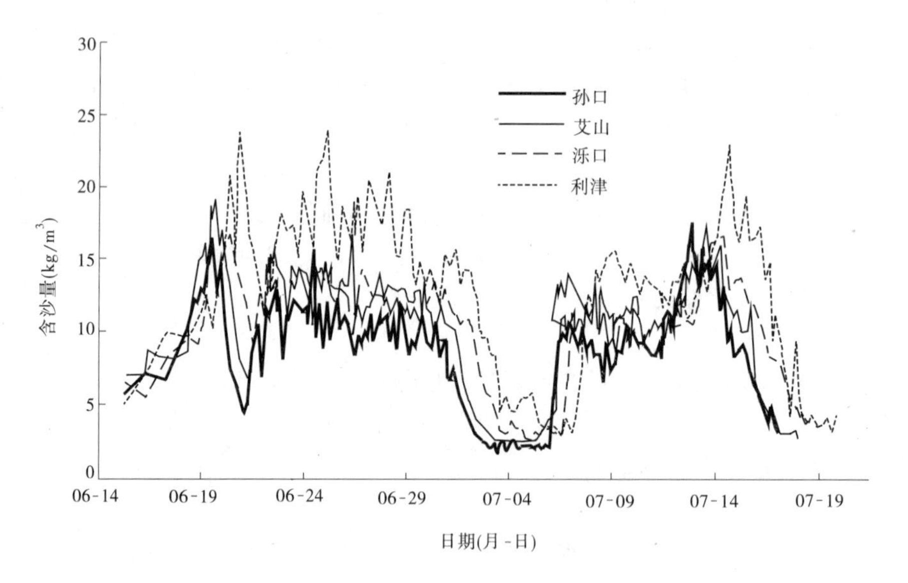

图 3-28　试验期间孙口—利津河段含沙量过程线

kg/m³，含沙量沿程恢复 13.60 kg/m³。

根据实测逐日引水引沙资料统计，试验期间全下游实测引水量 2.30 亿 m³，引水量主要集中在花园口以上、花园口—夹河滩和高村—孙口河段，分别占总引水量的 21.2%、41.4% 和 21.1%。实测引沙量 117.69 万 t。

小黑武总水量 47.88 亿 m³，下游河道引水量 2.30 亿 m³，利津站水量 46.24 亿 m³，水量基本平衡。

第四章 调水调沙生产运行

在全面分析和总结三次试验经验与认识的基础上，于 2005 年、2006 年、2007 年汛前和汛期、2008 年、2009 年成功进行了六次调水调沙生产运行，均取得了较好的效果。

第一节 2005 年调水调沙

一、指导思想和目标

(一)指导思想

通过调水调沙，在兼顾小浪底水库减淤的情况下，力争在尽量短的时期内，逐步恢复并维持下游主河槽的行洪排沙能力，减缓下游河道的防洪压力，提高水资源的利用率和河道生态维持能力。

(二)目标

根据黄河防洪现状，黄河调水调沙的近期目标是尽快恢复黄河下游河道过洪能力，力争平滩流量在相对较短的时期内达到 4 000 ~5 000 m^3/s。本次调水调沙的目标是：

(1)实现黄河下游主河槽的全线冲刷，扩大主河槽的过流能力。

(2)探索人工塑造异重流调整小浪底库区泥沙淤积分布的水库群水沙联合调度方式。

(3)进一步深化对河道、水库水沙运动规律的认识，包括水库异重流运动规律的探索和研究，黄河下游河道水沙运动规律研究，尤其是孙口附近“驼峰”河段淤积机理的研究；深化对河口水沙演进规律的认识；对黄河下游二维水沙模型进行验证和改进。

(三)任务

在确保滩区安全的前提下，通过对四库的联合调度，尽可能增大下游主槽的行洪排沙能力。

进入汛期后，使万家寨水库、三门峡水库、小浪底水库降至汛限水位。

在调水调沙中，开展常规原型观测和分析研究，进一步完善兼顾水库和下游河道减淤的调水调沙模式，积累调水调沙运行经验。

在黄河下游“卡口”河段实施以调整断面形态为主要目的的人工扰沙。

二、水库和河道现状边界条件

(一)小浪底水库淤积情况

至 2005 年汛前，小浪底库区共淤积泥沙 14.84 亿 m^3，其中干流淤积 13.12 亿 m^3，占总淤积量的 88.4%，支流淤积 1.72 亿 m^3，占总淤积量的 11.6%。

小浪底水库 1997 年水库截流至 2005 年汛前，库区冲淤量在空间和时间上的变化情况见表 4-1。

表 4-1　小浪底水库历年干、支流冲淤量统计　　（单位：亿 m^3）

时段	干流	左岸支流	右岸支流	冲淤量
1997 年汛前～1998 年汛前	0.09	0.00	0.00	0.09
1998 年汛前～1999 年汛前	0.04	0.01	-0.02	0.03
1999 年汛前～2000 年汛前	0.47	0.04	0.00	0.51
2000 年汛前～2001 年汛前	3.61	0.09	0.12	3.82
2001 年汛前～2002 年汛前	2.50	0.14	0.23	2.87
2002 年汛前～2003 年汛前	1.97	0.22	0.06	2.25
2003 年汛前～2004 年汛前	4.63	0.13	0.04	4.80
2004 年汛前～2005 年汛前	-0.19	0.40	0.26	0.47
1997 年汛前～2005 年汛前	13.12	1.03	0.69	14.84

（二）小浪底库区河底高程变化

自 1999 年小浪底水库蓄水到 2005 年 4 月，小浪底库区干流距坝 70 km 以内的河段，河底高程平均抬升 40 m 左右，其变化情况见图 4-1。

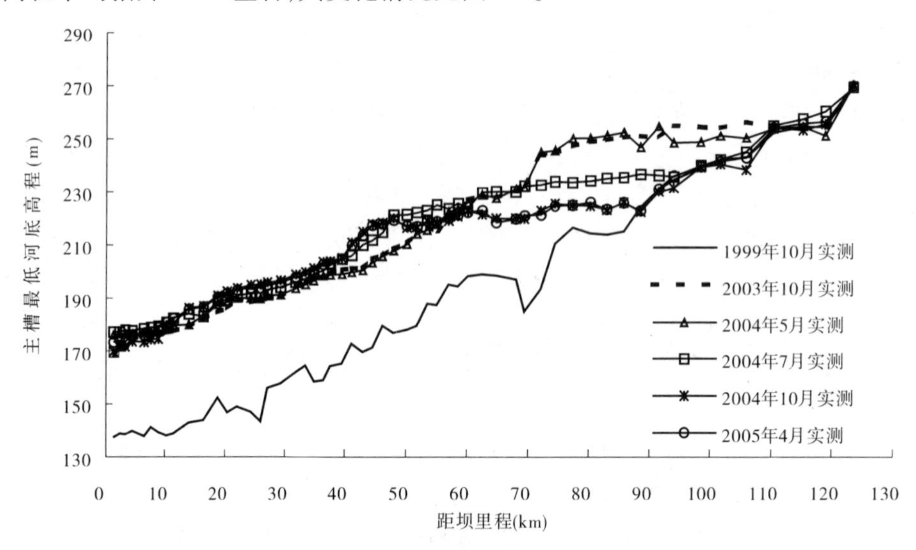

图 4-1　小浪底水库干流河底高程沿程变化对照图

从图 4-1 可以看出，从 2004 年 5 月到 2005 年 4 月，小浪底库尾淤积三角洲的形态发生了明显的变化，三角洲的顶部平均下降 20 多 m，在距坝 90～120 km 的河段内，河槽的河底高程恢复到了 1999 年的水平，淤积三角洲的顶点向下游移动了 30 多 km。2004 年 10 月到 2005 年 4 月，小浪底库区干流的河底纵剖面变化不大。

（三）下游各河段平滩流量

2005 年汛前黄河下游各河段平滩流量为：花园口以上 5 000 m^3/s 左右，花园口—夹河滩 4 000 m^3/s 左右，夹河滩—高村 3 500 m^3/s 左右，高村—艾山 3 200 m^3/s 左右，艾山以下大部分为 3 300 m^3/s 以上。其中彭楼—陶城铺河段的杨集和孙口断面附近平滩流量分别为3 050 m^3/s和3 000 m^3/s，是平滩流量最小的两个河段，见表4-2。

表4-2　2005年汛初彭楼—陶城铺河段平滩流量预估

断面名称	平滩水位(m)	平滩面积(m^2)	滩面出水高度(m)	冲淤面积(m^2)	平滩流量(m^3/s)
彭楼(二)	57.18	1 535	0.35	-87	3 450
马棚	56.91	1 349	0.34	-104	3 500
大王庄	56.30	1 560	0.30	-117	3 400
武盛庄	55.96	1 193	0.30	-81	3 400
十三庄	55.70	1 363	0.25	-5	3 400
位堂	55.50	1 295	0.20	-110	3 350
史楼	54.82	1 271	0.20	-105	3 350
黄营	54.50	1 444	0.20	-36	3 300
李天开	54.21	1 270	0.20	-36	3 250
石菜园	53.80	1 627	0.15	-17	3 250
徐码头(二)	53.50	1 039	0.15	-50	3 200
苏阁	53.03	1 580	0.15	42	3 200
于庄(二)	52.61	2 419	0.15	-218	3 150
葛庄	51.93	1 526	0.09	-122	3 050
杨集	51.11	1 418	0.09	-25	3 050
徐沙洼	50.88	1 575	0.00	-193	3 050
后张楼	50.57	1 533	0.10	-125	3 150
大寺张	50.14	1 534	0.10	-176	3 150
伟那里	49.95	1 251	0.10	-69	3 150
陈楼	49.52	1 462	0.10	-71	3 150
龙湾(二)	49.33	1 259	0.20	-156	3 150
赵堌堆	49.00	1 191	0.10	-18	3 000
孙口	48.65	1 833	0.00	-81	3 000
影唐	48.34	1 204	0.05	-123	3 000
梁集	47.95	1 395	0.10	-43	3 150
大田楼	47.19	1 181	0.15	-63	3 150
雷口	46.91	1 058	0.13	-89	3 200
路那里	46.59	1 425	0.08	-72	3 150
邵庄	45.78	1 394	0.33	-133	3 300
陶城铺	44.74	1 276	0.37	38	3 350

注：1. 平滩面积为2005年4月所测；
2. 滩面出水高度为滩唇高程与2004年7月最高水位之差；
3. 2004年7月高村、孙口两站出现最高水位时相应流量分别为2 970 m^3/s和2 960 m^3/s；
4. 冲淤面积指2004年4月至2005年4月期间发生。

（四）水情分析

1. 水库蓄水

截至2005年6月7日8时，八大水库共蓄水227.85亿m^3，较2004年同期多蓄13.48亿m^3，其中小浪底水库少蓄3亿m^3，龙羊峡水库多蓄15亿m^3。万家寨、三门峡、小浪底三座水库汛限水位以上共计蓄水46.22亿m^3，其中小浪底水库汛限水位以上蓄水量39.75亿m^3，见表4-3。

2. 6月上旬至7月上旬潼关及伊洛河、沁河来水预测

根据历史资料及前期径流情势，预测潼关以上及伊洛河、沁河来水合计50.62亿m^3，较多年均值偏少12%，其中，潼关以上来水49.36亿m^3，见表4-4。

表4-3　主要水库现状蓄水量

主要水库	2005年6月7日		汛限水位及相应蓄量		汛限水位以上蓄水量（亿m^3）
	水位（m）	蓄水量（亿m^3）	水位（m）	蓄水量（亿m^3）	
万家寨	977.74	6.48	966	3.87	2.61
三门峡	317.31	4.09	305	0.23	3.86
小浪底	252.39	61.9	225	22.15	39.75
合计		72.47		26.25	46.22

表4-4　潼关、黑石关、武陟站平均来水量过程预测

时段	潼关来水		黑石关		武陟	
	天然流量（m^3/s）	预估实际流量（m^3/s）	流量（m^3/s）	水量（亿m^3）	流量（m^3/s）	水量（亿m^3）
6月上旬	1 263	409	30	0.26	1	0.01
6月11～15日	1 303	439	30	0.13	1	0.003
6月16～20日	1 273	449	30	0.13	1	0.005
6月下旬	1 505	711	30	0.26	1	0.01
7月上旬	1 660	968	50	0.43	3	0.03
合计水量（亿m^3）	49.36	21.88		1.21		0.058

3. 黄河下游河南、山东两省引水计划及耗水量

根据河南、山东引水计划，6月上旬至7月上旬两省共需引水6.64亿m^3，平均引水流量约192 m^3/s。黄河下游的水量损失主要包括河道蒸发、渗漏量以及滩区用水等，参考以前研究成果，综合考虑损失流量在120 m^3/s左右（其中小浪底—花园口、花园口—夹河滩、夹河滩—高村、高村—孙口各段按照20 m^3/s考虑，孙口—艾山、艾山—泺口、泺口—利津以及利津以下各段按照10 m^3/s考虑）。以上合计，6月上旬至7月上旬黄河下游共需水13.51亿m^3，平均流量301 m^3/s。

三、实施过程

(一)整体过程概述

根据2005年汛前小浪底水库蓄水情况和下游河道的现状,2005年调水调沙生产运行过程分为两个阶段。第一阶段是预泄阶段:在中游不发生洪水的情况下,利用小浪底水库下泄一定流量的清水,冲刷下游河槽,同时逐步加大小浪底水库的泄放流量,提高冲刷效率,该阶段从6月9日开始至6月16日结束;第二阶段是调水调沙阶段:在小浪底水库水位降至230 m时,利用万家寨、三门峡水库蓄水及三门峡库区非汛期拦截的泥沙,通过水库联合调度,塑造有利于在小浪底库区形成异重流排沙的水沙过程,与此同时,在下游"二级悬河"最严重和局部平滩流量最小的杨集和孙口两河段实施人工扰沙,该阶段从6月16日开始至7月1日结束。

(二)万家寨水库调度概况

6月22日12时,万家寨水库开始以1 300 m^3/s的流量下泄,除5号机组正在大修外,其余5台机组全部开启发电,最大出库流量1 670 m^3/s。河曲站23日2时最大流量1 300 m^3/s,府谷站23日16时最大流量1 140 m^3/s,吴堡站24日23时54分最大流量1 320 m^3/s,龙门站26日4时最大流量1 290 m^3/s,潼关河段27日0时18分流量开始起涨,27日15时30分最大流量1 010 m^3/s。6月24日13时18分,电站机组全部停机,水库水位965.86 m,标志着2005年黄河调水调沙生产运行中的万家寨水库调度过程结束。整个泄水过程持续49.6 h,水库水位由975.47 m降至965.86 m,释放蓄水2.05亿m^3,平均下泄流量1 198 m^3/s。

(三)三门峡水库调度概况

2005年调水调沙生产运行期间,三门峡水库调度细分为如下三个阶段:

第一阶段:2005年6月27日7~12时,开启3~5个底孔、1~2条隧洞和6台机组,根据机组负荷变化情况,及时启闭孔洞和调节闸门开度,准确控制三门峡水库下泄流量,按3 000 m^3/s进行均匀控泄。其间,库水位从315.18 m降至313.33 m,最大出库流量为3 610 m^3/s,开始加大泄流后,平均出库流量为2 980 m^3/s,精度高达99%。

第二阶段:27日12时至22时45分,按黄防总办电[2005]100号文要求,共开启5~11个底孔,2条隧洞,根据库水位下降情况,7#机组于13时56分退出运行,通过及时启闭孔洞和调节闸门开度,准确控制三门峡水库下泄流量。其间,库水位从313.33 m降至301.8 m,最大出库流量4 430 m^3/s(27日13时6分),平均出库流量达到3 880 m^3/s,精度高达97%。

该时段,对三门峡库区北村河段实地察看水沙情况和来水"对接"情况,27日17时30分,北村河段正处于回水区末端,水位比起调前降低约3.7 m(此时坝前相应水位为309.1 m),该河段断面流量约为800 m^3/s、含沙量约为10 kg/m^3。

第三阶段:27日22时45分至30日9时3分,三门峡水库进行敞泄运用。27日23时出库水流变浑,实测出库含沙量为17.3 kg/m^3,同时出库流量达到该阶段最大值3 860 m^3/s。该阶段实测最大含沙量352 kg/m^3(28日1时),平均出库流量1 220 m^3/s。

30日9时3分,三门峡水利枢纽6#、7#底孔同时关闭,水库逐步停止敞泄运用,开始回蓄。7 月 1 日 8 时，三门峡水库水位回升至 300.65 m。

（四）小浪底水库调度概况

为实现 2005 年调水调沙目标，小浪底水库的运用方式分为三个阶段，各阶段调度情况如下。

1. 清水下泄阶段

为确保下游河道有一个逐步适应过程，使河势得到有利调整，减少工程出险概率和漫滩风险，6 月 8 日，黄河防办指令小浪底水库从 6 月 9 日 0 时起按日均 1 500 m^3/s 流量下泄，6 月 10～12 日按日均 2 000 m^3/s 下泄，6 月 13～15 日按日均 2 500 m^3/s 下泄，至 6 月 16 日 8 时，小浪底水库水位降至 247.86 m，相应库容 53.7 亿 m^3。

6 月 16 日 9 时，调水调沙生产运行正式开始，黄河防总指令小浪底水库按 2 800 m^3/s 控泄，18 日开始按 3 000 m^3/s 下泄，20 日 20 时起加大到 3 300 m^3/s，22 日 20 时调整为时段平均 3 550 m^3/s、瞬时不超过 3 800 m^3/s，24 日 20 时调整为日均 3 000 m^3/s。流量波动范围均控制在 5% 以内。

第一阶段于 27 日 6 时库水位降至 229.8 m 时结束。

2. 人工塑造异重流阶段

本次异重流排沙，基于汛初各水库蓄水条件及边界条件，并遵循调水调沙调度指标，以最有利于在小浪底库区形成异重流为目标，进行了水库联合调度。异重流塑造由万家寨、三门峡、小浪底三座水库共同接力完成。

与 2004 年的调水调沙试验相比，本次人工异重流塑造面临诸多不利条件。一是小浪底淤积三角洲在水库 225 m 高程以下，既不能补充入库水流含沙量，且水流在小浪底淤积三角洲洲面输移过程中，会产生较大淤积。同时，由于河道来水较 2004 年明显偏少，后续动力不足。按照本次调水调沙计划，当小浪底水库水位降至 230 m 以下时，上游万家寨水库与三门峡水库水量通过调度对接，由三门峡水库加大泄流，在一段时间内持续冲刷小浪底水库库尾淤沙和三门峡库区泥沙，在小浪底水库形成异重流，并通过小浪底水利枢纽排沙洞排出，达到水库减淤目的。

6 月 22 日 20 时至 24 日 20 时，小浪底水库时段出库流量按 3 550 m^3/s 控泄；6 月 24 日 20 时起，小浪底水库出库流量按 3 000 m^3/s 控制；6 月 29 日 18 时起，小浪底水库日均出库流量按 2 500 m^3/s 控制；6 月 30 日 11 时起，小浪底水库出库流量按 1 800 m^3/s 控泄；7 月 1 日 6 时起，小浪底水库日均出库流量按 570 m^3/s 控泄，恢复正常运用。小浪底水库调度指令流量与实际泄放流量对比见图 4-2。

6 月 27 日 18 时 28 分，小浪底水库异重流潜入点出现在 HH25 断面，距小浪底大坝 42 km，随后由于三门峡水库下泄流量的减少，潜入点上移，29 日 14 时 26 分潜入点位于 HH29 断面。异重流出现后，迅速向前推进，到达 HH05 断面后，推进速度极慢，直至 29 日 16 时才到达坝前，通过排沙洞出库，17 时 12 分，小浪底水文站实测含沙量 2.1 kg/m^3。

本次异重流持续时间不长。6 月 30 日小浪底水库坝前浑水层厚度为 1.6 m，7 月 2 日降至 0.4 m，7 月 3 日完全消失。

3. 降至汛限水位阶段

7 月 1 日 2 时 54 分，小浪底水库水位降至汛限水位 225 m。根据黄河防总指令，从 7

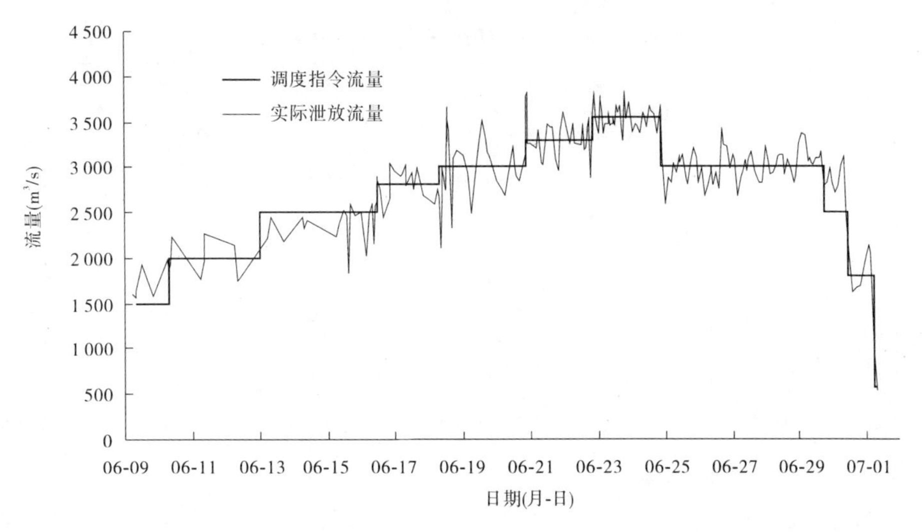

图 4-2　小浪底水库调度指令流量与实际泄放流量对比

月 1 日 6 时起小浪底水库按日均流量 570 m^3/s 控泄，黄河首次生产性调水调沙水库调度过程结束。

第二节　2006 年调水调沙

一、指导思想和目标

(一)指导思想

通过联合调度万家寨、三门峡、小浪底等水库，进行调水调沙生产运行，进一步恢复黄河下游主河槽的行洪排沙能力，减缓下游河道的防洪压力，合理使用黄河水资源，维持黄河健康生命。

(二)目标

(1)实现黄河下游河道主槽的全线冲刷，继续扩大主河槽的排洪输沙能力。

(2)继续探索人工塑造异重流调整小浪底库区泥沙淤积分布的水库群水沙联合调度方式。

(3)进一步深化对河道、水库水沙运动规律的认识，包括水库异重流运动规律的探索和研究，黄河下游河道水沙运动规律研究；完善和改进黄河下游二维水沙数学模型，率定模型参数，利用模型对水沙过程进行跟踪分析。

二、小浪底水库和河道边界条件

(一)小浪底水库库容变化情况

从 1997 年汛前到 2006 年汛前，小浪底库区共淤积泥沙 18.28 亿 m^3，见表 4-5。其中干流淤积 15.86 亿 m^3，占总淤积量的 86.8%；支流淤积 2.42 亿 m^3，占总淤积量的 13.2%。

表 4-5　小浪底水库历年干、支流冲淤量统计　　（单位：亿 m^3）

时段	干流	左岸支流	右岸支流	总冲淤量	累计总淤积量
1997 年汛前～1998 年汛前	0.09	0	0	0.09	0.09
1998 年汛前～1999 年汛前	0.04	0.01	-0.02	0.03	0.12
1999 年汛前～2000 年汛前	0.47	0.04	0.00	0.51	0.63
2000 年汛前～2001 年汛前	3.61	0.09	0.12	3.82	4.45
2001 年汛前～2002 年汛前	2.50	0.14	0.23	2.87	7.32
2002 年汛前～2003 年汛前	1.97	0.22	0.06	2.25	9.57
2003 年汛前～2004 年汛前	4.63	0.13	0.04	4.80	14.37
2004 年汛前～2005 年汛前	-0.19	0.40	0.34	0.55	14.92
2005 年汛前～2006 年汛前	2.74	0.40	0.22	3.36	18.28
1997 年汛前～2006 年汛前	15.86	1.43	0.99	18.28	

（二）小浪底库区河底高程的变化

1999 年 10 月至 2006 年 4 月小浪底水库库区干流最低河底高程变化情况见图 4-3。

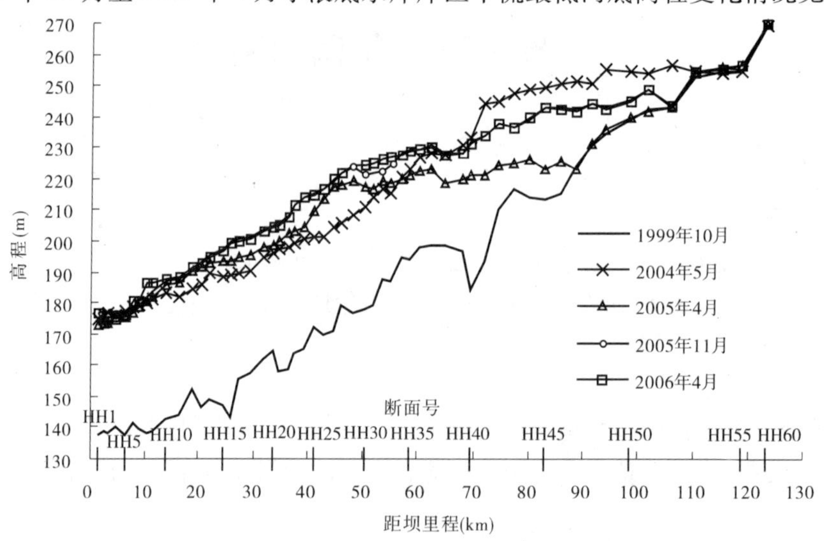

图 4-3　小浪底水库库区干流主槽最低河底高程沿程变化对照图

从图 4-3 可以看出，2004 年 5 月至 2005 年 4 月，小浪底库尾淤积三角洲的形态发生了明显的变化，三角洲的顶部平均下降 20 多 m，在距坝 90～120 km 的河段内，河槽的河底高程恢复到了 1999 年的水平，淤积三角洲的顶点向下游移动了 30 多 km。2005 年汛期，小浪底库区淤积量较大且大部分淤积在干流，使得干流的河底高程又有了明显的抬高，特别是距坝 45 km 以上抬高的幅度较大，距坝 88 km 处河底高程抬升的幅度最大，抬高 19.27 m，和 2005 年 4 月相比淤积三角洲上坡河底高程明显抬高。和 2004 年 5 月相比，尽管淤积三角洲都在干流上部，但三角洲前坡的比降明显变缓，增大了改善干流淤积形态的难度。2005 年 11 月至 2006 年 4 月,小浪底水库干流的淤积形态变化不大,但由于小浪底水库泄水的影响,近坝段发生了明显的冲刷,冲刷范围约 5 km,最大冲刷深度 5 m 左右。

(三)下游河段平滩流量

采用 2006 年 4 月实测大断面资料,运用多种方法对下游河道各断面 2006 年汛初的平滩流量进行了计算,并采用包括险工水位在内的多种实测资料对计算结果进行了综合论证,预估黄河下游各河段平滩流量为:花园口以上一般大于 5 000 m^3/s;花园口—高村 4 000 m^3/s 左右,高村—艾山 3 500 m^3/s 左右,艾山以下大部分在 3 700 m^3/s 以上。其中彭楼—陶城铺河段仍是全下游主槽平滩流量最小的河段,最小值预估为 3 300 ~ 3 400 m^3/s,详见表 4-6。

表 4-6 2006 年汛初彭楼—陶城铺河段平滩流量预估

断面名称	平滩水位 (m)	平滩面积 (m^2)	滩面出水高度 (m)	冲淤面积 (m^2)	平滩流量 (m^3/s)
彭楼(二)	57.18	1 525	0.20	-87	3 600
马棚	57.26	1 544	0.20	-107	3 600
大王庄	56.25	1 751		-143	3 550
十三庄	55.64	1 436		-158	3 550
位堂	55.50	1 260		80	3 550
史楼	54.77	1 486	0.12	-75	3 500
黄营	54.50	1 501		-135	3 500
李天开	54.21	1 441		-108	3 500
石菜园	53.86	1 633		-65	3 450
徐码头(二)	53.50	1 099	-0.06	-20	3 400
苏阁	53.03	2 078		-100	3 400
于庄(二)	52.61	2 111	-0.08	69	3 400
葛庄	51.93	1 726		-110	3 450
杨集	51.11	1 483	0.05	-88	3 550
徐沙洼	50.88	1 800	0.02	-134	3 500
后张楼	50.57	1 532		-13	3 500
大寺张	50.14	1 570		-69	3 500
伟那里	49.91	1 289		-59	3 550
陈楼	49.52	1 505		-38	3 550
龙湾(二)	49.33	1 168		59	3 550
赵堌堆	49.00	1 379	0.03	-34	3 450
孙口	48.65	1 912	-0.11	-203	3 300
影唐	48.39	1 777	0.09	-179	3 500

续表 4-6

断面名称	平滩水位 (m)	平滩面积 (m^2)	滩面出水高度 (m)	冲淤面积 (m^2)	平滩流量 (m^3/s)
梁集	47.69	1 414		-118	3 500
大田楼	47.19	1 265	-0.08	-48	3 350
雷口	46.91	1 243	-0.10	-107	3 350
路那里	46.59	1 485	-0.13	-21	3 300
邵庄	45.82	1 955	0.33	35	3 650
陶城铺	44.81	1 737	0.37	-218	3 700

注:1. 平滩面积为2005年10月所测;
2. 滩面出水高度为滩唇高程与2005年6月最高水位之差;
3. 2005年6月高村、孙口两站出现最高水位时相应流量分别为3 490 m^3/s 和3 400 m^3/s;
4. 冲淤面积指2005年4月至2006年4月期间发生。

三、水沙条件

2005年汛后至2006年汛前,黄河干流水库蓄水较多,既完全满足了下游工农业用水和河口生态用水,又为2006年汛前调水调沙储备了足够水量。

截至2006年6月1日8时,万家寨、三门峡、小浪底三座水库汛限水位以上共计蓄水53.7亿 m^3,其中小浪底水库汛限水位以上蓄水量48.79亿 m^3。按照《防洪法》规定,所有水库水位必须在汛期来临前降至汛限水位以下。根据当时水库蓄水和用水情况,开展一次调水调沙,冲刷下游主河槽,继续扩大河道主槽过流能力是十分必要的,客观上也具备了调水调沙所要求的水量条件。为此,黄河防总根据水库蓄水和用水情况,决定开展调水调沙生产运行。

四、调度过程

(一)方案设计

2006年黄河调水调沙实施过程分为调水期与排沙期。调水期考虑小花区间加水影响,小浪底水库按控制花园口调控流量指标下泄,以达到扩大下游河槽过洪能力的目的。小浪底水库水位逐渐下降,接近界定水位(230 m)时,转入排沙期。排沙期利用万家寨、三门峡水库联合调度,塑造有利于在小浪底库区形成异重流排沙的三门峡出库水沙过程,尽可能实现在小浪底水库产生异重流并排沙出库的目标。小浪底水库按控制花园口调控流量、含沙量指标下泄。调水期及排沙期两阶段以小浪底水库水位降至230 m为分界点,其依据是,该水位有利于小浪底库区异重流形成且与终止水位之间的蓄水量满足排沙期的补水要求。

根据调水调沙预案,6月15日正式开始调水调沙,10~14日为预泄期。具体流量过程设计为:6月10~11日小浪底水库控制花园口断面流量2 600 m^3/s,12~14日为3 000~3 200 m^3/s,15日开始按控制花园口断面流量3 500 m^3/s运行,其后视河道主槽过流能力变化情况适当调整,直至小浪底水库水位降至225 m。

(二)水库调度

在调水调沙过程中,实施了万家寨、三门峡和小浪底水库群水沙联合调度,具体调度过程如下:

6月10日至6月14日为调水调沙预泄期。调水调沙自6月15日正式开始,至小浪底水库水位降至汛限水位结束。

1.调水期(6月15日9时至6月25日12时)

6月10日9~11时,小浪底水库按1 500 m^3/s 下泄;10日11~14时,按2 000 m^3/s 下泄;10日14时至12日8时,按2 600 m^3/s 下泄;12日8时至13日8时,按3 000 m^3/s 下泄;13日8时至15日9时,按3 300 m^3/s 下泄;15日9~14时,按3 300 m^3/s 控制下泄;15日14时起,控制小浪底水库下泄流量3 500 m^3/s;19日19时至25日12时,按3 700 m^3/s控泄。

6月21日16时至25日12时,三门峡库水位缓慢降至316 m,小浪底水库水位此时也降至230 m,进入排沙期。

2.排沙期(6月25日12时至6月29日9时)水库调度及人工异重流塑造过程

本次异重流塑造的总体思路是:对万家寨、三门峡、小浪底水库实施联合调度,小浪底水库水位降至230 m以下,考虑水流演进,万家寨水库提前下泄,与三门峡泄水在300 m左右衔接,塑造有利于在小浪底库区形成异重流排沙的三门峡出库水沙过程,尽可能实现在小浪底产生异重流并排沙出库的目标。

万家寨水库按"迎峰度夏"发电要求下泄,其中21日最大日均下泄流量800 m^3/s,即自6月21日8时至6月22日8时按日均流量800 m^3/s 下泄。

自6月25日12时起,三门峡水库按3 500 m^3/s 均匀下泄;25日16时起,按3 800 m^3/s 均匀下泄;25日20时起,按4 100 m^3/s 均匀下泄;26日0时起,按4 400 m^3/s 均匀下泄。当下泄能力小于4 400 m^3/s 时按敞泄运用。6月28日8时以后,三门峡水库恢复正常运用,见图4-4。

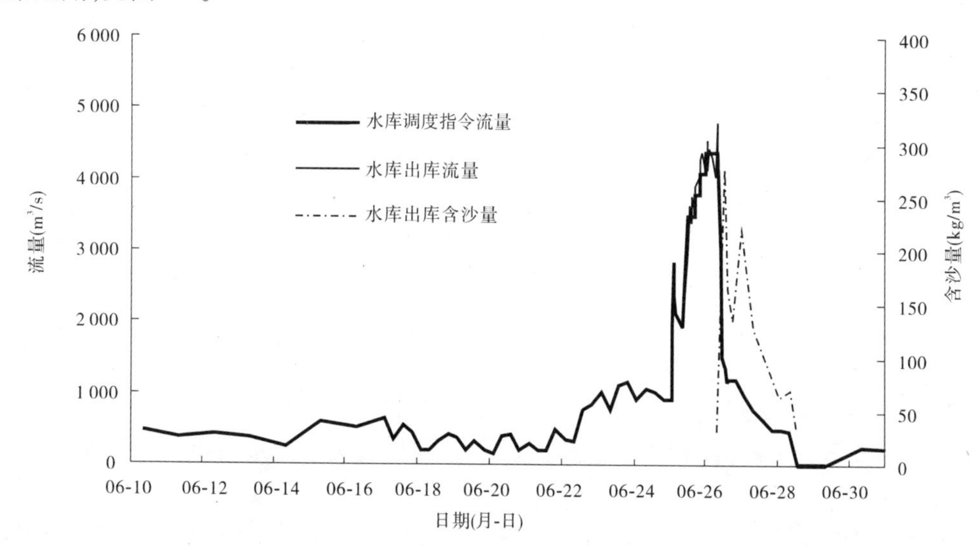

图4-4 三门峡水库实时调度情况

自6月25日12时至27日20时,小浪底水库按3 700 m^3/s 控泄。6月27日20时至6月29日9时,为满足河南省引黄渠道拉沙冲淤和西霞院施工浮桥架设需求,并结合小浪底库区异重流排沙,按2 600 m^3/s 下泄12 h,1 800 m^3/s 控泄至汛限水位225 m,之后按800 m^3/s 控泄2 d。

小浪底水库调度指令流量与实际泄放流量对比见图4-5。

潼关站6月25日22时起涨,6月26日6时最大流量950 m^3/s。万家寨水库下泄的水流在三门峡水库水位6月26日8时前后降至300 m左右时与之对接。

根据潼关以上来水和水库蓄水位变化,6月25日1时30分至26日8时,三门峡水库加大下泄流量,大流量冲刷小浪底库尾段形成的高含沙水流,于6月25日14时30分,在小浪底库区形成异重流潜入,潜入点距坝44 km,附近水深8.8 m,异重流厚度6.5 m,最大流速1.44 m/s。26日8时至28日8时,三门峡水库敞泄排沙运用,26日12时最大出库含沙量276 kg/m^3,相应流量1 440 m^3/s,出库高含沙水流使小浪底水库异重流进一步加强。26日0时30分,小浪底水库异重流开始出库,27日18时48分,小浪底站含沙量最大达59.0 kg/m^3。

五、汛期小流量高含沙异重流调度试验

小浪底水库运用初期,水库排沙以异重流排沙方式为主。2006年8月和9月,黄河吴堡至三门峡区间发生了两次含沙量低、流量级较小的洪水过程,两次洪水过程预估水量分别为7.2亿 m^3 和9.75亿 m^3,满足不了一次调水调沙所需水量,按正常的洪水调度。这两次洪水所带来的泥沙将基本上淤积在小浪底水库,而且所泄放的洪水过程对下游河道冲淤也不利。为了充分利用水库异重流排沙的特点,在下游河道基本不淤积的前提下尽量使小浪底水库多排沙,结合这两次洪水处理探索了"间歇式"和"渐进式"控制小浪底水库出库含沙量的小流量异重流调度试验(以下简称第一次试验、第二次试验)。

(一)试验条件

1.河道来水来沙条件

2006年7月27~31日,山陕区间、龙三区间大部分地区普降中到大雨,局部地区暴雨,其中高家堡、丁家沟、华县站的日降水量分别为84.0 mm、70.8 mm、65.2 mm。

受降雨影响,该区域多条支流相继发生洪水。其中,皇甫川皇甫站7月27日15时36分,洪峰流量1 500 m^3/s,最大含沙量1 180 kg/m^3;无定河白家川站7月31日9时54分,洪峰流量640 m^3/s,最大含沙量450 kg/m^3;清涧河延川站7月31日6时18分,洪峰流量260 m^3/s,最大含沙量520 kg/m^3。受支流洪水影响,龙门水文站7月28日至8月2日出现了洪水过程,8月1日3时54分,洪峰流量2 480 m^3/s,最大含沙量82.0 kg/m^3(8月1日16时);潼关水文站8月1日8时至6日8时,径流量4.325亿 m^3,输沙量0.101 1亿t,2日5时42分,洪峰流量1 780 m^3/s,3日8时,最大含沙量31.0 kg/m^3。

8月1~6日,小花间没有洪水过程发生,伊洛河黑石关站流量在50~135 m^3/s,沁河武陟站流量在16~27 m^3/s。

2006年8月24~25日、27~30日,受冷暖空气的共同作用,黄河中游有两次明显的

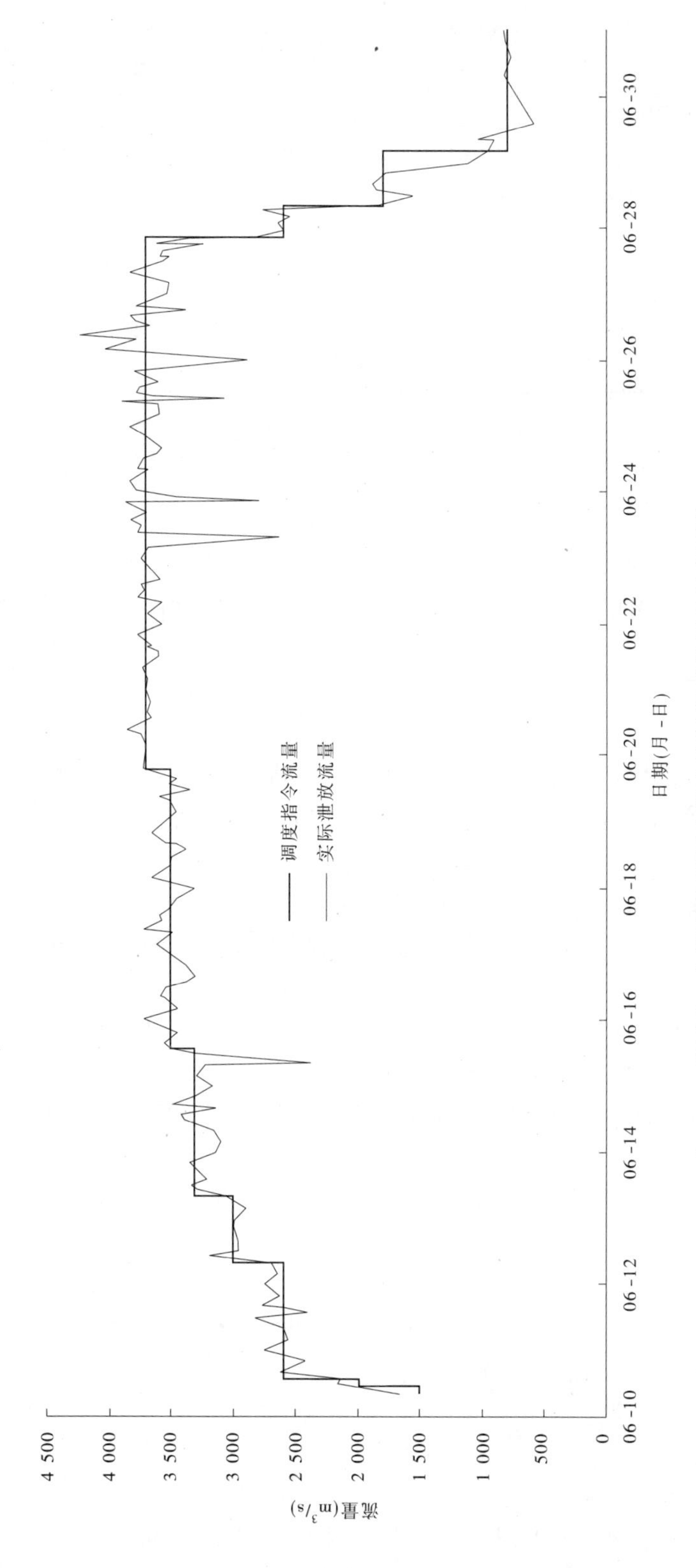

图 4-5　小浪底水库调度指令流量与实际泄放流量对比

降雨过程，山陕区间、泾渭河、三花区间降小到中雨，局部大雨，个别站大到暴雨，29日湫水河林家坪站日雨量100.4 mm。受降雨影响，25日湫水河、清涧河，30日三川河、无定河、渭河等多条支流相继发生洪水。受支流洪水影响，龙门水文站8月31日3时30分，出现洪峰流量3 250 m³/s、最大含沙量148 kg/m³的洪水过程；潼关水文站9月1日1时，洪峰流量2 630 m³/s，最大含沙量58.3 kg/m³（8月28日8时）。三花区间没有产生明显的洪水过程，其中武陟、黑石关站最大流量分别为102 m³/s和79.2 m³/s。

2. 水库蓄水情况

两次试验开始时，三门峡、小浪底、陆浑、故县四水库蓄水情况见表4-7。

表4-7　水库蓄水情况

水库	8月1日8时		8月31日8时	
	水位（m）	库容（亿m³）	水位（m）	库容（亿m³）
三门峡	304.88	0.519	305.00	0.529
小浪底	224.86	19.96	227.94	22.920
陆浑	311.78	3.861	310.91	3.647
故县	519.53	4.050	517.01	3.740

（二）试验目标及调度

试验目标是探索、实践小浪底水库在中小洪水时排沙运用规律和拦粗排细的调度运行方式；探索小浪底水库异重流排沙情况下，使下游河道不发生淤积或少淤积的水沙运行规律，积累水库、河道综合减淤的调度经验。

1. 第一次试验

三门峡水库调度：8月2日3时开始敞泄运用，当潼关站流量小于1 500 m³/s后逐步向305 m回蓄。

小浪底水库调度：为防止小浪底水库坝前淤积面抬升过高，同时防止洪水在下游河道演进时发生较大变形，尽量使下游河道不发生淤积或少淤积，自3日8时起小浪底水库按4 h充分排沙和6 h不排沙交替调度方式运用，流量按日平均2 000 m³/s控制，时间为3 d。

2. 第二次试验

三门峡水库调度：8月31日23时开始敞泄运用，当潼关站流量小于1 500 m³/s后逐步向305 m回蓄。

小浪底水库调度：从9月1日12时起按日平均流量1 000 m³/s控泄运用，泄流过程中保持一个排沙洞全开，不足流量以发电机组调整；从9月3日12时至6日12时按日平均流量1 500 m³/s控泄运用，泄流过程中保持两个排沙洞全开，不足流量以发电机组调整。

（三）水沙过程

1. 第一次试验

三门峡水库：8月2日2时以前，由于潼关站流量小于1 500 m³/s，三门峡水库按不超过305 m运用，其间最大下泄流量1 460 m³/s，最大含沙量62.0 kg/m³。2日2时潼关站流量 1 450 m^3/s,并且继续上涨,2 日 3 时,三门峡水库开始敞泄运用,三门峡水库水位 304.96 m,蓄水量 0.526 亿 m^3,至 3 日 0 时,库水位降至 290.26 m。敞泄期间三门峡最大下泄流量 4 090 m^3/s(2 日 3 时 30 分),最大含沙量 454 kg/m^3(2 日 8 时)。

8 月 2 日 20 时,潼关站流量为 1 100 m^3/s 并将继续回落,3 日 2 时,三门峡水库按不超过 305 m 回蓄运用,至 4 日 8 时,库水位回蓄至 304.73 m,蓄水量 0.506 亿 m^3。8 月 1 日 8 时至 6 日 8 时,三门峡水库共下泄水量 3.483 亿 m^3,沙量 3 779 万 t。

小浪底水库:8 月 3 日 12 时以前按不超过 225 m 排沙运用,3 日 12 时以后按 6 h 不排沙和 4 h 排沙交替运用,日均流量控制在 2 000 m^3/s。具体调度过程:3 日 12~18 时不排沙,3 日 18~22 时排沙;3 日 22 时至 4 日 4 时不排沙,4 日 4~8 时排沙,4 日 8~10 时不排沙;4 日 10 时以后,由于出库沙量较小,按充分排沙运用至 6 日 12 时;6 日 12 时以后,向 225 m 回蓄运用,回蓄过程最小流量不低于 300 m^3/s。小浪底站 3~5 日日平均流量分别为 1 640 m^3/s、1 950 m^3/s、1 950 m^3/s,日平均含沙量分别为 95.8 kg/m^3、20.9 kg/m^3、2.75 kg/m^3,试验过程中最大流量 2 230 m^3/s、最大含沙量 303 kg/m^3。

8 月 2 日 8 时,小浪底水库水位 224.82 m,蓄水量 19.92 亿 m^3;3 日 8 时,小浪底水库水位 225 m,蓄水量 20.08 亿 m^3;至 6 日 12 时降至 222.17 m,蓄水量 17.74 亿 m^3。3 日 8 时至 6 日 12 时小浪底水库共下泄水量 4.980 亿 m^3,补水 2.34 亿 m^3。

2. 第二次试验

三门峡水库:三门峡水库 8 月 31 日 23 时起按敞泄运用,敞泄期间三门峡水库出库最大流量 4 860 m^3/s,出库最大含沙量 297 kg/m^3;自 9 月 1 日 15 时按蓄水位不超过 305 m 回蓄运用。

小浪底水库:9 月 1 日 12 时起按日平均流量 1 000 m^3/s 控泄,保持一个排沙洞全开;9 月 3 日 12 时至 6 日 12 时按日平均流量 1 500 m^3/s 控泄,保持两个排沙洞全开。7 日 11 时起,按日均流量 400 m^3/s、最小瞬时流量不小于 200 m^3/s 控泄。

9 月 1 日 8 时,小浪底水库水位 229.99 m,蓄水量 24.02 亿 m^3,7 日 8 时,小浪底水库水位 230.85 m,蓄水量 26.11 亿 m^3。小浪底共下泄水量 6.554 亿 m^3,平均下泄流量 1 240 m^3/s,最大下泄流量 1 570 m^3/s。

(四)效果分析

1. 异重流的出库排沙比

两次小浪底水库异重流主要是由于三门峡水库敞泄排沙形成的高含沙水流所致,潼关以上来水为其提供后续动力。两次试验小浪底水库出库水量较小,分别为 6.861 亿 m^3、7.417 亿 m^3,平均流量分别为 1 670 m^3/s、1 070 m^3/s,最大流量分别为 2 230 m^3/s、1 570 m^3/s;两次试验均实现了异重流排沙出库且排沙比较大,第一次试验三门峡水库出库沙量3 779万 t,小浪底水库出库沙量 2 200 万 t,水库排沙比为 58.2%;第二次试验三门峡水库出库沙量 5 187 万 t,小浪底水库出库沙量 1 515 万 t,水库排沙比为 29.2%。

2. 控制洪峰变形增值

第一次试验,小浪底水库泄放的细颗粒高含沙洪水过程,在小花间演进过程中变形增值,但通过控制小浪底水库出库水沙过程,从而控制洪水演进变形在下游主槽平滩流量允许范围内。小浪底站最大流量 2 230 m^3/s,最大含沙量 303 kg/m^3,花园口站 8 月 4 日 9

时 18 分，最大流量 3 360 m³/s，4 日 17 时 6 分，最大含沙量 138 kg/m³，洪峰增值 50.7%。

第二次试验，小浪底站最大流量 1 570 m³/s，最大含沙量 66.9 kg/m³。洪水在下游演进正常。

3. 下游河道淤积较少

两次试验通过间断排沙或控制排沙洞开启数量，控制出库含沙量，并与控泄流量相结合，控制出库水沙过程，提高输沙用水效率。两次试验下游河道实现总体少淤或不淤，第一次试验输沙入海量为 2 132 万 t，下游河道淤积 108 万 t，淤积沙量占小浪底出库沙量的 4.8%；第二次试验输沙入海量为 1 648 万 t，下游河道实现总体冲刷 119 万 t。两次试验淤积和冲刷的河段也相对比较有利，主要淤积部位均在平滩流量较大的花园口以上河段，而平滩流量较小的"卡口"河段都发生了明显的冲刷。

2006 年汛期异重流调度试验情况统计见表 4-8、表 4-9。

表 4-8　2006 年汛期异重流调度试验情况统计表一

（单位：流量，m³/s；含沙量，kg/m³）

站名	2006 年 8 月				2006 年 9 月			
	平均流量	平均含沙量	最大流量	最大含沙量	平均流量	平均含沙量	最大流量	最大含沙量
三门峡	660	102.95	4 090	454	1 730	48.7	4 860	297
小浪底	1 321	27.78	2 230	303	1 070	20.6	1 570	66.9
花园口	1 433	18.68	3 360	138	1 250	15.1	1 650	31.3
夹河滩	1 573	21.05	3 030	89.8	1 220	14.5	1 650	24.1
高村	1 451	19.66	2 700	73.9	1 280	16.1	1 700	29.4
孙口	1 593	25.14	2 780	72.7	1 260	17.4	1 600	32.6
艾山	1 535	21.07	2 630	61.1	1 380	16.3	1 810	28.5
泺口	1 588	23.42	2 600	58.2	1 270	16.5	1 700	28.5
利津	1 528	22.99	2 380	59.2	1 320	18.1	1 660	28.9

表 4-9　2006 年汛期异重流调度试验情况统计表二

站名	2006 年 8 月				2006 年 9 月			
	历时（d）	径流量（亿 m³）	输沙量（万 t）	河段冲淤量（万 t）	历时（d）	径流量（亿 m³）	输沙量（万 t）	河段冲淤量（万 t）
小浪底	7	7.99	2 200		8	7.417	1 515	
黑石关	7	0.523			8	0.409		
武陟	7	0.148			8	0.520 5		
小黑武	7	8.661	2 240		8	8.346 5	1 529	
花园口	7	8.67	1 627	613	8	8.638	1 305	224
夹河滩	7	8.74	1 742	-115	8	8.453	1 222	83
高村	7	8.78	1 617	125	8	8.871	1 431	-209

续表 4-9

站名	2006 年 8 月				2006 年 9 月			
	历时 (d)	径流量 (亿 m^3)	输沙量 (万 t)	河段冲淤量 (万 t)	历时 (d)	径流量 (亿 m^3)	输沙量 (万 t)	河段冲淤量 (万 t)
孙口	7	9.33	2 158	-541	8	8.683	1 515	-84
艾山	7	9.28	1 963	195	8	9.559	1 559	-44
泺口	7	9.16	2 068	-105	8	8.753	1 444	115
利津	7	9.24	2 132	-64	8	9.099	1 648	-204
小浪底—利津				108				-119

第三节　2007 年汛前调水调沙

一、指导思想和目标

(一)指导思想

通过联合调度万家寨、三门峡、小浪底等水库,进行调水调沙生产运行,继续扩大黄河下游主河槽的行洪输沙能力,减缓下游河道的防洪压力,合理使用黄河水资源,维持黄河健康生命。

(二)目标

(1)实现黄河下游河道主槽的全线冲刷,继续扩大主河槽的排洪输沙能力。

(2)继续探索人工塑造异重流的水库群水沙联合调度方式,尽最大努力减少库区淤积。

(3)进一步深化对河道、水库水沙运动规律的认识。

二、水库和河道边界条件

2006 年汛后,继续按照洪水资源化和水沙联合调控思想,在完全满足下游工农业用水和河口生态用水等的前提下,通过精细调度,为 2007 年汛前实施调水调沙储备了足够的水量。

调水调沙前(6 月 19 日 8 时),万家寨、三门峡、小浪底三座水库汛限水位以上共计蓄水 31.31 亿 m^3,其中小浪底水库汛限水位以上蓄水量 25.64 亿 m^3。按照《防洪法》规定,所有水库水位必须在汛期来临前降至汛限水位以下。同时,按照国务院"87 分水方案",黄河 580 亿 m^3 地表总径流中有 210 亿 m^3 输沙水量。根据当时水库蓄水和用水情况,开展一次调水调沙,冲刷下游主河槽,继续扩大河道主槽过流能力是十分必要的,客观上也具备了调水调沙所要求的水量条件。

另一方面摆在我们面前的现实问题有:①据分析黄河下游高村—孙口河段主槽平滩

流量约为 3 600 m^3/s,其中彭楼—国那里河段预估值为 3 500 m^3/s,仍是全下游主槽平滩流量最小的河段,黄河下游河道过流能力需要进一步扩大。②2007 年汛前小浪底库区干流的淤积形态发生了较为明显的变化,客观上具备利用异重流的输沙特性,人工塑造异重流排沙出库,延长小浪底水库使用寿命的条件。③黄河的水沙和河道冲淤变化十分复杂,小浪底水库的长期运行仍存在许多技术难题,需要我们去探索解决。

三、调水调沙过程

根据调水调沙目标,整个调水调沙调度分为两个阶段:调水期与排沙期。

(一)调水期调度

小浪底水库(与西霞院水库联合调度)6 月 19 日 9 时至 28 日 12 时,按照自然洪水先小后大的规律,从 2 600 m^3/s 增加到 3 300 m^3/s、3 600 m^3/s、3 800 m^3/s、3 900 m^3/s、4 000 m^3/s下泄。其间(6 月 21 日 9 时至 6 月 28 日 12 时)西霞院水库按敞泄运用。

(二)排沙期调度

1. 万家寨水库

6 月 22 日 18 时至 23 日 8 时,万家寨水库日平均出库流量按 1 200 m^3/s 控泄;鉴于黄河上游有一次明显的洪水过程,且洪量较大,为确保万家寨水库 7 月 1 日前降至汛限水位和小浪底水库塑造异重流需要,6 月 23 日 8 时起,万家寨水库按不小于 1 500 m^3/s 下泄 3 d,之后根据 7 月 1 日前降至汛限水位需要下泄。

2. 三门峡水库

三门峡水库从 6 月 19 日 8 时开始加大下泄,逐步降低水位至 313 m;6 月 28 日 12 时起,三门峡水库按 4 000 m^3/s 控泄,直至水库泄空后按敞泄运用;7 月 1 日 17 时起,三门峡水库按 400 m^3/s 下泄,转入汛期正常运用,控制库水位不超过 305 m。三门峡水库实时调度情况见图 4-6。

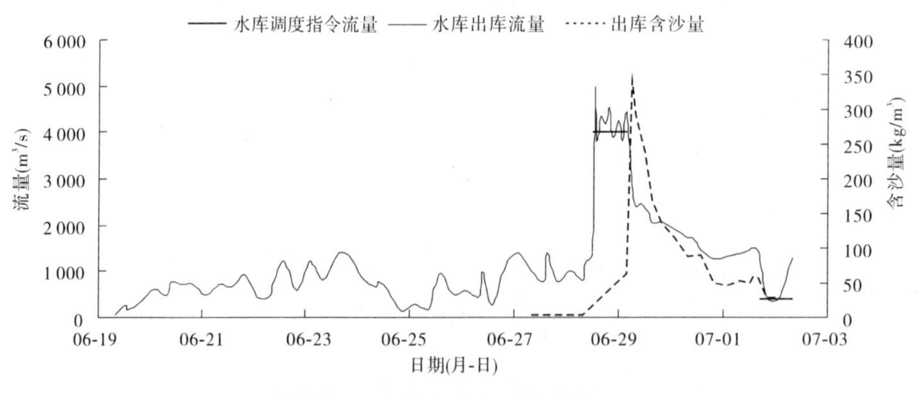

图 4-6　三门峡水库实时调度情况

3. 小浪底水库

6 月 28 日 12 时至 7 月 3 日 9 时,按照自然洪水消落和涵闸冲沙需要并在异重流高含沙水流出库期间调减下泄流量防止花园口洪峰增值过大,出库水流先后经历了 2 600 m^3/s、3 000 m^3/s、3 600 m^3/s、2 600 m^3/s、1 500 m^3/s 控泄台阶。7 月 3 日 9 时起,小浪底水库逐步回蓄，运用水位按不高于汛限水位 225 m 控制，其间西霞院水库按 400 m^3/s 均匀下泄。小浪底水库实时调度情况见图 4-7。

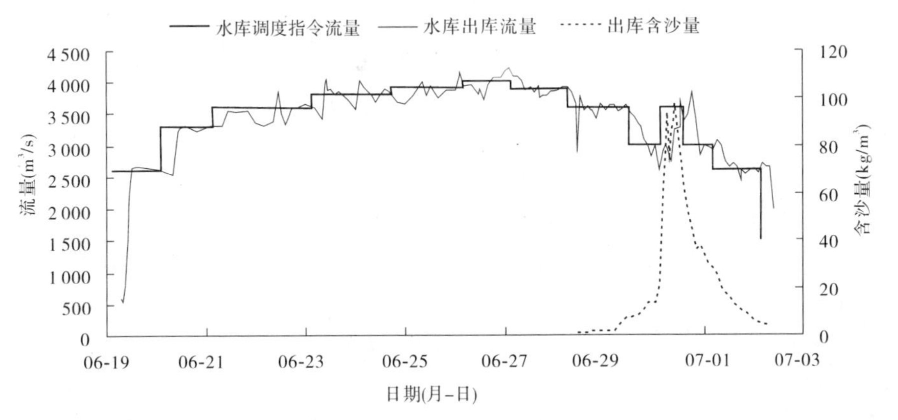

图 4-7　小浪底水库实时调度情况

调水调沙期间，小浪底水库共计泄水 39.72 亿 m^3，小花间来水 0.45 亿 m^3，水库补水 25.64 亿 m^3，合计进入黄河下游水量 41.01 亿 m^3，利津入海水量 36.28 亿 m^3。

4. 人工异重流塑造过程

6 月 26 日，万家寨水库下泄水流进入三门峡水库。

6 月 27 日 8 时，三门峡下泄流量达到 1 010 m^3/s，下泄水流对三门峡—小浪底区间河道沿程冲刷，入库水流挟带较大含沙量，于 18 时 30 分在 HH19 断面下游 1 200 m 观测到异重流，异重流厚度 4.14 m，最大测点流速 0.91 m/s，最大测点含沙量 43.5 kg/m^3，标志着异重流已在小浪底水库内产生。28 日 10 时 30 分，异重流开始排沙出库。

6 月 28 日 12 时，黄河防总调度三门峡水库以 4 000 m^3/s 的大流量下泄，28 日 13 时 18 分，三门峡水库下泄水流洪峰流量为 4 910 m^3/s，下泄清水对三门峡—小浪底区间河段强烈冲刷。28 日 23 时 48 分在 HH15 断面观测到异重流潜入，实测最大异重流厚度为 10.8 m，最大流速达到 2.87 m/s，最大含沙量为 85.1 kg/m^3。

6 月 29 日 20 时，高含沙异重流出库，小浪底站含沙量达到 14 kg/m^3。6 月 30 日 10 时，小浪底站实测最大含沙量达 107 kg/m^3，推算排沙洞出库含沙量达 230 kg/m^3，排沙一直持续到 7 月 2 日 16 时。

（三）水文测验

在调水调沙期间，开展了河道水库水位、流量、含沙量、输沙率、泥沙颗粒级配、断面冲淤、水库异重流等水文测验项目，尤其是异重流的观测获得了较为完整的过程。

（四）河势、工情及险情

（1）整个下游除有少部分工程存在上提下挫现象外，整体上河势较为稳定。

（2）截至 7 月 3 日，河南、山东河段共有 33 处 75.48 km 生产堤偎水。其中，河南河段共有 14 处生产堤偎水，偎水长度 32.83 km，偎水水深 0.1 ~ 0.5 m；山东河段共有 19 处 42.65 km 生产堤偎水，偎水水深 0.1 ~ 1 m。

（3）各级黄河河务部门对工情、险情进行了密切监视，及时抢护。河南、山东河段 43 处工程累计出险 639 坝次，除河南河段的古城控导为较大险情外，其他均为一般险情。河南河段共有 38 处工程出险 560 坝次，抢险用石 6.11 万 m^3、铅丝 81.19 t。山东河段 5 处工程出险 79 坝次，抢险用石 1.24 万 m^3、铅丝 10.03 t。

第四节　2007 年汛期调水调沙

一、指导思想和目标

（一）指导思想

（1）继续探索、实践小浪底、三门峡、故县、陆浑水库联合调度，实现清浑水空间对接的汛期调水调沙调度运行方式。

（2）积累小浪底水库、下游河道综合减淤的调度经验。

（二）目标

联合调度小浪底、陆浑、故县水库，实施空间尺度的调水调沙，实现水库、下游河道综合减淤。

二、调水调沙背景

受副高外围西南暖湿气流和南下弱冷空气的共同影响，2007 年 7 月 28 ~ 29 日，黄河流域山陕区间、洛河上游出现大范围降雨。受降雨影响，干流潼关站 7 月 29 日 8 时洪峰流量达 1 610 m^3/s，洛河卢氏站 29 日 14 时 42 分洪峰流量达 2 070 m^3/s，为有实测资料以来第二大洪峰。渭河临潼站 7 月 30 日 9 时洪峰流量达 1 040 m^3/s。30 日 8 时，龙门站流量 820 m^3/s，黑石关站 324 m^3/s，武陟站 4.8 m^3/s。根据干支流水情，预计花园口站可能出现 3 000 m^3/s 以上洪水过程。

2007 年 7 月 30 日 8 时，三门峡、小浪底、陆浑、故县四水库蓄水情况见表 4-10。

表 4-10　水库蓄水情况

水库	水位（m）	库容（亿 m^3）	汛限水位（m）
三门峡	293.44	0	305
小浪底	226.19	17.54	225
陆浑	312.05	3.93	317
故县	532.93	6.13	527.3

据黄委水文局 7 月 30 日径流预估（见表 4-11），7 月 30 日 12 时至 8 月 5 日，7 天潼关站河道来水量约 8.55 亿 m^3，小花区间河道来水量约 3.97 亿 m^3，合计来水 12.52 亿 m^3。考虑水库 210 m 以上蓄水约 10 亿 m^3，满足一次调水调沙水量要求。

表 4-11　潼关站、小花区间径流预报（估）　（单位：m^3/s）

时间（年-月-日）	潼关	小花区间
2007-07-30	1 600	400
2007-07-31	1 800	1 600
2007-08-01 ~ 08-05	1 300	600

三、水库调度及实施过程

(一)三门峡水库

7 月 29 日 8 时潼关站流量上涨至 1 610 m^3/s,自 7 月 29 日 16 时起,三门峡水库按敞泄运用。自 8 月 1 日 7 时起,三门峡水库逐步回蓄运用,按库水位不超过 305 m、下泄流量不小于 200 m^3/s 控制。

(二)小浪底水库(与西霞院水库联合)

小浪底水库自 7 月 28 日 14 时起转入防洪运用,7 月 29 日 14 时起转入调水调沙运用。水库下泄流量控制在 2 200~3 000 m^3/s。7 月 30 日 11 时 30 分,小浪底水库最大出库含沙量达 177 kg/m^3,为防止花园口站洪峰变形,小浪底水库泥沙大量排出阶段适当压减水库泄量。7 月 30 日 14 时,控制出库流量 1 000 m^3/s,19 时控制出库流量 2 000 m^3/s。调水调沙运用中,西霞院水库主要按进出库平衡运用。自 8 月 6 日 12 时起,西霞院水库出库流量按 2 000 m^3/s 控制。待西霞院水库水位接近 131 m 时,小浪底水库按 2 000 m^3/s控泄。8 月 7 日 8 时小浪底水库水位降至 218.7 m,调水调沙运用结束,小浪底水库按 600 m^3/s 控泄,转入汛期正常运用。具体见表 4-12。

表 4-12　小浪底水库调度情况

起始时间(月-日 T 时:分)	控制流量(m^3/s)	孔洞组合	西霞院水库方式
07-29T14:00	2 000		
07-30T10:30	3 000	尽量采用排沙底孔和孔板洞	进出库平衡运用
07-30T12:00	2 500	尽量采用排沙底孔和孔板洞	进出库平衡运用
07-30T14:00	1 000	尽量采用排沙底孔和孔板洞	进出库平衡运用
07-30T19:00	2 000	排沙底孔和孔板洞泄水不低于 60%	进出库平衡运用
07-31T17:00	2 200	排沙底孔和孔板洞泄水不低于 60%	进出库平衡运用
07-31T19:00	2 400	排沙底孔和孔板洞泄水不低于 60%	进出库平衡运用
07-31T21:00	2 600	排沙底孔和孔板洞泄水不低于 60%	进出库平衡运用
08-01T07:00	2 800	排沙底孔和孔板洞泄水不低于 60%	进出库平衡运用
08-02T08:00	3 000	排沙底孔和孔板洞泄水不低于 60%	进出库平衡运用
08-02T12:30	2 600	排沙底孔和孔板洞泄水不低于 60%	进出库平衡运用
08-02T15:30	2 800	排沙底孔和孔板洞泄水不低于 60%	进出库平衡运用
08-03T08:00	2 700	排沙底孔和孔板洞泄水不低于 60%	进出库平衡运用
08-03T12:00	2 000	排沙底孔和孔板洞泄水不低于 60%	进出库平衡运用
08-04T00:00	2 400	排沙底孔和孔板洞泄水不低于 60%	进出库平衡运用
08-04T12:00	3 000	排沙底孔和孔板洞泄水不低于 60%	进出库平衡运用
08-04T18:00	2 600	排沙底孔和孔板洞泄水不低于 60%	进出库平衡运用
08-04T22:00	3 000	排沙底孔和孔板洞泄水不低于 60%	进出库平衡运用
08-06T12:00	西霞院水库水位接近 131 m 时,按 2 000		2 000
08-07T08:00	600		

小浪底水库调水调沙运用总历时 210 h(7 月 29 日 14 时至 8 月 7 日 8 时),期间最大出库流量 3 090 m^3/s(8 月 5 日 8 时),出库总水量 17.32 亿 m^3,最大出库含沙量 177 kg/m^3,推算排沙洞出库含沙量 226 kg/m^3,出库总沙量 0.459 亿 t。

小浪底水库调度流量和实测流量对比见图 4-8。

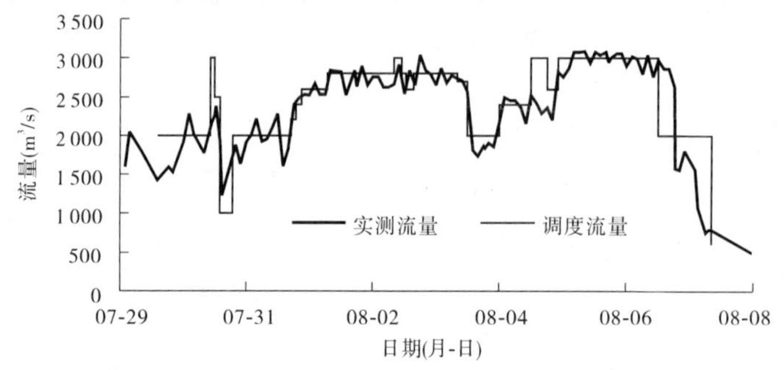

图 4-8　小浪底水库调度流量和实测流量对比

(三)故县水库

按照批准的 2007 年水库调度方式,故县水库在确保防洪安全的前提下适当控泄,尽量为小浪底水库排沙和控制花园口流量创造条件。

7 月 29 日,洛河流域突降大雨,16 时长水站流量 306 m^3/s。7 月 29 日 16 时,洛河故县水库下游约 50 km 处洛宁县王协大桥(在建)施工人员共 39 人被水围困。原定故县水库开闸泄流时间推迟执行,黄河防总办公室于 7 月 29 日 19 时下令故县水利枢纽管理局立即关闭故县水库所有孔洞,泄流量为零,以减小洛河流量,为营救创造条件。7 月 30 日 8 时起故县水库按照 500 m^3/s 控泄,比原定方案整整推迟了 12 h。此时库水位已经达到 533.02 m,超汛限水位 5.72 m。10 时起按照 1 000 m^3/s 控泄。根据黄河及伊、沁河来水情况,自 7 月 30 日 19 时至 8 月 3 日 17 时 50 分,故县水库配合小浪底水库、陆浑水库调度,出库流量分别按 400 m^3/s、600 m^3/s、800 m^3/s 控泄。

7 月 29 日至 8 月 2 日,故县枢纽启闭闸门 7 次,闸门运行时间 108 h,水库下泄(长水站)总水量 2.09 亿 m^3。8 月 3 日 17 时 50 分,库水位达到汛限水位 527.3 m 后关闭所有泄洪闸门,转入正常运用状态。

(四)陆浑水库

在库水位达汛限水位以前按发电要求下泄,陆浑水库日均流量控制为 50 m^3/s 并尽量平稳。陆浑水库水位 7 月 29 日 8 时为 311.88 m,8 月 7 日 8 时为 313.88 m,调水调沙期间水位升高 2 m。

(五)河势、工情

河南河段河势与汛前河势相比,总体变化不大。山东河段除杨集上延工程和旧城北滩处河势变化较大外,其他工程靠河靠溜长度增加,河势遵循大水下挫规律,河势比较平稳。

为了对本次调水调沙实施监测,采集了东坝头以下蔡集附近至神仙沟附近的雷达影像数据 3 景,时间为 8 月 5 ~10 日,其间大河流量为 3 100 ~3 450 m^3/s。遥感监测表明,全河主槽单一,两岸岸线整齐,说明调水调沙期河势溜向是稳定的。

第五节　2008 年调水调沙

一、指导思想和目标

(一)指导思想

联合调度万家寨、三门峡、小浪底水库,继续开展调水调沙生产运行,尽量多排水库泥沙,减少水库淤积,扩大黄河下游主河槽的行洪输沙能力,减缓下游河道的防洪压力,合理安排黄河输沙和河口生态用水,维持黄河健康生命。

(二)目标

(1)进一步扩大黄河下游主槽的最小过流能力,黄河下游主槽最小过流能力力争达到 3 800 m^3/s。

(2)继续实施小浪底水库人工塑造异重流,努力提高水库排沙比,减少库区泥沙淤积。

(3)促进河口三角洲生态系统的良性维持,努力实现生态调度与调水调沙的有机结合。

(4)进一步深化对河道、水库水沙运动规律的认识。

二、水库和河道边界条件

(一)小浪底水库库容变化情况

截至 2008 年 4 月,小浪底水库 275 m 以下库容为 104.31 亿 m^3,其中干流库容为 55.33 亿 m^3,左岸支流库容为 22.47 亿 m^3,右岸支流库容为 26.51 亿 m^3。2007 年 4 月至 2008 年 4 月干、支流库容对照见表 4-13。

表 4-13　2007 年 4 月至 2008 年 4 月各时段库容对照　　(单位:亿 m^3)

测量时间(年-月)	干流	左岸支流	右岸支流	总库容
2007-04	56.39	22.64	26.56	105.59
2007-10	55.03	22.22	26.34	103.59
2008-04	55.33	22.47	26.51	104.31

从库容的年内分配来看,总库容淤积主要发生在 2007 年汛期,汛后库容变化不大。库容减少主要发生在干流,支流库容的变化不大。2007 年 4 月至 2008 年 4 月小浪底水库库容损失共计 1.28 亿 m^3。

(二)小浪底库区河底高程的变化

2007 年 4 月至 2008 年 4 月小浪底库区干流主槽最低河底高程变化情况见图 4-9。

从图 4-9 可以看出,经过 2007 年汛前调水调沙运用和汛期的调水调沙,库区干流的淤积形态得到进一步的调整,主要表现在淤积三角洲的顶点下移,逐渐靠近大坝。

由于汛前调水调沙到 8 月下旬之间,小浪底库区的水位较低,基本上在 230 m 以下运用,因此通过调水调沙运用和汛期入库洪水的作用,库区的淤积形态逐渐发生变化。水库淤积的重心逐渐向下游发展,特别是八里胡同河段发生了明显的淤积,八里胡同内的

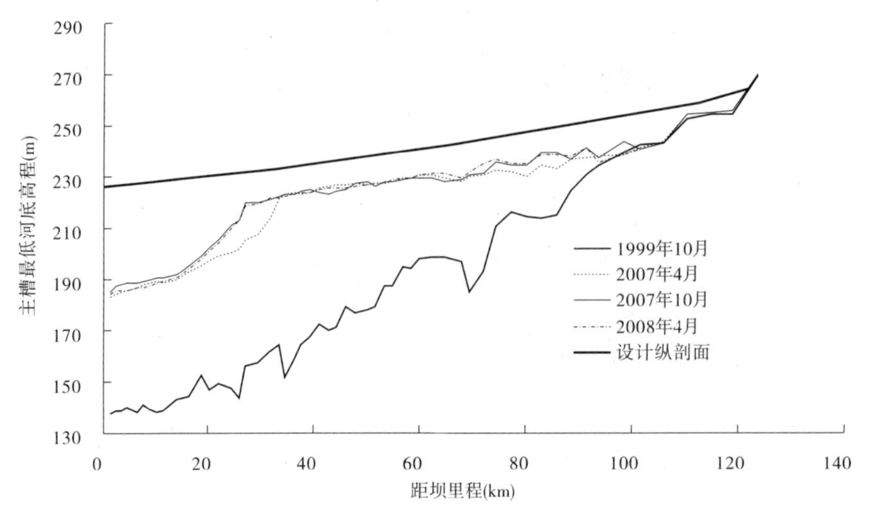

图 4-9　小浪底水库干流主槽最低河底高程沿程变化对照

HH18 断面河底抬升 10 m 左右,HH17 断面河底抬升 10 m 以上。淤积三角洲的顶点已经下移至 HH17 断面。2007 年 4 ~ 10 月,八里胡同河段的淤积量约为 0.6 亿 m^3,占干流淤积总量的 36%。

小浪底库区干流淤积形态的变化,主要反映在淤积三角洲顶点明显下移,三角洲顶点由 2007 年 4 月距坝 34 km(HH21 断面)下移至距坝约 27 km 处(HH17 断面,八里胡同中段),是历年三角洲顶点最靠近大坝的一年。三角洲顶坡和高程变化不大,和 2006 年 4 月相比,顶坡高程降低 10 m 左右。2007 年 10 月至 2008 年 4 月,小浪底水库进库水沙量均很小,库区的淤积形态变化很小,小浪底库区干流淤积形态基本无变化,只是距坝 15 km 以内库底高程略有抬高。

(三)下游河段平滩流量

采用 2008 年 4 月实测大断面资料,运用多种方法对下游河道各断面 2008 年汛初的平滩流量进行了计算,并采用包括险工水位在内的多种实测资料对计算结果进行了综合论证,预估黄河下游各河段平滩流量为:花园口以上一般大于 5 000 m^3/s;花园口—高村 4 500 m^3/s 左右,高村—艾山 3 800 m^3/s 左右,艾山以下大部分在 4 000 m^3/s 左右。其中彭楼—陶城铺河段仍是全下游主槽平滩流量最小的河段,最小值预估为 3 650 ~ 3 700 m^3/s,如表 4-14 所示。

(四)水情分析

截至 2008 年 6 月 10 日 8 时,八大水库共蓄水 239.0 亿 m^3,较上年同期的 231.5 亿 m^3 多蓄 7.5 亿 m^3,其中龙羊峡水库多蓄了 8 亿 m^3,万家寨、三门峡、小浪底三库共少蓄 0.5 亿 m^3。万家寨、三门峡、小浪底三库汛限水位以上可供调节的水量只有 34.05 亿 m^3,其中小浪底水库汛限水位以上蓄水 29.07 亿 m^3。

三、调水调沙过程

整个调度过程分为小浪底水库清水下泄冲刷下游河道的流量调控阶段和万家寨、三门峡、小浪底三库联合调度人工塑造异重流的水沙联合调度阶段。

表 4-14　2008 年汛初彭楼—陶城铺河段平滩流量预估

断面名称	平滩水位 (m)	平滩面积 (m^2)	滩面出水高度 (m)	冲淤面积 (m^2)	平滩流量 (m^3/s)
彭楼(二)	57.18	1 914		-116	3 850
马棚	56.87	1 802		-159	3 800
大王庄	56.06	1 963		-145	3 800
十三庄	55.64	1 972		-304	3 750
位堂	55.50	1 486		-226	3 750
史楼	54.77	1 874		-250	3 750
黄营	54.40	1 849		-94	3 750
李天开	54.21	1 591		-78	3 700
石菜园	53.86	1 930		-107	3 700
徐码头(二)	53.50	1 396		-246	3 700
苏阁	52.82	1 889		-178	3 700
于庄(二)	51.19	1 881	-0.50	-415	3 650
葛庄	51.93	1 907		-165	3 850
杨集	51.03	1 797	-0.09	-124	3 800
徐沙洼	50.88	3 930		-1 684	3 800
后张楼	50.57	1 863		-87	3 750
大寺张	50.14	1 942		-60	3 750
伟那里	49.91	1 588		-119	3 750
陈楼	49.52	1 720		-117	3 750
龙湾(二)	49.33	1 357	-0.12	-103	3 750
赵堌堆	48.96	1 419		-52	3 700
孙口	48.65	2 149	-0.23	-48	3 700
影唐	48.39	1 355		-189	3 750
梁集	47.69	1 628		-51	3 700
大田楼	47.19	1 478		-64	3 700
雷口	46.91	1 448		-81	3 700
路那里	46.59	1 966	-0.24	-187	3 650
邵庄	45.89	1 691	-0.14	-236	3 720
陶城铺	44.81	1 609		-67	3 750

注:1. 平滩面积为 2008 年 4 月所测;
2. 滩面出水高度为滩唇高程与 2007 年 6 月最高水位之差;
3. 2007 年 6 月高村、孙口两站出现最高水位时相应流量分别为 4 050 m^3/s 和 3 980 m^3/s;
4. 冲淤面积指 2007 年 4 月至 2008 年 4 月期间发生。

(一)第一阶段:流量调控阶段

根据对下游河道主河槽分段平滩流量分析研究,按照确定的黄河下游各河段流量调控指标，自 2008 年 6 月 19 日至 28 日，利用下泄小浪底水库的蓄水冲刷下游河道。起始调控流量 2 600 m^3/s，最大调控流量 4 100 m^3/s。

（二）第二阶段：水沙联合调度阶段

万家寨水库：为冲刷三门峡库区非汛期淤积泥沙提供水量和流量过程。从 6 月 25 日 8 时起，万家寨水库按照 1 100 m^3/s、1 200 m^3/s、1 300 m^3/s 逐日加大下泄流量，在三门峡水库水位降至 300 m 时准时对接，延长三门峡水库出库高含沙水流过程。

三门峡水库：6 月 28 日 16 时起，三门峡水库依次按 3 000 m^3/s 控泄 3 h、按 4 000 m^3/s 控泄 3 h；之后，按 5 000 m^3/s 控泄，直至水库敞泄运用，利用该库水位 315 m 以下 2.35 亿 m^3 蓄水塑造大流量过程，与小浪底水库水位 227 m 准确对接，冲刷小浪底库区三角洲洲面淤积的泥沙，形成高含沙水流过程在小浪底水库形成异重流；后期敞泄运用，利用万家寨下泄水流过程继续冲刷三门峡淤积泥沙并与前期在小浪底库区形成的异重流相衔接，促使异重流运行到小浪底坝前排沙出库，并延长异重流过程。

小浪底水库：通过第一阶段调度使库水位从 245 m 降至 227 m，以利于异重流潜入和运行。

6 月 29 日 18 时，小浪底水库人工塑造异重流按设计要求排沙出库，之后，小浪底水库继续降低水位补水运用，以延长异重流出库过程，并尽量增加泥沙入海的比例。7 月 3 日 18 时小浪底水库水位降至 221.5 m，结束调水调沙运用，转入汛期正常调度运行。

第六节　2009 年调水调沙

一、指导思想和目标

（一）指导思想

继续开展基于万家寨、三门峡、小浪底三库联合调度的调水调沙生产运行，人工塑造异重流，尽量多排水库泥沙，减少水库淤积，扩大黄河下游主河槽的行洪输沙能力，减缓下游河道的防洪压力，合理安排黄河输沙和河口生态用水，维持黄河健康生命。

（二）目标

（1）进一步扩大黄河下游主槽的最小过流能力，黄河下游主槽最小过流能力力争达到 3 900 m^3/s 以上，探索水库、河道泥沙联合调度方式，兼顾下游引水渠道拉沙的需要。

（2）继续实施小浪底水库人工塑造异重流，减少库区泥沙淤积。

（3）促进河口三角洲生态系统的良性维持，努力实现生态调度与调水调沙的有机结合，通过洪水自然漫溢和引水闸引水，使三角洲滨海区湿地和生态保护区生态环境明显改善。

（4）进一步深化对河道、水库水沙运动规律的认识。

二、水库和河道现状边界条件

（一）小浪底水库库容变化情况

截至 2009 年 4 月，小浪底水库 275 m 以下库容为 103.54 亿 m^3，其中干流库容为 54.88 亿 m^3，左岸支流库容为 22.32 亿 m^3，右岸支流库容为 26.34 亿 m^3。2008 年 4 月至

2009 年 4 月干、支流库容对照见表 4-15。

表 4-15　2008 年 4 月至 2009 年 4 月各时段库容对照　（单位：亿 m^3）

测量时间(年-月)	干流	左岸支流	右岸支流	总库容
2008-04	55.33	22.47	26.51	104.31
2008-10	54.77	22.33	26.25	103.35
2009-04	54.88	22.32	26.34	103.54

从库容的年内分配来看，淤积主要发生在 2008 年汛期，2008 年 4 月至 2008 年 10 月小浪底实测库容损失 0.96 亿 m^3。汛后库底泥沙的沉降和密实，使得库底高程和 2008 年 10 月相比有所降低，导致实测库容略有增大，2008 年 10 月至 2009 年 4 月小浪底水库实测库容略增 0.19 亿 m^3。2008 年 4 月至 2009 年 4 月，小浪底水库共损失库容 0.77 亿 m^3。

（二）小浪底库区河底高程的变化

2008 年 4 月至 2009 年 4 月小浪底库区干流主槽最低河底高程沿程变化情况见图 4-10。

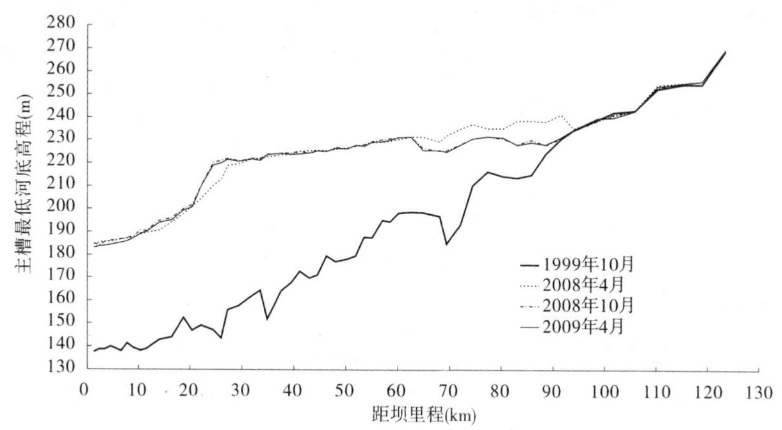

图 4-10　小浪底库区干流主槽最低河底高程沿程变化对照

从图 4-10 可以看出，经过 2008 年汛前调水调沙运用，库区干流的淤积形态得到进一步调整，主要表现在淤积三角洲的顶点下移逐渐靠近大坝和库区中部河底高程的明显降低。

从 2008 年汛前调水调沙开始一直到 8 月 21 日，小浪底库区水位一直控制在 225 m 以下运用。因此，通过 2008 年汛前调水调沙运用和汛期入库洪水的作用，库区的淤积形态较 2007 年发生了较大的变化，主要表现在以下两个方面：

第一，淤积三角洲顶点继续下移。水库淤积三角洲顶点位置由距坝 27.19 km（HH17 断面）下移到距坝 24.43 km（HH15 断面），下移 2.76 km，三角洲顶点和顶坡段的高程无变化，但前坡段的比降明显增大。

第二，由于三门峡水库下泄水流的冲刷作用，小浪底库区 HH37 断面（距坝 62.49 km）与 HH49 断面（距坝 93.96 km）之间发生了明显的冲刷，最大冲刷深度达 10 m 左右，冲刷量约 4 200 万 m^3，进一步缩小了三角洲顶坡段的纵比降。

（三）下游河段平滩流量

采用2009年4月实测大断面资料，运用多种方法对下游河道各断面2009年汛初的平滩流量进行了计算，并采用包括险工水位在内的多种实测资料对计算结果进行了综合论证，预估黄河下游各河段平滩流量为：花园口以上一般大于5 000 m^3/s，花园口—高村4 500 m^3/s左右，高村—艾山3 850 m^3/s左右，艾山以下大部分在4 000 m^3/s以上。其中彭楼—陶城铺河段（107.3 km）仍是全下游主槽平滩流量最小的河段，最小值预估为3 810～3 850 m^3/s，如表4-16所示。

（四）水库蓄水

2009年6月19日8时，万家寨、三门峡、小浪底三座水库汛限水位以上共计蓄水37.82亿m^3，其中小浪底水库汛限水位以上蓄水量32.42亿m^3。

三、调水调沙过程

整个调度过程分为小浪底水库清水下泄冲刷下游河道和生态调度阶段，万家寨、三门峡和小浪底水库三库水沙联合调度人工塑造异重流阶段。

鉴于2009年汛前黄河下游一直处于小流量过流状态，在汛前调水调沙正式开始之前，自6月17日15时起，西霞院水库按1 000 m^3/s控泄；自6月18日12时起，小浪底、西霞院水库联合调度运用，出库流量按2 300 m^3/s均匀下泄；西霞院水库水位降至131 m，之后按进出库平衡运用。

（一）第一阶段：流量调控阶段

按照前期研究确定的黄河下游各河段流量调控指标，自6月19日9时起至29日19时，利用小浪底水库蓄水冲刷下游河道和进行生态调度。起始调控流量2 800 m^3/s，最大调控流量4 000 m^3/s。

小浪底水库具体调度过程：6月19日9时起小浪底水库起始调控流量2 800 m^3/s，6月20日8时起小浪底水库调控流量3 500 m^3/s，6月22日8时起小浪底水库调控流量3 800 m^3/s，6月24日8时起小浪底水库调控流量4 000 m^3/s。

三门峡水库具体调度过程：6月22日8时起均匀加大流量，平稳下泄，至6月28日8时库水位降至316 m，29日8时库水位降至315 m，之后按进出库平衡运用。

（二）第二阶段：水沙联合调控阶段

万家寨水库：为冲刷三门峡库区非汛期淤积泥沙提供水量和流量过程、塑造三门峡水库出库高含沙水流过程，从6月25日12时起，万家寨水库按照1 200 m^3/s下泄，直至库水位降至966 m后按进出库平衡运用。

三门峡水库：利用库水位315 m以下2.03亿m^3蓄水塑造大流量过程，与小浪底水库水位227 m对接，冲刷小浪底库区淤积三角洲洲面泥沙，形成高含沙水流过程，并在小浪底水库形成异重流；利用三门峡水库下泄大流量过程，调整小浪底库区泥沙淤积形态，使其符合设计要求；在三门峡水库泄空时，万家寨水库下泄水流演进至三门峡水库坝前，实现准确对接，塑造三门峡水库出库高含沙水流过程，和小浪底库区冲刷异重流相衔接，促使异重流运行到小浪底坝前排沙出库。7月3日9时，三门峡水库开始逐步回蓄，当库水位达到305 m时，转入正常运用。

表 4-16　2009 年汛初彭楼—陶城铺河段平滩流量预估

断面名称	平滩水位 (m)	平滩面积 (m^2)	滩面出水高度 (m)	冲淤面积 (m^2)	平滩流量 (m^3/s)
彭楼(二)	57.18	2 045		-98	3 950
马棚	56.58	2 011		-163	3 900
大王庄	56.17	2 294		-522	3 900
武盛庄	55.77	2 166		-481	3 850
十三庄	55.56	1 846		288	3 850
位堂	55.50	1 427		97	3 900
史楼	54.77	2 015	0.20	-171	3 900
黄营	54.31	1 881		-240	3 950
李天开	54.20	1 706		-137	3 950
石菜园	53.86	2 066		-172	3 950
徐码头(二)	53.54	1 162		169	3 950
苏阁	52.82	1 785		19	3 900
于庄(二)	51.59	2 449	-0.50	-401	3 810
葛庄	52.02	1 980		-194	3 900
杨集	51.03	1 682	0.03	18	3 950
徐沙洼	50.81	5 077		-2 048	3 900
后张楼	50.47	1 844		-208	3 900
大寺张	50.11	1 994		-99	3 850
伟那里	49.82	1 878		-254	3 850
陈楼	49.45	1 782		-89	3 850
龙湾(二)	49.14	1 207	-0.20	8	3 850
赵堌堆	48.97	1 346		50	3 900
孙口	48.70	2 378		-178	3 850
影唐	48.49	1 330		15	3 900
梁集	47.73	1 796		-168	3 900
大田楼	47.27	1 633		-64	3 850
雷口	46.93	1 580	-0.12	-50	3 850
路那里	46.59	2 295		-163	3 850
邵庄	45.89	1 618	-0.28	80	3 810
陶城铺	44.98	1 655		-34	3 850

注:1. 平滩面积为 2009 年 4 月所测;
2. 滩面出水高度为滩唇高程与 2008 年 6 月最高水位之差;
3. 2008 年 6 月高村、孙口两站出现最高水位时相应流量分别为 4 150 m^3/s 和 4 100 m^3/s;
4. 冲淤面积指 2008 年 4 月至 2009 年 4 月期间发生。

三门峡水库具体调度过程:6 月 29 日 19 时三门峡水库按不大于 5 000 m^3/s 控泄,直至水库泄空后按敞泄运用。

小浪底水库:通过第一阶段调度,库水位降至 227 m 以下与三门峡下泄大流量过程准确对接,利于异重流潜入。

6 月 29 日 22 时至 7 月 3 日 18 时 30 分,在异重流高含沙水流出库期间,调减下泄流量,防止花园口洪峰增值过大,小浪底水库先后按 3 000 m^3/s、2 600 m^3/s、2 300 m^3/s、1 500 m^3/s 下泄。其间不控制下游引水,小浪底水库三个排沙洞保持全开,有利于水库排沙。

6 月 30 日 6 时 30 分,异重流在 HH14 断面(距坝 22.1 km)潜入,30 日 15 时 50 分,小浪底水库人工塑造异重流开始排沙出库。

7 月 3 日 18 时 30 分,小浪底水库按 600 m^3/s 下泄,调水调沙水库调度过程结束。

本次调水调沙调度期间,万家寨水库实际运用情况:6 月 25 日平均出库 821 m^3/s,26 日平均出库 1 230 m^3/s,27 日平均出库 883 m^3/s。27 日 17 时 33 分库水位由 976 m 降至 966.1 m,万家寨水库调度结束。

三门峡水库在排沙调度过程中,最低运用水位 289.05 m,最大出库流量 4 470 m^3/s。

小浪底水库出库水流先后经历了 2 800 m^3/s、3 500 m^3/s、3 800 m^3/s、4 000 m^3/s、3 000 m^3/s、2 600 m^3/s、2 300 m^3/s、1 500 m^3/s 控泄过程。小浪底水库水位由 249 m 降至 220 m,西霞院水库水位由 133 m 降至129 m。

第五章　调水调沙效果分析

第一节　下游河道主槽冲刷效果

一、调水调沙试验中下游河道主槽冲刷效果

（一）首次调水调沙试验下游河道主槽冲刷效果

1. 进入下游河道的水沙条件

2002 年 7 月 4 ~ 15 日首次调水调沙试验期间，小浪底水文站的水量 26.06 亿 m^3，沙量 0.319 亿 t，平均含沙量 12.2 kg/m^3；沁河和伊洛河同期来水 0.55 亿 m^3，为清水；利津水文站水量 23.35 亿 m^3，沙量 0.505 亿 t；下游最后一个观测站丁字路口站通过的水量为 22.94 亿 m^3，沙量为 0.532 亿 t。

2. 下游河道冲淤量及沿程分布

按断面法计算，首次调水调沙试验期间下游河道总冲刷量为 0.362 亿 t。其中，高村以上河段冲刷 0.191 亿 t，高村—河口河段冲刷 0.171 亿 t。白鹤—花园口河段冲刷量占下游总冲刷量的 36%；夹河滩—孙口河段由于洪水漫滩，淤积 0.082 亿 t；艾山—利津河段冲刷效果显著，冲刷总量为 0.197 亿 t，占全下游总冲刷量的 54.4%。首次调水调沙试验实现了下游各河段主槽冲刷的试验目标，各河段的冲淤情况见图 5-1。

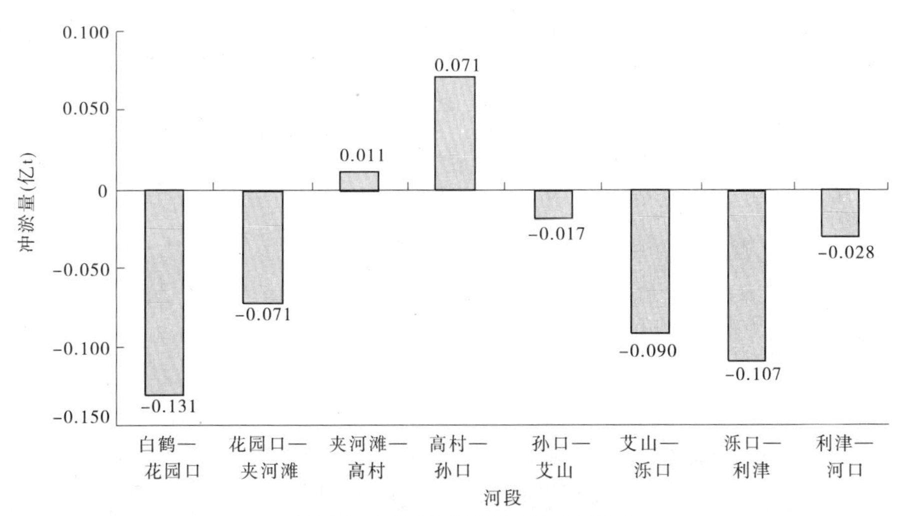

图 5-1　下游各河段全断面冲淤量

3. 下游河道冲淤量横向分布

黄河下游河道横断面分为河槽和滩地，河槽又分为主槽和嫩滩，首次调水调沙试验期

间下游各河段滩槽冲淤情况见表 5-1。

首次调水调沙试验期间下游河道主槽冲刷效果明显,嫩滩则发生了不同程度的淤积。各河段主槽、嫩滩及河槽的冲淤厚度见表 5-2。

表 5-1 首次调水调沙试验期间下游各河段滩槽冲淤量 (单位:亿 t)

河段	全断面	二滩	嫩滩	主槽	河槽
白鹤—花园口	-0. 131	0. 005	0. 091	-0. 227	-0. 136
花园口—夹河滩	-0. 071	0	0. 069	-0. 140	-0. 071
夹河滩—高村	0. 011	0. 039	0. 197	-0. 225	-0. 028
高村—孙口	0. 071	0. 154	0. 092	-0. 175	-0. 083
孙口—艾山	-0. 017	0. 002	0. 010	-0. 029	-0. 019
艾山—泺口	-0. 090	0	0. 006	-0. 096	-0. 090
泺口—利津	-0. 107	0	0. 003	-0. 110	-0. 107
利津—河口	-0. 028	0	0. 033	-0. 061	-0. 028
白鹤—高村	-0. 191	0. 044	0. 357	-0. 592	-0. 235
高村—河口	-0. 171	0. 156	0. 144	-0. 471	-0. 327
白鹤—河口	-0. 362	0. 200	0. 501	-1. 063	-0. 562

表 5-2 首次调水调沙试验期间下游各河段滩槽冲淤厚度 (单位:m)

河段	主槽		嫩滩		河槽	
	冲淤厚度	宽 度	冲淤厚度	宽 度	冲淤厚度	宽 度
白鹤—花园口	-0. 18	800	0. 11	706	-0. 08	1 506
花园口—夹河滩	-0. 16	739	0. 06	1 296	-0. 04	2 035
夹河滩—高村	-0. 24	806	0. 18	1 358	-0. 02	2 164
高村—孙口	-0. 26	414	0. 17	453	-0. 08	867
孙口—艾山	-0. 07	454	0. 05	318	-0. 04	772
艾山—泺口	-0. 16	421	0. 03	167	-0. 15	588
泺口—利津	-0. 12	384	0. 01	181	-0. 11	565
利津—河口	-0. 12	404	0. 08	437	-0. 04	841
白鹤—高村	-0. 19	783	0. 12	1 076	-0. 04	1 859
高村—河口	-0. 15	409	0. 09	297	-0. 09	706

夹河滩以上河段主槽冲深上大下小;夹河滩—高村由于洪水漫滩,滩槽水沙发生交

换，表现为明显的槽冲滩（嫩滩）淤，滩地一部分清水在逐步归槽的同时，降低了水流含沙量，增加了冲刷能力，使得主槽冲刷厚度达 0.24 m；高村—孙口河段滩槽水沙交换更加剧烈，大部分漫滩水流在本河段归槽，主槽相对窄深，因而冲刷最为明显，达 0.26 m；孙口—艾山河段主槽也发生了相应的冲刷；艾山以下冲深上大下小，也符合沿程冲刷的规律。

4. 下游河道含沙量沿程恢复情况

试验期间下游各站平均流量和平均含沙量见表 5-3。

表 5-3　首次调水调沙试验期间下游各站平均流量和平均含沙量

站名	平均流量（m^3/s）	平均含沙量（kg/m^3）
小浪底	2 741	12.2
小黑武	2 798	12.0
花园口	2 649	13.3
夹河滩	2 605	14.2
高村	2 377	12.7
孙口	2 056	14.1
艾山	1 984	17.8
泺口	1 906	19.0
利津	1 885	21.6
丁字路口	1 852	23.2

沿程含沙量除夹河滩—孙口河段出现波动外，整体表现出沿程增加的趋势。

夹河滩—孙口河段含沙量的变化与该区间洪水漫滩归槽及滩槽的冲淤纵横向分布完全对应。如前所述，夹河滩—高村河段部分漫滩水流归槽降低了水流的含沙量，使得高村站含沙量略有降低，为 12.7 kg/m^3；高村—孙口河段由于大部分洪水在此河段回归主槽，且主槽相对窄深，冲刷相对剧烈，至孙口站含沙量又有所恢复，为 14.1 kg/m^3。

5. 下游河道泥沙粒径变化及分组沙冲淤量

1）悬移质泥沙粒径变化

试验期间，主槽沿程冲刷，从河床补给的泥沙占进入下游河道泥沙的比例逐步增加，使得各水文站悬移质泥沙总体呈现出沿程粗化的趋势。从图 5-2 可以看到，时段平均泥沙中值粒径 d_{50} 小浪底水文站为 0.006 mm，花园口水文站为 0.008 mm，高村水文站为 0.015 mm，丁字路口水文站达到 0.030 mm。

悬移质泥沙粒径沿程发生变化，还可以通过不同水文站粗颗粒泥沙（$d>0.05$ mm）重量在全沙中所占比例的变化来反映。试验期间各水文站粗颗粒泥沙所占比例见表 5-4。

从表 5-4 也可看出，小浪底水文站输沙总量中，粗颗粒泥沙只占 3.3%，到丁字路口水文站，占 23.8%。在其他各站中，艾山水文站粗颗粒泥沙占总输沙量的比例最大，为 26.5%。其主要原因是，试验期间孙口—艾山河段出现持续冲刷，且冲刷强度较其他河段

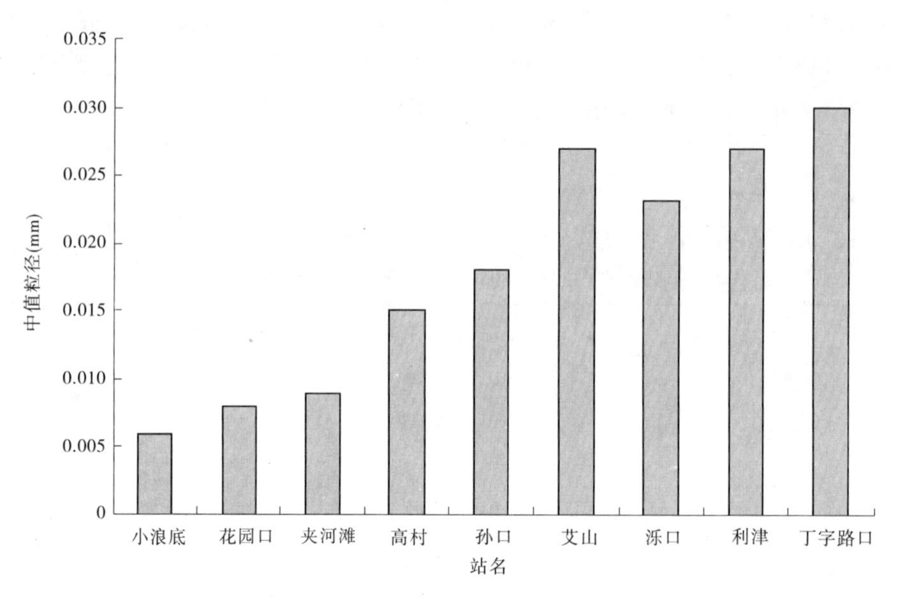

图 5-2　首次调水调沙试验期间黄河下游各站时段平均悬移质中值粒径沿程变化

剧烈，艾山断面平均河底高程最大刷深 1.3 m 以上，大量粗颗粒泥沙被冲起来，造成悬移质颗粒发生明显粗化。

表 5-4　首次调水调沙试验期间黄河下游各站粗颗粒泥沙沙重百分数

站名	d > 0.05 mm 的沙量(万 t)	d > 0.05 mm 的沙重百分数(%)
小浪底	105.9	3.3
花园口	446.3	11.9
夹河滩	421.2	10.4
高村	603.9	18.3
孙口	526.0	14.9
艾山	1 139.5	26.5
泺口	875.6	19.9
利津	1 050.0	21.0
丁字路口	1 261.4	23.8

2) 河床质泥沙粒径变化

首次试验过程中除夹河滩—孙口河段水流漫滩外，其他各河段水流均没有上滩，因此着重分析主槽床沙变化。试验中，主槽沿程冲刷，床沙粗化，其表层床沙中值粒径 D_{50} 的变化情况见图 5-3。

其中，艾山以下河段床沙粗化明显，中值粒径 D_{50} 平均增加 0.014 mm，主要原因是试验前此段床沙相对较细。利津水文站附近的道旭断面主槽表层床沙平均级配曲线进一步

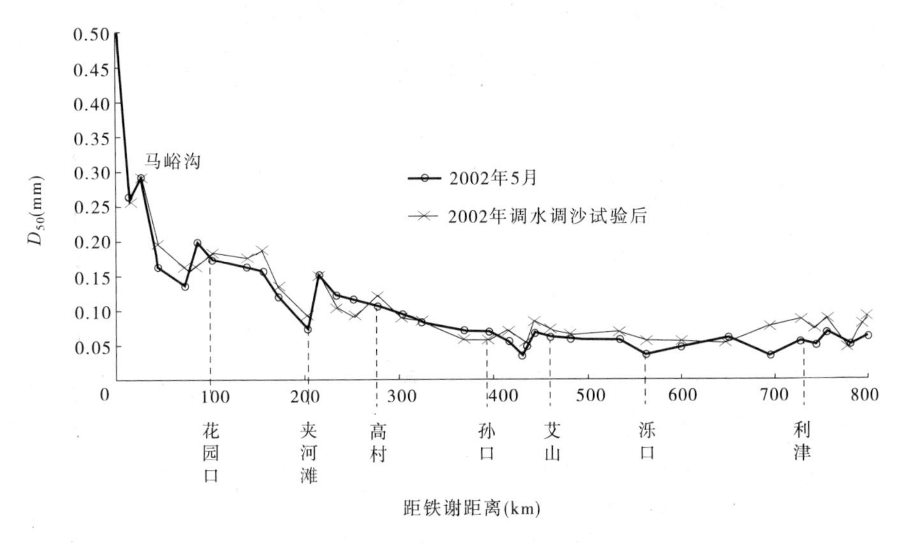

图 5-3　下游河道主槽表层床沙中值粒径 D_{50} 沿程变化

说明了床沙粗化明显,见图 5-4。

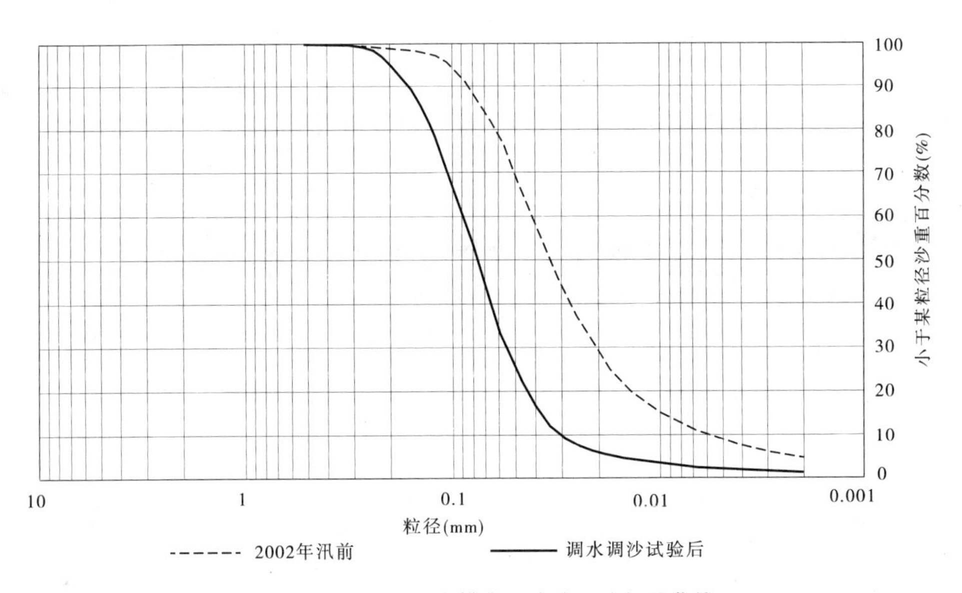

图 5-4　道旭断面主槽表层床沙平均级配曲线

3)分组沙冲刷量

主槽分组沙冲刷量利用汛前下游各河段河床表层与 1 m 深处的泥沙平均级配来计算,滩地淤积部分用试验后表层泥沙级配计算。主槽分组沙冲刷量见表 5-5。

就全下游冲刷总量而言,$D<0.025$ mm、$D=0.025\sim0.05$ mm、$D>0.05$ mm 泥沙的冲刷量分别为 0.077 亿 t、0.143 亿 t、0.845 亿 t,分别占总冲刷量的 7%、14%、79%。其中,花园口以上河段 $D>0.05$ mm 泥沙的冲刷量为 0.219 亿 t,占本河段全沙冲刷量的 96.5%。

表 5-5　首次调水调沙试验期间下游主槽分组沙冲刷量　　（单位:亿 t）

粒径范围(mm)	花园口以上	花园口—夹河滩	夹河滩—高村	高村—孙口	孙口—艾山	艾山—利津	利津以下	白鹤—河口
<0.025	-0.003	-0.004	-0.008	-0.011	-0.005	-0.035	-0.011	-0.077
0.025~0.05	-0.005	-0.010	-0.016	-0.021	-0.008	-0.066	-0.017	-0.143
>0.05	-0.219	-0.126	-0.201	-0.143	-0.017	-0.106	-0.033	-0.845
全沙	-0.227	-0.140	-0.225	-0.175	-0.030	-0.207	-0.061	-1.065

(二)第二次调水调沙试验下游河道主槽冲刷效果

1. 进入下游河道的水沙条件

第二次试验期间,小浪底水文站的水量 18.25 亿 m^3,输沙量 0.740 亿 t,平均含沙量 40.55 kg/m^3;伊洛河和沁河同期来水量 7.66 亿 m^3,来沙量 0.011 亿 t。进入下游(小黑武)的水量为 25.91 亿 m^3,沙量为 0.751 亿 t,平均含沙量 29.0 kg/m^3。利津水文站水量 27.19 亿 m^3,沙量 1.207 亿 t。

2. 下游河道冲淤量及沿程分布

试验期间下游河道总冲刷量 0.456 亿 t。其中,高村以上河段冲刷 0.258 亿 t,占下游总冲刷量的 57%;艾山—利津河段冲刷 0.035 亿 t,占总冲刷量的 8%;高村—孙口淤积 0.024 亿 t,见图 5-5。由于第二次试验没有发生大的漫滩,冲淤均发生在主槽内。

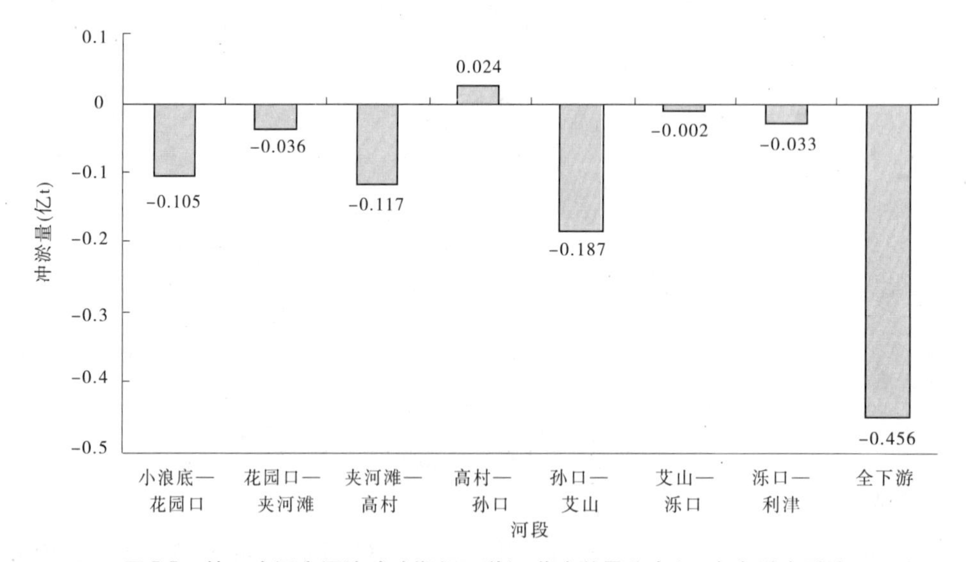

图 5-5　第二次调水调沙试验期间下游河道冲淤量分布(不考虑引水引沙)

本次试验黄河下游平均冲刷强度 5.8 万 t/km,较 2002 年调水调沙试验(4.4 万 t/km)明显增加。其中孙口—艾山河段冲刷强度最大,为 29.7 万 t/km,夹河滩以上沿程明显减小,艾山以下沿程增加。

下游各水文站断面冲淤变化见表 5-6。可以看出,除艾山断面河底平均高程升高外,其他各断面在定性上均表现为降低,其中高村和孙口降低 0.3 m 左右。

表5-6　第二次调水调沙试验前后各站断面冲淤情况统计

断面名称	起始时间（月-日T时:分）	结束时间（月-日T时:分）	主槽宽度（m）	主槽冲淤厚度（m）	断面冲淤变化（m^2）
小浪底	09-06T10:48	09-22T15:45	329	-0.08	-26.34
花园口	09-07T07:30	09-20T17:27	533	-0.14	-75
夹河滩	09-07T10:20	09-20T17:09	558*	-0.18	-99.1
高村	09-07T16:18	09-21T18:03	475	-0.31	-146
孙口	09-08T08:42	09-22T17:03	580	-0.29	-166
艾山	09-08T09:22	09-22T17:50	410	0.28	116
泺口	09-09T17:31	09-23T08:47	251	-0.24	-59
利津	09-09T09:32	09-23T06:39	344	-0.12	-42

注：*夹河滩断面试验后主槽展宽。

3. 下游河道含沙量沿程恢复情况

第二次试验，平均含沙量沿程变化情况见图5-6。可以看出，随着河道的沿程冲刷，水流平均含沙量总体呈沿程增加趋势，至利津含沙量恢复到44.39 kg/m^3，含沙量增大15.4 kg/m^3。其中，高村—孙口河段变化趋势出现波动，与第一次调水调沙试验期间沿程平均含沙量对比，主槽冲刷逐步向下游的推移已发展到了高村河段。艾山—利津河段一方面由于河槽相对窄深，另一方面由于东平湖加水，含沙量恢复比较快，含沙量恢复了6.68 kg/m^3。

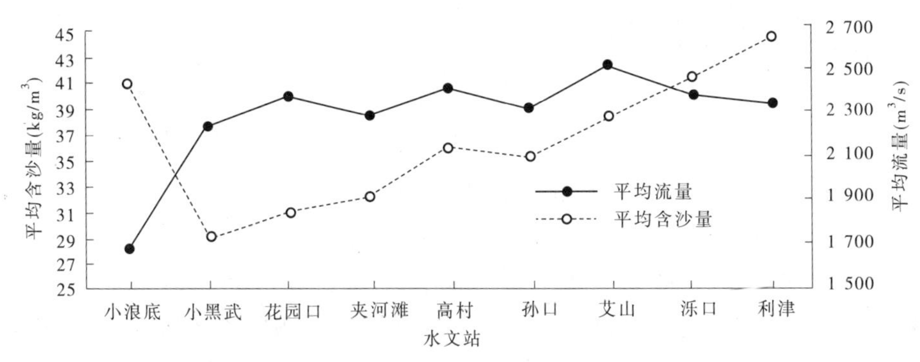

图5-6　第二次调水调沙试验期间平均含沙量和平均流量沿程变化

4. 下游河道泥沙粒径变化

在第二次调水调沙试验期间，与水流含沙量总体变化趋势一致，各水文站的悬移质泥沙总体上也是沿程发生粗化。从图5-7可以看出，小浪底水文站平均悬移质泥沙中值粒径d_{50}为0.006 mm；花园口水文站同样为0.006 mm；夹河滩水文站为0.007 mm；高村水文站为0.008 mm；孙口水文站为0.009 mm；艾山水文站增加至0.014 mm，增加十分明显。只有从艾山到泺口水文站的平均中值粒径d_{50}略有减小，从0.014 mm变为0.013 mm。

试验期间各水文站泥沙平均颗粒级配曲线变化见图5-8。从图5-8可以看出，从小浪底水文站到利津站悬沙粒径逐渐粗化。以$d>0.05$ mm的粗颗粒泥沙沙重百分比为例，

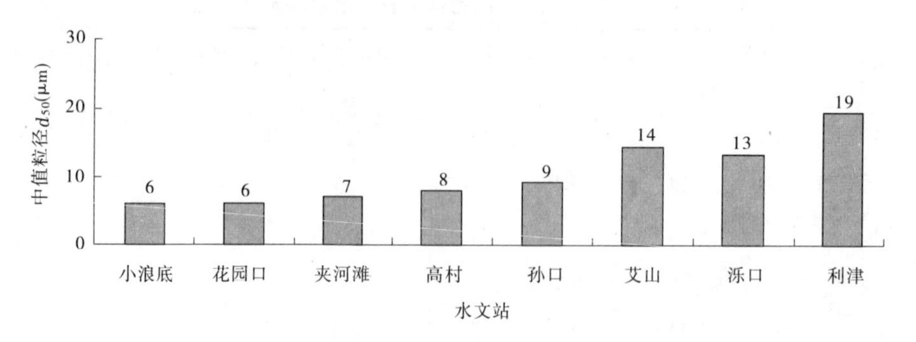

图 5-7　第二次调水调沙试验期间黄河下游悬移质泥沙平均中值粒径沿程变化

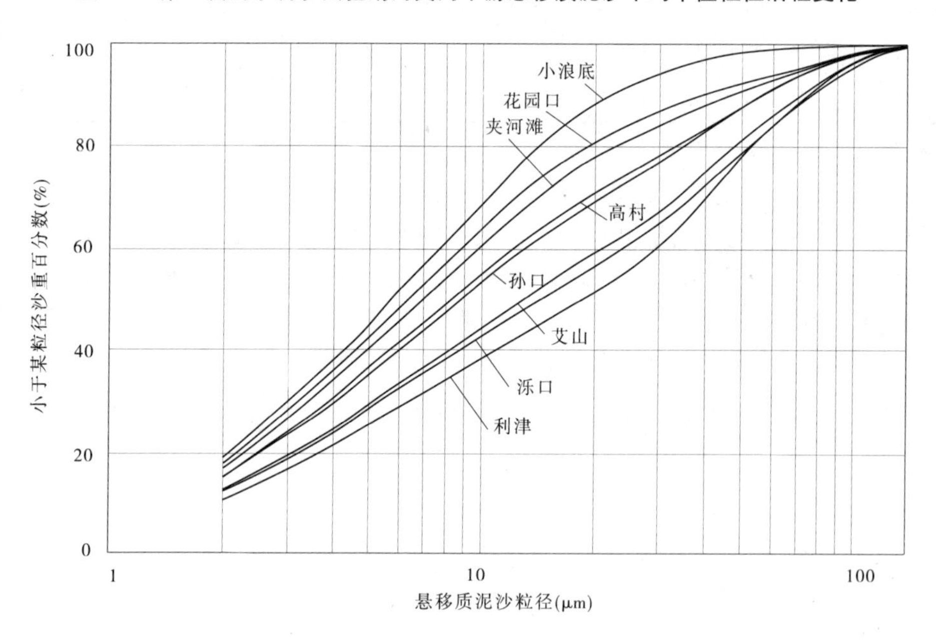

图 5-8　第二次调水调沙试验期间黄河下游测站泥沙颗粒级配

小浪底水文站占 2.4%，利津水文站占 24.4%，沿程增加趋势非常明显。

试验后小浪底以下各站河床质都较试验前有所粗化。悬移质泥沙粒径的变化与河床冲淤变化相对应，一般来说，河床冲刷则床沙粗化，河床淤积则床沙细化。这种情况也从另一个侧面证实在第二次试验中，黄河下游河道主槽发生了全程冲刷。

(三)第三次调水调沙试验下游河道主槽冲刷效果

1. 进入下游河道的水沙条件

第三次试验期间，下游各站水沙量统计见表 5-7。第一阶段，小浪底水库清水下泄，小浪底水文站水量 23.01 亿 m^3，伊洛河和沁河同期来水 0.24 亿 m^3，小黑武水量 23.25 亿 m^3，为清水；第二阶段，小浪底水库少量排沙，小浪底水文站水量 21.72 亿 m^3，沙量为 0.044 亿 t，平均含沙量 2.01 kg/m^3，伊洛河和沁河同期来水 0.54 亿 m^3，小黑武水量 22.26 亿 m^3，沙量为 0.044 亿 t，平均含沙量 1.97 kg/m^3；中间段(两阶段之间的小流量泄放期)，小浪底水文站水量 2.06 亿 m^3，沙量为 0，伊洛河和沁河同期来水 0.31 亿 m^3，小黑武水量共2.37亿m^3。

表5-7　第三次调水调沙试验期间下游各站水沙量统计

站名		黑石关	武陟	小浪底	小黑武	花园口	夹河滩	高村	孙口	艾山	泺口	利津
第一阶段	水量(亿m^3)	0.15	0.09	23.01	23.25	22.48	22.04	21.66	22.51	22.93	22.67	22.99
	沙量(亿t)	0	0	0	0	0.087	0.137	0.176	0.229	0.278	0.278	0.366
	含沙量(kg/m^3)	0	0	0	0	3.88	6.22	8.14	10.16	12.15	12.26	15.74
第二阶段	水量(亿m^3)	0.39	0.15	21.72	22.26	22.62	22.37	22.50	23.10	22.73	22.72	23.40
	沙量(亿t)	0	0	0.044	0.044	0.119	0.163	0.170	0.239	0.263	0.266	0.324
	含沙量(kg/m^3)	0	0.02	2.01	1.97	5.27	7.28	7.54	10.36	11.57	11.71	13.85
中间段	水量(亿m^3)	0.23	0.08	2.06	2.37	2.47	2.54	2.66	2.36	2.48	1.57	1.62
	沙量(亿t)	0.000 1	0	0	0	0.004	0.008	0.008	0.006	0.008	0.005	0.008
	含沙量(kg/m^3)	0.43	0.2	0	0.05	1.76	3.22	2.88	2.59	3.2	3.18	4.94
全过程	水量(亿m^3)	0.77	0.32	46.79	47.88	47.57	46.95	46.82	47.97	48.14	46.96	48.01
	沙量(亿t)	0.000 1	0	0.044	0.044	0.211	0.308	0.354	0.474	0.548	0.549	0.697
	含沙量(kg/m^3)	0.13	0.06	0.94	0.92	4.43	6.56	7.55	9.88	11.41	11.69	14.52

整个试验期间，小浪底水文站水量46.79亿m^3，沙量0.044亿t，平均含沙量0.94 kg/m^3。伊洛河和沁河同期来水1.09亿m^3，小黑武水量47.88亿m^3，沙量0.044亿t，平均含沙量0.92 kg/m^3。利津水文站过程历时648 h，水量为48.01亿m^3，沙量为0.697亿t，平均含沙量14.52 kg/m^3，含沙量沿程恢复13.6 kg/m^3。

2. 下游河道冲刷量及沿程分布

根据实测水沙资料，考虑各河段实测引沙量，按沙量平衡法计算，小浪底—利津河段，第一阶段冲刷0.373亿t，第二阶段冲刷0.283亿t，中间段冲刷0.009亿t。整个调水调沙试验期间下游小浪底—利津河段共冲刷0.665亿t，并实现了下游全线冲刷。

第三次调水调沙试验，小浪底—利津平均每千米冲刷8.8万t，各河段冲淤强度见图5-9。从图中看出，花园口以上、高村—孙口及孙口—艾山河段冲刷强度相对较大，分

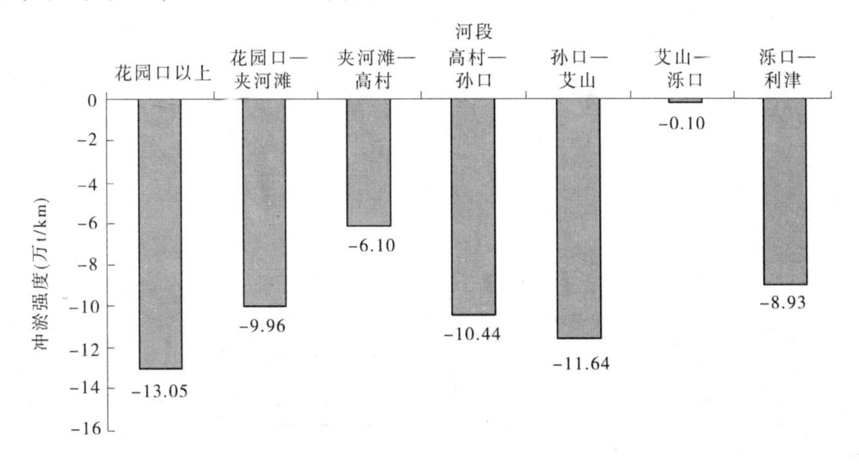

图5-9　第三次调水调沙试验期间黄河下游各河段冲淤强度

别为13.05万t/km、10.44万t/km和11.64万t/km。高村以上河段冲刷强度沿程减小，呈现沿程冲刷的特性，高村—孙口及孙口—艾山两河段辅以人工扰动，冲刷强度明显增大。

根据2004年4月和7月下游实测断面资料，计算各河段标准水位下主槽平均河底高程变化见表5-8。经过冲刷，下游各河段主槽平均河底高程均表现为不同程度的降低，降低幅度在0.003～0.212 m，其中高村—孙口、艾山—泺口和泺口—利津河段主槽平均河底高程降低相对较多，分别降低了0.117 m、0.146 m和0.212 m。

3. 含沙量沿程恢复情况

第三次试验期间，下游各站含沙量过程明显分为两个阶段，存在两个沙峰。第一阶段，小浪底水库清水下泄；第二阶段，小浪底水库少量排沙，小浪底水文站平均含沙量2.01 kg/m³，最大含沙量12.8 kg/m³，见表5-9。

表5-8　2004年4～7月下游河道主槽平均河底高程变化

河　段	标准水位下主槽平均河底高程变化(m)
小铁1—花园口	-0.020
花园口—夹河滩	-0.003
夹河滩—高村	-0.052
高村—孙口	-0.117
孙口—艾山	-0.060
艾山—泺口	-0.146
泺口—利津	-0.212
利津—河口	-0.105

注："-"表示河底高程降低。

表5-9　第三次调水调沙试验期间下游各站含沙量特征值　(单位:kg/m³)

站名	第一阶段		第二阶段		中间段	全过程
	最大含沙量	平均含沙量	最大含沙量	平均含沙量	平均含沙量	平均含沙量
黑石关	0	0	0	0	0.43	0.13
武陟	0	0	0.08	0.02	0.20	0.06
小浪底	0	0	12.80	2.01	0	0.94
小黑武		0		1.97	0.05	0.92
花园口	7.22	3.88	13.10	5.27	1.76	4.43
夹河滩	9.46	6.22	14.20	7.28	3.22	6.56
高村	12.60	8.14	12.60	7.54	2.88	7.55
孙口	15.80	10.16	17.80	10.36	2.59	9.88
艾山	16.70	12.15	17.50	11.57	3.20	11.41
泺口	15.20	12.26	16.80	11.71	3.18	11.69
利津	24.00	15.74	23.10	13.85	4.94	14.52

经过河道冲刷，下游各站含沙量沿程恢复。第一阶段花园口最大含沙量7.22 kg/m³、

平均含沙量3.88 kg/m³;高村最大含沙量12.60 kg/m³、平均含沙量8.14 kg/m³;利津最大含沙量24.00 kg/m³、平均含沙量15.74 kg/m³。利津以上河段平均含沙量恢复值为15.74 kg/m³。第二阶段,花园口最大含沙量13.10 kg/m³、平均含沙量5.27 kg/m³;高村最大含沙量12.60 kg/m³、平均含沙量7.54 kg/m³;利津最大含沙量23.10 kg/m³、平均含沙量13.85 kg/m³。利津以上河段平均含沙量恢复11.84 kg/m³。整个试验期间,下游利津以上河段含沙量恢复13.6 kg/m³。

4. 下游河道泥沙粒径变化及分组沙冲淤量

1)悬移质泥沙粒径变化

试验期间下游各站平均悬移质中值粒径(激光法,下同)沿程变化情况见图5-10～图5-12。

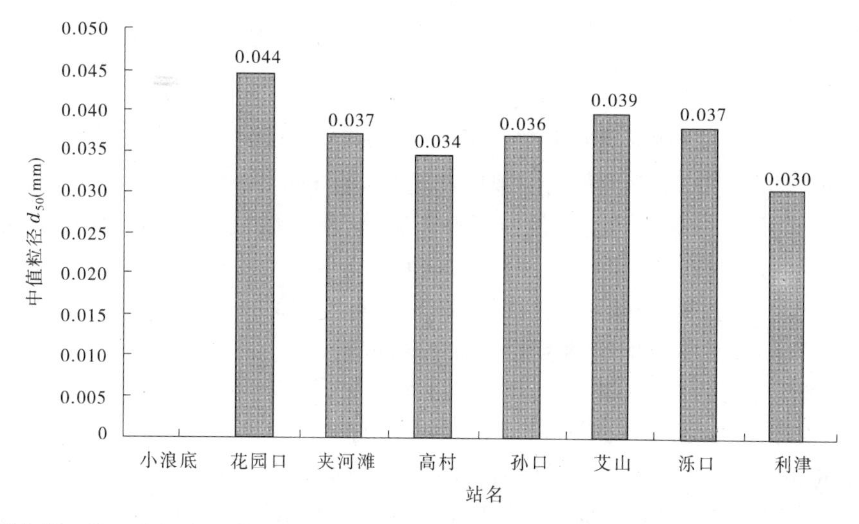

图5-10　第三次调水调沙试验期间下游各站悬移质平均中值粒径沿程变化(第一阶段)

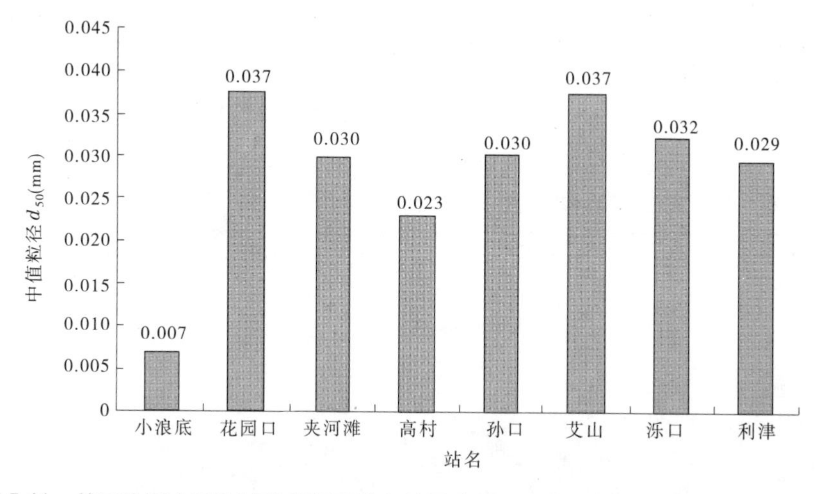

图5-11　第三次调水调沙试验期间下游各站悬移质平均中值粒径沿程变化(第二阶段)

第一阶段小浪底水库下泄清水,经过沿程冲刷,至花园口站悬移质平均中值粒径为0.044 mm;第二阶段悬移质平均中值粒径小浪底水文站为0.007 mm,花园口站为0.037

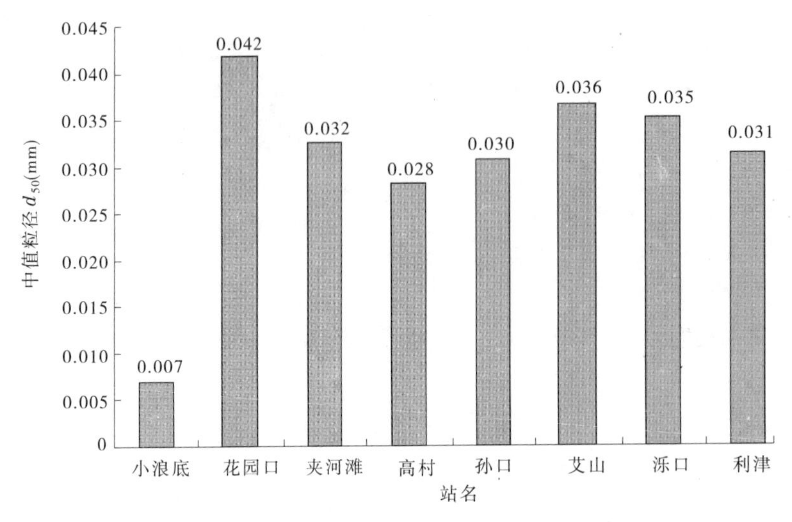

图 5-12　第三次调水调沙试验期间下游各站悬移质平均中值粒径沿程变化(全过程)

mm;全过程悬移质平均中值粒径由小浪底站的 0.007 mm 增大至花园口站的 0.042 mm。花园口—高村河段,悬移质平均中值粒径有所减小,第一阶段平均中值粒径从花园口的 0.044 mm 减小到高村的 0.034 mm,第二阶段平均中值粒径从花园口的 0.037 mm 减小到高村的 0.023 mm,全过程平均中值粒径从花园口的 0.042 mm 减小到高村的 0.028 mm。高村—艾山河段悬移质平均中值粒径是沿程增加的,第一阶段平均中值粒径从高村的 0.034 mm 增加到艾山的 0.039 mm,增加不明显;第二阶段平均中值粒径从高村的 0.023 mm 增加到艾山的 0.037 mm,增加幅度较大;全过程平均中值粒径从高村的 0.028 mm 增加到艾山的 0.036 mm。艾山--利津河段,悬移质平均中值粒径沿程减小,第一阶段平均中值粒径从艾山的 0.039 mm 减小到利津的 0.030 mm,第二阶段平均中值粒径从艾山的 0.037 mm 减小到利津的 0.029 mm,全过程平均中值粒径从艾山的 0.036 mm 减小到利津的 0.031 mm。黄河下游利津以上河道,由于沿程冲刷,悬移质粒径粗化是十分明显的,整个试验期间,悬移质平均中值粒径由小浪底站的 0.007 mm 增加到利津站的 0.031 mm。

表 5-10 所示为下游各站悬移质中粗泥沙($d>0.05$ mm)所占百分数沿程变化情况,与平均中值粒径沿程变化情况基本一致。

表 5-10　第三次调水调沙试验期间下游各站悬移质中粗泥沙所占百分数　(%)

站名	第一阶段	第二阶段	全过程
小浪底		4.1	4.1
花园口	44.2	40.4	42.9
夹河滩	37.3	33.3	34.4
高村	32.8	24.4	28.5
孙口	35.0	32.1	30.9
艾山	40.4	38.5	37.8
泺口	38.4	34.4	36.0
利津	29.3	28.6	31.0

2)河床质泥沙粒径变化

根据2004年4月和7月实测床沙级配资料,下游河道主槽床沙中值粒径 D_{50} 沿程变化见图5-13及表5-11。可以看出,调水调沙试验之后主槽床沙中值粒径 D_{50} 总体变粗。

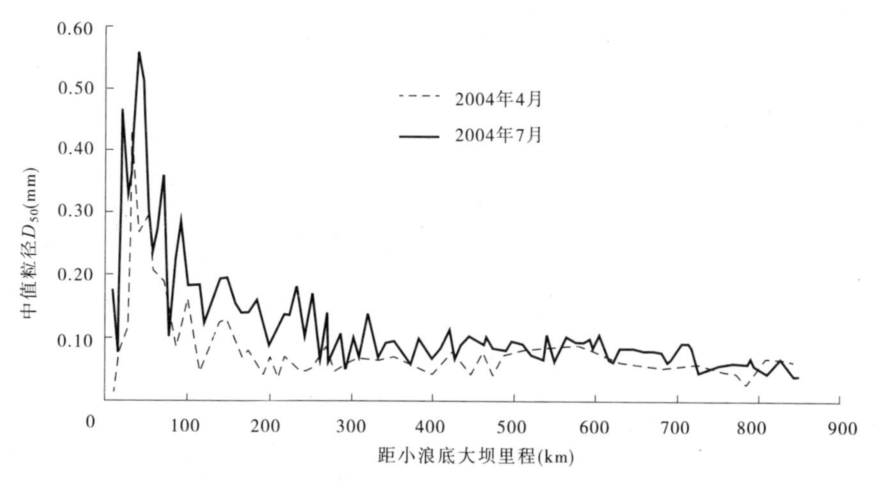

图5-13　下游河道主槽床沙中值粒径 D_{50} 沿程变化

表5-11　下游河道各河段主槽河床质特征值(激光法)

河段	中值粒径 D_{50}(mm)		$D>0.05$ mm泥沙体积百分数(%)	
	2004年4月	2004年7月	2004年4月	2004年7月
花园口以上	0.163	0.272	77.6	90.8
花园口—夹河滩	0.073	0.150	63.0	91.3
夹河滩—高村	0.058	0.108	55.5	78.0
高村—孙口	0.064	0.088	66.7	78.3
孙口—艾山	0.063	0.089	61.8	78.5
艾山—泺口	0.080	0.088	80.8	82.3
泺口—利津	0.059	0.076	58.8	74.2
利津以下	0.051	0.054	51.3	55.3

从表5-11中可以看出,调水调沙试验之后,下游河道各河段主槽床沙中值粒径变粗,$D>0.05$ mm泥沙体积百分数增加,其中高村以上各河段床沙粗化明显,中值粒径 D_{50} 由0.058~0.163 mm增加到0.108~0.272 mm,$D>0.05$ mm泥沙体积百分数由55.5%~77.6%增加到78.0%~90.8%。

3)分组沙冲淤量

第三次调水调沙试验期间下游各河段分组沙冲淤量见表5-12。

整个试验期间,小浪底—利津河段,$D<0.025$ mm、$D=0.025\sim0.05$ mm、$D>0.05$ mm泥沙的冲刷量分别为0.276亿t、0.185亿t、0.204亿t,分别占总冲刷量的41.5%、27.8%、30.7%。第一阶段,小浪底—利津河段,$D<0.025$ mm、$D=0.025\sim0.05$ mm、$D>0.05$ mm泥沙的冲刷量分别为0.161亿t、0.105亿t、0.107亿t,分别占该阶段总冲刷量的43.1%、28.2%、28.7%;第二阶段,小浪底—利津河段,$D<0.025$ mm、$D=0.025\sim$

0.05 mm、$D>0.05$ mm 泥沙的冲刷量分别为 0.110 亿 t、0.078 亿 t、0.095 亿 t，分别占该阶段总冲刷量的 38.9%、27.5%、33.6%。

表 5-12　第三次调水调沙试验期间下游各河段分组沙冲淤量　（单位：亿 t）

河段	阶段	<0.025 mm	0.025~0.05 mm	>0.05 mm	全沙
小浪底—花园口	第一阶段	-0.027	-0.022	-0.040	-0.089
	第二阶段	-0.022	-0.016	-0.038	-0.076
	中间段	-0.002	-0.001	-0.002	-0.005
	全过程	-0.051	-0.039	-0.080	-0.170
花园口—夹河滩	第一阶段	-0.024	-0.004	-0.024	-0.052
	第二阶段	-0.021	0.001	-0.024	-0.044
	中间段	-0.003	-0.000 2	-0.001	-0.004
	全过程	-0.048	-0.003	-0.049	-0.100
夹河滩—高村	第一阶段	-0.018	-0.010	-0.011	-0.039
	第二阶段	-0.012	-0.004	0.009	-0.007
	中间段	0.000 3	-0.000 01	-0.000 1	0.000 2
	全过程	-0.030	-0.014	-0.002	-0.046
高村—孙口	第一阶段	-0.013	-0.030	-0.011	-0.054
	第二阶段	-0.018	-0.032	-0.020	-0.070
	中间段	-0.000 3	-0.000 2	0.002	0.001
	全过程	-0.031 3	-0.062 2	-0.029	-0.123
孙口—艾山	第一阶段	-0.008	-0.012	-0.030	-0.050
	第二阶段	0.014	-0.009	-0.029	-0.024
	中间段	0.000 2	-0.000 3	-0.001	-0.001
	全过程	0.006	-0.021	-0.060	-0.075
艾山—泺口	第一阶段	-0.008	0.001	0.008	0.001
	第二阶段	-0.015	-0.002	0.013	-0.004
	中间段	0.001	0	0.001	0.002
	全过程	-0.022	-0.001	0.022	-0.001
泺口—利津	第一阶段	-0.063	-0.028	0.001	-0.090
	第二阶段	-0.036	-0.016	-0.006	-0.058
	中间段	-0.001	-0.000 4	-0.001	-0.002
	全过程	-0.100	-0.044	-0.006	-0.150
小浪底—利津	第一阶段	-0.161	-0.105	-0.107	-0.373
	第二阶段	-0.110	-0.078	-0.095	-0.283
	中间段	-0.005	-0.002	-0.002	-0.009
	全过程	-0.276	-0.185	-0.204	-0.665

二、调水调沙生产运行中下游河道主槽冲刷效果

（一）2005 年生产运行中下游河道主槽冲刷效果

1. 河段冲淤量

经初步计算，2005 年 6 月 9 日预泄开始至调水调沙结束，小浪底水库出库沙量 0.023

亿 t,利津站输沙量 0.612 6 亿 t。考虑河段引沙,小浪底至利津河段冲刷 0.646 7 亿 t,除泺口至利津外,各河段均发生冲刷(见表 5-13)。

表 5-13 2005 年调水调沙期间下游各站沙量统计

水文站	起讫时间 (月-日 T 时:分)	水量 (亿 m^3)	输沙量 (万 t)	断面间引沙量 (万 t)	断面间冲刷量 (万 t)
小浪底	06-09T00:00 ~ 07-01T08:00	52.11	230		
黑石关	06-09T00:00 ~ 07-03T00:00	0.31	0		
武陟	06-09T00:00 ~ 07-03T00:00	0.02	0		
花园口	06-09T14:00 ~ 07-03T00:00	51.47	2 367	49.64	-2 187
夹河滩	06-10T06:00 ~ 07-04T00:00	51.29	3 585	28.20	-1 246
高村	06-10T14:00 ~ 07-04T08:00	48.65	4 318	57.88	-791
孙口	06-11T08:00 ~ 07-05T00:00	47.93	5 709	44.99	-1 436
艾山	06-11T14:00 ~ 07-05T08:00	47.15	5 866	94.14	-251
泺口	06-12T06:00 ~ 07-06T00:00	45.01	7 664	122.63	-1 921
利津	06-13T00:00 ~ 07-06T14:00	42.04	6 126	172.74	1 365
合计				570.22	-6 467

2005 年调水调沙期间小浪底、黑石关和武陟站的流量和含沙量过程线见图 5-14。

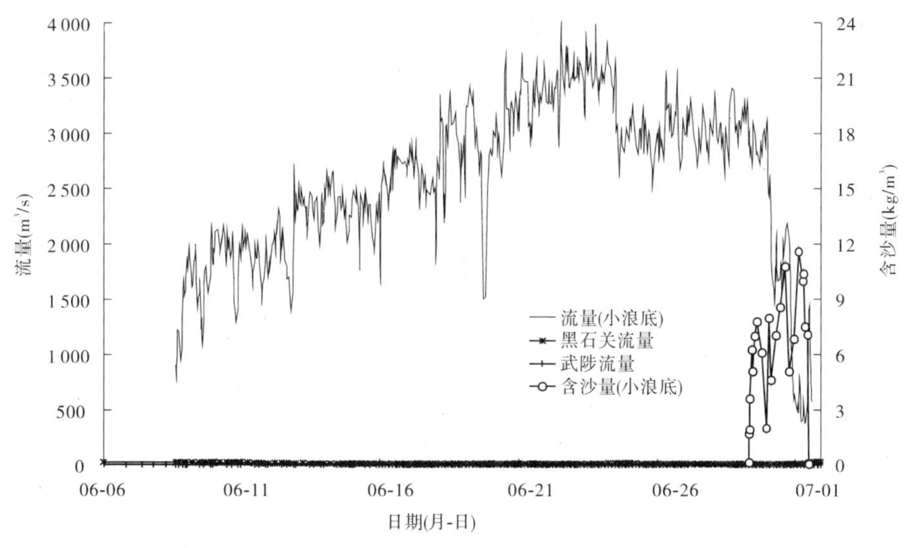

图 5-14 2005 年调水调沙期间小黑武流量和含沙量过程线

图 5-15 ~ 图 5-17 分别是 2005 年调水调沙期间花园口、孙口和利津站的流量和含沙量过程线。洪水在下游河道的演进过程中,洪峰有所坦化,含沙量沿程增加。

若扣除调水调沙预泄期的影响,还计算了等历时 20 d 的沙量平衡法冲淤量,见表 5-14。等历时 20 d 黄河下游利津以上共冲刷 0.57 亿 t,各河段冲淤量分配在定性上和表 5-13 一致。

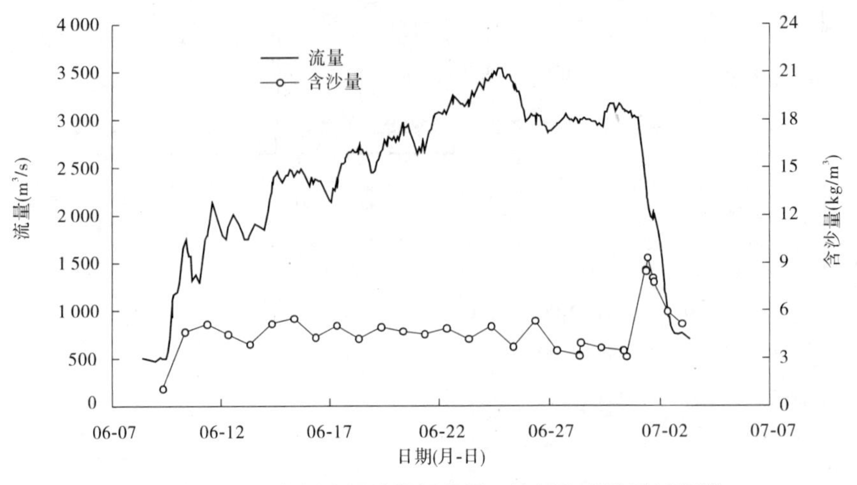

图 5-15　2005 年调水调沙期间花园口流量和含沙量过程线

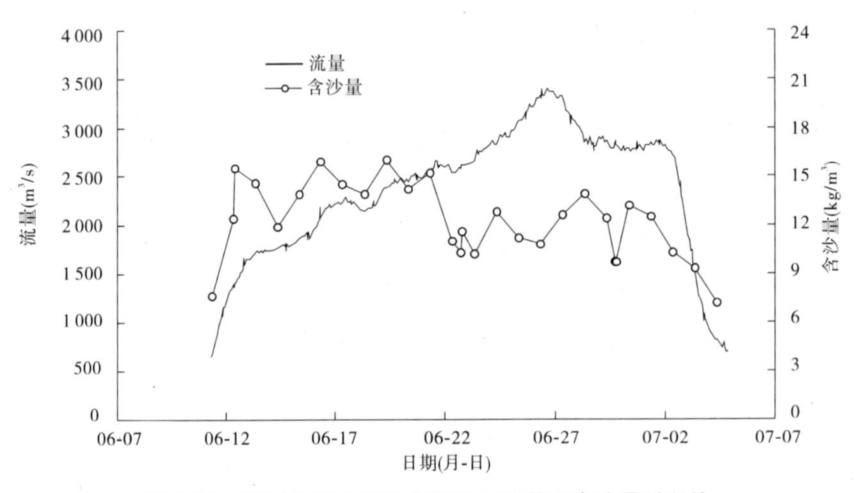

图 5-16　2005 年调水调沙期间孙口流量和含沙量过程线

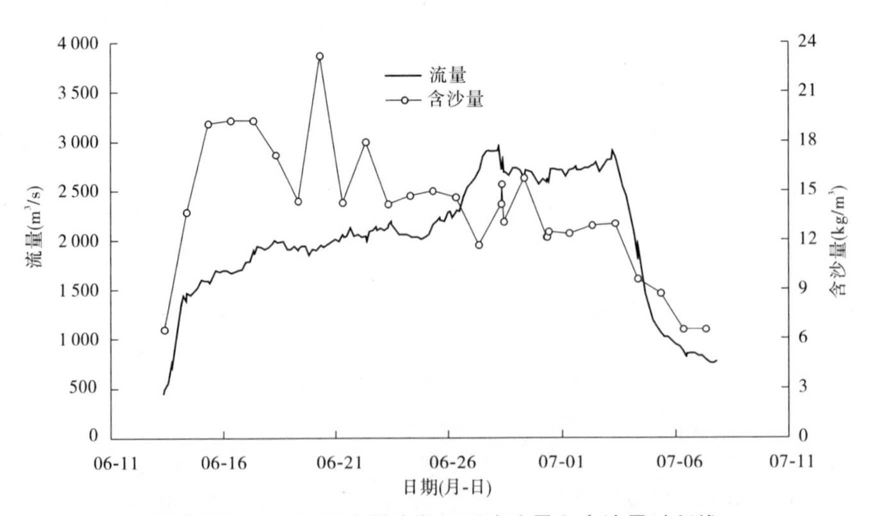

图 5-17　2005 年调水调沙期间利津流量和含沙量过程线

表 5-14　2005 年调水调沙期间下游冲淤量计算表(等历时 20 d)

站名	起讫时间(月-日 T 时)	历时(d)	径流量(亿 m^3)	输沙量(亿 t)	平均含沙量(kg/m^3)	河段冲淤量(亿 t)
小浪底	06-13T10 ~ 07-03T10	20.00	45.14	0.03	0.63	
小黑武	06-13T10 ~ 07-03T10	20.00	45.35	0.03	0.62	
花园口	06-13T22 ~ 07-03T22	20.00	45.58	0.21	4.64	-0.18
夹河滩	06-14T16 ~ 07-04T16	20.00	45.03	0.31	6.92	-0.10
高村	06-15T00 ~ 07-05T00	20.00	42.83	0.41	9.60	-0.12
孙口	06-15T18 ~ 07-05T18	20.00	42.09	0.52	12.46	-0.12
艾山	06-16T10 ~ 07-06T10	20.00	40.87	0.57	13.84	-0.06
泺口	06-16T20 ~ 07-06T20	20.00	38.55	0.49	12.70	0.05
利津	06-17T22 ~ 07-07T22	20.00	36.39	0.51	13.88	-0.04
合计						-0.57

2. 监测断面冲淤变化

2005 年调水调沙期间，对水文站的监测断面做了测验。对每个监测断面标准水位下的断面面积和主槽宽度的计算分析结果显示：

(1)小浪底监测断面在 2005 年调水调沙期间变化很小。

(2)花园口监测断面在调水调沙洪水的洪峰流量附近标准水位下的断面面积最大，表明调水调沙期间发生“涨冲落淤”，主槽的宽度由 435 m 展宽到 483 m，展宽了 48 m(见图 5-18)。

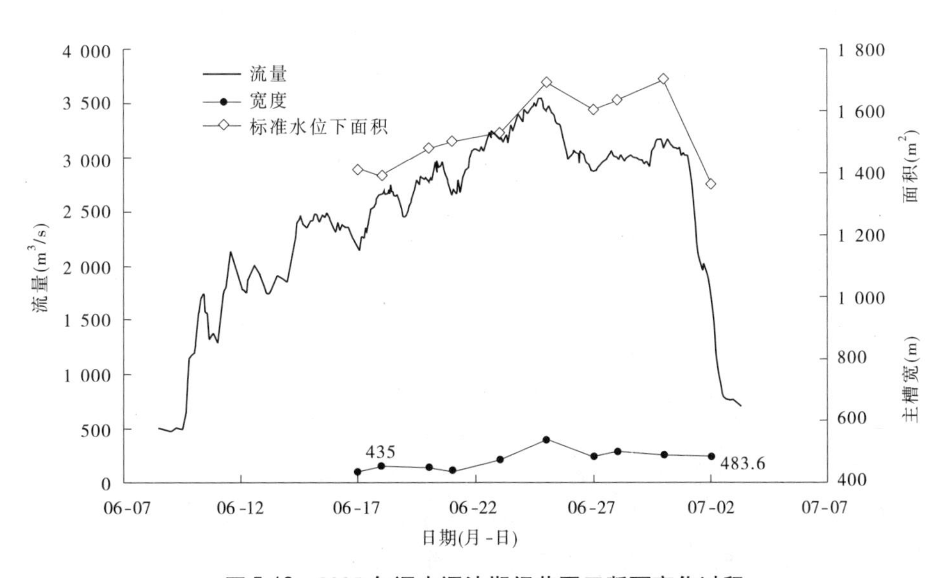

图 5-18　2005 年调水调沙期间花园口断面变化过程

(3)夹河滩断面呈“涨淤落冲”(见图5-19),艾山、泺口和利津断面调水调沙期间断面呈“涨冲落淤”(见图5-20)。

(4)除花园口监测断面主槽是展宽的外,其他监测断面主槽宽度在调水调沙期间变化不大。

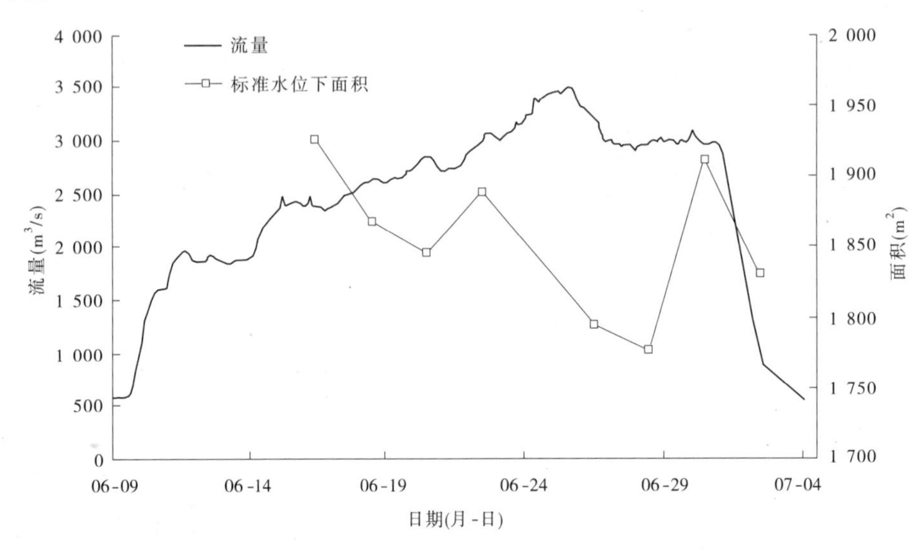

图5-19　2005年调水调沙期间夹河滩断面呈“涨淤落冲”

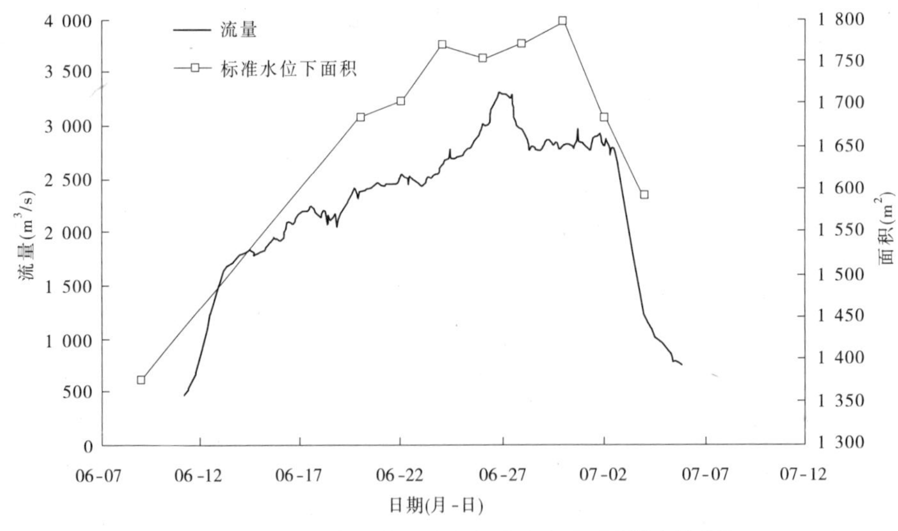

图5-20　2005年调水调沙期间艾山断面呈“涨冲落淤”

(二)2006年生产运行中下游河道主槽冲刷效果

2006年6月10日预泄开始至调水调沙结束,小浪底水库出库沙量0.084 1亿t,利津站输沙量0.648 3亿t。考虑河段引沙,小浪底—利津河段冲刷0.601 1亿t(见表5-15)。

(三)2007年汛前生产运行中下游河道主槽冲刷效果

2007年6月19日9时开始至7月7日20时河道水流演进结束,小浪底水库出库沙量0.261 1亿t,利津站输沙量0.524 0亿t。考虑河段引沙,小浪底—利津河段冲刷

0.288 0亿 t(见表 5-16)。

表 5-15　2006 年黄河调水调沙期间下游各站水沙量统计

水文站	起讫时间 (月-日 T 时)	水量 (亿 m^3)	输沙量 (万 t)	断面间引沙量 (万 t)	断面间冲刷量 (万 t)
小浪底	06-09T14 ~ 06-29T14	54.97	841		
黑石关	06-09T08 ~ 06-29T08	0.46			
武陟	06-09T08 ~ 06-29T08	0.014			
花园口	06-10T16 ~ 06-30T08	55.01	1 815	37.06	-1 011
夹河滩	06-11T14 ~ 07-01T08	53.71	3 682	39.69	-1 907
高村	06-11T20 ~ 07-01T19	52.57	3 500	118.05	64
孙口	06-12T08 ~ 07-02T00	51.12	4 919	113.84	-1 533
艾山	06-13T02 ~ 07-03T08	50.3	5 292	17.44	-390
泺口	06-13T08 ~ 07-03T08	49.37	5 217	29.92	45
利津	06-13T14 ~ 07-03T08	48.13	6 483	12.86	-1 279
合计				368.86	-6 011

表 5-16　2007 年汛前黄河调水调沙期间下游各站水沙量统计

水文站	起讫时间 (月-日 T 时)	水量 (亿 m^3)	输沙量 (万 t)	断面间引沙量 (万 t)	断面间冲刷量 (万 t)
小浪底	06-19T08 ~ 07-03T08	40.75	2 611		
黑石关	06-19T08 ~ 07-03T08	0.44			
武陟	06-19T08 ~ 07-03T08	0.02			
花园口	06-19T20 ~ 07-04T20	41.01	3 243	18.20	-517.2
夹河滩	06-20T08 ~ 07-05T10	40.23	3 491	32.84	-413.84
高村	06-20T23 ~ 07-06T00	38.61	3 655	18.27	-182.27
孙口	06-21T11 ~ 07-06T12	38.08	4 473	32.98	-850.98
艾山	06-21T14 ~ 07-06T20	36.82	4 575	60.71	-162.71
泺口	06-22T04 ~ 07-07T07	36.31	4 819	66.30	-310.3
利津	06-22T16 ~ 07-07T20	36.28	5 240	21.31	-442.31
				11.94	
合计				262.55	-2 879.61

(四)2007 年汛期生产运行中下游河道主槽冲刷效果

2007 年 7 月 28 日 8 时开始至 8 月 12 日 8 时河道水流演进结束,小浪底水库出库沙量 0.459 0 亿 t,利津站输沙量 0.449 3 亿 t。考虑河段引沙,小浪底至利津河段基本冲淤平衡(见表 5-17)。

表 5-17　2007 年汛期黄河调水调沙下游各站水沙量统计

水文站	起讫时间(月-日 T 时)	水量(亿 m^3)	输沙量(亿 t)	断面间引沙量(万 t)	断面间冲刷量(亿 t)
小浪底	07-28T08～08-08T08	20.02	0.459 0		
黑石关	07-28T08～08-08T08	3.96			
武陟	07-28T08～08-08T08	1.61			
小黑武	07-28T08～08-08T08	25.59			
花园口	07-29T08～08-09T08	26.71	0.364 2	3.62	0.094 4
夹河滩	07-30T08～08-10T08	25.77	0.347 7	3.47	0.016 2
高村	07-30T20～08-10T20	25.61	0.350 8	0.91	-0.003 2
孙口	07-31T08～08-11T08	25.67	0.412 9	5.74	-0.062 7
艾山	07-31T08～08-11T08	25.82	0.425 8	0	-0.012 9
泺口	07-31T20～08-11T20	25.37	0.431 9	0.35	-0.006 1
利津	08-01T08～08-12T08	25.48	0.449 3	86.12	-0.026 0
合计				100.21	-0.000 3

(五)2008 年汛前生产运行中下游河道主槽冲刷效果

2008 年 6 月 19 日至 7 月 6 日,进入下游(花园口站)总水量 43.85 亿 m^3,总沙量 0.427 8 亿 t;入海总水量 40.75 亿 m^3,入海总沙量 0.598 2 亿 t。分河段冲淤量见表 5-18(未计引水引沙)。考虑其间涵闸引水引沙量,花园口以下河道共冲刷 0.200 7 亿 t。

表 5-18　2008 年汛前调水调沙分河段冲淤量(未计引水引沙)

河段	花园口—夹河滩	夹河滩—高村	高村—孙口	孙口—艾山	艾山—泺口	泺口—利津	花园口—利津
冲淤量(万 t)	-129	-551	-709	-204	178	-289	-1 704

(六)2009 年汛前生产运行中下游河道主槽冲刷效果

2009 年 6 月 18 日至 7 月 5 日,进入下游(花园口站)总水量 45.702 亿 m^3,其中小浪底水库补水 44.9 亿 m^3;入海总水量 34.88 亿 m^3,入海总沙量 0.345 2 亿 t,黄河下游共冲刷 0.342 9 亿 t,见表 5-19。

三、下游河道主槽冲刷效果综合分析

三次试验进入下游总水量为 100.41 亿 m^3,总沙量为 1.114 亿 t。实现了下游主槽全线冲刷,试验期入海总沙量为 2.568 亿 t,下游河道共冲刷 1.483 亿 t。

六次调水调沙生产运行进入下游总水量为 264.03 亿 m^3,总沙量为 1.29 亿 t。实现了下游主槽全线冲刷,入海总沙量为 3.18 亿 t,下游河道共冲刷 2.08 亿 t。

表 5-19　2009 年汛前调水调沙期下游各站水沙量统计

水文站	开始时间（月-日 T 时）	结束时间（月-日 T 时）	水量（亿 m^3）	输沙量（万 t）	断面间引沙量（万 t）	断面间冲淤量（万 t）
小浪底	06-17T08	07-04T08	44.9	370		
黑石关	06-17T08	07-04T08	0.8	0		
武陟	06-17T08	07-04T08	0.002	0		
花园口	06-18T14	07-05T14	44.87	1 271	39.30	-940.30
夹河滩	06-19T14	07-05T16	44.41	1 800	50.58	-579.58
高村	06-19T20	07-05T16	41.38	2 224	68.12	-492.12
孙口	06-20T14	07-05T16	40.81	3 122	85.53	-983.53
艾山	06-20T20	07-05T16	37.66	2 882	28.21	211.79
泺口	06-21T08	07-05T16	36.34	3 188	26.90	-332.90
利津	06-22T08	07-05T16	34.88	3 452	32.18	-296.18
					15.88	-16.18
合计					346.70	-342 9.00

三次调水调沙试验和六次调水调沙生产运行，进入下游河道总水量为 364.44 亿 m^3，主槽冲刷泥沙 3.563 亿 t，把 5.745 亿 t 泥沙送入渤海（见表 5-20）。

表 5-20　黄河中下游九次调水调沙模式及效果对照

时间	模式	小浪底水库蓄水（亿 m^3）	区间来水（亿 m^3）	调控流量（m^3/s）	调控含沙量（kg/m^3）	入海水量（亿 m^3）	入海沙量（亿 t）	河道冲刷量（亿 t）	备注
2002 年	基于小浪底水库单库调节	43.41	0.55	2 600	20	22.94	0.664	0.362	首次试验
2003 年	基于空间尺度水沙对接	56.1	7.66	2 400	30	27.19	1.207	0.456	结合 2003 年秋汛洪水处理试验
2004 年	基于干流水库群水沙联合调度	66.5	1.098	2 700	40	48.01	0.697	0.665	第三次试验
2005 年	万家寨、三门峡、小浪底三库联合调度	61.6	0.33	3 000 ~ 3 300	40	42.04	0.612 6	0.646 7	生产运行
2006 年	三门峡、小浪底两库联合调度为主	68.9	0.47	3 500 ~ 3 700	40	48.13	0.648 3	0.601 1	万家寨水库“迎峰度夏”
2007 年汛前	万家寨、三门峡、小浪底三库联合调度	43.53	0.45	2 600 ~ 4 000	40	36.28	0.524 0	0.288 0	生产运行
2007 年汛期	基于空间尺度水沙对接	16.61	5.57	3 600	40	25.48	0.449 3	0.000 3	生产运行
2008 年	万家寨、三门峡、小浪底三库联合调度	40.64	0.31	2 600 ~ 4 000	40	40.75	0.598 2	0.200 7	生产运行
2009 年	万家寨、三门峡、小浪底三库联合调度	47.02	0.72	2 600 ~ 4 000	40	34.88	0.345 2	0.342 9	生产运行
合计						325.7	5.745	3.563	

在下游河道减淤或冲刷总量相同的条件下,主槽减淤或冲刷越均匀,恢复下游主槽行洪排沙能力的实际作用就越大。研究表明,山东窄河段的冲刷主要是较大流量的洪水产生的。黄河三次调水调沙试验,在分析研究以往成果的基础上,除实施流量两极分化外,还保证了较大流量的持续历时在 9 d 以上,使得山东河段的主槽冲刷发展更加充分。根据试验资料统计,三次调水调沙试验艾山—利津河段总冲刷量 0.383 亿 t,占下游河道总冲刷量的 26%,突破了小浪底水库设计的对山东河段的减淤指标,彻底消除了人们普遍担心的“冲河南、淤山东”的疑虑。

第二节　河道行洪能力变化

一、断面形态调整

(一)1999 年 10 月至 2002 年 5 月

小浪底水库蓄水运用后,1999 年 10 月至 2002 年 5 月,下泄流量均小于平滩流量,下游河道断面形态发生了变化,高村以上河段主槽冲刷,高村以下河段主槽淤积。各河段主槽展宽、冲深情况见表 5-21。

由表 5-21 可以看出,主槽平均冲深情况是:白鹤—花园口河段为 0.66 m、花园口—夹河滩河段为 0.44 m、夹河滩—高村河段为 0.03 m,同时也有不同程度的展宽,其中花园口—夹河滩河段主槽平均展宽幅度最大,约 94 m,原因是该河段为典型的游荡性河道,边界控制条件弱,河道宽浅,主流摆动,且有不同程度的塌滩。夹河滩—高村河段河道为冲刷,但高村以下河段主槽逐渐出现淤积。

夹河滩以上冲刷主要集中在宽度不大的深槽,不能显著增加主槽的过洪能力。

表 5-21　1999 年 10 月至 2002 年 5 月下游河道断面形态变化

河段	主槽展宽(m)	主槽冲淤厚度(m)
白鹤—花园口	65	-0.66
花园口—夹河滩	94	-0.44
夹河滩—高村	19	-0.03
高村—孙口	7	0.12
孙口—艾山	4	0.04
艾山—泺口	7	0.11
泺口—利津	0	0.06
利津—汊 2	3	0.04

高村以下河段主槽宽度基本保持不变,主槽普遍淤积抬高,平均淤积厚度高村—孙口为 0.12 m、孙口—艾山为 0.04 m、艾山—泺口为 0.11 m、泺口—利津为 0.06 m、利津—汊 2 为 0.04 m。

(二)2002 年 5 月至 2004 年 7 月(含三次试验)

黄河下游是强烈的冲积性河道,纵横断面的调整受来水来沙影响较大。经过三次试验,黄河下游各河段纵横断面的调整各有特点。套绘 2002 年 5 月和 2004 年 7 月黄河下游测验大断面,并计算各断面主槽宽度和河底平均高程变化,可以得出各河段河宽和河底平均高程变化,如表 5-22 所示,白鹤—官庄峪河段,主槽以冲深为主(见图 5-21),部分断面有所展宽,平均展宽幅度为 144 m,该河段平均河底高程下降 0. 58 m;官庄峪—花园口河段以展宽为主(见图 5-22),特别是京广铁路桥以上河道展宽明显,该河段平均展宽 370 m,平均河底高程下降 0. 38 m;花园口—孙庄河道比较稳定,以冲深为主,平均冲深 0. 64 m;孙庄—东坝头河段,河势变化较大,以塌滩展宽为主(见图 5-23),主槽平均展宽 248 m,平均河底高程下降 0. 44 m;东坝头以下河势比较稳定,工程控制较好,主槽宽度变化不大,高村以下各河段河宽有所减小,但幅度较小,东坝头以下河段均以冲深为主(见图 5-24),东坝头—高村、高村—孙口、孙口—艾山、艾山—泺口、泺口—利津分别冲深 1. 12 m、1. 06 m、0. 62 m、0. 90 m、1. 00 m。

表 5-22　三次试验前后黄河下游各河段断面特征变化统计

河段	2002 年 5 月河宽(m)	2004 年 7 月河宽(m)	差值(m)	河底高程升降(m)
白鹤—官庄峪	1 049	1 193	144	-0. 58
官庄峪—花园口	1 288	1 658	370	-0. 38
花园口—孙庄	906	961	55	-0. 64
孙庄—东坝头	1 284	1 532	248	-0. 44
东坝头—高村	605	635	30	-1. 12
高村—孙口	484	458	-26	-1. 06
孙口—艾山	521	500	-21	-0. 62
艾山—泺口	494	486	-8	-0. 90
泺口—利津	396	397	1	-1. 00

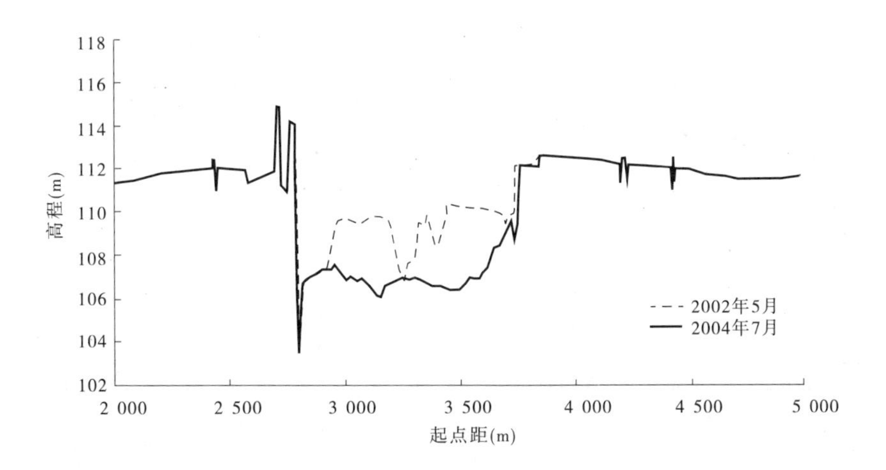

图 5-21　马峪沟断面变化

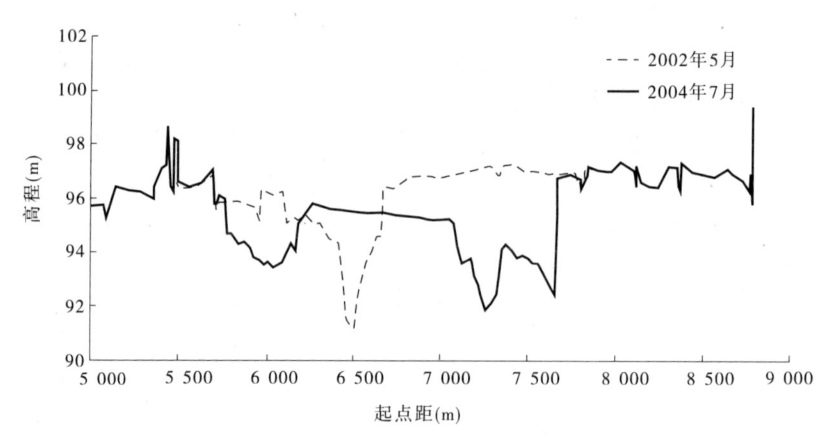

图 5-22　老田庵断面变化

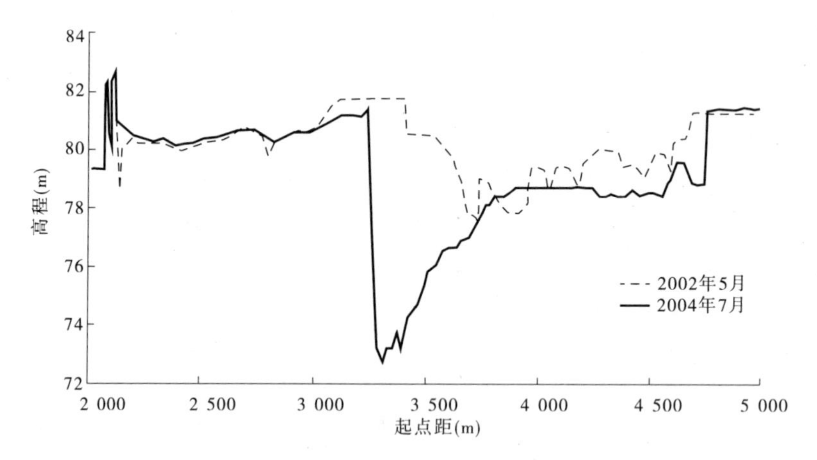

图 5-23　丁庄断面变化

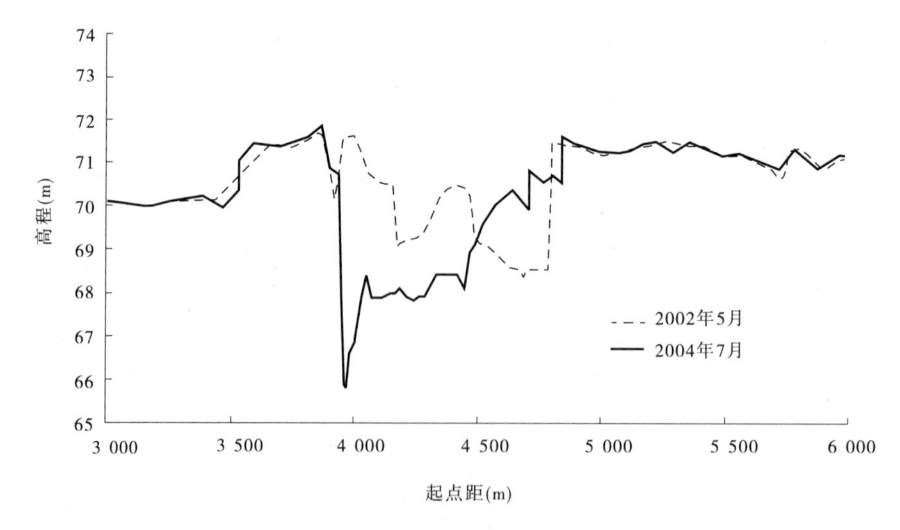

图 5-24　油房寨断面变化

(三)生产运行期间

2005 年 6 月调水调沙生产运行期间,花园口以下 7 个水文站断面监测结果表明,调水调沙运用前后各断面主槽宽度变化不明显,多数断面发生冲刷,特别是花园口、孙口、泺口断面冲刷幅度较大,如图 5-25 ~ 图 5-27 所示,累积冲刷面积分别为 237 m^2、328 m^2 和 121 m^2。发生冲刷的断面其深泓点高程均有不同程度降低,主槽基本以下切为主。

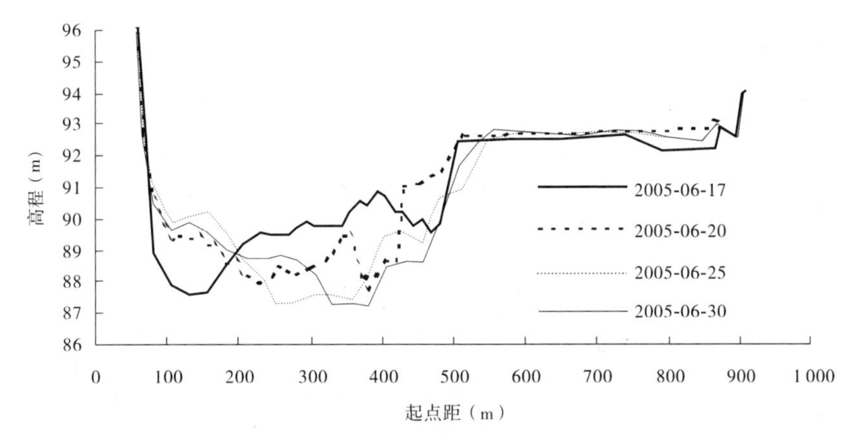

图 5-25　花园口测流断面变化过程

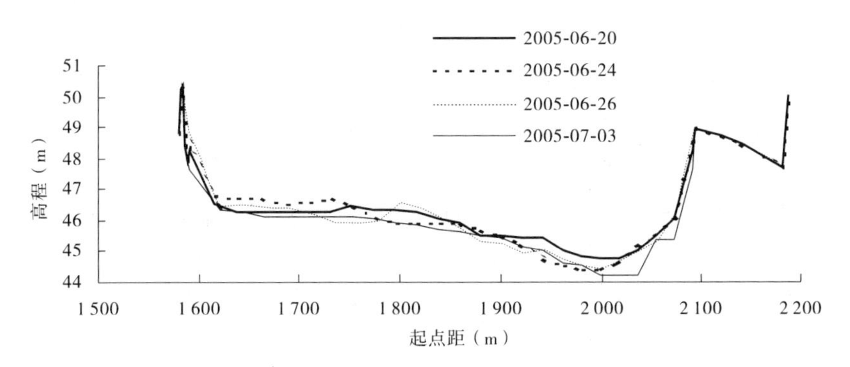

图 5-26　孙口测流断面变化过程

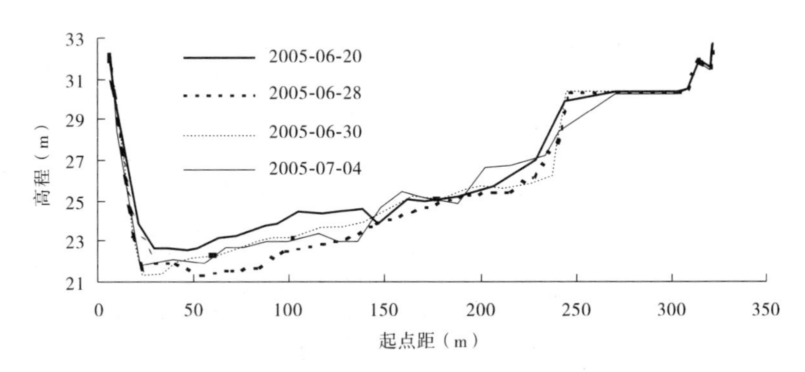

图 5-27　泺口测流断面变化过程

根据遥感影像资料分析,2006 年 6 月调水调沙生产运行期水面宽与调水调沙前相比，东坝头以上河段水面宽变化较大，东坝头—高村变化很小，高村以下基本无变化。另外，孙口上下河段出现生产堤偎水现象，生产堤偎水深度一般在 0.4 ~ 0.6 m。上述表明，本次调水调沙生产运行断面形态调整基本维持在主槽范围内，且主槽展宽不明显。

二、平滩流量变化

（一）试验前河道边界条件

1986 年以来，黄河下游来水持续偏少，下游河道淤积萎缩，排洪能力显著降低，至小浪底水库投入运用前，下游河道平滩流量从 20 世纪 80 年代中期的 6 000 m^3/s 左右减少到3 000 m^3/s 左右。小浪底水库投入运用后，2000 年和 2001 年汛期进入下游的水量均只有约 50 亿 m^3，供水灌溉期为满足下游用水需要，经常出现 800 ~ 1 500 m^3/s 不利流量级，下游冲刷发展到高村附近，高村以下河段河道淤积萎缩、排洪能力降低的局面不仅没有改观，反而又进一步加剧。

近年来黄河下游大洪水较少，加之生产堤的存在，使得生产堤至大堤间的滩地淤积很少，主槽淤积抬升幅度明显大于滩地，下游夹河滩至陶城铺河段主槽高于滩地、滩地高于背河地面的"二级悬河"局面不断加剧，部分河段滩地横比降已经达到河道纵比降的 3 倍以上。其中，于庄断面滩唇附近比邻河堤脚高 3.6 m，最大横比降 2.3‰，是河道纵比降 1.16‱的 20 倍。"二级悬河"程度的加剧，大大增大了横河、斜河特别是滚河的发生概率。

图 5-28 所示的杨小寨断面的变化反映了 1958 年、1982 年汛后和 2002 年汛前夹河滩—高村河段横断面形态的变化情况。可以看出，1958 年汛后主槽宽阔，过水面积大，平滩流量约为 8 000 m^3/s；滩面高程高出背河地面约 3 m，主槽高程明显低于滩地，相对于滩面而言，还属于地下河；滩面横比降长期维持在 3‱左右。随着社会经济的发展，滩区边界条件发生了巨大的变化，生产堤至大堤间的滩区行洪能力和滩槽水沙交换显著减弱，淤积强度降低，滩地横比降不断增大。至 1982 年汛后本河段滩面横比降增大到 6‱。但由于河槽面积及主槽过流比例较大，"二级悬河"的局面和可能产生的后果还不是十分突出。80 年代后期以来，黄河下游径流量大幅度减少，特别是汛期洪水显著减少、洪峰流量明显降低，下游河道的淤积几乎全部集中在主槽和滩唇附近的滩地上，"二级悬河"程度

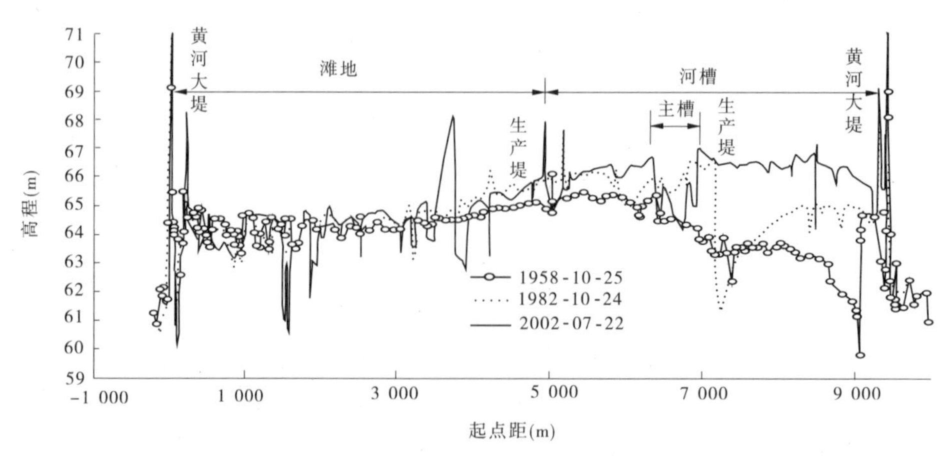

图 5-28 杨小寨断面变化过程

进一步增大。到2002年汛前,夹河滩至高村之间部分河段堤根附近的滩面高程较滩唇附近的滩面高程低约3 m,基本接近或低于主槽深泓点高程。

在河槽严重淤积萎缩、主河道行洪能力很低的情况下,一旦发生较大洪水,滩区过流比例将会明显增加,发生横河、斜河特别是滚河的可能性进一步增大,主流顶冲堤防和堤河低洼地带顺堤行洪将严重威胁下游堤防的安全,甚至造成黄河大堤的冲决。

黄河下游河床边界条件的变化,还突出表现在以下两个方面:一是生产堤至大堤间广大滩区范围内,道路、渠堤和生产堤纵横交错,增加了滩区的行洪阻力。二是滩区农业耕作范围不断扩大、大量侵占原属河槽的嫩滩,人与河争地,明显增大了河道行洪的阻力,进一步降低了河道的排洪输沙能力。

(二)首次试验期间河道排洪能力与"96·8"洪水的比较

1996年8月,黄河下游发生了花园口水文站洪峰流量为7 860 m^3/s的洪水(简称"96·8"洪水),部分河段出现了历史最高洪水位,大部分滩区漫水成灾,充分暴露了20世纪80年代后期以来长期枯水少沙所造成的严峻的防洪局面。

与"96·8"洪水相比,首次试验期间下游各水文站最高水位下过流量除花园口站略有增加、利津站基本持平以外,大部分河段过流能力均有较大幅度的降低,特别是高村、孙口两站最高水位下的过流量分别较"96·8"洪水同水位下过流量减小了2 540 m^3/s和1 840 m^3/s。相应同流量水位除花园口站略有降低、利津站基本持平以外,大部分河段均有较大幅度的抬升,高村、孙口两站同流量水位分别较"96·8"洪水抬升了0.54 m和0.41 m,见表5-23。

表5-23　首次试验期间最高水位的相应流量与"96·8"洪水比较

站名	调水调沙试验		"96·8"洪水		同水位下流量增值(m^3/s)	同流量下水位抬升值(m)
	最高水位(m)	相应流量(m^3/s)	同水位流量(m^3/s)	同流量水位(m)		
花园口	93.67	3 130	2 800/3 400	93.79	330	-0.12
夹河滩	77.59	3 120	3 750	77.42	-630	0.17
高村	63.76	2 960	5 500/5 800	63.22	-2 540	0.54
孙口	49.00	2 760	4 600	48.59	-1 840	0.41
艾山	41.76	2 670	3 500	40.96	-830	0.80
泺口	31.03	2 460	3 000	30.76	-540	0.27
利津	13.80	2 490	2 500	13.81	-10	-0.01

注:流量栏内统计数字间带"/"者为相应洪峰涨水段与落水段的同一水位的不同流量值,前为涨水段流量,后为落水段流量,流量栏内统计数字不带以上标志者,表示洪水过程该水位流量相同。同水位下流量增值采用涨水段流量值。

(三)三次调水调沙试验

1. 首次试验

根据首次试验期间各站水位流量关系,结合测流断面滩唇高程,得到各水文站断面主槽过流能力,即平滩流量的变化,如表 5-24 所示。

表 5-24　首次试验前后各水文站主槽过流能力变化情况

站名	平滩水位(m)	主槽过流能力(m^3/s)			最高水位(m)
		试验前	试验后	增值	
花园口	93.75	3 400	3 700	300	93.67
夹河滩	77.41	2 900	2 900	0	77.59
高村	63.21(前)	1 750(前)			63.76
	63.62(后)		2 800(后)	1 050	
孙口	48.45	2 070	1 890	-180	49.00
艾山	42.30	3 300	3 200	-100	41.76
泺口	31.40	2 800	2 960	160	31.03
利津	14.39	3 500	3 500	0	13.80
丁字路口	5.77	2 150	2 700	550	5.53

由表 5-24 可以看出:与同流量水位的变化基本一致,高村以上水文站断面平滩流量大多是增大的,花园口、高村分别增大了 300 m^3/s 和 1 050 m^3/s,夹河滩变化不大;艾山以下河段的泺口、丁字路口分别增大了 160 m^3/s 和 550 m^3/s;孙口和艾山站分别减小了 180 m^3/s 和 100 m^3/s。

高村附近河段平滩流量增大较为明显,一方面是由于主槽的冲刷下切,另一方面与洪水期大范围漫滩,滩唇淤积抬升也有较为密切的关系。洪水过后,本河段滩唇高程升高约 0.4 m。

为了更好地反映首次试验期间各河段平滩流量的变化,根据河段的平均冲淤情况分析了各河段平滩流量的变化(简称断面法)。同时,将上下水文站断面平滩流量进行算术平均,作为河段平均平滩流量(简称水位法),计算成果见表 5-25,表中还列出了通过综合分析得出的平滩流量的变化(建议采用值)。可以看出,夹河滩以上主槽平滩流量增大 240 ~ 300 m^3/s;夹河滩—孙口河段漫滩较为严重,淤滩刷槽,滩槽高差增加明显,平滩流量增幅也最大,增大 300 ~ 500 m^3/s;利津以下河口段增大约 200 m^3/s;孙口—利津河段平滩流量增幅最小,为 80 ~ 90 m^3/s。

2. 第二次试验

根据第二次调水调沙期间各水文站水位流量关系,推算出各水文站断面主槽平滩水位以下过流能力的变化(见表 5-26)。从表中可以看出,各水文站主槽平滩水位下的过流能力均有不同程度增加,增幅一般在 150 ~ 400 m^3/s,与同流量水位变化基本一致。

3. 第三次试验

为了进一步分析黄河第三次调水调沙试验期间各水文站断面主槽过流能力变化,点绘各水文站断面 6 月小洪水、调水调沙试验两个阶段共三个涨水过程的水位流量关系,从中可以看出,调水调沙试验两个阶段除夹河滩外其余各水文站同流量水位均有所降低。

表 5-25　首次试验前后下游各河段主槽过流能力变化情况

河段	主槽宽(m)	滩槽高差增值(m)	主槽过流能力增值(m^3/s)		
			断面法	水位法	建议采用值
小浪底—花园口	800	0.26	374	300	300
花园口—夹河滩	739	0.20	266	150	240
夹河滩—高村	806	0.37	537	525	500
高村—孙口	414	0.38	283	435	300
孙口—艾山	454	0.11	90	-140	90
艾山—泺口	421	0.18	136	30	80
泺口—利津	384	0.13	90	80	90
利津—丁字路口	404	0.20	145	275	200

注：水位法计算平滩流量增值时采用河段进、出口水文站的平均值。

表 5-26　第二次试验期间各水文站主槽过流能力变化

项目	花园口	夹河滩	高村	孙口	艾山	泺口	利津
平滩水位(m)	93.88	77.40	63.40	48.45	41.65	31.40	14.24
试验前相应流量(m^3/s)	4 300	2 900	2 600	2 100	2 700	2 900	3 200
试验后相应流量(m^3/s)	4 450	3 300	2 750	2 300	2 850	3 200	3 350
增加流量(m^3/s)	150	400	150	200	150	300	150

分析同流量(2 000 m^3/s)水位变化(见表 5-27)，可以看出同流量水位均有不同程度降低。第一阶段和 6 月洪水相比有升有降，平均降低 0.03 m；第二阶段和 6 月洪水相比仅夹河滩升高 0.13 m 外，其他均有所下降，花园口和泺口下降最多，为 0.31 m 和 0.30 m，平均降低 0.11 m；8 月洪水和 6 月洪水相比各站均有所下降，同流量水位下降值在 0.11 ~ 0.24 m，平均降低 0.11 m。

表 5-27　第三次试验前后各水文站同流量(2 000 m^3/s)水位变化　(单位：m)

水文站	6 月 ①	试验第一阶段 ②	试验第二阶段 ③	②-①	③-①
花园口	92.51	92.41	92.20	-0.10	-0.31
夹河滩	76.07	76.07	76.20	0	0.13
高村	62.41	62.40	62.31	-0.01	-0.10
孙口	47.88	47.93	47.79	0.05	-0.09
艾山	40.52	40.45	40.45	-0.07	-0.07
泺口	29.90	29.88	29.60	-0.02	-0.30
利津	12.68	12.63	12.63	-0.05	-0.05
平均				-0.03	-0.11

根据各站水位流量关系曲线计算分析，花园口、夹河滩、高村、孙口、艾山、泺口、利津

各站平滩流量分别增加 340 m^3/s、340 m^3/s、210 m^3/s、360 m^3/s、120 m^3/s、220 m^3/s、110 m^3/s，整个黄河下游平均增加 240 m^3/s。

4. 三次试验平滩流量增加

经过三次调水调沙试验，下游河道各河段主槽过流能力明显增加，点绘黄河下游各水文站断面 2002 年、2003 年和 2004 年调水调沙试验后 8 月的水位—流量关系变化，如图 5-29 ~ 图 5-32 所示，各站同水位流量均有所增大，同流量水位明显降低。2002 ~ 2004 年，下游各站同流量水位平均降低 0.95 m，其中夹河滩、高村降幅都在 1 m 以上（见表 5-28）。

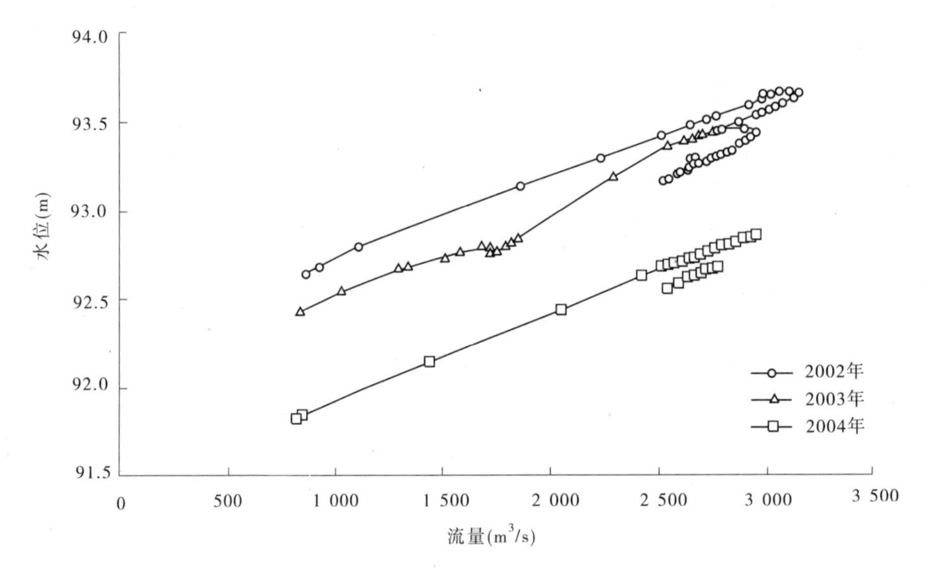

图 5-29　花园口水位—流量关系

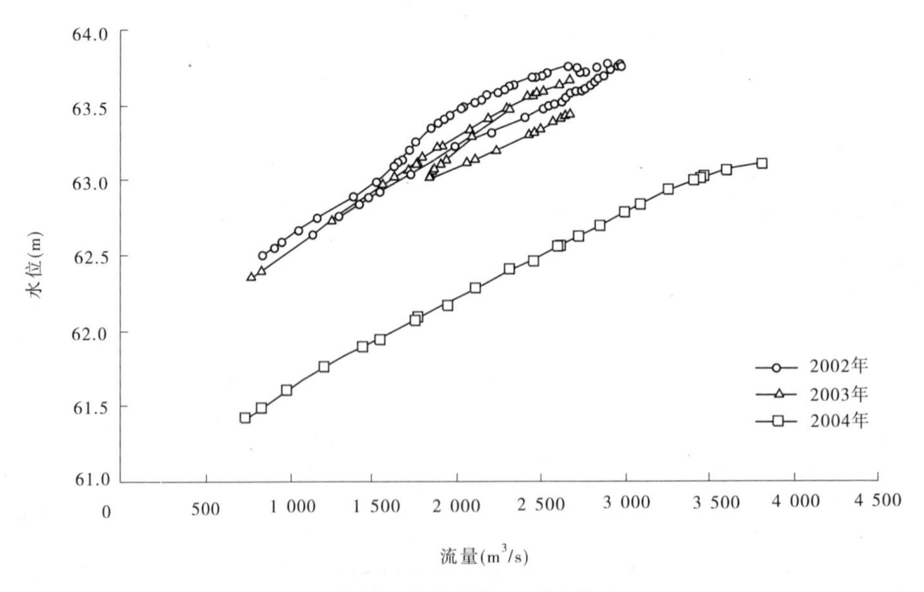

图 5-30　高村水位—流量关系

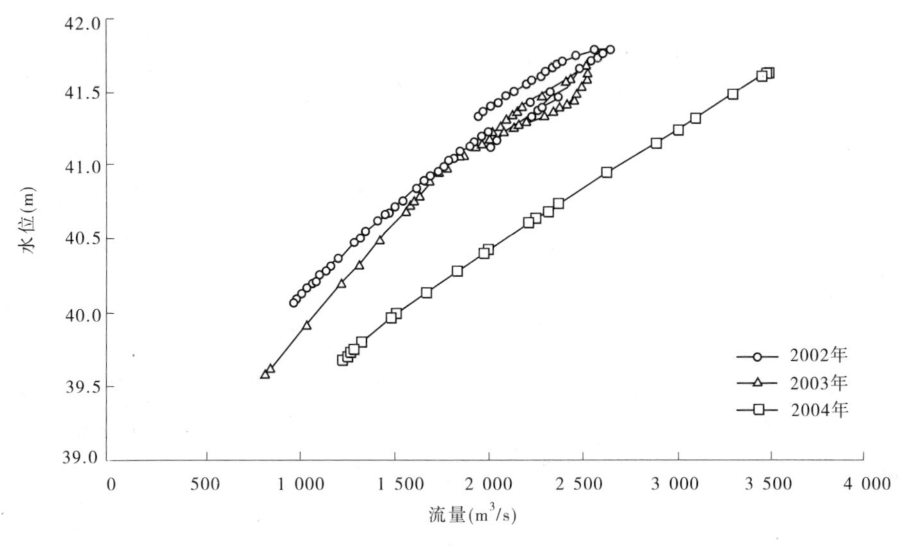

图 5-31　艾山水位—流量关系

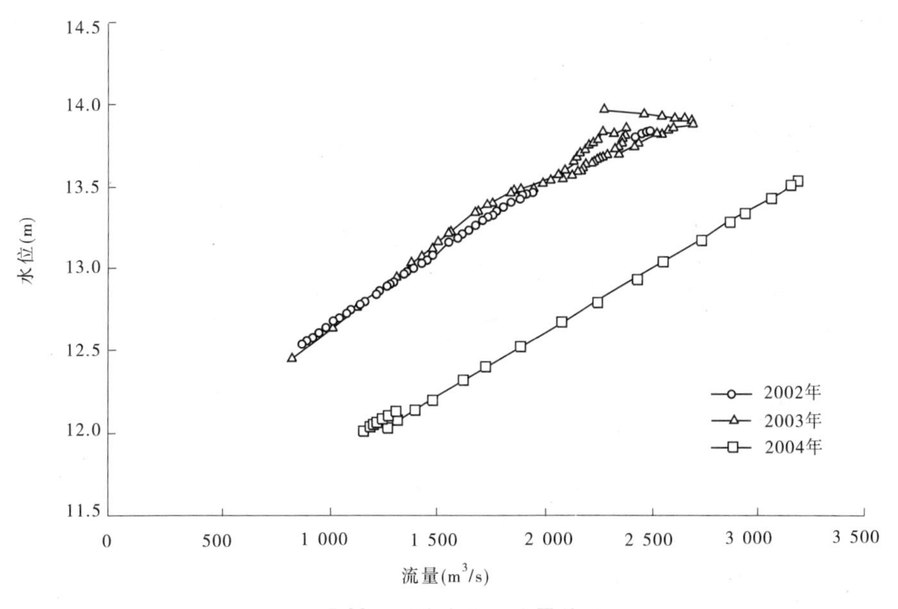

图 5-32　利津水位—流量关系

表 5-28　三次调水调沙试验各水文站同流量(2 000 m^3/s)水位变化　　(单位:m)

水文站	1999 年 5 月 ①	2002 年 ②	2003 年 ③	2004 年 ④	② - ①	④ - ①	④ - ②
花园口	93.67	93.19	92.79	92.34	-0.48	-1.33	-0.85
夹河滩	76.77	76.93	76.88	75.90	0.16	-0.87	-1.03
高村	63.04	63.45	63.06	62.27	0.41	-0.77	-1.18
孙口	48.07	48.54	48.42	47.64	0.47	-0.43	-0.90

续表 5-28

水文站	1999 年 5 月 ①	2002 年 ②	2003 年 ③	2004 年 ④	② - ①	④ - ①	④ - ②
艾山	40. 65	41. 19	41. 12	40. 40	0. 54	-0. 25	-0. 79
泺口	30. 23	30. 65	30. 57	29. 68	0. 42	-0. 55	-0. 97
利津	13. 25	13. 50	13. 48	12. 57	0. 25	-0. 68	-0. 93
平均					0. 25	-0. 70	-0. 95

统计三次调水调沙试验期间各河段平滩流量变化见表 5-29。黄河下游各河段平滩流量增加 460 ~ 1 050 m^3/s，平均增加为 672 m^3/s，其中夹河滩—高村平滩流量增加最大，为 1 050 m^3/s，利津—丁字路口平滩流量增加最小，为 460 m^3/s，高村—孙口平滩流量增加 760 m^3/s。

表 5-29　三次调水调沙试验期间各河段平滩流量增加值　　(单位：m^3/s)

河段	首次	第二次	第三次	合计
小浪底—花园口	300	150	340	790
花园口—夹河滩	240	275	340	855
夹河滩—高村	500	275	275	1 050
高村—孙口	300	175	285	760
孙口—艾山	90	175	240	505
艾山—泺口	80	225	170	475
泺口—利津	90	225	165	480
利津—丁字路口	200	150	110	460
平均	225	206	241	672

(四)调水调沙生产运行

1. 2005 年调水调沙生产运行

2005 年调水调沙生产运行下游各控制站平滩流量增加值分别为：花园口 450 m^3/s、夹河滩 30 m^3/s、高村 150 m^3/s、孙口 180 m^3/s、艾山 0 m^3/s、泺口 110 m^3/s、利津 60 m^3/s，整个黄河下游平均增加 140 m^3/s。可以看出，主槽过流能力增加较多的河段主要集中在艾山以上。进一步分析表明，平滩流量最小河段仍处于孙口附近，调水调沙过后，下游最小平滩流量恢复至 3 080 m^3/s。

2. 2006 年调水调沙生产运行

1) 水文控制站最高水位变化

从本次调水调沙和 2005 年调水调沙下游各水文站最高水位对比看(见表 5-30)，孙口以上最高水位除夹河滩站外基本接近，相应流量增加了410～470 m^3/s，其中孙口站增加最多，达470 m^3/s；艾山以下各站水位高0.27～0.56 m，相应流量增大540～800 m^3/s。

表5-30　调水调沙期下游主要控制站最高水位及“卡口”河段平滩流量变化

项目		花园口	夹河滩	高村	孙口	艾山	泺口	利津	卡口段最小平滩流量	孙口站通过最大流量	卡口所在河段
2006年	最高水位(m)	92.86	76.13	62.91	48.92	41.70	31.06	13.77	3 530	3 870	孙口上下
	对应流量(m^3/s)	3 970	3 930	3 900	3 870	3 850	3 820	3 750			
2005年	最高水位(m)	92.85	76.92	62.95	48.89	41.43	30.50	13.27	3 080	3 400	孙口上下
	对应流量(m^3/s)	3 530	3 490	3 490	3 400	3 310	3 120	2 950			
2004年	最高水位(m)	92.86	76.73	63.02	48.73	41.52	30.81	13.45	2 730	2 960	孙口上下
	对应流量(m^3/s)	2 970	2 900	2 970	2 960	2 950	2 950	2 950			
2003年	最高水位(m)	93.17	77.27	63.52	48.88	41.75	31.07	13.93	2 100	2 770	孙口上下
	对应流量(m^3/s)	2 660	2 630	2 840	2 770	2 880	2 840	2 790			
2002年	最高水位(m)	93.67	77.59	63.76	49.00	41.76	31.03	13.80	1 800	2 800	高村至孙口
	对应流量(m^3/s)	3 130	3 120	2 960	2 800	2 670	2 550	2 500			

2）同流量水位变化

2006年调水调沙涨水期和2005年调水调沙同期相比，除利津站外其他水文站同流量水位都有不同程度的下降，流量3 000 m^3/s相应水位一般下降0.12～0.33 m。夹河滩站下降最大，为0.75 m；泺口站下降最小，为0.07 m，利津站基本未变。各站涨水期水位—流量关系对比详见图5-33～图5-39。

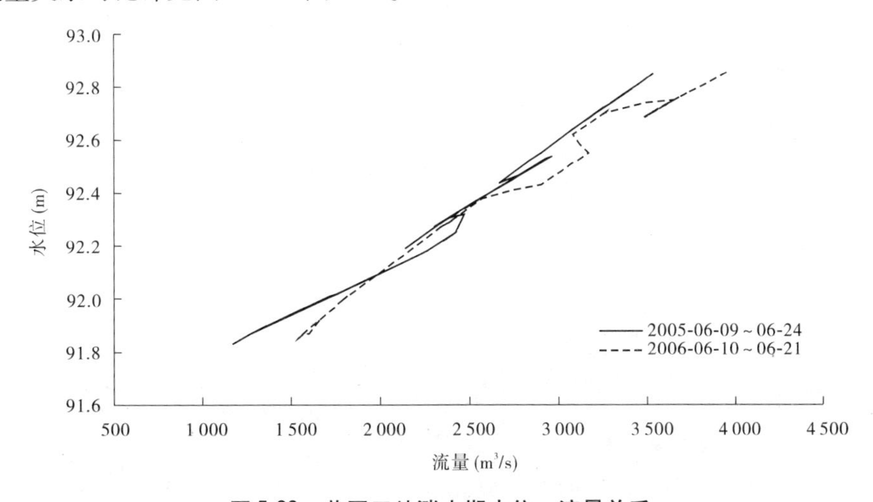

图5-33　花园口站涨水期水位—流量关系

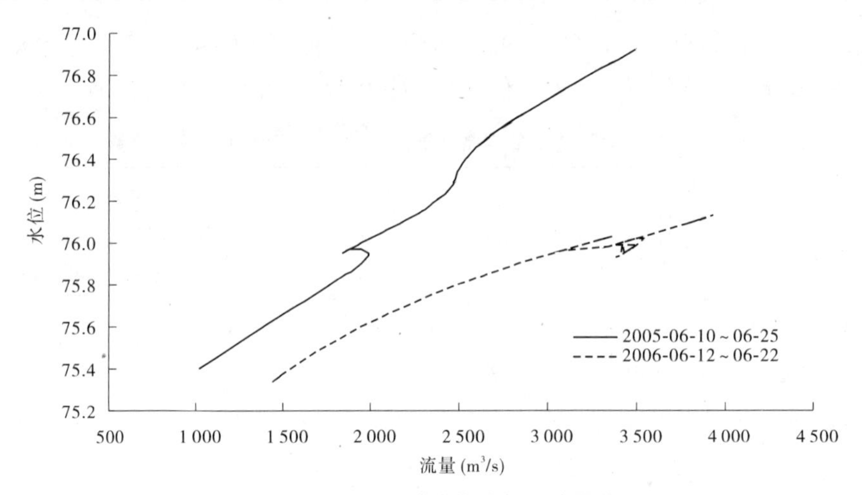

图 5-34　夹河滩站涨水期水位—流量关系

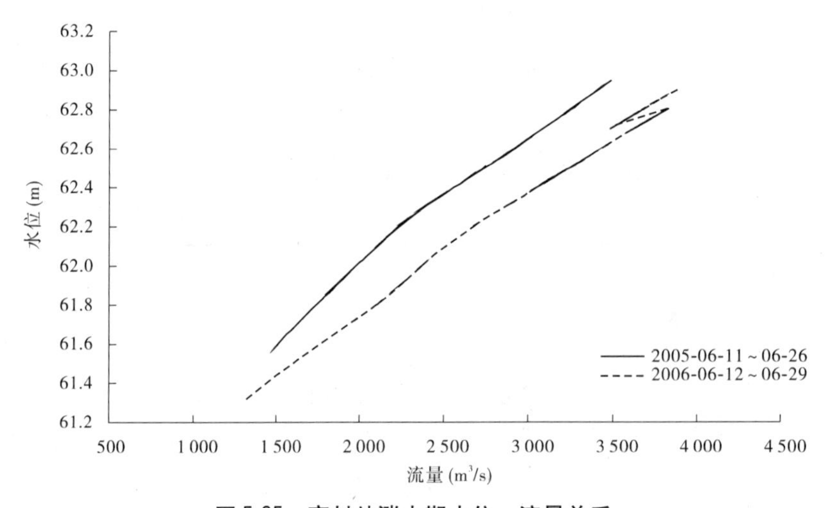

图 5-35　高村站涨水期水位—流量关系

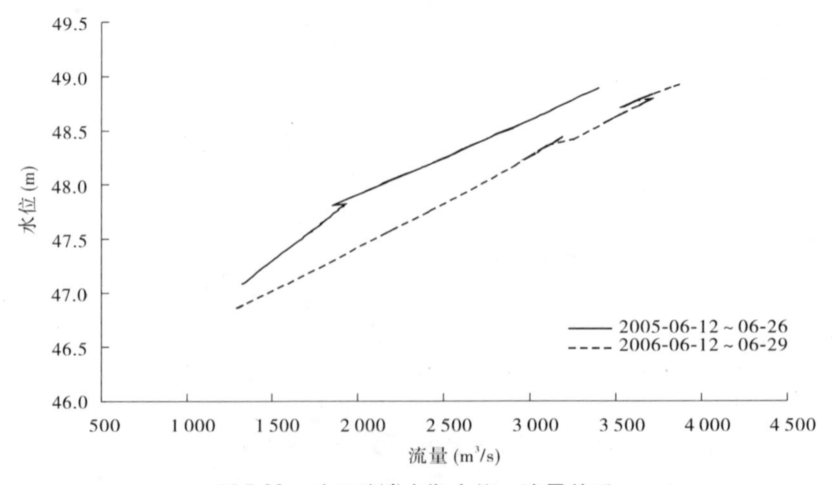

图 5-36　孙口站涨水期水位—流量关系

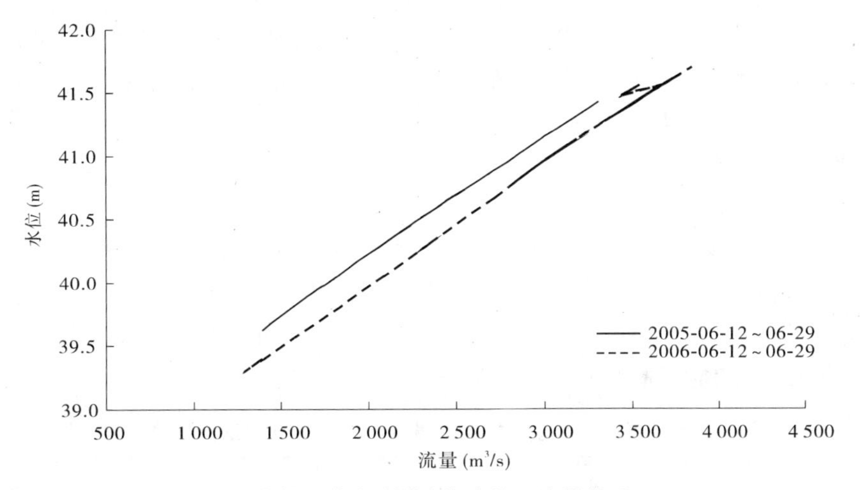

图 5-37　艾山站涨水期水位—流量关系

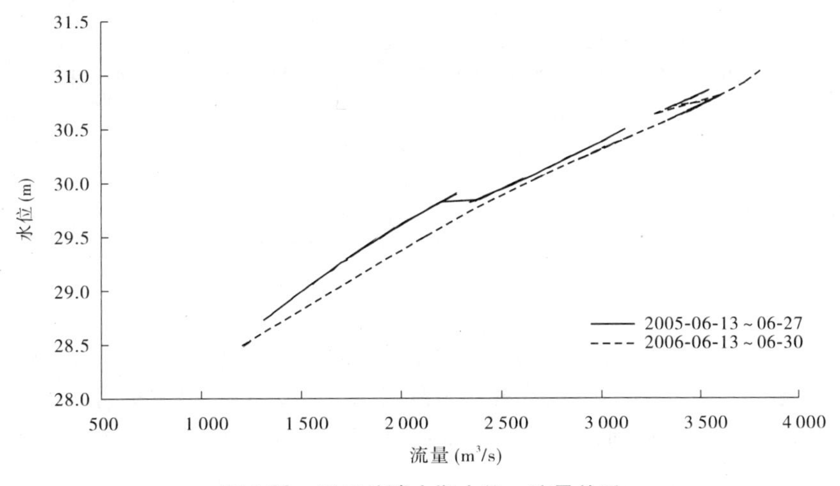

图 5-38　泺口站涨水期水位—流量关系

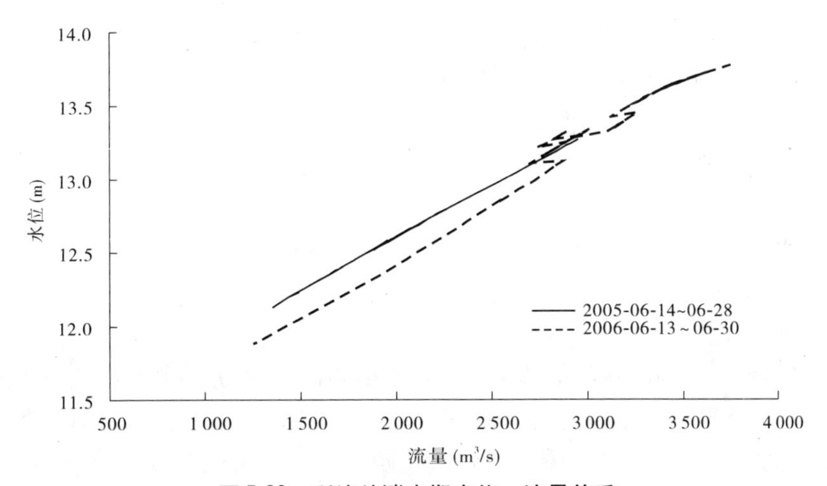

图 5-39　利津站涨水期水位—流量关系

根据同流量水位表现、生产堤偎水方式和发展变化，经综合分析，黄河下游河道主河槽最小平滩流量增大到 3 530 m³/s。在部分生产堤偎水的情况下，艾山以上河道主河槽安全通过了 3 850 m³/s 最大流量。

3. 2007 年汛前调水调沙生产运行

1）水文控制站最高水位变化

从本次调水调沙和 2006 年调水调沙下游各水文站最高水位对比看（见表 5-31），花园口站仅高 0. 01 m，夹河滩站偏低 0. 15 m，相应流量增加了 170 ~ 320 m³/s；高村、孙口两站水位高 0. 08 m 和 0. 12 m，相应流量分别增大 150 m³/s 和 110 m³/s；艾山以下各站水位高 0. 13 ~ 0. 19 m，相应流量增大 100 ~ 160 m³/s。

表 5-31　调水调沙期下游主要控制站最高水位及“卡口”河段平滩流量变化

项目		花园口	夹河滩	高村	孙口	艾山	泺口	利津	卡口段最小平滩流量	孙口站通过最大流量	卡口所在河段
2007 年	最高水位(m)	92. 87	75. 98	62. 99	49. 04	41. 83	31. 20	13. 96	3 630	3 980	孙口上下
	对应流量(m³/s)	4 290	4 100	4 050	3 980	3 950	3 930	3 910			
2006 年	最高水位(m)	92. 86	76. 13	62. 91	48. 92	41. 70	31. 06	13. 77	3 530	3 870	孙口上下
	对应流量(m³/s)	3 970	3 930	3 900	3 870	3 850	3 820	3 750			

2）同流量水位变化

本次调水调沙落水期与涨水期相比，同流量水位都有不同程度的下降，3 000 m³/s 同流量水位一般下降 0. 14 ~ 0. 16 m，高村站下降最大，为 0. 23 m，其次为孙口和艾山两站，均下降 0. 16 m，夹河滩和利津两站水位略有抬升，但绝对值很小，分别为 0. 03 m 和 0. 08 m。

3）平滩流量变化

根据水位—流量关系线、生产堤偎水情况，经初步分析，黄河下游河道主河槽最小平滩流量由调水调沙前的 3 500 m³/s 增大到 3 630 m³/s。在部分生产堤偎水的情况下，艾山以上河道主河槽安全通过了 3 980 m³/s 最大流量。

4. 2007 年汛期调水调沙生产运行

1）水文控制站最高水位变化

本次洪水和 2007 年 6 月调水调沙下游各水文站最高水位对比（见表 5-32），除花园口站略偏高外，其余各站均偏低。

2）同流量水位变化

本次调水调沙和 2007 年汛前调水调沙涨水期相比，大部分控制站同流量水位都有不同程度的下降，3 500 m³/s 同流量水位降幅为 0. 11 ~ 0. 43 m，其中高村、孙口、艾山三站下降最大，分别为 0. 24 m、0. 43 m 和 0. 38 m，花园口和利津两站则分别略有抬升，分别为 0. 2 m 和 0. 05 m。

表 5-32　调水调沙期下游主要控制站最高水位及“卡口”河段平滩流量变化

项目		花园口	夹河滩	高村	孙口	艾山	泺口	利津	卡口段最小平滩流量	孙口站通过最大流量	卡口所在河段
2007 年汛前调水调沙	最高水位(m)	92.87	75.98	62.99	49.04	41.83	31.20	13.96	3 630	3 980	孙口上下
	对应流量(m^3/s)	4 290	4 100	4 050	3 980	3 950	3 930	3 910			
2007 年汛期调水调沙	最高水位(m)	92.91	75.84	62.66	48.68	41.71	30.93	13.71	3 700	3 740	孙口上下
	对应流量(m^3/s)	4 150	4 080	3 720	3 740	3 730	3 650	3 700			

3)平滩流量变化

本次调水调沙期,高村—艾山河段最大流量为 3 720 ~3 740 m^3/s,结合各站水位—流量关系表现,初步分析通过本次调水调沙运用,黄河下游河道主河槽最小平滩流量接近 3 700 m^3/s。

5.2008 年调水调沙生产运行

本次调水调沙在部分河段生产堤偎水的情况下,黄河下游各站通过最大流量见表 5-33。该流量过程为 1996 年 8 月以来黄河下游主河槽通过的历时最长、同时也是最大的一次流量过程,标志着黄河下游主河槽的过流能力有了新的提高。

表 5-33　2008 年汛前调水调沙黄河下游各站通过最大流量

站名	花园口	夹河滩	高村	孙口	艾山	泺口	利津
最大流量(m^3/s)	4 610	4 200	4 170	4 090	4 060	4 170	4 140

从本次调水调沙和 2007 年 6 月调水调沙下游各水文站高水位及相应流量对比看,花园口及以下七个水文站最高水位均偏低,花园口、泺口两站偏低最少,分别为 0.09 m 和 0.06 m,相应流量花园口站仅减少了 50 m^3/s,而泺口站还增加了 290 m^3/s;高村、利津两站偏低最多,分别为 0.2 m 和 0.23 m,相应流量分别增加了 120 m^3/s 和 230 m^3/s;其他各站最高水位偏低 0.11 ~0.16 m,但相应流量均为增加,增加值为 60 ~290 m^3/s。由此表明,黄河下游河道主槽过流能力继续全线提高。

从 2007 年 6 月调水调沙到本次调水调沙,同流量水位下降较为明显,流量 3 000 m^3/s水位一般下降 0.2 ~0.49 m,高村以下各站降幅均在 0.34 m 以上,花园口和夹河滩两站水位降幅稍偏小,分别为 0.2 m 和 0.13 m。若用 2007 年 8 月汛期调水调沙与本次调水调沙相比,同流量水位也均下降,其中,艾山、利津两站下降较多,分别为 0.25 m 和 0.31 m,其他站降幅一般在 0.03 ~0.16 m。

分析计算得出,下游主河槽最小平滩流量由本次调水调沙前的 3 720 m^3/s,进一步增大到 3 810 m^3/s。与 2002 年首次调水调沙时主河槽过流能力 1 800 m^3/s 相比，增加了 2 010 m^3/s。

6. 2009 年调水调沙生产运行

本次调水调沙黄河下游各站通过最大流量见表 5-34。

表 5-34　黄河下游各站通过最大流量

站名	花园口	夹河滩	高村	孙口	艾山	泺口	利津
最大流量(m^3/s)	4 170	4 120	3 890	3 900	3 780	3 710	3 730

本次调水调沙和 2008 年调水调沙涨水期相比，大部分控制站同流量水位都有不同程度的下降。流量 3 000 m^3/s 水位降幅为 0. 04 ~ 0. 36 m，其中高村、孙口、利津三站下降最大，分别为 0. 22 m、0. 36 m 和 0. 11 m，花园口和泺口两站则分别略有抬升，抬升值均为 0. 08 m，流量继续上涨后，这两站同流量水位与去年同期基本持平。

经计算分析，下游主河槽最小平滩流量由 3 810 m^3/s 进一步增大到 3 880 m^3/s。

黄河下游河槽平均河底高程降低值见表 5-35。

表 5-35　黄河下游河槽平均河底高程变化　（单位：m）

站名	花园口	夹河滩	高村	孙口	艾山	泺口	利津
平均河底高程变化(m)	-0. 17	-0. 47	0. 08	-0. 29	-1. 17	-2. 92	-0. 33

经过三次试验和六次生产运行，黄河下游主河槽过流能力由试验前的 1 800 m^3/s 恢复到 2009 年的 3 880 m^3/s 左右，洪水时滩槽分流比得到初步改善，“二级悬河”形势开始缓解，下游滩区“小水大漫滩”状况得到较明显改善。

三、小结

（1）经过三次调水调沙试验，黄河下游各河段纵横断面的调整各有特点。白鹤—官庄峪河段，主槽以冲深为主，部分断面有所展宽，该河段平均河底高程下降 0. 58 m；官庄峪—花园口河段河槽在展宽的同时，也有冲刷，特别是京广铁路桥以上河道展宽明显，平均河底高程下降 0. 38 m；花园口—孙庄河段，主槽以冲深为主，平均冲深 0. 64 m；孙庄—东坝头河段，河势变化较大，主槽塌滩展宽明显，平均展宽 248 m，主槽平均下降 0. 44 m；东坝头以下河势比较稳定，工程控制较好，主槽宽度变化不大，以冲深为主。

（2）通过三次调水调沙试验，黄河下游各河段平滩流量增大，增加幅度为 460 ~ 1 050 m^3/s，平均增加为 672 m^3/s，其中夹河滩—高村平滩流量增加最大，为 1 050 m^3/s，利津—丁字路口平滩流量增加最小，为 460 m^3/s，高村—孙口平滩流量增加 760 m^3/s。

三次试验，黄河下游各河段平滩流量随试验及其他洪水过程有了较大程度增加，最小平滩流量由试验前的不足 1 800 m^3/s，增加至第三次试验后的近 3 000 m^3/s。

（3）经过三次调水调沙试验和六次调水调沙生产运行，黄河下游河道主河槽最小平滩流量已增大到 3 880 m^3/s 左右。

第三节　水库淤积部位和形态调整及排沙效果

一、水库淤积部位及形态调整

（一）小浪底库区总体冲淤情况

1. 库容分布情况

截至2004年7月，小浪底水库高程275 m以下库容为112.06亿m^3，其中干流库容为60.85亿m^3，左岸支流库容为23.66亿m^3，右岸支流库容为27.55亿m^3。库容曲线见图5-40。

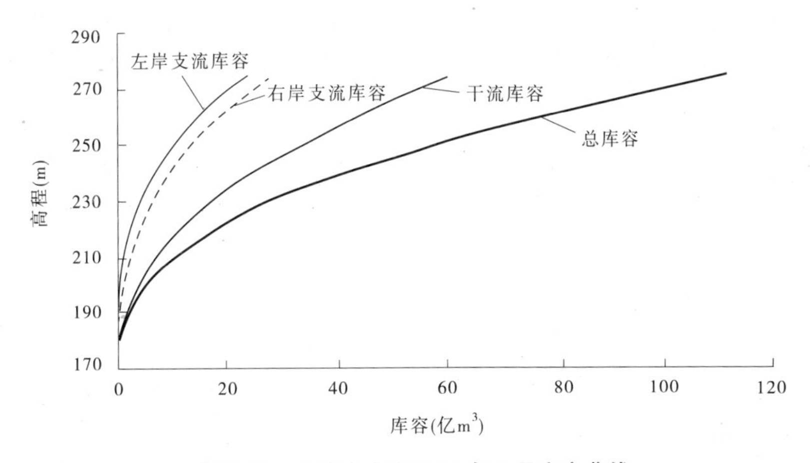

图5-40　小浪底水库2004年7月库容曲线

2. 历年库容及冲淤量的变化

1997年在小浪底库区进行第一次加密断面测验，高程275 m以下原始库容为127.58亿m^3，2004年7月，实测库容为112.06亿m^3，全库区共淤积泥沙15.52亿m^3。历年库容及冲淤量的变化情况见表5-36。

表5-36　小浪底水库历年汛前库容及冲淤量的变化情况　（单位：亿m^3）

年份	干流库容	总库容	年际淤积量	累计淤积量
1997年汛前	74.91	127.58		
			0.09	0.09
1998年汛前	74.82	127.49		
			0.03	0.12
1999年汛前	74.78	127.46		
			0.51	0.63
2000年汛前	74.31	126.95		
			3.82	4.45
2001年汛前	70.70	123.13		
			2.87	7.32
2002年汛前	68.20	120.26		
			2.25	9.57
2003年汛前	66.23	118.01		
			4.80	14.37
2004年汛前	61.60	113.21		
			0.55	14.92
2005年汛前	61.74	112.66		
			3.36	18.28
2006年汛前	59.00	109.30		

1997～2000 年汛前，库区淤积量很小，只有 6 300 万 m^3。2000 年汛期库区淤积量急剧增大，年淤积总量达 3.82 亿 m^3，而且 95% 的淤积发生在干流，支流淤积量仅 0.21 亿 m^3。2001 年库区淤积量略小于 2000 年，但支流淤积量有所增大；库区总淤积量为 2.87 亿 m^3，支流淤积量为 0.37 亿 m^3，占总淤积量的 12.9%。2002 年库区总淤积量为 2.25 亿 m^3，支流淤积量为 0.38 亿 m^3，占总淤积量的 17%。2003 年由于水库汛期运用水位较高，加之黄河中游来沙量较多和三门峡水库排沙，大量泥沙进入小浪底库区并且主要淤积在干流，淤积量为 4.63 亿 m^3，占库区总淤积量的 96%。第三次试验期间，小浪底库区总淤积量为 1.15 亿 m^3，其中干流淤积量为 0.75 亿 m^3，支流淤积量为 0.40 亿 m^3，但库区淤积部位得到很大改善，库尾段被侵占的设计有效库容得到全部恢复。

（二）库区淤积部位的调整

自 1999 年小浪底水库蓄水至 2006 年 4 月，小浪底库区干流距坝 70 km 以内的河段，河床最深点高程平均抬升 40 m 左右，其变化情况见图 5-41。

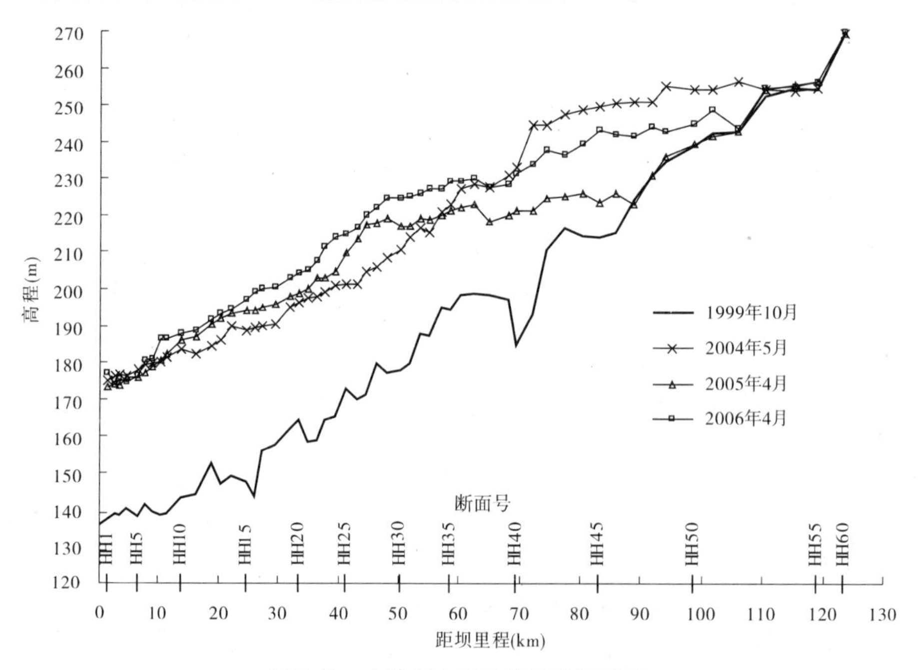

图 5-41　小浪底水库干流淤积纵剖面

从图 5-41 可以看出，黄河第三次调水调沙试验期间，三角洲的顶部平均下降近 20 m，在距坝 94～110 km 的河段内，河槽的河底高程恢复到了 1999 年状态，淤积三角洲的顶点向下游移动了 20 多 km。

总的来说，库区干流淤积三角洲的位置随水库运用方式的不同而变化。鉴于小浪底水库蓄水以来库区干流淤积量占总淤积量的 92%，仅以干流历年的冲淤变化来分析库区淤积的沿程变化规律。

1. 2002 年库区淤积部位调整

2002 年汛期共发生 3 次 1 000 m^3/s 以上的洪水，其中 6 月下旬到 7 月中旬的一次，流量和含沙量均较大，最大含沙量为 500 kg/m^3，且历时较长，在库区形成异重流，但出库沙量不大，见图5-42、图5-43。

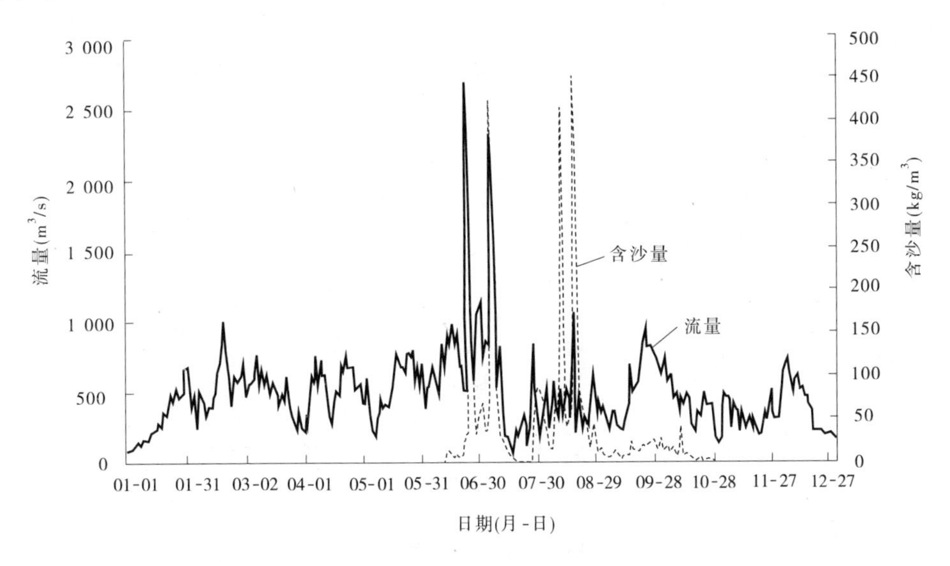

图5-42　2002年小浪底水库入库水沙过程

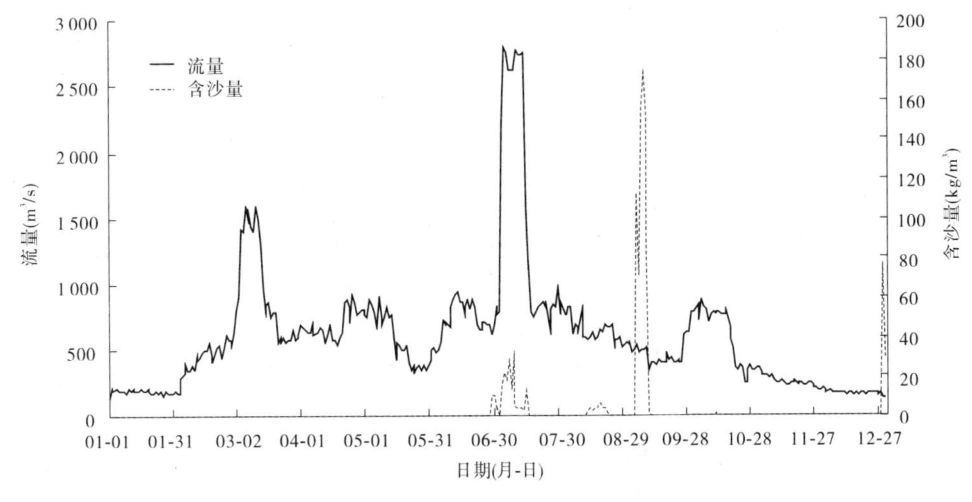

图5-43　2002年小浪底水库出库水沙过程

对应于三次洪水过程，水库运行水位前高后低，干流淤积主要出现在库区中部HH19—HH36断面之间，HH37断面以上表现为冲刷，HH18断面以下淤积量较小。

2002年淤积主要发生在距坝35～60 km（HH20—HH36断面），淤积量为1.40亿m^3，占干流淤积总量的71%。首次试验期间，距坝80 km（HH44断面）以上冲淤幅度极小，距坝14 km（HH10断面）以下淤积量仅为0.28亿m^3。试验后HH10断面以下平均河底高程抬升了4 m左右，但由于小浪底水库在2002年9月的排沙运用，下泄沙量为0.36亿t，近坝段河底高程下降，年淤积量减少，见图5-44。

支流淤积主要分布在近坝段的大峪河以及上游沇西河，见图5-45。

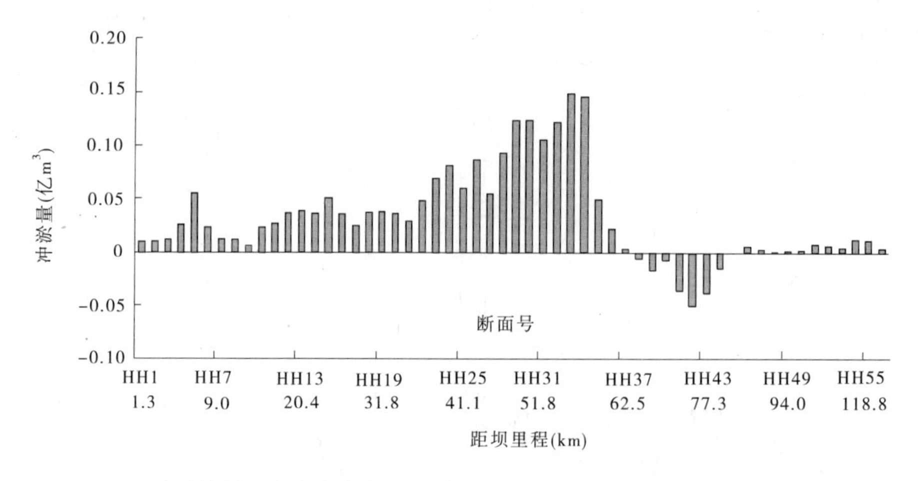

图 5-44　小浪底水库 2002 年 6 ~ 10 月干流冲淤量沿程分布

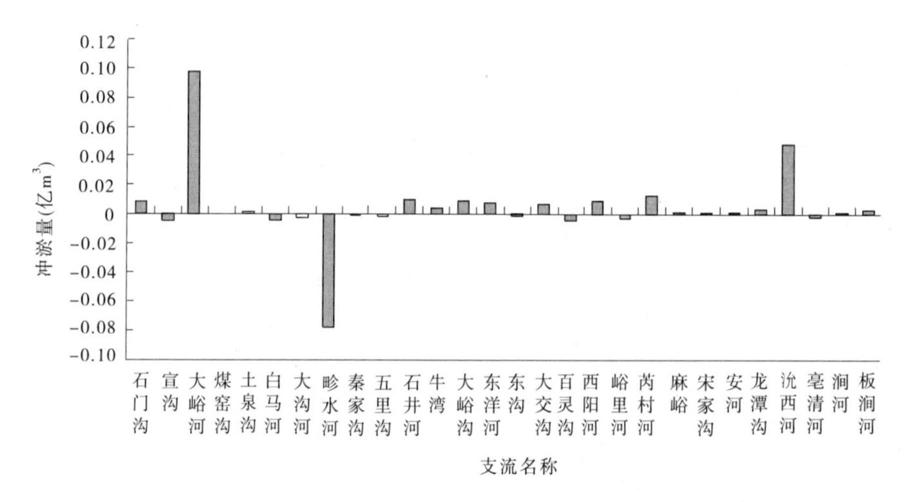

图 5-45　小浪底水库 2002 年 6 ~ 10 月各支流冲淤量分布

2. 2003 年库区淤积部位调整

2003 年汛期受上游洪水的影响，入库水量较往年偏多，三门峡站入库水量主要集中在 8 ~ 10 月，入库沙量过程主要集中在 7 ~ 9 月。同时由于下游河道过洪能力的限制，水库下泄流量多维持在 2 500 m^3/s 左右，导致水库运用水位较高，库区最高水位到 10 月 15 日达到 265 m 以上。加上三门峡水库汛期排沙，入库泥沙在小浪底库区造成淤积，见图 5-46、图 5-47。

2003 年 5 ~ 10 月，小浪底水库淤积量达 4. 59 亿 m^3(高程 275 m 以下的库容从汛前的 118 亿 m^3 减少到 113. 41 亿 m^3)。

因运用水位较高，淤积部位主要集中在干流尾部距坝 50 ~ 110 km(HH30—HH52 断面)处，该河段淤积量为 4. 22 亿 m^3，占干流总淤积量(4. 40 亿 m^3)的 96%，最大淤积厚度为 42 m。干流尾部河段河底高程的迅速抬高，造成部分支流口门的抬升，形成支流口门的拦门沙现象。2003 年汛期小浪底库区干、支流冲淤量的分布情况见图 5-48、图 5-49。

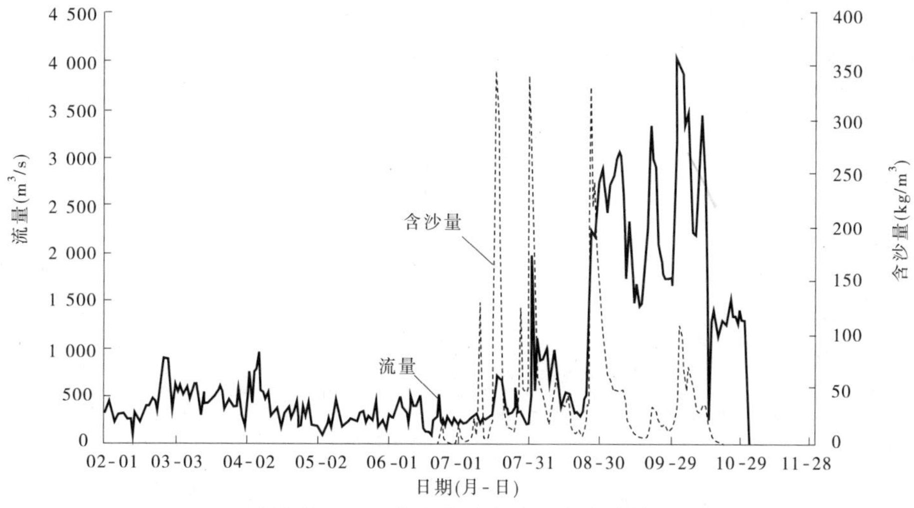

图 5-46　2003 年小浪底水库入库水沙过程

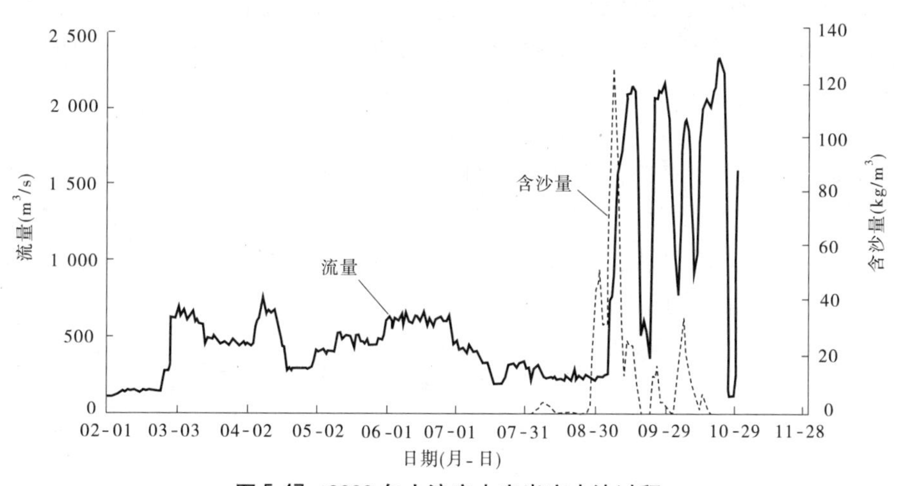

图 5-47　2003 年小浪底水库出库水沙过程

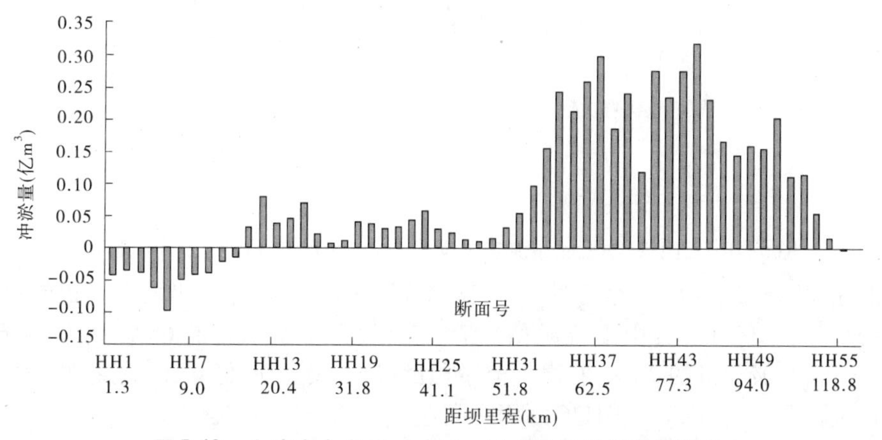

图 5-48　小浪底水库 2003 年 5 ~ 11 月干流冲淤量沿程分布

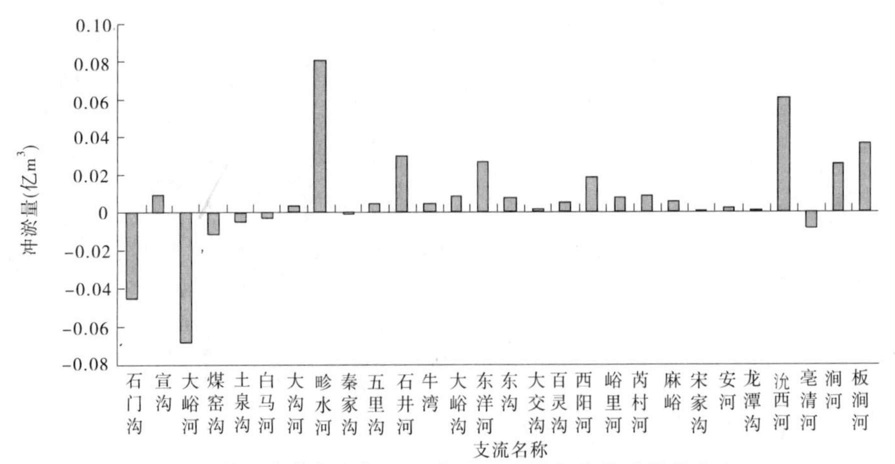

图 5-49　小浪底水库 2003 年 5～11 月各支流冲淤量分布

3. 2004 年库区淤积部位调整

第三次试验前期和试验期间，三门峡水文站 2004 年 6 月 19 日 9 时至 7 月 13 日 9 时总水量为 10.88 亿 m³，总沙量为 0.432 亿 t。其中 7 月 3 日 20 时至 13 日 9 时的第二阶段试验期间，三门峡站总水量为 7.20 亿 m³，总沙量为 0.43 亿 t。

2004 年 6 月 19 日至 7 月 13 日，小浪底水库下泄水量为 46.8 亿 m³、沙量为 440 万 t，平均流量为 2 260 m³/s，平均含沙量为 0.94 kg/m³。其中，7 月 3 日 20 时至 13 日 9 时，小浪底水库下泄水量 21.72 亿 m³、沙量 440 万 t，平均流量为 2 640 m³/s，平均含沙量为 2.0 kg/m³，约 10.2% 的入库泥沙排出水库。三门峡、小浪底站水沙过程见图 5-50、图 5-51。试验结束时，小浪底水库水位为 224.96 m，相应蓄水量为 24.6 亿 m³。

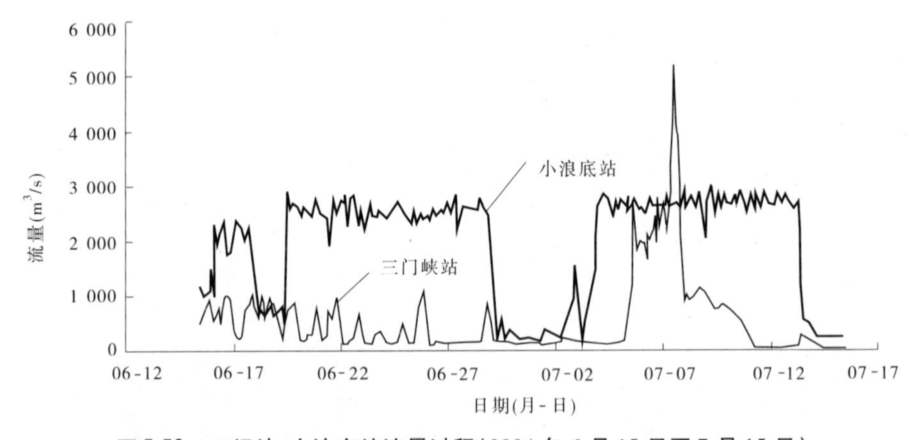

图 5-50　三门峡、小浪底站流量过程(2004 年 6 月 15 日至 7 月 15 日)

小浪底库区于 5 月 22 日至 7 月 22 日期间施测了两次地形，根据两次淤积测验资料，库区共淤积 1.15 亿 m³，其中干流淤积 0.75 亿 m³，占总淤积量的 65%；左岸支流淤积 0.32 亿 m³，占总淤积量的 28%；右岸支流淤积量很小，仅 0.08 亿 m³，占总淤积量的 7%。支流淤积主要发生在 HH37—HH26 断面之间左岸的几条较大支流上。

第三次试验期间，小浪底库区干流上段冲刷、下段淤积，其冲淤量的沿程分布情况见图 5-52。根据其调整特点，可大致分为 3 个区段。

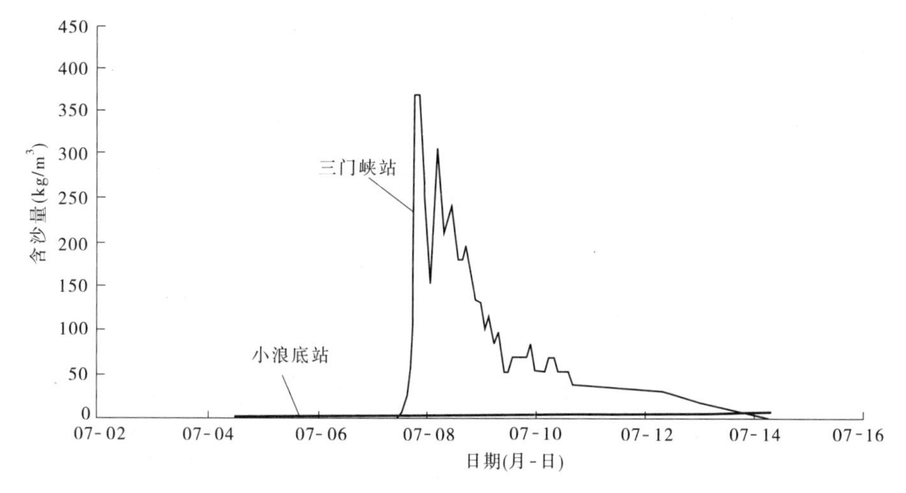

图 5-51　三门峡、小浪底站含沙量过程(2004 年 7 月 4～15 日)

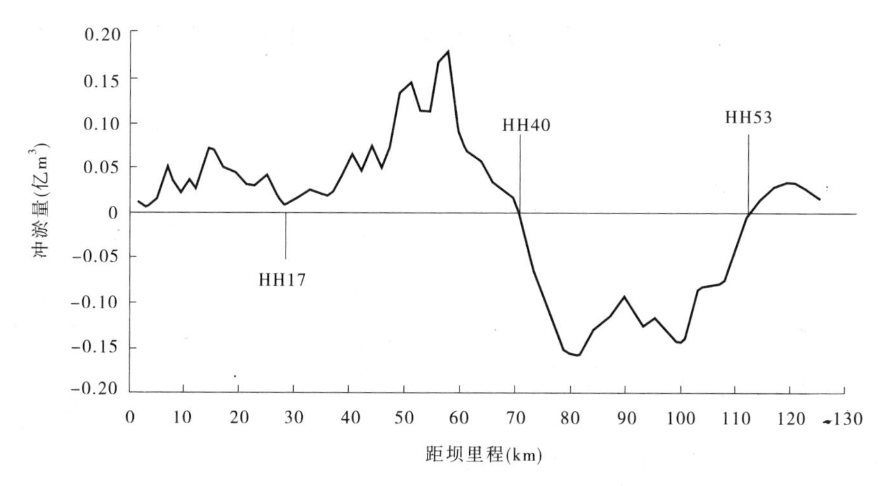

图 5-52　第三次试验期间小浪底库区干流冲淤量沿程分布

1)HH40—HH53 断面

HH40—HH53 断面区间(距坝 69.39～110.27 km)位于试验前淤积三角洲的顶坡段，为库区上部的狭窄河段，平均河宽在 400～600 m，2003 年汛期大量泥沙淤积在此，河底抬升达 40 多 m，部分库段淤积泥沙已经侵占了设计有效库容，调整该库段的淤积形态是试验的一个主要目的。

试验期间，该库段发生了剧烈的冲刷，冲刷量为 1.38 亿 m^3，河底高程平均降低 20 m 左右，大大改善了库尾的淤积形态，恢复了被侵占的设计有效库容。

2)HH17—HH40 断面

HH17—HH40 断面区间(距坝 27.19～69.39 km)，在 HH36 断面下游库区水面突然展宽，库区较大的弯道多在此河段。该库段左岸共有大小支流 12 条，支流数量和相应库容均占左岸支流总数的 70% 以上。试验期间该库段共淤积泥沙 1.57 亿 m^3。

3)HH17 断面以下

HH17 断面位于干流八里胡同出口处，HH17 断面以下库区宽阔，水流流速缓慢，泥沙颗粒较细，淤积方式以水平抬升为主。试验期间 HH17 断面以下共淤积泥沙 0.5 亿 m^3，淤积厚度较小。河底高程抬升 1 m 左右。

支流冲淤量分布见图 5-53。

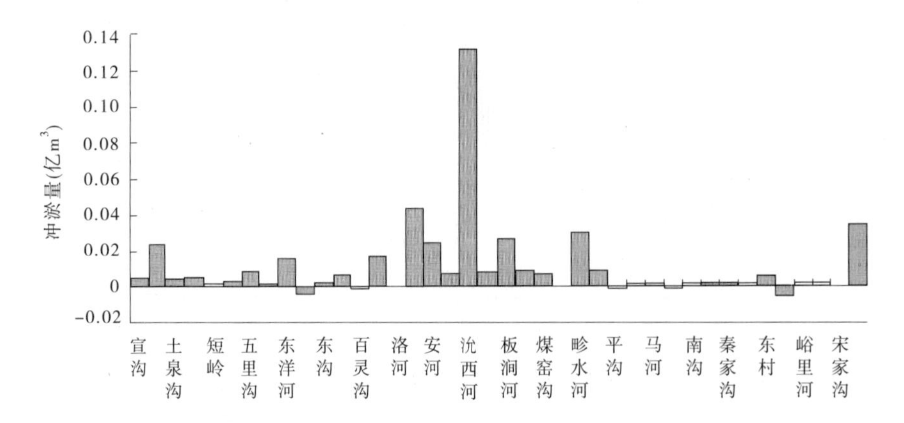

图 5-53　第三次调水调沙试验期间小浪底库区支流冲淤量分布

(三) 库区冲淤形态的调整

1. 干流冲淤形态的调整

1) 干流横向冲淤形态

首次试验期间，库区干流淤积库段基本以均匀淤积为主。

第二次试验期间，由于水库运用水位较高，淤积主要发生在距坝 50～110 km 的范围内，距坝 50 km 以下断面无大变化。在发生淤积的库段，断面的横向变化以均匀抬高为主。

第三次试验期间，库区干流淤积形态的变化在不同的库段有所不同。HH40 断面是冲淤的分界点，HH29 断面是试验结束后淤积三角洲的顶点。

淤积三角洲顶点以下河底基本为水平抬高，见图 5-54。淤积三角洲顶点以上至 HH40 断面之间基本为均匀抬高，见图 5-55。HH40 断面以上基本呈现冲刷状态，典型断面的冲淤变化情况见图 5-56。

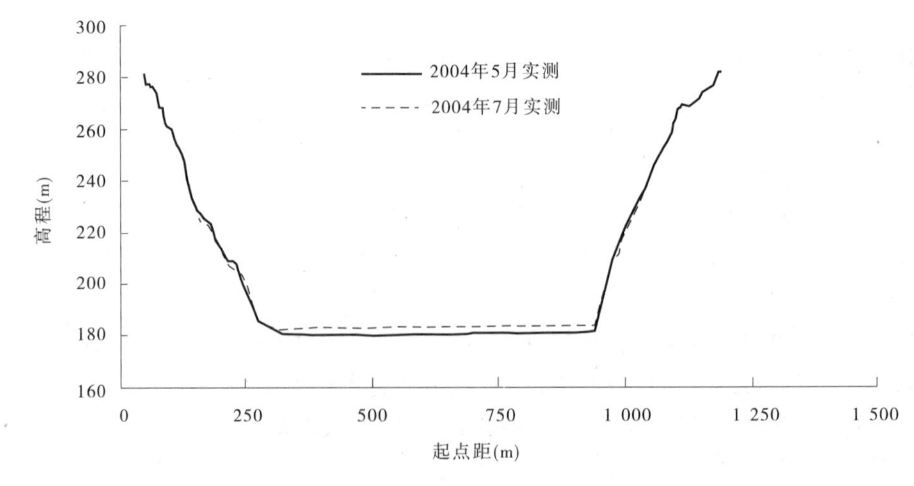

图 5-54　HH9 断面第三次试验前后对照

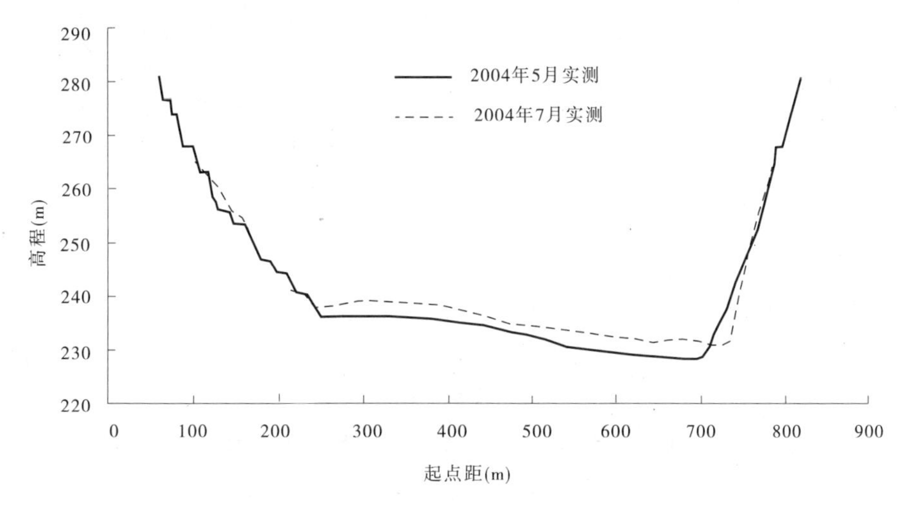

图 5-55　HH38 断面第三次试验前后对照

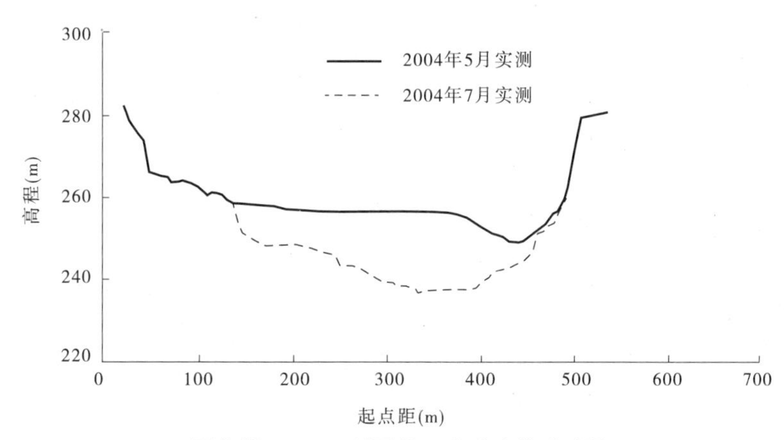

图 5-56　HH49 断面第三次试验前后对照

2)干流纵向冲淤形态

1999 年小浪底水库蓄水后,水库运用水位呈逐年抬高趋势,回水长度逐渐增长。1999 年 10 月至 2000 年 5 月,库区干流河底深泓纵剖面变化不大,在距坝 50 km 以内河底略有抬高;2000 年 5 月至 2001 年 5 月,由于库区水位的抬高,在距坝 35 ~ 88 km 的范围内形成了明显的淤积三角洲,三角洲的顶点在距坝 60 km 处,顶点高程为 217. 91 m。三角洲顶坡段长约 28 km,纵比降约为 2. 3‰;三角洲前坡段长约 8 km,纵比降约为 32‰;坡顶最大淤积厚度 37. 09 m,见图 5-57。

2001 年 8 月,距坝 55. 02 ~ 88. 54 km 范围内发生冲刷,淤积三角洲下移,高程下降,最大冲刷深度为 25. 3 m。距坝 50 km 以下河底高程抬高,坝前淤积厚度约 10 m。2001 年 8 月至 2002 年 5 月,淤积三角洲的顶坡段回淤,淤积厚度约 20 m。

2002 年 8 月 20 日至 10 月底,由于入库清水的冲刷作用,在距坝 60 ~ 89 km 的干流库段发生明显的冲刷,最大冲刷深度 20 m。在距坝 25 ~ 60 km 发生淤积,最大淤积厚度为 11. 4 m。调整的结果使得淤积三角洲向下游移动 15 km 左右。2002 年 10 月至 2003 年 5 月,库区干流纵剖面变化不大,见图 5-58。

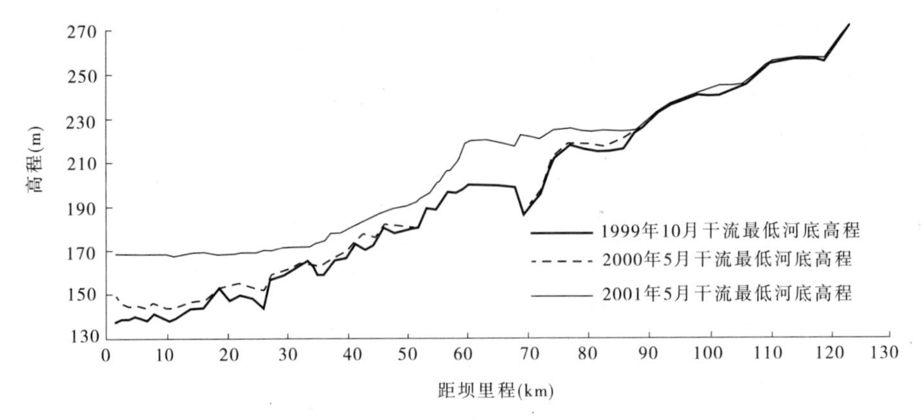

图 5-57　小浪底水库干流淤积纵剖面变化(1999 年 10 月至 2001 年 5 月)

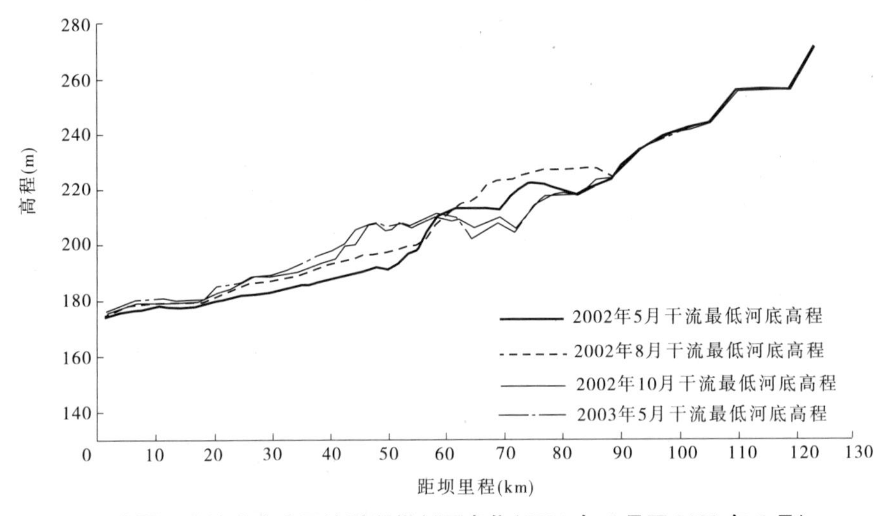

图 5-58　小浪底水库干流淤积纵剖面变化(2002 年 5 月至 2003 年 5 月)

2003 年汛后小浪底库区最高水位达到 265.58 m。同时,受 2003 年秋汛洪水的影响,上游洪水挟带的大量泥沙淤积在小浪底库区。2003 年 5～11 月小浪底库区共淤积泥沙 4.8 亿 m^3,其中 4.2 亿 m^3 淤积在干流。从淤积形态来看,干流淤积的泥沙主要集中在距坝 50～110 km 的库段,最大淤积厚度在距坝 71 km 处,淤高 42 m。淤积三角洲的顶点较 2003 年 5 月上移约 22 km,顶点高程在 250 m 以上,部分库段侵占了设计有效库容。2003 年 11 月至 2004 年 5 月,干流纵剖面变化不大,在距坝 92～110 km 略有降低。

2004 年第三次调水调沙试验,有效地改善了库尾河段的淤积形态,降低了库尾的淤积高程。在距坝 70～110 km 河底发生了明显的冲刷,平均冲刷深度近 20 m,三角洲的顶点也下移 23 km,高程降低 23.69 m,见图 5-59。

总体而言,自 1999 年蓄水以来,小浪底库区干流纵剖面的变化有以下特点:

(1)距坝 55 km 以下库段从 1999 年蓄水到 2004 年 7 月,河底高程逐年抬高,属较明显的淤积河段。

(2)距坝 55～110 km 库段为变动回水区,河底高程有升有降,甚至是大冲大淤。其冲淤变化与小浪底水库水位密切相关,若库水位相对较低,则该库段大多发生冲刷,若库

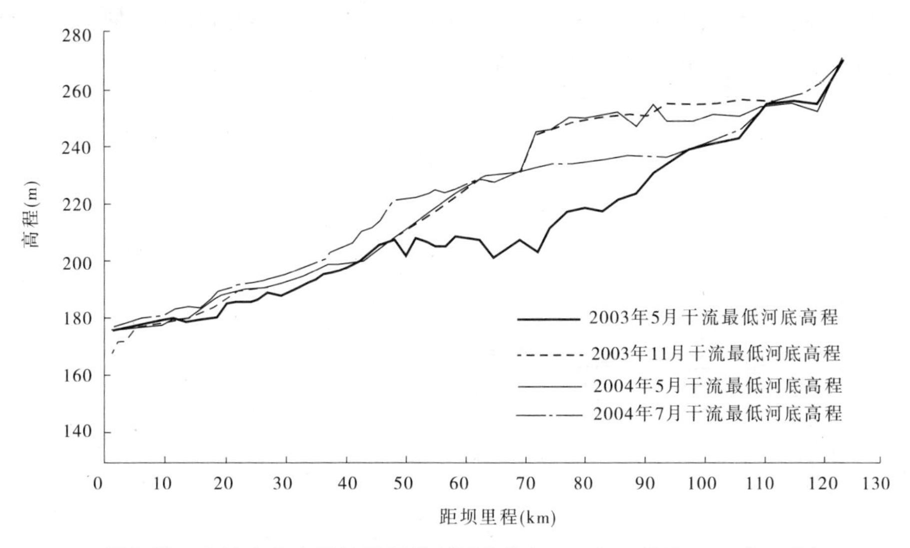

图 5-59　小浪底水库干流淤积纵剖面变化(2003 年 5 月至 2004 年 7 月)

水位较高,则发生淤积。

(3)110 km 以上库段自水库运用以来冲淤及断面形态均变化不大。

2. 支流冲淤形态的调整

1)支流横向淤积形态的调整

支流断面的横向冲淤变化主要以河底的均匀抬升为主,淤积厚度自下而上递减,断面淤积形态接近水平。图 5-60 为第三次调水调沙试验前后支流沇西河典型断面淤积形态变化过程。

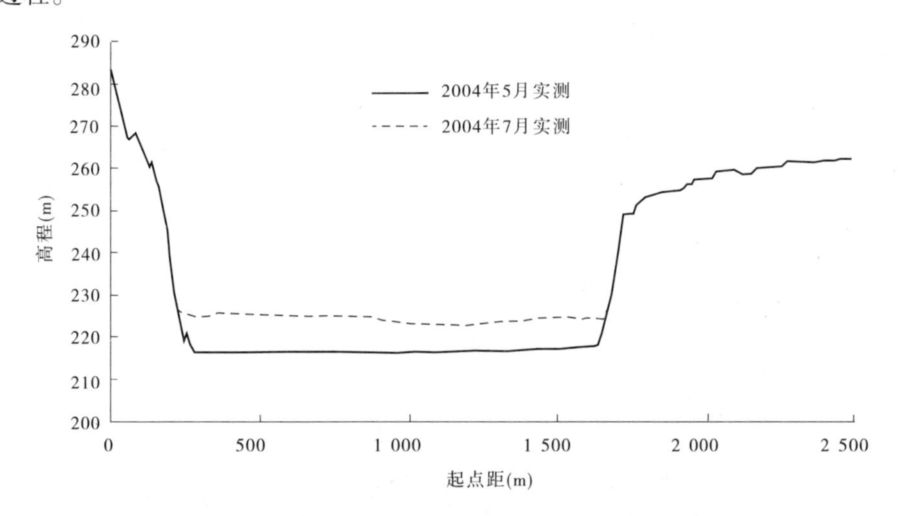

图 5-60　沇西河 1 断面试验前后淤积形态变化

2)支流纵向冲淤形态的调整

根据黄河第三次调水调沙试验前后的淤积测验资料,点绘了代表性支流沇西河的纵剖面如图 5-61 所示,可以看出该支流河口呈现出明显的抬高现象,抬高的主要原因是干流泥沙的倒灌。试验期间,小浪底库区成功地塑造了异重流,异重流的潜入点位于

HH36—HH34 断面之间,紧靠该支流的上游。异重流运行到该支流河口时,部分含沙水流进入支流,泥沙大多淤积在该支流河口附近。

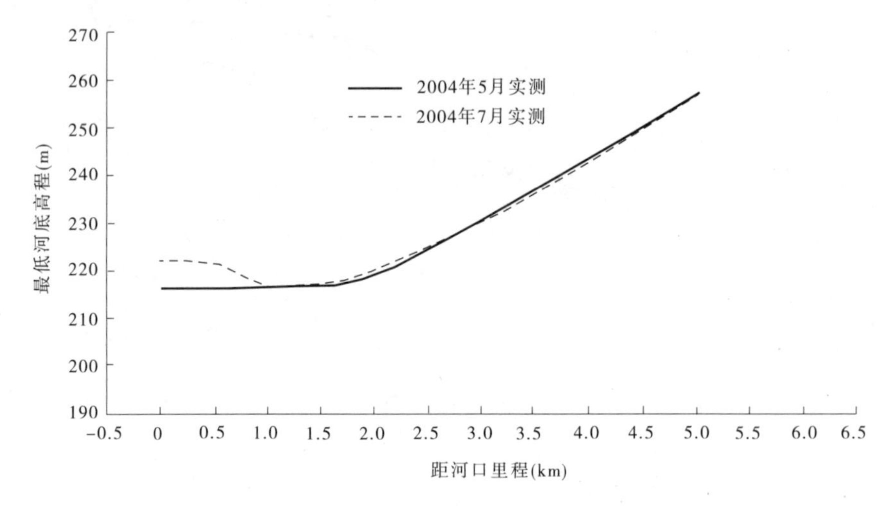

图 5-61　试验前后沇西河纵剖面形态变化

二、水库排沙效果

(一)首次调水调沙试验期间水库排沙效果

首次试验期间,黄河中游出现洪水,经三门峡水库的调节,2002 年 7 月 5 日 23 时至 8 日 20 时,三门峡水文站出现了三次沙峰过程,含沙量分别是 7 月 6 日 2 时的 513 kg/m^3、14 时的 503 kg/m^3 和 8 日 4 时的 385 kg/m^3,见图 5-62。7 月 1 ~ 15 日,三门峡水文站径流量 12.5 亿 m^3,输沙量 2.09 亿 t。

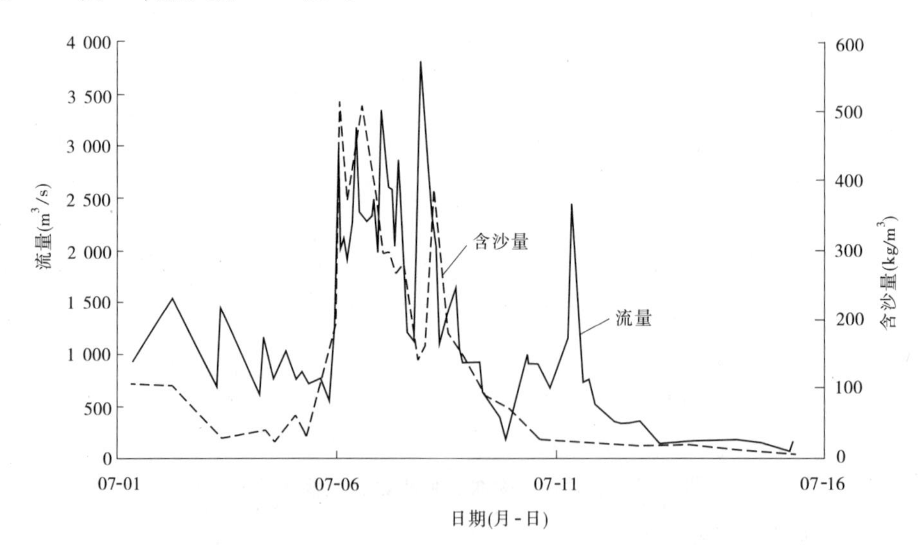

图 5-62　2002 年 7 月 1 ~ 16 日三门峡水文站流量、含沙量过程

试验期间,小浪底水文站出现两次沙峰,最大含沙量分别为 7 月 7 日 12.3 时的 66.2 kg/m^3 和 9 日 4 时的 83.3 kg/m^3。其余大部分时间含沙量都在 20 kg/m^3 以下,见图 5-63。

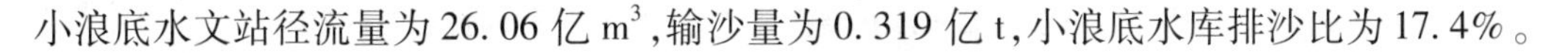

小浪底水文站径流量为26.06亿m^3，输沙量为0.319亿t，小浪底水库排沙比为17.4%。

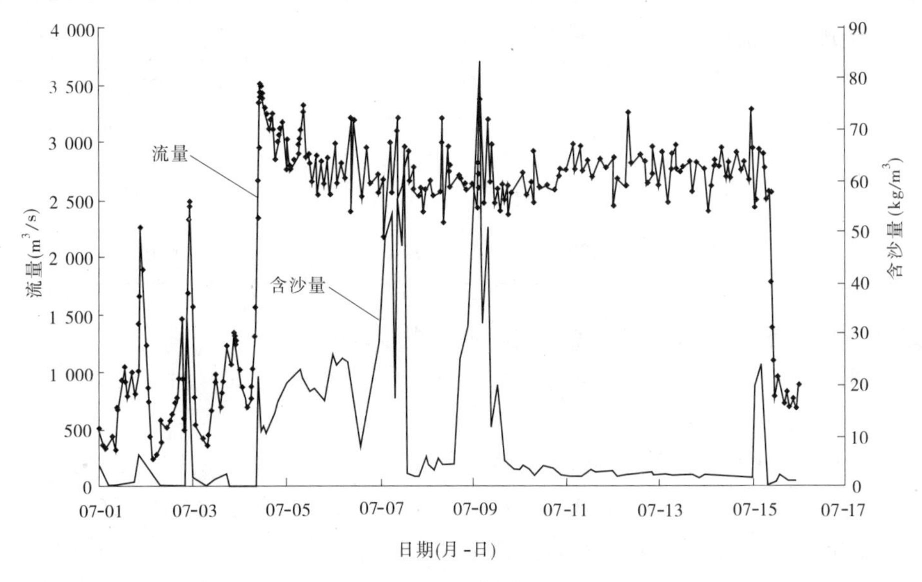

图5-63　2002年7月1~16日小浪底水文站流量、含沙量过程

(二)第二次调水调沙试验期间水库排沙效果

第二次试验前期和试验期间，三门峡水文站2003年8月25日至9月18日发生多场连续的洪水过程。9月6日8时至18日20时试验期间，三门峡站径流量为24.25亿m^3，输沙量为0.58亿t；最大流量为9月11日20时的3 650 m^3/s，最大含沙量为8日20时的48 kg/m^3。

8月25日至9月18日20时，小浪底入库沙量3.602亿t，出库沙量0.868亿t，排沙比为24%。其间，桐树岭断面垂线测点含沙量大多为50~80 kg/m^3，浑水层厚度40~50 m，泥沙中值粒径0.004~0.006 mm。9月6日8时至18日20时试验期间，水库主要为异重流和浑水水库排沙，出库沙量0.74亿t，排沙比高达128%。三门峡站、小浪底站水沙过程见图5-64，水沙特征值统计见表5-37。

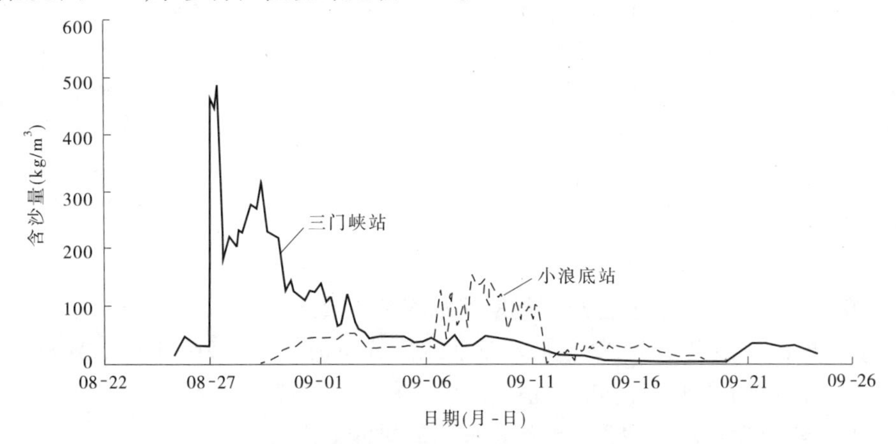

图5-64　三门峡、小浪底站含沙量过程(2003年8月25日至9月26日)

表 5-37　三门峡、小浪底站水沙量特征值统计(9 月 6 日 8 时至 18 日 20 时)

站名	时段水量(亿 m^3)	时段沙量(亿 t)	最高水位		最大流量		最大含沙量	
			时间(月-日 T 时)	水位(m)	时间(月-日 T 时)	流量(m^3/s)	时间(月-日 T 时)	含沙量(kg/m^3)
三门峡	24. 25	0. 580	09-11T20	77. 98	09-11T20	3 650	09-08T20	48
小浪底	18. 27	0. 815	09-16T23	35. 72	09-16T9. 5	2 340	09-08T06	156

(三)2004 年第三次调水调沙试验期间水库排沙效果

试验期间三门峡水文站从 2004 年 6 月 19 日 9 时到 7 月 13 日 9 时径流量为 10. 88 亿 m^3,输沙量为 0. 432 亿 t。

从 6 月 19 日到 7 月 13 日,小浪底水库下泄水量为 46. 8 亿 m^3,沙量为 440 万 t,平均流量约 2 260 m^3/s,平均含沙量为 0. 94 kg/m^3,小浪底水库的排沙比为 10. 2%。

(四)2005 年调水调沙生产运行期间水库排沙效果

2005 年的调水调沙预泄从 6 月 9 日开始,7 月 1 日 8 时结束,历时 23 d,累计入库水量 8. 15 亿 m^3,出库水量 52. 11 亿 m^3,小浪底水库补水 44. 0 亿 m^3,库水位从 252. 2 m 降至 224. 74 m,回落 27. 46 m。

调水调沙期间小浪底水库入库沙量约 0. 45 亿 t,出库沙量约 0. 023 亿 t,库区淤积 0. 43 亿 t,最大入库含沙量 352 kg/m^3,最大出库含沙量仅 10. 9 kg/m^3。水库排沙比为 5%。

(五)2006 年调水调沙生产运行期间水库排沙效果

2006 年调水调沙生产运行期间,小浪底水库入库水量 11. 709 亿 m^3,入库沙量 0. 23 亿 t;小浪底水库下泄水量 55. 790 亿 m^3,出库沙量 0. 084 1 亿 t,排沙比 36. 6%。

2004 年调水调沙试验、2005 ~ 2006 年调水调沙生产运行期间,在小浪底库区塑造异重流,其排沙比分别为 10. 2%、5%、36. 6%,相差较大。分析其排沙、沙源及来水来沙情况,可对今后的异重流塑造提供参考。

2004 ~ 2006 年调水调沙期间小浪底水库异重流塑造时,界定水位分别为 235 m、230 m、230 m 左右。根据近几年小浪底库区测验资料分析,2006 年三角洲洲面介于 2004 年和 2005 年之间,比降约为 4. 3‱,且大部分河段床面组成偏细。当三门峡下泄大流量清水时,即异重流塑造的第一阶段,在小浪底库区三角洲洲面产生溯源冲刷与沿程冲刷,产生泥沙在库区形成异重流,图 5-65 为 2006 年调水调沙期间河堤站断面套汇图;在异重流塑造的第二阶段,万家寨水流进入三门峡水库冲刷形成高含沙水流,使第一阶段形成的异重流得到加强。

(六)2007 年汛前调水调沙生产运行期间水库排沙效果

三门峡水库出库沙量 0. 601 2 亿 t,小浪底水库异重流排沙 0. 261 1 亿 t,异重流排沙比例达 43. 4%,实现了调整三门峡、小浪底库区淤积形态的既定目标。

(七)2007 年汛期调水调沙生产运行期间水库排沙效果

三门峡水库入库沙量 0. 367 5 亿 t,出库沙量 0. 869 亿 t,冲刷 0. 501 5 亿 t。小浪底水

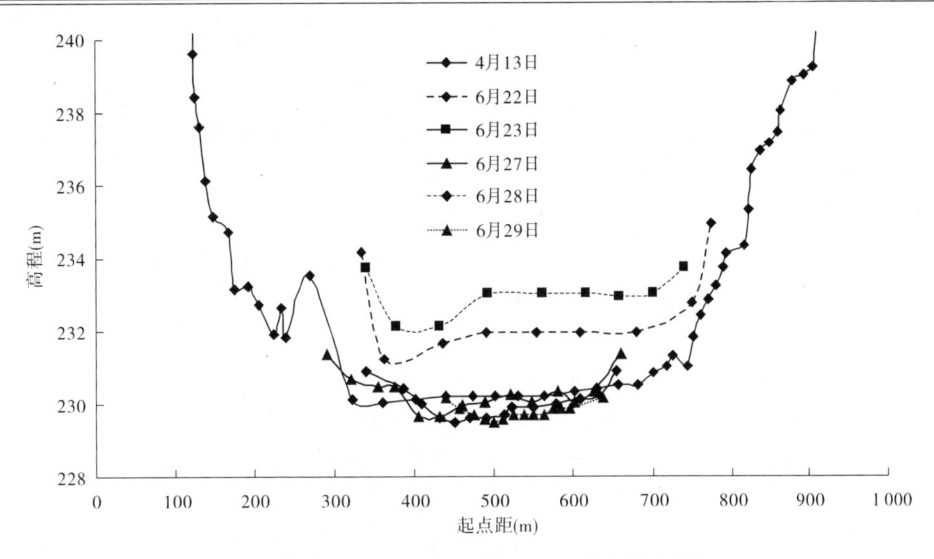

图 5-65　2006 年调水调沙期间河堤站断面套汇图

库出库沙量 0.459 亿 t,排沙比达 52.8%。

(八)2008 年调水调沙生产运行期间水库排沙效果

小浪底水库入库总沙量 0.579 8 亿 t,实测最大入库含沙量 318 kg/m^3。

小浪底水库出库总沙量 0.516 5 亿 t,排沙洞异重流含沙量达 350 kg/m^3 左右,调水调沙期间小浪底水库排沙比为 89%。该排沙比为 2002 年以来历次汛前调水调沙水库排沙比的最大值。

(九)2009 年调水调沙生产运行期间水库排沙效果

三门峡水库出库总沙量 0.503 9 亿 t,实测最大出库含沙量达 454 kg/m^3。

小浪底水库出库总沙量 0.037 亿 t,异重流出库实测最大含沙量 12.7 kg/m^3,推算小浪底水库排沙洞出库含沙量 22 kg/m^3 左右,异重流排沙比 7.3%。

三、小结

(1)2002 年调水调沙试验期间,小浪底水库入库沙量 1.831 亿 t,出库沙量 0.319 亿 t,水库排沙比为 17.4%。

(2)2003 年第二次调水调沙试验(8 月 25 日至 9 月 18 日 20 时)期间,小浪底入库沙量 3.602 亿 t,出库沙量 0.868 亿 t,排沙比为 24%。其中,9 月 6 日 8 时至 18 日小浪底入库沙量 0.58 亿 t,出库沙量 0.74 亿 t,排沙比为 128%。

(3)2004 年第三次调水调沙试验期间,小浪底入库沙量 0.432 亿 t,出库沙量 0.044 亿 t,排沙比为 10.2%。

(4)2005 年调水调沙生产运行期间,小浪底入库沙量约 0.45 亿 t,出库沙量约 0.023 亿 t,库区淤积 0.43 亿 t,最大入库含沙量 352 kg/m^3,最大出库含沙量仅 10.9 kg/m^3,水库排沙比为 5%。

(5)2006 年调水调沙生产运行期间,小浪底水库入库沙量 0.23 亿 t,出库沙量

0.084 1亿 t,水库排沙比36.6%,远远大于2004年、2005年的排沙量(2004年排沙0.044亿 t,排沙比10.2%;2005年排沙0.023亿 t,排沙比5%)。分析其原因,认为2004~2006年小浪底淤积纵剖面不同,潜入位置不同,运行距离也不同:2006年6月25日9时42分在HH27断面下游200 m监测到异重流潜入现象,异重流运行距离44.13 km。所以,2006年异重流运行距离短也是异重流排沙大的原因之一。

(6)2007年汛前调水调沙期间,三门峡水库出库沙量0.601 2亿 t,小浪底水库异重流排沙0.261 1亿 t,异重流排沙比例达43.4%,实现了调整三门峡、小浪底库区淤积形态的既定目标。

(7)2007年汛期三门峡水库入库沙量0.367 5亿 t,出库沙量0.869亿 t,冲刷0.501 5亿 t。小浪底水库出库沙量0.459亿 t,排沙比达52.8%。

(8)2008年调水调沙期间,小浪底水库入库总沙量0.579 8亿 t,实测最大入库含沙量318 kg/m³。小浪底水库出库总沙量0.516 5亿 t,排沙洞异重流含沙量达350 kg/m³左右,调水调沙期间小浪底水库排沙比为89%。该排沙比为2002年以来历次汛前调水调沙水库排沙比的最大值。

(9)2009年调水调沙期间,三门峡水库出库总沙量0.503 9亿 t,实测最大出库含沙量达454 kg/m³。小浪底水库出库总沙量0.037亿 t,异重流出库实测最大含沙量12.7 kg/m³,推算小浪底水库排沙洞出库含沙量22 kg/m³左右,异重流排沙比7.3%。

黄河九次调水调沙,小浪底水库入库总沙量6.076 9亿 t,出库总沙量2.483 7亿 t,平均排沙比达到39.1%。

历次调水调沙小浪底水库排沙情况见表5-38。

表5-38　历次调水调沙小浪底水库排沙情况

时间	入库沙量(亿 t)	出库沙量(亿 t)	排沙比(%)
2002年	1.831	0.319	17.4
2003年(汛期)	0.58	0.74	128.0
2004年	0.432	0.044	10.2
2005年	0.45	0.023	5.0
2006年	0.23	0.084 1	36.6
2007年汛前	0.601 2	0.261 1	43.4
2007年(汛期)	0.869	0.459	52.8
2008年	0.579 8	0.516 5	89.0
2009年	0.503 9	0.037	7.3
合计	6.076 9	2.483 7	39.1(平均)

第四节　河口三角洲生态调度效果

自2002年以来,黄河连续进行了9次调水调沙,使大量泥沙注入渤海。调水调沙使黄河河口地区水量增加,湿地内的自然资源和自然环境得到有效管理与保护,生态环境质量明显提高。迁徙鸟种类和种群数量有了大幅度增加，植被长势保持良好状态，水生生物繁荣，鱼类等水生动物及数量明显增长。

截至2008年底，黄河三角洲淡水湿地面积已增加到20万亩，与2001年相比淡水湿地面积增加了9万多亩，湿地内芦苇面积增加到75万亩，13万亩人工柽柳林全部成活；保护区内野生植物达393多种，野生动物达1 524种，已濒临绝迹的黄河刀鱼等珍稀水生动物再次大面积出现，黑嘴鸥、东方白鹳、丹顶鹤等多种国家级珍稀鸟类开始现身黄河河口，鸟类增加到283种。

2008年汛前向河口自然保护区补水1 356万 m^3，核心区增加水面面积3 345亩，入海口附近增加水面面积1.8万亩；2009年汛前向河口自然保护区补水1 508万 m^3，核心区增加水面面积5.22万亩，入海口附近增加水面面积4.37万亩，补水后，河口15万亩淡水湿地地下水位抬升了0.15 m。

总之，由于黄河调水调沙，黄河河口的生态环境得到极大改善，取得了巨大的社会、经济、生态效益。

第六章　主要认识及科技创新

第一节　检验和丰富了调水调沙相关技术

一、黄河下游协调的水沙关系及调控临界指标体系

(一)验证了黄河下游协调的水沙关系

三次调水调沙试验验证了何为近期黄河下游协调的水沙关系。当前一个时期内，黄河下游面临主槽行洪排沙能力严重不足、“二级悬河”依然严峻的局面，迫切需要塑造合适的洪水过程冲刷主槽以尽快恢复河槽的行洪排沙基本功能。因此，在一定时期内黄河下游协调的水沙关系必须满足能使下游河道主槽发生显著冲刷的要求。在小浪底水库拦沙初期，水库以异重流排沙为主，出库泥沙细颗粒含量高，三次调水调沙试验小浪底出库细沙、中沙、粗沙含量分别为89.3%、8.0%、2.7%，较历史资料中含沙量小于20 kg/m^3 的低含沙水流(细、中、粗沙含量分别为68.7%、20.0%、11.3%)为细。因此，以历史资料分析提出的黄河下游各河段均发生冲刷的临界水沙条件，在当前的河床边界条件下可使下游河槽产生明显的冲刷，三次试验均塑造了黄河下游协调的水沙关系。

2002年调水调沙试验前，提出下游河道含沙量小于20 kg/m^3 条件下全程冲刷的流量花园口为2 600 m^3/s、艾山为2 300 m^3/s，历时不小于6 d。实际调度中，花园口平均流量2 649 m^3/s，历时11 d，艾山平均流量1 984 m^3/s，2 300 m^3/s以上流量持续6.7 d。下游主河槽实现了全线冲刷，利津以上河道主河槽冲刷效率20.07 kg/m^3。

在总结首次调水调沙试验的基础上，黄河第二次调水调沙试验历时12.4 d，花园口平均流量2 390 m^3/s，小黑武平均含沙量29 kg/m^3，艾山流量2 524 m^3/s，下游利津以上河槽共冲刷0.456亿t，冲刷效率17.60 kg/m^3。

黄河第三次调水调沙第一阶段，进入下游河道水量23.25亿m^3，沙量为0，平均流量2 774 m^3/s，下游利津以上河槽共冲刷0.373亿t，冲刷效率16.04 kg/m^3。第二阶段，进入下游河道水量22.27亿m^3，沙量0.044亿t，平均流量2 713 m^3/s，平均含沙量2.0 kg/m^3，下游利津以上河槽共冲刷0.284亿t，冲刷效率12.75 kg/m^3。黄河三次调水调沙试验下游各河段河槽冲刷情况见表6-1。

黄河首次调水调沙试验由于孙口以上河段水流漫滩，滩槽水沙交换的结果使漫滩河段以下主槽含沙量相对降低，提高了主槽的输沙效率。综合分析三次试验资料可以看出，在小浪底水库拦沙初期使得进入下游河道的洪水平均流量维持在2 400 m^3/s左右历时12 d，控制进入下游河道的含沙量小于30 kg/m^3，细颗粒泥沙含量在90%以上，艾山—利津河段主槽冲刷已不太明显，冲刷效率仅1.35 kg/m^3。

小浪底水库的运用具有明显的阶段性，下游河道冲刷过程中平滩流量逐步增加的同

时，床沙组成、河槽形态等也在发生相应的调整。因此，协调的水沙关系必然是一个动态的变化过程。随着库区的泥沙淤积，小浪底水库进入拦沙后期，下游河道的平滩流量逐步恢复至5 000 m^3/s 左右。为了延缓小浪底水库的淤积年限，水库不再以异重流排沙为主，下泄的沙量也将大幅度增加，下游河道也不再迫切需要继续冲刷以增加河道过洪能力。此时，黄河下游协调的水沙关系与当前一个时期相比将发生明显的改变，协调的水沙关系主要是指不使下游河道（特别是主河槽）发生严重淤积，同时又不使水库拦沙库容损失较快的水沙关系，即控制水库的淤积和下游河道的淤积并重。当前水库距拦沙后期还有一定时间，因此对于拦沙后期黄河下游协调的水沙关系还无法检验。

表6-1　黄河三次调水调沙试验下游河槽冲刷情况总览

项目		首次试验（2002年）	第二次试验（2003年）	第三次试验（2004年）		
				第一阶段	第二阶段	全过程（包括中间段）
小黑武	水量（亿 m^3）	26.61	25.91	23.25	22.27	47.89
	沙量（亿t）	0.319	0.751	0	0.044	0.044
	历时（d）	11	12.4	9.7	9.5	24
	平均流量（m^3/s）	2 798	2 399	2 774	2 713	2 310
	平均含沙量（kg/m^3）	12.0	29.0	0	2.0	0.92
下游河槽冲刷量（亿t）	小浪底—花园口	0.136	0.105	0.089	0.076	0.169
	花园口—高村	0.099	0.153	0.092	0.052	0.147
	高村—艾山	0.102	0.163	0.103	0.095	0.197
	艾山—利津	0.197	0.035	0.089	0.061	0.151
	小浪底—高村	0.191	0.258	0.181	0.128	0.316
	高村—利津	0.171	0.198	0.192	0.156	0.348
	小浪底—利津	0.362	0.456	0.373	0.283	0.665
下游河槽冲刷效率（kg/m^3）	小浪底—花园口	5.11	4.05	3.82	3.42	3.53
	花园口—高村	3.72	5.91	3.96	2.33	3.07
	高村—艾山	3.83	6.29	4.43	4.27	4.12
	艾山—利津	7.41	1.35	3.83	2.73	3.15
	小浪底—高村	8.83	9.96	7.78	5.75	6.60
	高村—利津	11.24	7.64	8.26	7.00	7.27
	小浪底—利津	20.07	17.60	16.04	12.75	13.87

（二）临界调控指标体系

黄河三次调水调沙试验，塑造的进入下游河道的洪水流量、含沙量和历时均不相同，下游河道初期边界条件也各不相同。因此，三次试验在黄河下游各河段造成的冲刷也各有差别。三次试验中系统的观测资料为确定当前及今后一定时期黄河下游协调水沙关系的临界调控指标体系打下了坚实的基础。

根据对三次调水调沙试验资料的综合分析,结合当前下游河道的河床边界条件,贯彻以人为本的治河理念,确定目前进一步使下游河槽全线冲刷、扩大其行洪排沙能力的调控临界指标体系为:

(1)在低含沙洪水(进入下游河道洪水平均含沙量小于20 kg/m^3)条件下,控制进入下游河道洪水平均流量在2 600 m^3/s以上,洪水历时不少于9 d,可使下游各河段主槽均发生冲刷,全下游冲刷效率达10 kg/m^3以上。

(2)含沙量30 kg/m^3左右、出库细泥沙含量达90%以上时,控制进入下游河道的流量2 400 m^3/s、洪水历时12 d以上,也可使下游河槽在总量上实现明显冲刷;但是艾山以下河道发生冲刷的流量应在2 500 m^3/s以上,若孙口以下河道(主要是大汶河)没有水量加入,使下游各河段均发生明显冲刷的流量应在2 700 m^3/s以上。

(3)三次调水调沙试验使下游各河段主槽均发生了明显冲刷,而且在第三次调水调沙过程中适时地提高了调控流量,使平滩流量已恢复至三次试验后的3 000 m^3/s,相应的河槽形态也向有利方向发展,印证了前期实体模型的研究结果。在今后的调水调沙生产实践中,若小浪底水库库区异重流排出的泥沙仍以极细沙为主,则控制进入下游河道的洪水平均流量应进一步提高到3 000 m^3/s左右、洪水历时8 d以上,预估出库含沙量40 kg/m^3左右也可以实现下游河槽的全线冲刷,并视下游河槽过洪能力恢复情况及时调整调水调沙指标体系。同时,控制出库流量使其尽量接近下游平滩流量,最大限度地发挥河槽的行洪排沙能力。

二、协调水沙关系的塑造技术

在小浪底水库拦沙初期,协调的水沙关系是指进入黄河下游的流量、含沙量、悬沙级配组合与过程,基本接近黄河下游河道的挟沙能力,使黄河下游各河段基本不淤或发生连续冲刷。黄河中游水库的联合调度,使得将自然条件下的不协调的水沙关系变为协调或相对协调成为可能。

黄河历次调水调沙试验及生产运行中,充分发挥了以小浪底水库为主的中游干支流水库的调节作用,就减淤角度而言,基本实现了综合效益最大化。水库调度的对象包括自然水沙过程及拦蓄在水库中的水体与沉积在河床上的淤积物。调度内涵为流量过程及其所挟带泥沙的组成及含量,调度所涉及的空间涵盖黄河中游干支流水库,调度时间分布包括汛期及非汛期。通过水库调度把不合理的水沙过程调整为合理的水沙过程,从而达到输水冲沙、减轻河道萎缩、恢复并维持中水河槽的目的。塑造协调的水沙关系,除基于对自然现象及自然规律的认识外,还需具备相应的技术与手段。

(一)水库水沙输移规律及水利枢纽工程的调度技术

1. 水库水沙输移规律

黄河中游水库涉及万家寨、三门峡、小浪底、陆浑、故县水库,其中对水沙过程具有巨大控制作用的是三门峡及小浪底水库。两座水库在不同的时间与空间所表现出的输沙流态不尽相同:三门峡水库在汛前调水调沙过程中,自上而下由均匀明流输沙流态至壅水输沙流态，汛期全库区基本为均匀明流输沙流态；小浪底水库自上而下由均匀明流输沙流态至异重流或浑水水库输沙流态。总体而言，包括异重流、壅水明流、浑水水库、均匀明流等输沙流态。掌握水库不同输沙流态下水沙输移的基本规律并加以合理利用是塑造协调水沙关系的基础。

伴随着历次调水调沙，不断加深了对水库降水过程中泥沙输移规律、异重流潜入及输移规律、浑水水库变化规律等方面的认识，并利用这些基本规律指导调水调沙实践。

2. 枢纽调度技术

枢纽调度实际上是依据坝前含沙量分布状态，通过启闭不同高程的泄水孔洞及其之间的组合，以实现塑造协调水沙关系的目的。在水库的不同运用阶段、年度内不同时期以及不同水沙条件与边界条件下，其调度的侧重点亦不同。

三门峡水库泄流孔洞多，通过开启不同组合的孔洞并辅以调节个别孔洞的开度便可较准确地控制出库流量，出库流量调节幅度可从 0 到 9 700 m^3/s(315 m 水位对应泄量)甚至更大。三门峡水库汛初结合入库洪水敞泄运用，引起的出库含沙量增加值最高达305.61 kg/m^3。汛期其他洪水期，水库敞泄运用日均出库含沙量最大增加值在 188 ~ 285 kg/m^3 范围内变化。通过开启位于不同高程的泄流孔洞组合，可实现对出库含沙量及级配的调控。

小浪底水库泄水孔洞分布在 175 m 至 225 m 高程之间，水库在拦沙运用初期，库区泥沙主要以异重流形式输移。异重流运行至坝前可能形成浑水水库，坝前为分层流，通过开启不同高程的泄水孔洞，可达到优化出库水沙组合、减少过机泥沙等目的。异重流抵达坝前时应及时开启位置较低的泄流闸门排沙，闸门开度及组合调节以避免形成浑水水库为原则进行，可最大限度提高水库的排沙比。

(二)水沙传播规律及水沙对接技术

水沙调控范围涵盖 1 000 余 km 的黄河中游区域。若希望通过水库调度，使得区间自然来水来沙、水库蓄水、河床滞留的泥沙三者之间相互作用和补充，从而形成相对协调的水沙过程，必须掌握不同河(库)段水沙传播规律，以及不同区域水沙过程的叠加过程。

掌握水沙传播规律是实现对不同区域水量进行优化配置的基础。水流传播过程与流量及河床边界条件等因素有关，在实施调度中重点研究的河(库)段包括万家寨至潼关、潼关至三门峡、小浪底至花园口。为实现水沙准确对接，要确定以下主要参数：①根据三门峡水库降水排沙效果及万家寨水库蓄水状况确定万家寨水库下泄流量大小与历时；②根据小浪底与三门峡水库水位下降过程及万家寨至三门峡的水流演进时间，确定万家寨水库泄流时机；③根据小浪底水库异重流输移规律及库区边界条件，确定三门峡水库泄流过程；④根据万家寨至三门峡河道边界条件，尤其是考虑第一场洪水的运行特点，确定水流演进时间；⑤根据小浪底水库坝前异重流或浑水水库厚度与悬浮泥沙状况，以及水库下游支流来水状况与区间水流传播时间，确定小浪底水库泄流时机与泄流量。

2003 年第二次调水调沙试验中，借助于水沙对接技术和小浪底至花园口区间洪水、泥沙预报，成功地实现了小浪底水库下泄的浑水与水库下游伊洛河、沁河区间的清水在花园口站对接。从对接效果看，实测花园口站平均流量 2 390 m^3/s，平均含沙量 31.1 kg/m^3，达到了预案规定的控制花园口断面平均流量 2 400 m^3/s，平均含沙量 30 kg/m^3 的水沙调控指标。

2004 年至 2006 年汛前调水调沙期间，借助于水沙对接技术，准确实现了万家寨水库泄水过程与三门峡水库泄水过程对接，形成连续的较高含沙量水流过程进入小浪底水库，为塑造异重流并排沙出库奠定了基础。

（三）河道过流能力预测技术

河道过流能力是指某水位下所通过流量的大小，通常主槽过流是主体。主槽过流能力的大小直接反映河道的过流能力，而衡量主槽过流能力大小的一个重要指标是平滩流量。平滩流量的大小又直接限制目前调水调沙试验的调控指标，影响调水调沙方案的制订和实施。因此，预测下游主槽过流能力及平滩流量至关重要。由于黄河下游河道冲淤变化迅速，不同年份同流量水位值可差数米，同一年份不同场次洪水水位表现也不同，即使在同一场次洪水过程中，水位—流量关系往往是绳套型。因此，反映主槽过流能力的平滩流量的预测是十分复杂的问题，应根据黄河下游各河段的不同特点和断面形态的不同，采取综合分析的方法确定。

1. 水力因子法

水力因子法是利用各水力因素，如流量、流速、断面某高程下过水面积和洪水涨水过程中的冲淤面积之间的变化规律，通过水力计算，推求某测站的水位—流量关系。

2. 冲淤改正法

冲淤改正法是利用实测资料建立各级流量水位抬升和断面冲淤幅度之间的关系，从而利用历史实测洪水的水位—流量关系或现状水位—流量关系，根据该断面洪水前期累计冲淤厚度，确定同流量水位的升降值，得出设计的水位—流量关系。

3. 实测资料分析法

实测资料分析法是建立在大量实测资料的基础上，通过对历史洪水的水位—流量关系线趋势的分析，并根据上年实测的水位—流量关系，顺洪水的水位—流量关系的趋势进行高水部分的外延。然后再考虑到上年汛后与当前汛前河道的冲淤情况和幅度，将关系线抬高或降低即可得到所求的水位—流量关系，进而得出主槽过流能力。

4. 数学模型计算法

利用黄河下游准二维非恒定流数学模型，在已知河道初始边界条件、出口水位—流量关系和一定的水沙条件下，可计算沿程各控制站的主槽过流能力关系。

（四）试验流程控制技术

黄河调水调沙试验控制流程非常复杂，涉及的因素也很多。从时间上讲分为预决策、决策、实时调度修正和效果评价四个阶段；从空间上讲涵盖了黄河中游干支流水库群和下游河道的调度与控制；从内容上讲涉及水文泥沙预报、水库调度、工程抢险等防汛工作的各个环节；从人员上讲，每次试验期间，黄委都有 15 000 多人参加方案制订、工程调度、水文测报预报、河道观测、模型试验和工程维护等工作。为确保试验成功，必须对试验进行科学设计和控制，流程控制技术为黄河调水调沙试验的顺利进行发挥了重要作用。

总之，试验流程控制技术的应用，使得大规模的原型试验得以紧张有序、忙而不乱地进行，并实现了与模型黄河和数字黄河的适时联动，确保试验按照计划圆满完成。

三、水库减淤技术

小浪底水库拦沙期特别是拦沙初期，水库处于蓄水状态，且保持较大的蓄水体。当汛期黄河中游降雨产沙或者是汛前三门峡水库泄水排沙时，大量泥沙涌入小浪底水库后，唯有形成异重流方能排泄出库。显而易见，若水库调度合理，可充分利用异重流能挟带大量泥沙而不与清水相混合的规律，在保持一定水头的条件下，达到减少水库淤积、延长水库寿命的目的。在历次黄河调水调沙过程中，充分利用水库异重流运行规律及排沙特点，通过水库水沙联合调度，达到了减少水库淤积等多项预期目标。此外，调水调沙的实践过程也表明，利用洪水期迅速降低库水位排沙，可有效恢复部分库容。

（一）自然洪水异重流的利用与调度

汛期黄河中游往往发生较高含沙量洪水，对处于拦沙期的小浪底水库而言，充分利用异重流排沙是减少水库淤积的有效途径。研究小浪底水库异重流输移规律并充分利用其规律，是减少水库淤积、延长水库拦沙期寿命的重要内容。充分发挥异重流的排沙效益，建立在对水库异重流运动规律的认知之上，随着小浪底水库运用历时的增加，库区边界条件不断发生变化，异重流的排沙与塑造等相关指标及调度技术应发生相应调整。此外，由于问题的复杂性及资料的局限性，水库不同流态下水沙运动规律、基于不同目标的水库优化调度方式等关键技术问题，有待于进一步深入研究。

在水库边界条件一定的情况下，若要水库异重流持续运行并获得较大的排沙效果，必须使异重流有足够的能量及持续时间。异重流的能量取决于形成异重流的水沙条件，进库流量及含沙量大且细颗粒泥沙含量高，则异重流的能量大，具有较大的初速度。异重流的持续时间取决于洪水持续时间。若入库洪峰持续时间短，则异重流排沙历时也短，一旦上游的洪水流量减小，不能为异重流运行提供足够的能量，则异重流很快停止而消失。三门峡水库的调度可对小浪底水库异重流排沙产生较大的影响。当黄河中游发生洪水时，结合三门峡水库泄空冲刷，可有效增加进入小浪底水库的流量历时及水流含沙量，对小浪底水库异重流排沙是有利的。

（二）水库联合调度调整库区淤积形态与排沙

在库水位大幅度下降后，遇较大流量过程入库，堆积在库区上段的较细颗粒泥沙可被冲刷起动并悬浮，而后形成异重流排出库外，即所谓的冲刷型异重流。已建水库的实测资料表明，水库产生冲刷型异重流，在一定条件下水库排沙比可大于100%。显然，冲刷型异重流对减少水库淤积是有利的。

黄河2004年及2006年调水调沙期间，利用三门峡及万家寨水库蓄水形成具有较大动力及历时的水流过程，对调整库区淤积形态，以及成功塑造异重流排沙、减少库区淤积发挥了不可替代的作用。

（三）水库降水排沙减少水库淤积

当水库拦截了大量的泥沙，在水库泄空或接近泄空的情况下，有一定量级的水流入库，可在库区产生沿程冲刷与溯源冲刷，大量泥沙被排出库外，减少水库淤积的效果非常显著。

小浪底水库实体模型曾模拟了水库拦沙初期结束后，遇较大的洪水过程，水库迅速下降运用水位时库区的冲刷状况。试验过程表明，在坝前至距坝约 10 km 的范围内河槽强烈冲刷，滩面滑塌，并逐步向上游发展。距坝 10 km 至 45 km 的范围内，河槽主要表现为溯源冲刷，局部形成跌水并不断向上游发展。随着主槽下切，两岸处于饱和状态的淤积物失去稳定，在重力及渗透水压力的共同作用下向主槽内滑塌。由于该河段淤积物颗粒较细，沉积历时相对较长，因此具有一定的抗冲性，自下而上发展较慢。冲刷发展至 45 km 以上，表现形式为主槽溯源冲刷，滩地坍塌。由于河槽淤积物较粗，有黏性的细颗粒含量少，而使冲刷发展相对较快。支流沟口淤积物随着干流淤积面的降低出现滑塌，进而引起支流内蓄水下泄，水沙俱下，加速了支流淤积物下排。降水冲刷后河床纵横剖面形态发生了很大变化，支流拦门沙坎已不存在，河口段纵剖面改淤积时的倒坡为顺坡。

黄河 2004 年至 2006 年调水调沙塑造异重流的过程中，显示了即使是较小流量过程，在库水位大幅度下降的情况下，仍有大量泥沙被冲刷。

四、监测、预报体系

（一）监测体系

建设完善的黄河水库、河道水文泥沙原型监测体系，对于保证调水调沙试验总体目标的实现十分重要。三次调水调沙试验，从不同的方面对小浪底水库和下游河道的原型监测站网（断面）、测验设施、观测仪器、观测技术和组织管理等方面进行了检验，证明了目前的监测体系能够满足大规模的调水调沙生产运用科研数据采集和实时调度的需要。

目前监测体系和调水调沙试验前相比，在以下几个方面得到了完善和加强：

（1）调整、完善了小浪底水库测验断面，丰富了水库异重流观测内容。

（2）加密了下游河道测验断面，使得断面总数由过去的 154 个达到 373 个，平均断面间距接近 2 km/个。

（3）引进了大批 GPS、ADCP、浑水测深仪、激光粒度分析仪等先进的测验仪器和设备，水文测验的科技含量和自动化程度大大提高，提高了观测精度、缩短了测验历时。

（4）根据黄河特殊的水沙特性，成功研制了振动式在线测沙仪、清浑水界面探测仪、多仓悬移质泥沙取样器等水文测验仪器；开发了自动化缆道测流系统、水情无线传输系统、测船自动测流系统等先进的水文测验设施；研制、开发了水库水文测验数据信息管理系统、河道淤积测验信息管理系统、水文情报预报应用软件等。

（5）编制了完善的、适应调水调沙试验的水文测验、水情预报方案，制定了详细的水文测验技术标准和技术要求。

（6）建立、健全了测验组织和管理机构，任务明确、分工科学、反应迅速。

（二）预报体系

（1）新开发的黄河中下游洪水预报系统，为提高水情预报的时效性、准确性，满足调水调沙试验的需要起到了重要作用。洪峰的预报精度可以按照误差的百分比划分为四级，误差不大于依据站与预报站实际洪水传播时间的 ±10% 或预报误差不大于 2 h 为优秀。调水调沙期间的径流预报，暂不做精度要求。中、短期天气、降雨预报的精度，按照气象部门的精度评定办法进行。

（2）满足中下游站洪水预报的时间要求。如花园口站出现洪峰后，2 h 内做出夹河滩站的洪水预报及高村站的参考预报等。小浪底到花园口区间未来 36 h 洪水过程在花园口的相应过程上滚动预报。

(3)气象预报人员可做 4 ~ 10 d 的中期天气过程预报;水情预报人员根据降雨等值线预报图,利用黄河中下游洪水预报系统,在 2 h 内估算出花园口站可能出现的流量和趋势(警告预报)。利用洪水预报系统,进行花园口站的实时降雨径流预报(参考性预报)。调水调沙实施后,水情预报人员继续进行花园口站警报、降雨径流、河道洪水预报,做好花园口以下各站的洪水预报准备工作;继续密切监视黄河下游各站的水情,预报有关站的流量过程。

(4)流域洪水预报采用了降水径流预报,从而确保了调水调沙有充分的预报时间进行合理的水库调度。实践证明,新开发的黄河中下游洪水预报系统,可以满足调水调沙对预报的要求。

五、实体模型验证

模型试验是建立在相似理论基础之上的,模型与原型不仅应具备几何相似,而且需满足动态相似及动力相似。小浪底库区实体模型验证试验旨在检验模型与原型的相似性,进一步把握模型预报成果的可信度,以推动"模型黄河"的发展,通过模型验证试验达到预期目的。验证试验结果表明,模型在异重流形成条件、运动规律、淤积形态等方面与原型基本相似,从而表明模型采用的异重流运动相似条件是合理的,所进行的对水库异重流运动相似条件的探讨是有意义的。由于浑液面沉降与散粒体的沉降机理有质的区别,而模型设计没有专门考虑浑液面沉速相似,导致模型浑液面沉降速度大于原型,但不会对库区淤积量及形态产生大的影响。

(一)异重流运动相似条件

在模型设计中,对多沙河流水库异重流运动相似条件进行了深入研究,取得了较大进展。以往教科书中利用二维恒定异重流运动方程式,推导得出异重流发生(或潜入)相似条件为

$$\lambda_{s_e} = \lambda_{\gamma_s}/\lambda_{\gamma_s-\gamma} \tag{6-1}$$

式中 λ_{γ_s}——泥沙容重比尺;

$\lambda_{\gamma_s-\gamma}$——泥沙与水的容重差比尺。

小浪底水库动床模型采用轻质沙作为模型沙,由式(6-1)求得的含沙量比尺 λ_{s_e} 小于 1,而由河床变形相似条件 $\lambda_{t_2} = (\lambda_{\gamma_0}/\lambda_s)\lambda_{t_1}$(式中,$\lambda_{t_1}$ 及 λ_{t_2} 分别为水流运动时间比尺与河床变形时间比尺;λ_{γ_0} 为泥沙干容重比尺)看出,λ_{γ_0} 往往大于 1,若 $\lambda_s < 1$,则 λ_{t_1} 及 λ_{t_2} 相差较大,出现时间偏态。若满足其一,必然引起另一方面难以与原型相似,显然难以保证异重流的相似,之所以如此,我们认为,是由于二维恒定异重流运动方程的个别参数是建立在与实际相悖的假定基础之上推导出的,由此而导出的式(6-1)会由于先天不足而受到影响,特别是对于较高含沙量洪水,这种影响更为突出。鉴于此,在小浪底库区模型设计过程中,通过分析异重流的压力分布,引入了含沙量沿垂线分布不均匀性修正系数 k_1

$$k_1 = \int_0^{h_e}\left(\int_z^{h_e}\gamma_m' \mathrm{d}z\right)\mathrm{d}z/(\gamma_m h_e^2/2) \tag{6-2}$$

再通过其受力分析，导出非恒定异重流运动方程为

$$J_0 - \frac{\partial h_e}{\partial x} - \frac{f'}{8}\frac{V_e}{\frac{k_1\gamma_m - \gamma}{k_1\gamma_m}gh_e} - \frac{f_c}{4b}\frac{V_e^2}{\frac{k_1\gamma_m - \gamma}{k_1\gamma_m}g} - \frac{\tau'}{h_e(k_1\gamma_m - \gamma)} = \frac{1}{\frac{k_1\gamma_m - \gamma}{k_1\gamma_m}g}\left(\frac{\partial V_e}{\partial t} + V_e\frac{\partial V_e}{\partial x}\right) \tag{6-3}$$

以此为基础进行相似分析，导出异重流发生的相似条件

$$\lambda_s = \left[\frac{\gamma(k_1 - 1)}{\frac{\gamma_{s_m} - \gamma}{\gamma_{s_m}}S_P} + k_1\frac{\lambda_{\gamma_s - \gamma}}{\lambda_{\gamma_s}}\right]^{-1} \tag{6-4}$$

式中，若取 $k_1 = 1$，则 $\lambda_s = \lambda_{\gamma_s}/\lambda_{\gamma_s - \gamma}$，显然式(6-1)只是式(6-4)在 $k_1 = 1$ 时的特殊形式。

除此之外，以非恒定二维非均匀条件下的扩散方程

$$\frac{\partial(S_e h_e)}{\partial t} + \frac{\partial(V_e S_e h_e)}{\partial x} = a_*\omega(S_{*e} - f_1 S_e) \tag{6-5}$$

为基础，运用相似转化原理，得到异重流输沙及运动相似条件

$$\lambda_{s_e} = \lambda_{s_{*e}} \tag{6-6}$$

及

$$\lambda_{t_e} = \lambda_L/\lambda_{V_e} \tag{6-7}$$

式中　λ_{V_e}——异重流运动流速比尺；

λ_{t_e}——异重流运动时间比尺。

验证试验结果显示模型可较好地模拟异重流运动规律，证明在模型设计中对异重流相似条件的探讨是非常有益的，具有重要的使用价值及学术价值。

（二）浑液面沉降速度的相似性

模型设计采用的泥沙悬移相似条件是基于悬移质运动的扩散方程，运用相似转化原理推求的，适应于非均匀天然沙沉降情况。而浑液面的沉降与散粒体泥沙的沉降机理有质的区别。分析认为，模型清浑水交界面沉降速度大于原型的原因有二。其一是泥沙粒径比尺 $\lambda_d = 0.79$，即模型沙粒径为原型沙的1.27倍，使得模型沙较原型沙偏粗。水流中细颗粒泥沙含量越少，其网状絮体结构形成的速度越慢。其二是模型含沙量比尺 $\lambda_s = 1.7$，即模型含沙量不足原型的0.6倍，相对而言，泥沙絮体颗粒不易互相接触，颗粒间分子力作用微弱，絮体网状结构不能很快出现。这些因素都促使模型泥沙沉降速度偏大。此外，原型与模型沙物理化学特性的差异亦会对浑液面的沉降产生一定的影响。

若要求模型与原型浑液面沉降完全相似，则所要求的 λ_s、λ_d 等比尺将与其他相似条件所要求的比尺值相互矛盾。当各种相似要求之间存在着矛盾，不可能同时得到满足时，应分析矛盾，抓住主要的，照顾次要的，忽视不重要的。对小浪底库区模型而言，毫无疑问，水流泥沙运动与原型相似为主要矛盾。

分析表明，尽管模型浑液面沉降速度大于原型，但仅在水库底层孔洞泄流较小的情况下才导致模型排沙历时短。由于水库泄流量小，排沙量亦小，不会对库区淤积量及形态产生大的影响。

（三）模型需进一步验证

小浪底水库投入运用后均处于蓄水状态，因而洪水期模型所涵盖的库段大多为异重

流排沙。在小浪底水库实体模型上进行的验证试验也基本上是对异重流排沙过程进行了验证。随着小浪底水库运用方式的变化,水库排沙方式亦会随之改变,如水库明流排沙、水库降水冲刷等。小浪底实体模型应在适当时期选择典型时段进一步验证并完善。

六、数学模型验证

2002 年调水调沙试验结束后,按照总体部署,组织了黄河首次调水调沙试验数学模型验证。模型验证需要的资料由组织者按各家数学模型要求的格式统一提供,各模型在同一地点同时进行验证计算,结果提交给专家对计算结果进行总体评审。

参与本次验证计算的数学模型共有 10 套,见表 6-2。

表 6-2　库区和下游模型分类

模型	名称	开发研制单位
库区模型 1	黄河水库泥沙冲淤数学模型	黄河水利科学研究院
库区模型 2	水库水动力学数学模型	黄委勘测规划设计研究院
库区模型 3	水库准二维泥沙冲淤数学模型	黄河水利科学研究院
库区模型 4	水库水文水动力学泥沙数学模型	黄委勘测规划设计研究院
下游模型 1	下游河道洪水演进及河床冲淤演变数学模型	黄河水利科学研究院
下游模型 2	黄河下游河道冲淤泥沙数学模型	黄河水利科学研究院
下游模型 3	黄河下游水动力学泥沙冲淤数学模型	黄委勘测规划设计研究院
下游模型 4	黄河下游河道冲淤计算水文学模型	黄河水利科学研究院
下游模型 5	黄河下游河道水文水动力学泥沙数学模型	黄委勘测规划设计研究院
下游模型 6	黄河下游河道二维水沙运动仿真模型	黄委防汛办公室

(一)库区数学模型验证

1. 库区数学模型主要验证结果

计算时段为 2002 年 6 月 20 日至 2002 年 7 月 16 日。初始地形采用汛前 6 月 17 日库区干支流实测大断面资料,其中库区支流考虑了 15 条。模型进口条件为三门峡出库日平均流量、含沙量及相应悬沙级配,出口条件为小浪底坝前水位和小浪底出库流量(均用日均值)。该时段入库水量 21.4 亿 m^3,沙量 2.857 亿 t,出库水量 36.87 亿 m^3。

根据以上给定的计算条件,各模型计算的库区淤积总量和水库排沙比计算结果见表 6-3。另外,部分模型对库区沿程淤积量分布也进行了统计,见表 6-4。

表 6-3　库区淤积总量和排沙比模型计算结果统计

项目	模型 1	模型 2	模型 3	模型 4	实测(断面法)	实测(沙量平衡法)
淤积量(亿 t)	2.458	2.390	2.381	2.439	1.732	2.529
排沙比(%)	10.6	13.0	13.2	11.0		11.4

表 6-4　库区沿程淤积量分布模型计算结果统计　　（单位：亿 t）

河段	HH56—HH49	HH49—HH38	HH38—HH27	HH27 以下	支流	合计
模型 1 计算	0.019	0.288	0.546	1.324	0.281	2.458
模型 3 计算	0.355		1.728		0.298	2.381
实测（断面法）	0.030	0.326	0.256	1.003	0.117	1.732
实测（沙量平衡法）						2.529

同时，模型 1、模型 2、模型 4 又对库区淤积物组成及分组沙排沙比和实测资料进行了对比分析（见表 6-5）。

表 6-5　分组沙冲淤量模型计算结果统计

项目		细沙	中沙	粗沙	全沙
冲淤量（亿 t）	模型 1	0.845	0.893	0.720	2.458
	模型 2	0.797	0.806	0.787	2.390
	模型 4	0.826	0.835	0.778	2.439
	实测（沙量平衡法）	0.848	0.865	0.816	2.529
排沙比（%）	模型 1	25.5	0.15	0	10.6
	模型 2	27.1	6.3	0.6	13.0
	模型 4	24.2	2.2	2.0	11.0
	实测（沙量平衡法）	24.6	2.6	1.5	11.4

另外，模型 1、模型 2、模型 3 又对库区干流和各支流的淤积形态进行了计算，干流淤积部位与实测地形比较见图 6-1。

模型 3 还对小浪底出库日均含沙量过程进行了计算和统计，见图 6-2。

2. 库区数学模型评价

各模型计算的库区总冲淤量均为 2.40 亿 t 左右，与沙量平衡法实测结果基本一致；水库实际排沙比为 10.6% ~13%，模型 1 和模型 4 更接近于实测值。模型 1 和模型 3 计算的干流分河段冲淤量，HH56 ~ HH38 断面之间冲淤量模拟较合理，HH38 ~ HH27 断面之间淤积量计算值较实测值偏大；两模型计算的支流淤积量与实测值相比均有所偏大。

三套模型计算的分组沙淤积量基本上反映了黄河的实际情况，从分组排沙比来看，细泥沙符合较好，粗泥沙、中泥沙与原型差别较大，主要是在计算各分组粒径时，采用不同处理方法，因此所求的各粒径组来沙也有所不同。

各模型计算的库区干流淤积形态，其淤积部位经与实测地形相比也基本相似。模型 1 计算值更接近实际。

模型 1 模拟出这一时段水库 3 次发生异重流，也与实测结果相符。模型 3 计算得出：在计算时段内，由于入库含沙量比较大，坝前水位也较高，水库大部分时间为异重流排沙，

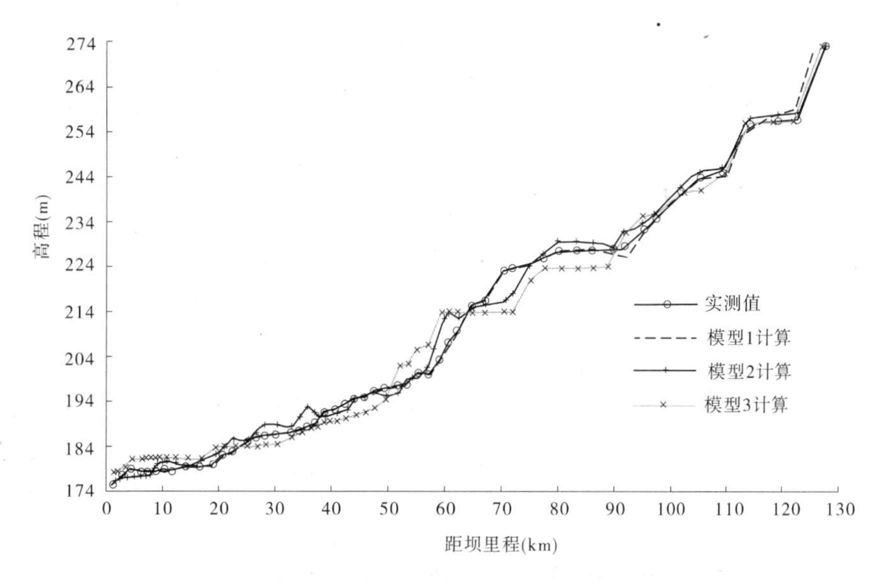

图 6-1　小浪底水库干流淤积纵剖面图

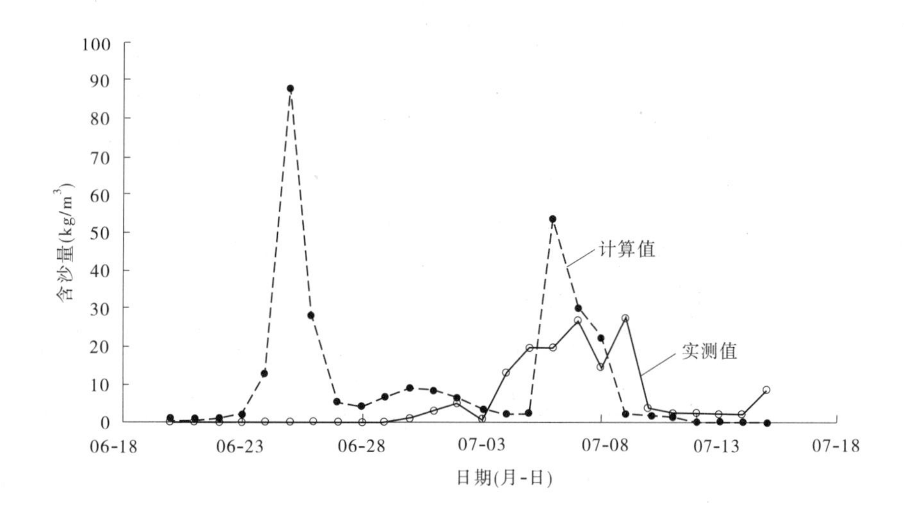

图 6-2　水库出库含沙量计算值与实测值对比(模型 3)

异重流潜入点位于距坝 70 ~ 90 km 的范围内,与实测值也基本相符。

计算出库含沙量过程与实测过程有一定的差别,其原因是异重流运行到坝前时,受闸门开启情况的影响,在坝前形成浑水水库,而模型计算过程未考虑闸门调度的情况。

由于目前计算中没有考虑小浪底水库高、中、低泄水孔洞开启方式对水库排沙的影响,各模型逐日过程模拟与实测结果相比还有一定的偏差。今后,应深入分析水库水沙调节的全过程,进一步改进模型以能够精细模拟不同孔洞开启对出库含沙量的影响。

综上所述,各模型的计算功能较全面,模型 2 的库区冲淤计算更形象化。但从整体来看,库区各模型的前、中、后处理显示系统较弱。从模型的发展来看,今后要结合黄河治理开发工程及非工程措施的实施,加强基础性研究。

（二）下游河道数学模型验证

1. 主要验证结果

本次参与验证计算的下游数学模型共6套，其中5套为一维河道冲淤模型，1套为二维水沙运动仿真模型。

一维模型计算河段为铁谢至利津，起始地形采用2002年5月15日实测大断面及沿程床沙级配资料，计算时段为2002年7月3日至7月25日。进口水沙条件为小浪底、黑石关、武陟三站流量、含沙量过程及悬沙级配，出口条件为利津站水位流量关系。计算时段下游河道（小浪底、黑石关、武陟三站之和）来水量36.1亿m^3，来沙量0.38亿t。

二维模型计算河段为花园口至孙口。初始地形：主槽资料为2002年汛前大断面资料，滩面资料为1992年河道地形图资料；面积修正率根据最近的河道地形图各网格内村庄的密集程度进行判断。初始水沙条件：采用花园口水沙过程，并参考2002年花园口、夹河滩站河床质泥沙颗粒级配成果资料，计算时段和进口水沙过程与一维相同。

1）一维河道冲淤数学模型主要验证结果

参加计算的5套一维数学模型，分别计算了下游各河段的冲淤情况，结果见表6-6。

表6-6　下游河道冲淤量统计　（单位：亿t）

河段	铁谢—花园口	花园口—夹河滩	夹河滩—高村	高村—孙口	孙口—艾山	艾山—泺口	泺口—利津	铁谢—利津
模型1计算	-0.132	-0.074	-0.016	0.015	-0.018	-0.030	-0.021	-0.276
模型2计算	-0.117	-0.064	-0.006	0.009	-0.004	-0.027	-0.023	-0.232
模型3计算	-0.135	-0.039	-0.012	-0.002	-0.011	-0.013	-0.038	-0.250
模型4计算	-0.184	0.054		-0.007		-0.047		-0.184
模型5计算	-0.167	-0.019		-0.022		-0.020		-0.228
实测（断面法）	-0.131	-0.071	0.011	0.071	-0.017	-0.090	-0.107	-0.334
实测（沙量平衡法）	-0.051	-0.025	0.069	-0.028	-0.084	-0.015	-0.064	-0.198

另外，下游模型4、模型5还根据其开发特点，计算出下游各河段的滩、槽冲淤量，见表6-7。

表6-7　下游各河段滩槽冲淤量分配统计　（单位：亿t）

河段		三门峡—花园口	花园口—高村	高村—艾山	艾山—利津	全河
模型4计算值	河槽	-0.184	0.054	-0.043	-0.047	-0.220
	滩地	0	0	0.036	0	0.036
模型5计算值	河槽	-0.167	-0.019	-0.040	-0.038	-0.264
	滩地	0	0.001	0.018	0.018	0.037
实测（断面法）	河槽	-0.136	-0.099	-0.102	-0.197	-0.534
	滩地	0.005	0.039	0.156	0	0.200

模型1对调水调沙试验期间下游河道的沿程流量、含沙量及水位的变化过程进行了演算。

2)二维水沙运动仿真模型主要验证结果

二维模型计算了24 d的洪水过程。其成果如下:

模型在计算过程中记录了每间隔2 h的各河段累计冲淤量计算成果,经整理得出调水调沙试验期间7月6日7时、7月12日7时、7月18日7时、7月24日7时,黄河下游各河段的滩、槽、全断面累计冲淤量过程,见表6-8。

表6-8　花园口—孙口河段冲淤量二维模型计算结果　(单位:亿t)

时段	河段	主槽	嫩滩	老滩	全断面	花园口—孙口
第1~6日	花园口—夹河滩	-0.012	0.001	0	-0.011	
	夹河滩—高村	-0.012	0	-0.000 1	-0.012	
	高村—孙口	-0.004	0	0	-0.004	-0.027
第1~12日	花园口—夹河滩	-0.046	0.003	-0.000 1	-0.043	
	夹河滩—高村	-0.029	0.001	0	-0.027	
	高村—孙口	0.029	0.023	0.000 1	0.052	-0.018
第1~18日	花园口—夹河滩	-0.067	0.004	0	-0.063	
	夹河滩—高村	-0.032	0.002	0	-0.030	
	高村—孙口	0.041	0.034	0.000 4	0.075	-0.018
第1~24日	花园口—夹河滩	-0.069	0.004	-0.000 8	-0.065	
	夹河滩—高村	-0.034	0.002	-0.000 2	-0.032	
	高村—孙口	0.043	0.034	0.000 3	0.077	-0.020

模型在计算过程中记录了每间隔2 h的花园口、夹河滩、高村、孙口四站的流量和水位过程,计算结果见表6-9。

2. 下游数学模型评价

1)下游一维河道冲淤数学模型

各模型计算的总冲刷量为0.184亿~0.276亿t,小于实测断面法冲刷量0.334亿t,除模型4外,均大于实测沙量平衡法冲刷量0.198亿t,表明各模型基本能反映下游河道总体冲淤情况。从各河段的冲淤沿程分布来看,前三套水动力学模型在定性上和实测值符合较好,特别是模型1和模型2的高村—孙口河段呈淤积状态,更符合下游的实际情况。后两套水文水动力学模型,花园口以上河段的计算值有所偏大,其他河段定性和实测值基本符合。

从定性上看,滩地淤积,主槽冲刷,模型计算结果均较符合黄河的实际情况。从定量上看,花园口以上河段冲淤量和实测值符合较好,花园口以下各河段冲淤量均偏小于实测值。

表 6-9　各水文站流量、水位特征值二维模型计算结果统计　　(标高:大沽)

项目	站名	出现时刻(月-日 T 时)	最大流量(m^3/s)	最高水位(m)	计算水位 - 实测水位(m)
实测结果	花园口	07-06T06	3 170	93.66	
	夹河滩	07-07T00	3 150	77.59	
	高村	07-11T06	2 980	63.74	
	孙口	07-17T14	2 800	48.98	
计算结果	花园口	07-06T03	3 160	93.78	0.12
	夹河滩	07-07T11	3 136	77.80	0.21
	高村	07-07T23	3 132	63.51	-0.23
	孙口	07-11T19	2 763	49.32	0.34

从以上各种分析结果看,下游一维数学模型的计算结果比较符合实际情况。

2)二维水沙运动仿真模型

花园口—夹河滩、高村—孙口两河段的计算成果,定性正确,定量与实测成果也较接近,夹河滩—高村河段定性和定量均有差别。另外,三河段主槽和嫩滩的冲淤定性基本正确,定量上稍有差别,估计与主槽和嫩滩的划分界限有关。

花园口、夹河滩、高村、孙口四站的流量计算值较准确,但模型计算的高村和孙口站的峰现时间较早。四站水位计算误差分别为 0.12 m、0.21 m、-0.23 m、0.34 m。其原因主要是,一方面滩面高程资料取自 1992 年绘制的河道地形图,距实际已近 11 年之久;另一方面主槽断面资料为 2002 年黄河下游汛前河道统测大断面资料,与实际情况也存在一定差别。

黄河下游二维水沙数学模型通过对调水调沙过程的模拟计算,较好地复演了黄河下游河道平滩流量的逐年增大过程。在 2006 年调水调沙生产运行中,较好地模拟了由于大宫至王庵河段发生人工改道后,河道沿程水位的变化过程。从计算的流速场、水深分布与实测数据的对比来看,真实反映了整个下游河道整体冲刷明显、河势稳定、工程靠溜状况较好、平滩流量明显增加的实际效果;同时,根据流场模拟计算结果,指出黄河下游东坝头险工、九堡险工、老君堂工程、南桥断面上游姜沟工程、杨集险工等处流速集中且有明显顶冲的现象发生,因此要注意防护。

(三)小结

(1)从模型的验证结果看,水库模型基本能反映小浪底库区的淤积总量,部分模型较好地反映了水库淤积的纵向分布;大部分下游河道模型基本能反映黄河下游河道冲淤变化过程,重要控制站水沙过程计算结果与实测资料相近。总体来看,高村以上河段模拟较好,高村以下河段模拟存在一定差异。

(2)通过验证计算,模型本身也暴露出一些问题,如库区干流淤积物纵剖面的模拟、下游典型断面调整变化以及冲淤量的沿程分配等模拟和实际还有一定的差别。因此,今后黄河数学模型的发展,应着重对库区的异重流排沙、干支流淤积和支沟倒灌机理、异重流交界面阻力等作更深一步的探讨;下游模型应在下游河道冲淤变化规律、河槽横向调整变化、漫滩洪水行洪规律等关键问题的模拟上进一步提高和完善。

(3)调水调沙试验获得了丰富的原型观测资料,为进一步改进和完善黄河数学模型提供了较好的基础。

七、调水调沙指导思想及模式

(一)指导思想

三次调水调沙试验及历次调水调沙生产运行均表明,调水调沙的指导思想是正确的。

通过水库群水沙联合调度、泥沙扰动和引水控制等手段,把不同来源区、不同流量级、不同含沙量及不同泥沙颗粒级配的不平衡的水沙关系塑造成了相对协调的水沙过程,实现了下游河道减淤甚至全线冲刷。首次调水调沙试验下游河道冲刷 0.362 亿 t, 入海沙量 0.664 亿 t;第二次调水调沙试验下游河道冲刷 0.456 亿 t, 入海沙量 1.207 亿 t;第三次调水调沙试验下游河道冲刷 0.665 亿 t,入海沙量 0.697 亿 t;三次调水调沙试验入海沙量共 2.568 亿 t。2005 年汛前调水调沙下游河道冲刷 0.646 7 亿 t,入海沙量 0.612 6 亿 t;2006 年汛前调水调沙下游河道冲刷 0.601 1 亿 t,入海沙量 0.648 8 亿 t;2007 年汛前调水调沙下游河道冲刷 0.288 0 亿 t,入海沙量 0.5240 亿 t;2007 年汛期调水调沙下游河道冲淤基本平衡,入海沙量 0.449 3 亿 t;2008 年汛前调水调沙下游河道冲刷 0.201 0 亿 t,入海沙量 0.598 0 亿 t;2009 年汛前调水调沙下游河道冲刷 0.342 9 亿 t,入海沙量 0.345 2 亿 t。三次调水调沙试验和六次调水调沙生产运行主槽冲刷泥沙 3.563 亿 t ,把 5.745 4 亿 t 泥沙送入渤海。

黄河下游主槽的过洪能力得到明显提高。其中,黄河下游最小平滩流量由首次调水调沙试验前不足 1 800 m^3/s,增加至第三次调水调沙试验后的近 3 000 m^3/s。再经六次生产运行,黄河下游河道最小平滩流量已增大到 3 880 m^3/s。

检验了水沙调控指标体系的合理性。首次调水调沙试验, 花园口站实测平均流量 2 649 m^3/s,平均含沙量 13.3 kg/m^3,历时 12.3 d, 2 600 m^3/s 以上流量持续 10.3 d;检验了花园口站平均含沙量小于 20 kg/m^3 条件下,流量 2 600 m^3/s,历时不少于 10 d 这一调控指标的合理性。第二次调水调沙试验, 花园口站实测平均流量 2 390 m^3/s, 平均含沙量 31.1 kg/m^3,历时 13.3 d;检验了花园口站平均含沙量 30 kg/m^3,流量 2 400 m^3/s, 历时 15 d 这一调控指标的合理性。第三次调水调沙试验,花园口站实测平均流量 2 620 m^3/s,平均含沙量 4.57 kg/m^3,历时 19.9 d;检验了花园口站平均流量 2 700 m^3/s, 第一阶段平均含沙量不超过 25 kg/m^3, 第二阶段平均含沙量不超过 25 kg/m^3,最大含沙量不超过 45 kg/m^3, 历时 23 d(不含控小流量天数)这一调控指标的合理性。按照这些水沙调控指标体系,根据当时的来水来沙条件及水库、河道边界条件,确定了历次调水调沙生产运行水沙调控指标。

同时,黄河三次调水调沙试验,检验了多沙河流合理处理泥沙的技术,为调水调沙生产运用奠定了坚实的科学基础,为小浪底水库运行方式研究,发挥黄河下游防洪减淤和小浪底水库有效库容的长期可持续利用等综合效益,提供了重要技术参数和参考依据。三次试验，小浪底水库排沙比分别为17.4%、24%、10.2%。进一步深化了对黄河水沙规律的认识，如在第三次试验中，对人工异重流塑造进行了有益的探索和实践，并取得了成功。实践证明，调水调沙试验为黄河治理探索出了一条有效途径。

取得了海量的原型观测数据，为今后进一步开展泥沙运动基本规律、黄河下游河床演变规律和河道综合治理措施等方面的深入研究奠定了基础。

（二）模式

已经开展的三次调水调沙试验和之后的生产实践，水沙条件各不相同，目标及其采取的措施也不相同，但基本涵盖了黄河调水调沙的不同类型，并检验了调水调沙试验模式。

如首次试验是以小浪底水库蓄水为主，结合三门峡以上中小洪水进行的，将不协调的水沙关系由小浪底水库调节为协调的水沙关系进入下游河道，是基于小浪底水库单库调节为主（辅以三门峡水库联合调度）的试验模式。

第二次试验针对小浪底上游浑水和小浪底以下清水，通过小浪底、三门峡、陆浑、故县四库水沙联合调度，在花园口实现协调水沙的空间对接，以清水和浑水掺混后形成“和谐”关系的水沙过程在下游河道演进，是基于空间尺度水沙对接的试验模式。

第三次试验黄河干流没有发生洪水，主要依靠水库上年汛末蓄水，利用自然的力量，通过调度万家寨、三门峡、小浪底水库，在小浪底库区塑造人工异重流，辅以人工扰动措施，调整其淤积部位和形态，同时加大小浪底水库排沙量；利用进入下游河道水流富余的挟沙能力，在黄河下游“二级悬河”及主槽淤积最为严重的河段实施河床泥沙扰动，扩大主槽过洪能力；以水库泄水加载异重流泥沙和河床扰动泥沙入海，使水库弃水变为输沙水流。第三次试验是基于干流水库群联合调度、人工异重流塑造和泥沙扰动的试验模式。

第二节　深化了黄河水沙运动规律的认识

一、对现状条件下黄河下游河道过流流量和含沙量关系的新认识

黄河调水调沙实践表明，根据以往大量历史资料分析所得出的关于黄河下游水沙关系的认识是符合实际的。同时三次试验本身又取得了大量的原始资料和分析成果，所有这些都为在新的河道边界条件下，重新认识黄河下游流量和含沙量的关系打下了坚实的基础。

从三次试验看，控制小黑武洪水平均含沙量小于20 kg/m^3、流量2 600～2 800 m^3/s以及洪水平均含沙量超过20～30 kg/m^3、流量2 400 m^3/s均可以实现下游主槽全线明显冲刷，下游河道的平滩流量已由2002年试验前的1 800 m^3/s增加至3 000 m^3/s，下游河道行洪排沙能力明显恢复。

对黄河下游多场次历史洪水进行分析，可以发现，对于一般含沙量洪水，洪水平均流量越大，下游河道冲刷效果越好。调水调沙及小浪底运用调节流量可以逐渐增大。

为了进一步定量分析一般含沙量洪水不同下泄流量下游河道的冲刷情况，统计分析1999年11月至2004年7月小浪底水库运用以来和1960年10月至1964年10月三门峡水库运用初期下游河道的水沙及冲淤情况，见表6-10～表6-12。

表6-10～表6-12表明，在含沙量小于20 kg/m³的条件下（水库运用初期异重流排入下游的泥沙均以细沙为主），下游河道冲刷效率与平均下泄流量成正比，且随着流量增加，冲刷部位下移，如1999年11月至2001年10月，平均流量500～600 m³/s，冲刷只在高村以上，冲刷效率仅7 kg/m³左右；2002年7月4日至15日黄河首次调水调沙试验时，平均下泄流量为2 800 m³/s，冲刷效率达20 kg/m³，且艾山—利津河段冲刷占利津以上河槽冲刷总量的36.9%。

表6-10　小浪底水库运用初期黄河下游冲刷情况统计

时段（年-月-日）	进入黄河下游水沙特征值			下游冲刷情况		
	水量（亿m³）	流量（m³/s）	含沙量（kg/m³）	冲刷量（亿t）	冲刷效率（kg/m³）	前期冲刷量（亿t）
1999-11～2000-10	155.80	494	0.32	1.227	7.89	0
2000-11～2001-10	178.50	566	1.34	1.190	6.67	1.228
2001-11～2002-06	112.90	540	0.12	0.631	5.59	2.413
2002-07-04～07-15	26.61	2 798	12.00	0.534	20.07	3.044
2003-08-31～09-18	35.14	2 260	24.80	0.626	17.81	5.806
2003-09-24～10-27	70.52	2 332	4.80	1.164	16.51	6.422
2003-11-05～11-30	30.60	2 083	0	0.504	16.47	7.586
2004-06-19～06-29	23.25	2 774	0	0.373	16.04	8.272
2004-07-03～07-13	22.27	2 713	2.00	0.284	12.75	8.645

注：1.水量、流量、含沙量是指小黑武水量、流量、含沙量；
2.冲刷量是指河槽冲刷量。

表6-11　三门峡水库运用初期黄河下游冲刷情况统计

时段（年-月-日）	进入黄河下游水沙特征值			下游冲刷情况		
	水量（亿m³）	流量（m³/s）	含沙量（kg/m³）	冲刷量（亿t）	冲刷效率（kg/m³）	前期冲刷量（亿t）
1960-10-01～10-31	22.50	842.0	0.10	0.227	10.09	0
1960-11～1961-05	106.60	531.8	0.21	1.053	9.88	0.227
1961-06～1961-10	334.10	3 143.8	3.92	7.771	23.26	1.280
1961-11～1962-05	254.30	1 268.7	2.08	2.968	11.67	9.051
1962-06～1962-10	230.60	2 169.9	10.38	3.626	15.72	12.019
1963-06～1963-10	322.30	3 032.8	16.74	4.616	14.32	15.645
1964-06～1964-10	538.80	5 070.0	18.30	9.643	17.90	20.261

注：水量、流量、含沙量是指三黑小水量、流量、含沙量。

表 6-12　小浪底水库运用以来下游冲刷发展情况统计

时段（年-月-日）	小黑武平均流量（m^3/s）	小黑武平均含沙量（kg/m^3）	下游河道河槽冲刷量（亿 t）					冲刷效率（kg/m^3）	说明
			白鹤—花园口	花园口—高村	高村—艾山	艾山—利津	利津以上		
1999-11 ~ 2000-10	494	0.32	0.981 80.0%	0.606 49.4%	-0.174 -14.2%	-0.186 -15.2%	1.227 100%	7.89	
2000-11 ~ 2001-10	566	1.34	0.64 53.7%	0.62 52.1%	-0.06 -5.0%	-0.01 -0.8%	1.190 100%	6.67	
2002-07-04 ~ 07-15	2 800	11.99	0.136 25.5%	0.099 18.5%	0.102 19.1%	0.197 36.9%	0.534 100%	20.07	部分河段漫滩
2003-08-30 ~ 10-27	2 248	10.85	0.389 23.0%	0.316 18.7%	0.689 40.7%	0.299 17.7%	1.693 100%	15.57	08-30 ~ 09-15 和 09-23 ~ 10-27 合计
2004-06-19 ~ 07-13	2 743	1.0	0.165 25.1%	0.144 21.9%	0.198 30.1%	0.150 22.8%	0.657 100%	14.43	06-19 ~ 06-29 和 07-03 ~ 07-13 合计

当来水来沙条件相近时，下游河道随着冲刷的发展，床沙粗化，抗冲性增强，冲刷效率减弱。如 2003 年 8 月 31 日至 9 月 18 日洪水与 9 月 24 日至 10 月 27 日洪水，虽然后者流量较前者为大，但经过前场洪水冲刷后，后场洪水冲刷效率已有所减弱。2004 年 6 月 19 日至 7 月 13 日调水调沙试验期间，两个阶段洪水平均流量相差不大，均为 2 700 m^3/s 左右，但后一阶段洪水较前一阶段洪水冲刷效率减少约 20%。另外，三门峡水库 1963 年汛期与 1961 年汛期相比，虽然流量均为 3 100 m^3/s 左右，但二者前期冲刷量分别为 15.65 亿 t 和 1.28 亿 t，致使冲刷效率下降约 40%（分别为 14.32 kg/m^3 和 23.26 kg/m^3）。

根据以上分析，以表 6-10 和表 6-11 中的资料进行归纳，建立冲刷效率与下泄流量及河道前期冲刷量之间的关系如下

$$\eta = 0.031\,3Q^{0.605}(30 - \sum DW_S)^{0.496} \tag{6-8}$$

式中　η——下游河道的冲刷效率，kg/m^3；

Q——进入下游河道的平均流量，m^3/s；

$\sum DW_S$——下游河道累计冲刷量，从水库蓄水运用时累计，亿 t。

计算值和实测值比较见图 6-3。

利用上述公式，可以预测现状条件下小浪底水库按控制小黑武洪水平均流量 3 000 m^3/s 泄放，下游河道冲刷效率约 18 kg/m^3，下游河道河槽还可以发生全程冲刷。

当进入下游河道的洪水平均流量达到 3 000 m^3/s 时，含沙量还可以适当提高。根据历史洪水资料统计的各河段临界冲淤流量，当洪水平均含沙量为 30 ~ 40 kg/m^3、流量为 3 000 m^3/s 时，花园口以上河段淤积，高村以下河段发生冲刷。但考虑到：①由历史洪水资料统计出的各河段临界冲淤流量对应的悬移质泥沙颗粒，较小浪底水库运用初期出库

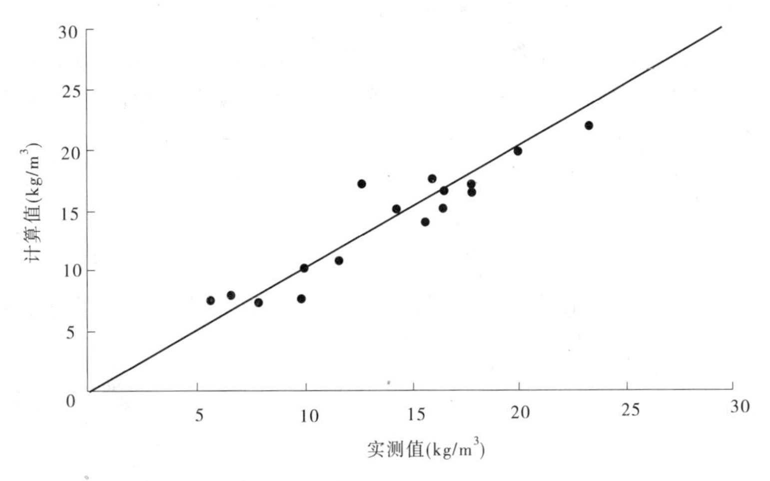

图 6-3 下游河道冲刷效率计算值与实测值比较

泥沙颗粒为粗；②现状条件下各河段主槽宽度有所减少，多数河段河相系数$\frac{\sqrt{B}}{h}$明显减小；③目前花园口以上河段平滩流量接近 5 000 m^3/s，即使花园口以上河段发生微淤，对主河槽过洪能力以及下游河道的平滩流量影响不大，花园口以上河段的防洪压力也不会增加。因而，整体上考虑今后小浪底水库调水调沙可以按进入下游河道的洪水平均流量等于或大于 3 000 m^3/s、含沙量 40 kg/m^3 或更高泄放。

需要说明的是，下游河道水沙运动规律非常复杂，需要在实践中不断探索，逐步加深对于下游河道合适的流量及含沙量搭配关系的认识。

二、对含沙量和泥沙级配关系的新认识

黄河下游来沙量大，河道淤积严重，不同粒径组的泥沙在下游河道的输移特点和冲淤特性显著不同。

有关研究表明，1964～1990 年黄河下游粒径小于 0.025 mm 的细颗粒泥沙来沙量占总沙量的一半，淤积量只占总淤积量的 14%，排沙比高达 90% 以上，而粒径大于 0.05 mm 的粗泥沙来沙量只占总沙量的 24%，淤积量却占总淤积量的 62%，排沙比只有 45%，有 55% 的这类泥沙淤积在下游河道；而对于粒径大于 0.1 mm 的特粗泥沙，其沙量只占总沙量的 4%，淤积量却占总淤积量的 19%，排沙比只有 13%，有多达 87% 的来沙淤积在下游河道。由此可见，若在相同水流条件下通过水库等工程措施拦截同样数量的泥沙，则粒径小于 0.025 mm 的细沙拦沙减淤比为 20∶1(1∶0.05)，而粒径大于 0.1 mm 的特粗泥沙减淤比为 1.15∶1(1∶0.87)。对不同粒径泥沙输沙规律的认识为黄河中游水土保持、小北干流放淤和下游人工淤滩及调水调沙等重大治黄实践提供了基本依据。

通过对小浪底水库拦沙初期运用方式的研究和对全沙输沙规律的新认识，确定了不同流量条件下维持下游河道全线冲刷的含沙量控制指标，花园口洪水平均流量 2 600 m^3/s 条件下控制相应含沙量不大于 20 kg/m^3，黄河首次调水调沙试验验证和加深了这一重要认识。对 1960～1964 年三门峡水库和 2002 年小浪底水库异重流排沙期间下游河道冲淤

规律的研究表明，黄河下游河道对极细沙（以异重流排沙方式排泄的中值粒径小于0.01 mm的泥沙）有着巨大的排沙潜力，对于黄河下游2 600 m^3/s流量级的水流，极细沙即使含沙量较高（三门峡水库异重流排沙进入黄河下游，洪峰最大平均含沙量为27 kg/m^3）也不会显著影响下游河道的冲刷效果。据此确定了第二次试验花园口洪峰平均流量2 600 m^3/s的条件下，平均含沙量按照30 kg/m^3控制。试验结果表明，按照这一指标调控，没有明显降低下游河道的冲刷效果（见图6-4）。图6-4表明，第二次试验期间和其他场次洪水平均含沙量为0～28 kg/m^3，虽然含沙量差别较大，但冲刷效率（单位水量冲刷量）基本遵循相近的规律，即下游河道冲刷效率呈随洪峰平均流量增大而增大的趋势。

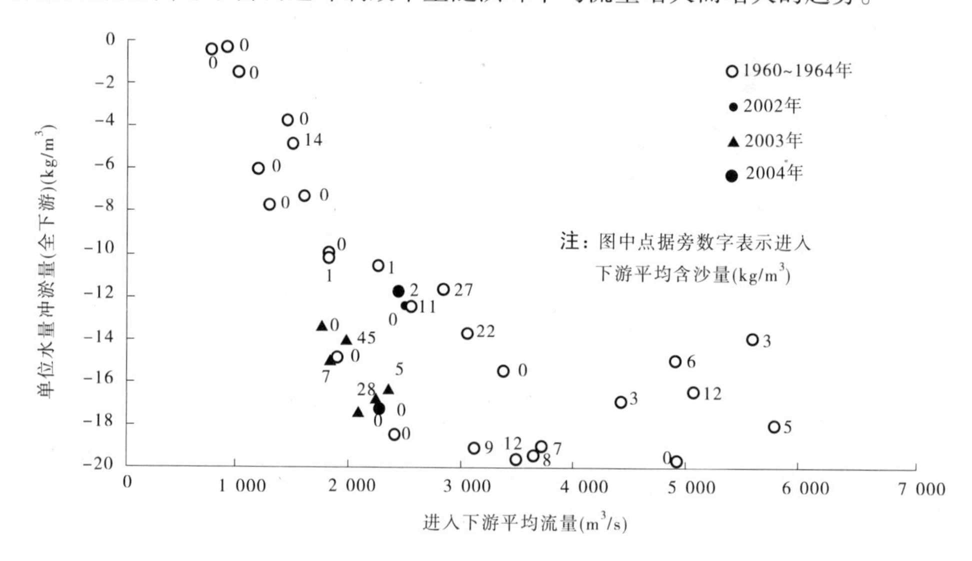

图6-4　黄河下游极细颗粒泥沙洪峰平均流量与单位水量冲淤量关系

第三次试验是基于人工扰动的调水调沙模式，在黄河下游扰动加沙河段的下游，泥沙组成将会与天然条件和水库异重流排沙的情况截然不同：一是含沙量增大，二是泥沙级配的两极分化。基于人工扰动的调水调沙试验过程中，在黄河下游扰动起来的泥沙和沿程冲起的泥沙中粗沙含量较高，而小浪底水库以异重流方式排出的几乎全是极细沙，两者相混合，形成了“悬沙颗粒级配不连续（中沙含沙量明显偏少）、泥沙组成两极分化”的特殊现象，与自然条件下的来沙组成相比，人工扰动使得扰动河段及其以下河段的输沙规律更加复杂。为此，第三次调水调沙试验期间，基于艾山—利津河段不发生淤积的情况，通过实测资料分析、理论计算和数学模型计算等多种手段，开展了艾山—利津河段粗细沙输沙规律的初步探讨，提出了艾山反馈站（位于扰沙河段的下游）和高村前置站（位于扰沙河段的上游）不同流量、不同级配条件下，维持艾山以下河段冲淤基本平衡的临界含沙量指标，从而得出结论：艾山以下河段冲淤基本平衡的临界含沙量和流量及悬移质级配有密切关系，在流量一定的情况下，细沙含量越多，其临界含沙量越高，为第三次试验调度决策提供了基本的依据。

总之，通过黄河九次调水调沙，我们更加深了对悬移质泥沙颗粒级配对河道挟沙能力影响的重要性的认识。水流对细沙来讲，具有较大的挟沙能力，可以利用黄河下游河道这一特性,充分发挥小浪底水库异重流排沙的潜力,把细沙排泄出库,输往大海,减轻水库和下游河道的淤积,同时实现下游主河槽全线冲刷、扩大主槽过流能力的目的。

小浪底水库的排沙方式与三门峡水库有根本的不同。当前三门峡水库采用敞泄排沙,而小浪底水库则以异重流排沙为主,泥沙在向坝前推进过程中分选淤积,到达坝前的泥沙属于极细沙。因而,三门峡水库排泄的泥沙较粗,中值粒径达 0.03 mm 以上,而小浪底水库下泄泥沙的中值粒径在 0.006 ~ 0.01 mm,这类泥沙悬浮性能好,落淤速度慢,利于远距离输送。且黄河下游河道有多来多排的输沙特点,在今后调水调沙生产运行中,可以充分利用这一特点,对进入下游的水沙组成及水沙过程进行更加细致的设计,提高水库排沙量和下游河道输沙量。三次调水调沙试验结果证明,只要调控好水沙过程,就可以充分利用现有水资源输送更多的泥沙,大大提高排沙比。

三、对小浪底水库异重流运行规律及利用的新认识

小浪底水库在初期运用阶段,汛期大多时段为异重流排沙。即使在水库运用后期,若水库处于蓄水状态,仍会发生异重流排沙。因此,异重流排沙将是小浪底水库重要的排沙方式。水库异重流排沙对减少水库淤积量(尤其是细沙淤积量),延长水库使用寿命,发挥水库的综合作用具有重大的现实意义。

库区产生异重流的水沙条件可来自黄河中游发生的洪水,亦可来自其上游水库的蓄水及滞留在床面上的泥沙。当黄河中游发生洪水时,通过水库的联合调度,可充分利用异重流输移规律,延长异重流排沙历时,增加异重流排沙比,达到减少水库淤积、延长水库寿命等多种目标;在非洪水期,利用多座水库联合调度,使床面上堆积的泥沙随着水库泄放的较大流量的冲刷而悬浮,其中较细者以异重流的形式排泄出库,即所谓的人工塑造异重流。在汛期遇不利的水沙条件,以及在一定时期内,小浪底库区淤积形态逐步有利于异重流排沙的条件下,塑造异重流对总体上减少三门峡及小浪底水库泥沙淤积是十分有利的。

基础理论与基本规律的研究不仅是对自然现象和自然演变规律的认知过程,而且是掌握进而利用这些自然规律的基础。充分发挥异重流排沙的作用,必须建立在掌握水库异重流运行规律的基础之上。小浪底水库运用以来的历次调水调沙,既是对掌握的水库异重流运行规律的不断检验过程,又是滚动研究的过程。通过对异重流发生、输移等基本规律进行深入研究,提出可定量描述异重流的潜入、挟沙力、运行速度、淤积分选与排沙、干支流倒灌影响等方面的计算方法,进而可针对不同的来水来沙状况、水库蓄水状况及边界条件,提出不同的调度模式。实践表明,掌握异重流运行规律,不仅可对洪水异重流进行宏观调控,而且可成功塑造异重流,实现了利用水库异重流排沙而减少水库淤积、增加坝前铺盖、调整淤积形态、优化出库水沙组合等多种目标。

(一)水库异重流排沙条件的认识及利用

水库产生异重流能否运行至坝前,取决于水库边界条件及水沙条件。水库边界条件,例如水库地形、水库蓄水位等,在某一特定时期为相对确定的因素;而水沙条件,如流量、含沙量、悬沙级配、洪水历时等往往是随机发生的,甚至可以是人工塑造的。当中游将要发生或已经发生了某量级的洪水时,若能预测该级洪水能否产生异重流排沙出库,或预测人工塑造出何种水沙组合及过程,方能满足产生异重流排沙出库的要求,这对调水调沙水

库调度具有重要意义。基于这种要求，对黄河调水调沙试验过程中的大量观测资料及相关资料进行二次加工、整理分析，提出了小浪底水库在现状条件下，异重流产生并运行至坝前的临界水沙条件，即流量、含沙量及泥沙级配的组合关系 $S=980e^{-0.025P_i}-0.12Q$。该公式在流量 $Q=2\ 000\ m^3/s$，含沙量 $S=40\ kg/m^3$，泥沙粒径小于 0.025 mm 的含量 $P_i=50\%$ 时，为异重流可运行至坝前的临界水沙条件。在第三次试验中，依据上述关系，提出了满足人工塑造异重流排沙出库的水沙条件组合量化指标。结合对洪水传播、水库冲刷等基本规律的认识，制订了水库联合调度预案并得到了实施。第三次试验既利用了人们掌握的自然规律，同时又检验了人们认识的正确性。

（二）对浑水水库的认识及利用

水库形成异重流并运行至坝前后，若不能全部排出，则浑水会聚集在坝前形成浑水水库。调水调沙试验过程中对浑水水库的观测资料表明，到达坝前的浑水中悬浮的泥沙粒径很细，泥沙沉降极其缓慢，往往以浑液面的形式整体下沉，加之坝前流速很小，扰动掺混作用又很弱，因此浑水水库可维持很长时间。例如首次试验过程中，坝前清浑水交界面高程 2002 年 7 月 9 日为 197.58 m，随着浑水出库略有下降，至 8 月 8 日桐树岭断面实测清浑水交界面高程仍达到 188.38 m。浑水水库的形成，使水库调水调沙运用更具有灵活性。在水库蓄水与河道来水不充分的条件下，可利用浑水水库沉降速度缓慢的特点，使随异重流到达坝前的泥沙“暂存”于坝前，遇有利时机调节出库，塑造有利的水沙过程。

第二次试验，即是利用浑水水库的形成及沉降特点，实现了水沙空间对接。试验于 2003 年 9 月 6 日开始，在此之前的 8 月洪水，在小浪底库区产生了异重流排沙，大量浑水聚集在坝前。试验过程中，正是利用这部分浑水所悬浮的泥沙，通过水库调度，塑造一定历时的不同流量与含沙量过程，加载于小浪底水库下游伊洛河、沁河入汇的“清水”之上，并使其在花园口站准确对接，形成花园口站较为协调的水沙关系。

此外，试验期间浑水水库的观测资料对小浪底水库模型的检验结果，使我们对实体模型对浑水水库模拟的相似性有了更深刻的认识：聚集在水库坝前的浑水以浑液面的形式整体下沉，在沉降机理上与散粒体泥沙的沉降有本质的区别。其沉速与水流含沙量、泥沙级配及水温等因素有关，同时还受进出库水量的影响，这种影响表现在浑水体积的增减，以及由于水流运动引起的对泥沙网状絮体结构形成的破坏，这些影响因素使浑液面沉降特性更具有多变性和复杂性。小浪底水库模型并不能全部反映所有的影响因素，原因之一是泥沙粒径比尺 λ_d 小于 1，即模型沙粒径大于原型。显然，水流中细颗粒泥沙含量越少，其网状絮体结构形成的速度越慢。原因之二是模型含沙量比尺 λ_s 大于 1，即模型沙含量小于原型，相对而言，泥沙絮体颗粒不易互相接触，颗粒间分子力作用微弱，絮体网状结构不能很快出现。这些因素都促使模型浑液面沉降速度偏大。此外，模型沙为郑州热电厂粉煤灰，原型沙与模型沙物理化学特性的差异亦会对浑液面的沉速产生较大的影响。分析表明，尽管模型浑液面沉降速度大于原型，但仅在水库底层孔洞泄流较小的情况下才导致模型排沙历时短，由于水库泄流量小，不会对库区淤积量及形态产生大的影响。

（三）对水库联合调度作用的认识及利用

调水调沙试验涉及水库的联合调度。例如黄河首次调水调沙试验为三门峡与小浪底水库的联合调度，黄河第二次调水调沙试验主要为小浪底与其下游支流水库的联合调度，第三次试验为万家寨、三门峡、小浪底水库的联合调度。实践表明，黄河干流水库联合调度可有效提高水库异重流的排沙效果，整体上达到减少水库淤积、延长水库寿命的目的。就现状工程而言，其一，将三门峡水库排沙调度与中游洪水调度相结合，优化进入小浪底水库的水沙组合及过程，延长洪水历时，增加异重流的排沙比及排沙历时。例如2001年黄河中游发生洪水时，结合三门峡水库泄空冲刷，有效地增加了进入小浪底水库的流量、含沙量及洪水历时，对小浪底水库异重流排沙十分有利。其二，多座水库的联合调度可增加水库排沙途径及排沙效果。例如第三次试验时，即使黄河中游未发生洪水，利用万家寨、三门峡、小浪底水库汛限水位以上的蓄水，通过联合调度，也达到了三门峡水库排沙、调整小浪底水库淤积形态、异重流排沙减少水库淤积的目的。显而易见，若在黄河中游继续修建古贤、碛口等大型水利工程，水库调节能力更大，效果更为显著。

然而，随着小浪底水库运用历时的增加，库区边界条件不断发生变化，异重流的排沙与塑造等相关指标及调度技术应发生相应调整。此外，由于问题的复杂性及资料的局限性，水库不同流态下水沙运动规律、基于不同目标的水库优化调度方式等关键技术问题，有待于进一步深入研究。

四、其他新认识

（一）小浪底库区峡谷段有效库容可部分重复用于调水调沙

小浪底库区距坝约67 km以上（板涧河口附近）为峡谷河段，河谷宽度一般不足400 m，以下除八里胡同峡谷外，河谷均较为开阔。这种特殊的库形条件决定了板涧河口以上峡谷段，在水库拦沙期即便发生淤积也不可能形成滩地，为今后水库长期运用中利用调水调沙使淤积物发生冲刷、库容部分恢复创造了有利的库形条件。

2003年秋汛中，小浪底水库水位较高，库区距坝70～93 km库段淤积较多，2004年第三次调水调沙试验过程中，在万家寨、三门峡联调形成“人造洪峰”的作用下，小浪底库区淤积三角洲冲刷泥沙达1.329亿m^3，该库段河底高程平均下降15 m左右，库区淤积部位得到了合理调整。由此说明，在水库拦沙初期乃至拦沙后期的运用过程中，为了塑造下游河道协调的水沙关系，对入库泥沙进行调控时，造成短期淤积部位靠上，在洪水到来前可伺机降低小浪底水库运行水位，凭借该库段优越的库形条件，使水流冲刷前期淤积物，恢复防洪库容，使一部分长期有效库容可以重复用于调水调沙，做到“侵而不占”，增强了小浪底水库运用的灵活性和调控水沙的能力，对水库调度实行泥沙多年调节意义重大。

（二）调水调沙试验和实践的成果为输沙水量的有效利用提供了技术支撑

按照国务院批准的黄河水量分配原则，在多年平均580亿m^3水量中，有210亿m^3水量为河道输沙水量。但由于黄河径流的时空分配极不平均，水沙关系不协调，在无控制条件下，难以形成有利的水沙搭配，使输沙水量发挥最大的效能。黄河的高含沙洪水一般来自北干流和泾洛河，这一区间的洪水，峰高、量小、含沙量高，一旦进入黄河下游，大量泥沙将淤积在河道内。黄河上游水库的修建，大量拦蓄了上游来水，减小了汛期的基流，更使洪水挟带和输送泥沙的能力降低，如果不进行调水调沙，将陷入两难的选择。如果将洪水滞留在库中，会加快水库的淤积，减少水库的使用寿命；如果将洪水排出水库，又会加剧黄河下游河道的淤积，进一步降低下游河道的过洪能力，形成恶性循环。如果有一个在更大空间尺度上的反调节，把黄河下游的径流过程恢复到黄河开发之前的状态，甚至通过反调节，构建更好的水沙关系，以清驭浑，就能充分发挥输沙水量的作用。小浪底水库为我们提供了一个水沙关系的调节点，调水调沙实践证明，以小浪底水库为依托，中游水库群联合调度，可以将进入黄河下游不利的水沙关系调整为相对有利的水沙关系。

（三）调水调沙是基于对黄河长期的认识与探索

黄河的根本问题是泥沙问题。长期以来，大批的有识之士为认识黄河做了不懈的努力，取得了丰硕的成果。人民治黄以来，应用现代科技手段，对黄河进行了更深入、更广泛的研究，并由此基本掌握了黄河的泥沙特点、水沙关系、水沙运动规律，这些都为调水调沙试验提供了坚实的理论支撑。另外，在60多年的人民治黄中，在黄河中下游基本建立了比较完善的防洪工程体系，三门峡、小浪底、故县和陆浑水库对洪水起到了有效的控制和调节作用，黄河下游堤防、险工和控导工程使河道河势得到初步控制，为调水调沙提供了水沙调度的基本工程条件。同时，水文测报和预报的手段与技术在近些年来有了较大的提高，初步构建了先进的测报体系，水位观测实现了自记、远传，流量测验实现了自动化，含沙量测验实现了在线监测，GPS、全站仪应用到河道水库断面测量中，大大提高了测量效率；激光粒度分析仪应用在泥沙粒径分析中，使分析的精度和实时性大大增强；水情报汛初步实现网络化，提高了水情预报的及时性和准确性；水情预报系统初步完善，能够应对不同来源区、不同量级的洪水预报，加之与调度系统的反馈耦合，提高了实时调度和实时修正能力。没有上述这些基础，调水调沙还只能停留在设想和理论研究阶段。

第三节　取得了巨大的社会与经济效益

黄河大规模的调水调沙试验和调水调沙生产运行，使“拦、排、放、调、挖”综合处理泥沙的措施之一的“调”从理论走向了实践，探索了三种不同的调水调沙模式，检验了调水调沙指标体系的合理性，积累了水库群水沙联调和人工塑造异重流减缓水库淤积、形成下游河槽全线冲刷的宝贵经验，尝试了基于人工扰动改善库区及河道断面形态的扰沙技术，坚定了库区实施泥沙多年调节的信心，推进了构建完善的黄河水沙调控体系的进程，加快了黄河下游综合治理的步伐，改变了长期以来人们对黄河输沙用水被大量挤占的漠视态度，增强了“人与河和谐相处”的共识，唤醒了人们对“维持黄河健康生命”的共鸣，取得了极大的社会与经济效益。

一、增强了人们“人与河和谐相处”的共识

自20世纪50年代以来，随着黄河流域人口的不断增加，人类生产、生活活动对黄河的影响不断加剧，生存的压力使人们对河流的索取达到了空前的高度。大型水库的建设，改变了河川径流的年内年际分配，使汛期进入黄河下游的水量大幅度下降。黄土高原地区过度的垦殖与放牧使得进入黄河的泥沙在暴雨强度大、范围广的年份仍然较大，造成入黄的水沙关系更加不协调。居住有189.5万滩区群众的黄河下游广大滩区，人与河争地的矛盾日益尖锐，生产堤长期禁而不止、废而不破，极大地影响了洪水在下游河道正常运

行的规律。尤为突出的是,73%的泥沙集中淤积在两岸生产堤之间的主河槽里,导致河槽日趋萎缩,“二级悬河”形势恶化,滩区受淹致灾的概率增大,到2002年,局部河段主河槽的最小过流能力已衰减至1 800 m^3/s。针对这种情况,黄委一方面加大宣传力度,给当地政府和群众深入剖析河槽萎缩的成因及危害,逐步提高社会各界对“人与河和谐相处”重要性的认识。另一方面,黄委在积极稳妥、科学地预测2003年、2004年黄河下游平滩流量变化的前提下,统筹兼顾,精心调度,又连续开展了第二次、第三次调水调沙试验,最大限度地发挥水流对河槽的塑造作用,使下游河槽过流能力快速提高,三次试验后已达3 000 m^3/s左右。三年的调水调沙试验,用事实和效果使黄河下游沿黄政府和群众由对调水调沙试验的不理解逐步转变为拥护和支持,2003年调水调沙过后,山东省东明县政府代表该县70万人民群众特地给黄委送来了感谢信。更重要的是,三次调水调沙试验,极大地提高了人们对“人与河和谐相处”的认识,为黄河下游今后的科学治理奠定了良好的基础。

二、改变了人们长期漠视黄河输沙用水被挤占的态度

随着流域经济社会的快速发展,黄河水资源的承载压力日益增大,挤占黄河河道的输沙用水和生态用水现象日趋严峻。在黄河580亿m^3天然径流中,有210亿m^3的水量是黄河下游的生态输沙用水。近几十年来,进入下游的水量在不断减少,曾一度造成断流的频繁发生,最严重的1997年利津水文站断流226天,黄河断流长度700多km,入海的水量只有46.5亿m^3。调水调沙试验验证了输沙用水在黄河下游治理中的重要作用,但输沙用水与生产生活用水的矛盾也引起了人们的关注和反思。目前,人们已普遍认识到,大量挤占黄河输沙生态用水,必然导致下游河道形态恶化,“二级悬河”加剧,最终将导致严重制约沿黄地区经济社会可持续发展的后果。

三、促进了治黄战略研究,有力推动了治黄工作

调水调沙有力促进和推动了治黄战略的探索和研究。2002年首次调水调沙,进一步表明了黄河下游滩区综合治理的重要性和紧迫性。其后,黄委在深入研究的同时,还分别组织召开了有国内众多著名专家学者参加的“黄河下游二级悬河治理专家研讨会”、“黄河口治理专家研讨会”、“黄河下游河道治理方略专家研讨会”等。在广泛吸取专家意见的基础上,黄委逐步明确和提出了“稳定主槽、调水调沙,宽河固堤、政策补偿”的下游治理方略。

调水调沙期间,黄委在深入研究如何塑造黄河下游协调水沙关系措施与技术的同时,进一步明确了黄河泥沙处理的重点应该是粒径大于0.05 mm的粗泥沙(大约占总沙量的3/4),这些泥沙对黄河下游危害最大,并提出了粗泥沙处理的“三道防线”战略构想,即:黄土高原水土流失治理“先粗后细”、小北干流放淤“淤粗排细”、小浪底水库等干流骨干水库“拦粗泄细”。“三道防线”承前启后,互为联系,相互作用,构成多举措控制黄河粗泥沙的立体防御系统。黄委力求通过这“三道防线”的建设,使黄河泥沙治理措施收到事半功倍的效果,将黄河泥沙的研究和治理提高到一个新的水平。

通过调水调沙,人们深刻认识到现有骨干工程的作用和局限性,推进了构建完善的黄河水沙调控体系的进程。黄河三次调水调沙试验,干支流骨干水库起到了关键性作用,通过干支流水库联合调度运用,控制了进入黄河下游的水沙过程,达到了预期效果并取得了许多新的认识。但是,由于黄河水少沙多的自然特性、社会经济的不断发展和自然等各方面的原因,现有水利工程水沙调控的能力还不能适应黄河协调水沙关系的需要。随着经济社会的发展,未来黄河的水沙关系只能朝着越来越不平衡、越来越不协调的方向发展。解决黄河"水少、沙多、水沙关系不协调"的途径只能是"增水、减沙、调水调沙",建设完善的水沙调控体系,实现洪水和泥沙的有效管理,塑造上中下游协调的水沙关系,维持一定规模的河槽,使水畅其流,沙畅其道。黄委在大量研究论证的基础上,提出了《黄河水沙调控体系建设初步研究报告》,并在北京召开了高层次专家研讨会。与会专家在黄河的水沙特点及变化趋势、解决水沙不协调问题的途径、建设完善的水沙调控体系的必要性、水沙调控体系的总体布局及联合运用的构想、待建骨干工程的开发次序和开发时机等诸多方面形成了共识,为加快完善黄河水沙调控体系建设奠定了坚实基础。

河槽形态的恶化、过流能力的降低、"二级悬河"形势的加剧、水资源状况的紧张、生态环境的破坏等问题折射出黄河健康生命的危机。三次调水调沙试验,进一步昭示人们,黄河的健康生命已经到了非常危险的地步,恢复与维持"黄河健康生命"已刻不容缓。黄河三次调水调沙试验不仅唤醒了人们对维持黄河健康生命的共鸣,也引起了中国水利界、自然科学与社会科学领域共同的关注,2004 年 6 月 15 日,李国英在《光明日报》发表《该怎样"维持黄河健康生命"》,明确提出"维持黄河健康生命"的治河新理念。2004 年 12 月 22 日,汪恕诚部长在全国水利厅局长会议上强调把工作的制高点放在维持河流的健康生命上。

四、对黄淮海平原经济社会的稳定意义重大

调水调沙规模宏大、效果显著,对黄河中下游防洪减淤意义重大。通过调水调沙,再加上近几年处理洪水时对调水调沙思想的贯彻落实,目前已取得了河道减淤与水库减淤的双赢效果。通过九次调水调沙,黄河下游主槽的最小过洪能力已由 1 800 m^3/s 恢复到 3 880 m^3/s 左右,河床形态得到初步调整,黄河下游主槽实现了全线冲刷。河槽过流能力的提高,对改善日益恶化的河道形态、中水河槽的形成、降低中常洪水漫滩和小水大灾的概率,意义重大。进一步而言,如果不进行调水调沙,目前黄河下游的平滩流量恢复到 3 880 m^3/s的可能性极小。调水调沙的成功标志着调水调沙从理论进入了生产运行,它的实施必将对逐步遏制和消除"二级悬河"、减少黄河大堤决口的危险等起到较大的作用,对黄淮海平原经济社会的稳定意义更大。

总之,调水调沙取得的各项研究成果不仅具有巨大的社会效益,而且直接与间接经济效益和环境效益巨大。同时,调水调沙试验还验证了各项指标体系的合理性和控制流程的可行性,深化了对黄河水沙规律的认识,不仅对今后调水调沙积累了经验,还促进了泥沙学科的发展,推广应用前景良好。

第四节　异重流塑造与洪峰增值分析

一、人工异重流塑造经验

所谓塑造异重流，是在汛前充分利用万家寨、三门峡水库汛限水位以上水量泄放的能量，冲刷三门峡水库非汛期淤积的泥沙与堆积在小浪底库区上段的泥沙，在小浪底水库回水区形成异重流并排沙出库。汛前塑造异重流总体上可减少水库淤积，特别是在经常发生峰低量小而含沙量高洪水的年份，对保持水库库容并减缓下游淤积尤为重要。而且在一定的时期内，随着小浪底水库淤积，库区地形更有利于异重流排沙，塑造异重流排沙的效果及作用将更加显著。

塑造异重流，并使之持续运行到坝前，必须使形成异重流的水沙过程提供给异重流的能量足以克服异重流沿程和局部的能量损失。因此，成功塑造异重流的关键，首先是确定在当时的边界条件下(包括小浪底水库地形条件及蓄水状态)，满足异重流持续运行的临界水沙条件；其次是各水库如何联合调度，使得形成异重流(水库回水末端)的水沙条件满足并超越其临界条件。即水库调度要把握时机(开始塑造异重流的时间，提供一个有利的边界条件)、空间(相距约1 000 km的万家寨、三门峡与小浪底水库水沙过程衔接)、量级(三门峡与万家寨下泄流量与历时的优化组合)三个主要因素。

2004年至2006年汛前的调水调沙过程中，均成功地塑造出异重流并实现排沙出库。虽然3次塑造异重流均为“基于干流水库群联合调度模式”，但由于其来水来沙条件、河床边界条件及调度目标不同，在进行异重流排沙设计时的关键技术亦不同。

(一)2004年异重流塑造

2004年汛前在小浪底库区淤积三角洲堆积了大量泥沙，调水调沙将调整小浪底三角洲淤积形态及塑造异重流排沙出库作为重要的调度目标。从满足上述目标的角度考虑，异重流设计的关键技术之一是论证三门峡水库下泄流量历时及量级，并准确预测三门峡下泄水流，在小浪底库区上段产生沿程与溯源冲刷后，抵达水库回水区的水沙组合可否满足异重流持续运行条件；之二是万家寨与三门峡水库泄流的衔接时机。

(二)2005年异重流塑造

2005年汛前调水调沙之前，小浪底库区三角洲洲面位于调水调沙结束时库水位225 m高程以下，这就意味着在调水调沙过程中三角洲洲面均处于壅水状态。因此，关键问题之一是准确判断随着入库流量与含沙量、水库蓄水位、库区地形等条件不断变化，三角洲洲面各部位不同时期的流态(壅水明流或异重流)以及转化过程；之二是准确判断异重流潜入位置，在三角洲洲面比降较缓的条件下，异重流潜入条件应同时满足潜入点水深及异重流均匀流运动水深。

(三)2006年异重流塑造

2006年与往年不同的是，提供塑造异重流后续动力的万家寨水库可调水量较少，因此关键点之一是准确判断满足异重流持续运行的临界条件(流量、含沙量、级配、历时之间的组合)；之二是预测万家寨与三门峡水库下泄水流及随之产生的沙量过程。

今后，随着小浪底库区淤积形态的不断变化，异重流排沙的临界条件、传播过程、输移特点均将发生调整，进一步深入研究与不断实践是成功塑造异重流的保障。

二、异重流出库后洪峰变形分析

（一）异重流出库后黄河下游洪峰增值现象

小浪底水库自1999年汛后运用以来，为黄河下游河道防洪、减淤、灌溉及黄河健康生命的修复与维持发挥了重要作用。同时，水库的调节改变了进入下游河道的自然水沙过程，引发了一些新的现象。

一般情况下，在河道槽蓄滞洪作用下，洪水在演进过程中，洪峰流量沿程逐渐减小，且峰型越尖瘦，削峰幅度越大；即使对于峰型较肥胖的洪水，虽然沿程削峰幅度相对较小，但一般不会出现峰值增加现象。但在2004年、2005年、2006年小浪底水库异重流排出高含沙洪水过程后，黄河下游均出现了洪峰增值现象，给水库调度与下游防洪带来了诸多困难。

2004年8月22日20时，小浪底水库下泄流量为1 500 m^3/s，水流含沙量仅有1.06 kg/m^3；至23日0时，水库开始异重流排沙，流量变化不大；0时12分，含沙量增至94.9 kg/m^3；3时12分，流量增加到2 530 m^3/s，含沙量增大到253 kg/m^3；30日12时，异重流排沙结束。在整个排沙过程中，小浪底出库最大洪峰流量为2 690 m^3/s，最大出库含沙量为343 kg/m^3，沁河、伊洛河流量之和仅有200 m^3/s左右，而洪水演进到花园口站，峰型发生了明显变异，洪峰流量大幅度增加，实测最大洪峰流量高达3 990 m^3/s，峰值增加1 100 m^3/s（见图6-5）。

2005年7月上旬，小浪底水库再次异重流排沙运用。7月5日18时30分至7月6日0时，出库流量基本维持在2 050～2 570 m^3/s，含沙量仅有3～4 kg/m^3；2时开始异重流排沙，出库含沙量为21.1 kg/m^3；8时含沙量增加到128 kg/m^3；10时达到最大含沙量139 kg/m^3。排沙流量基本维持在2 000～2 500 m^3/s，最大流量为2 530 m^3/s，伊洛河、沁河入汇流量之和仅有50 m^3/s左右，花园口洪峰流量却高达3 530 m^3/s，峰值增加950 m^3/s（见图6-6）。

2006年8月2日12时至3日1时，小浪底水库下泄流量为1 170～1 720 m^3/s的清水过程，此后开始异重流排沙，最大下泄含沙量为302 kg/m^3。最大流量为2 090 m^3/s，沁河、伊洛河流量之和仅有110 m^3/s左右，花园口最大流量为3 360 m^3/s，洪峰增加了1 160 m^3/s（见图6-7）。

在一般情况下，受河道槽蓄的滞洪作用，洪水在演进过程中，洪峰流量沿程逐渐减小，且峰型越尖瘦，削峰幅度越大；即使对于峰型较肥胖的洪水，虽然沿程削峰幅度相对较小，但也不会出现峰值增加现象。目前黄河下游河道的防洪预案与小浪底水库调度预案主要是基于上述认识制订的。黄河下游洪水演进中洪峰流量的异常急剧增大，给防洪决策与小浪底水库调度运用带来了诸多困难。

当小浪底入库过程为高含沙洪水且预报花园口洪峰流量小于4 000 m^3/s时，如果在库区内形成异重流，为减少库区淤积，延长水库使用寿命，在确保下游不漫滩与河道不发生大量淤积的情况下，水库要实施异重流排沙，充分利用下游河道排洪输沙能力，输送尽

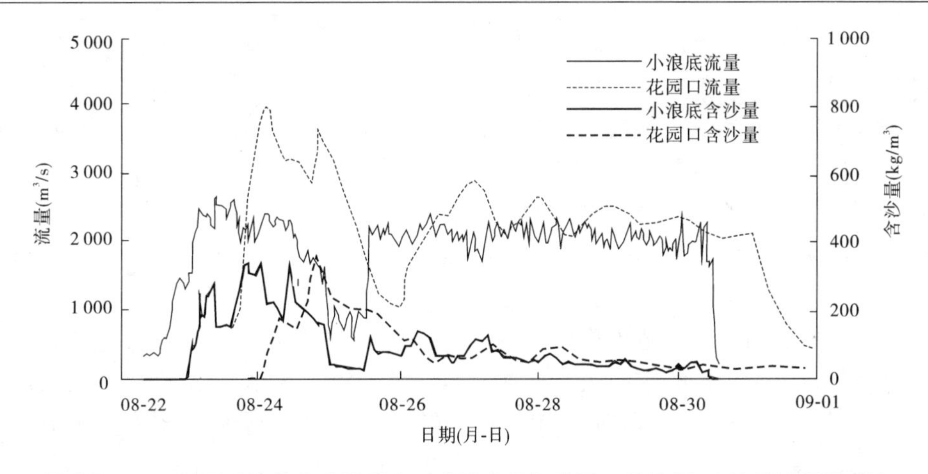

图 6-5　2004 年异重流排高含沙洪水时小浪底站与花园口站流量、含沙量过程线对比

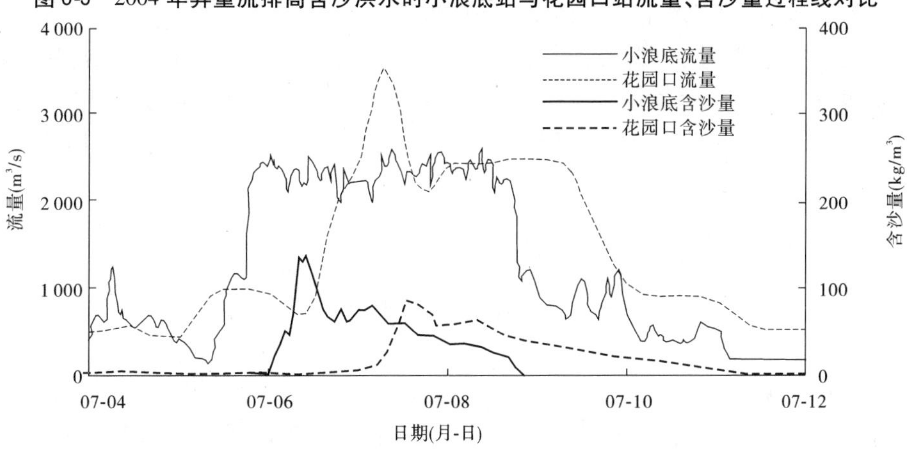

图 6-6　2005 年异重流排高含沙洪水时小浪底站与花园口站流量、含沙量过程线对比

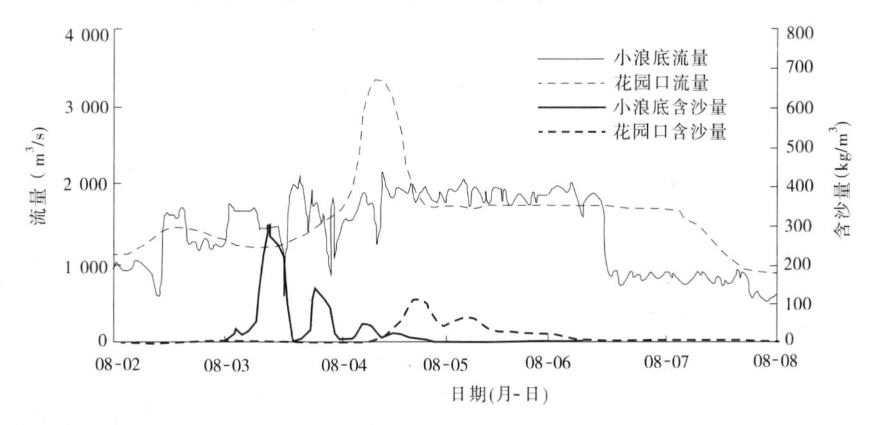

图 6-7　2006 年异重流排高含沙洪水时小浪底站与花园口站流量、含沙量过程线对比

可能多的泥沙入海。根据以往认识，确定的异重流排沙流量，一般为考虑沁河、伊洛河加水后，黄河下游各断面最小平滩流量。因河道具有滞洪削峰作用，这种调控方式应该具有一定的安全性。

但由于黄河下游洪水演进在局部河段会出现洪峰流量急剧增大的异常现象，使本来不漫滩洪水可能发生漫滩。对于"04 · 8"洪水，如果小浪底出库流量按凑泄花园口 3 000 m^3/s 下泄，下游各站洪峰流量极可能进一步增大，出现大于 4 000 m^3/s 的洪水过程，在目前河道过洪能力下，黑岗口以下河段将有可能出现洪水漫滩，造成人为淹没损失。

（二）黄河下游河道洪峰异常增值成因分析

黄河下游来水来沙组合多变，河道冲淤变形剧烈，断面形态调整迅速，造成了洪峰异常增值成因的复杂性。从黄河下游洪水水沙运动力学特性分析，在无区间加水（在花园口以下河段主要为两岸大堤范围内的天然降雨与东平湖等主要支流加水）的前提下，可能引起洪峰异常增值现象的原因主要有洪峰期河道糙率的变小、漫滩洪水归槽与后续洪水叠加、河道的强烈冲刷等。但对于 2004 年、2005 年、2006 年水库排出的异重流高含沙洪水而言，洪峰期黄河下游并未发生漫滩，洪水演进过程中，河床处于微淤或淤积状态，河道没有遭受强烈冲刷，因此引起洪峰异常增值现象的主要原因为河道糙率的变小。

河道糙率作为描述河流自身特征的重要参数之一，用于反映水流能量沿程的综合损失率。伴随着异重流出库及其洪峰水沙演进传播，河道糙率在水沙突变的情况下会迅速变小。此时，相对于河道糙率不变而言，不仅来流流速增大，更主要的是前期河道槽蓄水体的流速也将大幅度提高，由水流连续方程初步推断，必将引起洪峰流量的沿程增大。洪峰增值的水量当然来自于河道的前期槽蓄水量。

对于少沙粗沙河流，河道冲淤调整幅度较小，在某一特定河段、特定流量下，河道糙率一般变化不大。而对于诸如黄河下游这样的多沙冲积性河流，在水流与泥沙的共同作用下，较容易发生阻力突然变小现象。早在 20 世纪 50 年代，张瑞瑾教授已十分关注水流含沙量对河道糙率的影响问题，他研究发现，河道糙率系数 n 随含沙量的增大而减小，并提出著名的"制紊假说"。此外，苏联的 E. J. 瓦斯普，我国侯晖昌、钱宁、万兆惠等学者都对高含沙极细沙减阻问题开展过大量分析与研究。

在动床阻力计算方面，张有龄等学者提出了如下反映床沙粒径变化的天然河流糙率计算公式

$$n = \frac{1}{A}D_{50}^{1/6} \tag{6-9}$$

式中 D_{50}——床沙中值粒径；

A——系数，对于静平床而言，A 的取值与床沙粒配、形状及排列状况有关。

黄河水利科学研究院赵连军、张红武提出了反映水流含沙量变化、床沙粒径变化及床面形态变化的动床阻力计算公式

$$n = \frac{c_n\delta_*}{\sqrt{g}h^{5/6}}\left\{0.49\left(\frac{\delta_*}{h}\right)^{0.77} + \frac{3\pi}{8}\left(1-\frac{\delta_*}{h}\right)\left[\sin\left(\frac{\delta_*}{h}\right)^{0.2}\right]^5\right\}^{-1} \tag{6-10}$$

式中 h——平均水深；

c_n——表征流速沿垂线分布梯度的涡团参数，该值大小与含沙量有关。

文献[28]研究发现，对于清水，c_n 为 0.15；从清水开始，随着含沙量的增大，c_n 反而变小，特别是在 $S<100$ kg/m³ 范围内减小率很大，在 $S=320$ kg/m³ 左右时，c_n 达到最小值；而当 $S>320$ kg/m³ 时，c_n 随 S 的增加反而增大。文献[28]提出了如下计算公式

$$c_n = 0.15[1 - 4.2\sqrt{S_V}(0.365 - S_V)] \tag{6-11}$$

式中　S_V——体积比含沙量。

式(6-10)中的δ_*为摩阻厚度,定床情况下,δ_*即为当量粗糙度;而对于冲积性河道的动床情况,δ_*不仅与床沙组成有关,而且受沙波尺度及沙波波速的影响很大。对于黄河铁谢以下河道,δ_*可采用下式计算

$$\delta_* = D_{50}\{1 + 10^{[8.1 - 13Fr^{0.5}(1 - Fr^3)]}\} \tag{6-12}$$

式中　Fr——弗汝德(Froude)数。

式(6-12)反映了床沙粒径与河道水流强度(间接反映床面形态变化)对摩阻厚度的影响。

对式(6-9)、式(6-10)分析可知,影响动床糙率变化的主要因素为床沙粒径、床沙床面形态(或水流条件)、水流含沙量等。此外,河道断面形态及河岸周界情况也会影响动床阻力。

小浪底水库排出的异重流高含沙洪水在河道中演进传播时,引起河道糙率突然变小是水沙运动自然规律使然,其原因主要包括如下几个方面:

(1)床沙与悬沙交换导致沙粒阻力变小。

在小浪底水库异重流排高含沙洪水之前,河道遭受了较长时期的冲刷,床沙特别是上游河段床沙发生了明显粗化。异重流排出的悬沙组成非常细。挟沙水流在演进过程中,无论河道发生冲刷或淤积,床沙与悬沙必定进行交换调整,极细的异重流悬沙将填充粗颗粒床沙之间的空隙,使床面变得更为光滑,实现沙粒阻力的减小。

(2)流量的不断增大导致床面形态阻力变小。

2004年、2005年、2006年小浪底水库异重流排高含沙洪水洪峰流量,正是促使床面形态由大尺度沙垄(或沙波)向动平床转化的量级。随着流量的增大,沙垄(或沙波)尺度将逐渐变小;且沙垄(或沙波)运动速度不断增大,也相对减小了沙垄(或沙波)对水流的摩阻。

(3)高含沙水流的输移导致河岸阻力变小。

小浪底水库异重流排沙之前的长期清水冲刷,使部分河段嫩滩塌落,两岸周界在平面上凹凸不平,无疑会使河岸阻力增大。异重流高含沙洪水在下游河道演进输移的过程中,由于水流流速沿河宽分布很不均匀,主流区流速大,挟沙能力大,而靠近河岸区域流速小,挟沙能力小,泥沙在河岸淤积,特别是凹进部位淤积量大,最终结果使河岸周界变得较为光滑,减小了河岸阻力。

(4)悬移质泥沙对水流紊动结构的影响及黏性底层(或叫层流附面层)厚度的加大导致河道阻力变小。

天然河道中的水流为紊流。水与泥沙物理特性差别较大,悬移质泥沙在输移时,必将对水流的紊动结构产生较大影响,从而改变水流自身的能量耗散图形。由于悬沙对水流的紊动结构是通过两者接触产生影响的,影响程度与两者接触面积密切相关,因此水流自身能量耗散过程的改变程度不仅受含沙量大小的影响,悬沙组成的影响也将非常突出。同时,水流挟带泥沙后,将使水体的黏度增大,使黏性底层增厚,一方面,将造成河道的当量粗糙度减小,甚至可能发生由粗糙面紊流向过渡面紊流或光滑面紊流的转化,减小了河

道阻力;另一方面,因黏性底层内水流为层流运动,能量耗散较小,黏性底层增厚也将引起垂线平均阻力损失减小。水流黏度的变化主要取决于含沙量的大小与泥沙组成的粗细,一般含沙量越高,泥沙组成越细,水流黏度越大。

(三)"04·8"洪水黄河下游洪峰增值数值模拟研究

模拟计算选用黄河水利科学研究院研制的黄河河道准二维非恒定流泥沙数学模型。该模型自1994年建模以来,不断发展完善,先后完成了数场典型洪水的验证工作,并通过了1996年洪水演进预测的检验,增强了数学模型的适用性。1997~1999年,采用典型洪水先后开展了三次汛前洪水预测计算,与物理模型试验结果相互补充、相互印证,为当年黄河下游防洪工作提供了可靠的参考依据。特别是1998年汛期洪水到来之际,黄河水利科学研究院又采用该模型积极开展了汛期洪水实时作业预报,在当年防洪决策中发挥了重要作用。同时,使用该模型采用式(6-10)计算河道糙率,使其具有了动态模拟动床阻力变化的功能,能够准确模拟出河道糙率变化对洪水演进过程的影响。

模型初始地形根据2004年汛前实测大断面进行概化。计算时段为2004年8月20日至9月5日,进口条件采用"04·8"洪水小浪底实际出库水沙过程,并考虑支流伊洛河、沁河来水;出口边界条件采用2004年设计水位—流量关系控制。为比较小浪底排出高含沙洪水后,在演进过程中产生减阻现象,引起河道糙率变小后洪峰演进过程变化及对防洪危害程度,开展了考虑与不考虑含沙量及泥沙级配变化对糙率影响两个方案的计算。考虑含沙量变化对糙率影响计算时涡团参数 c_n 采用式(6-11)计算;不考虑含沙量变化对糙率影响计算时涡团参数 c_n 取清水时的0.15。

图6-8~图6-11分别点绘了花园口、夹河滩、高村、孙口四站考虑与不考虑含沙量变化对糙率影响(减阻)条件下的计算流量过程与实测流量过程的比较。由此可见,当考虑含沙量对糙率影响后,计算的黄河下游沿程各站洪峰过程与实测情况基本吻合,模型较好地复演了洪峰在演进传播过程中的增值过程;如果不考虑含沙量变化对糙率的影响,洪峰流量在演进传播过程中将大幅度削减,与考虑含沙量变化对糙率影响计算结果相比,花园口、夹河滩、高村、孙口四站洪峰流量分别减小1 150 m^3/s、1 740 m^3/s、1 970 m^3/s、1 780 m^3/s,洪峰不再出现增值现象,河道削峰幅度很大,且峰型变得非常肥胖。

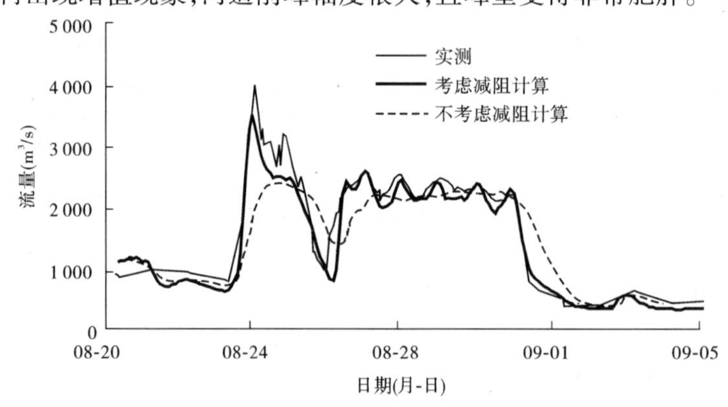

图6-8　"04·8"洪水花园口流量过程计算与实测对比

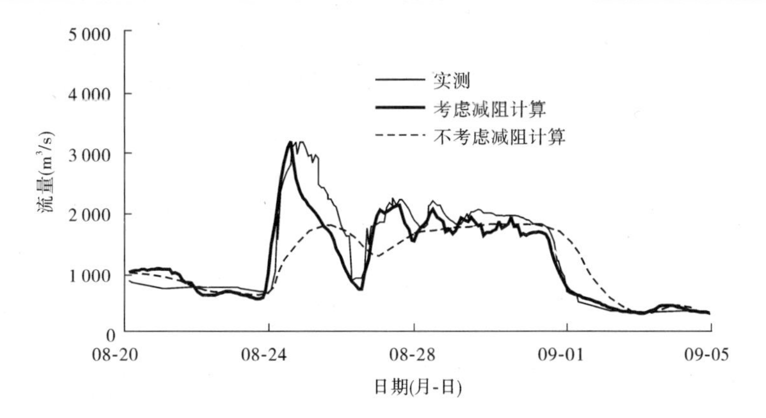

图 6-9　"04·8"洪水夹河滩流量过程计算与实测对比

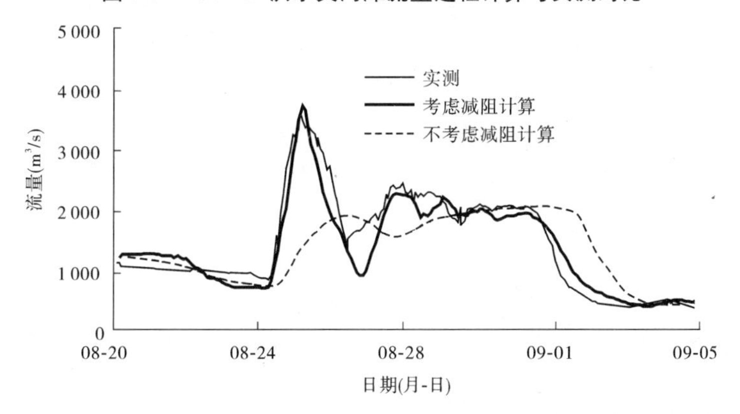

图 6-10　"04·8"洪水高村流量过程计算与实测对比

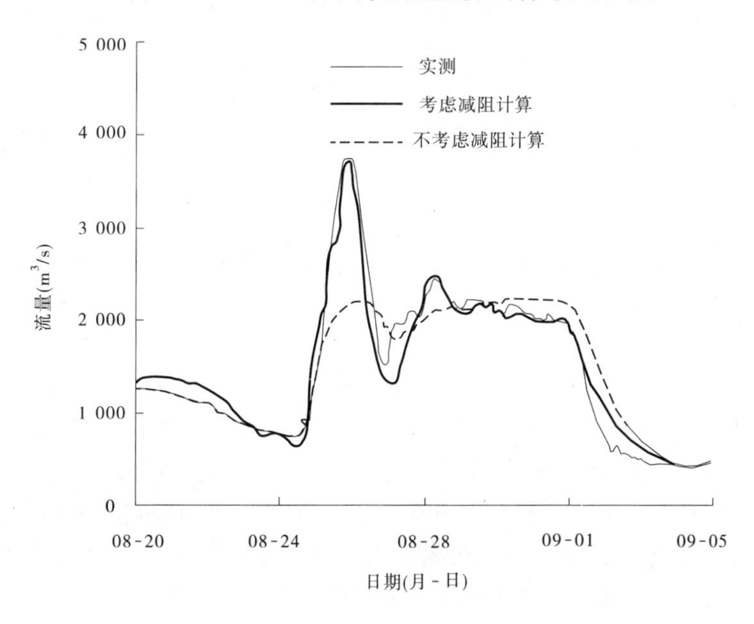

图 6-11　"04·8"洪水孙口流量过程计算与实测对比

由此可见，该模型能成功模拟小浪底水库异重流排沙时黄河下游河道洪水演进与增值过程，且进一步证明异重流高含沙洪水在下游河道演进过程中，河道糙率变小是导致洪峰增值的主要原因。

第五节　主要科技创新

一、建立了黄河水沙调控基础理论，首次开展了大规模、成系统、有计划的黄河调水调沙实践，为“长治久安”的治黄战略目标开辟了新的治理途径

黄河之所以成为世界上最为复杂且难以治理的河流，其根本原因在于水沙关系不协调。解决这一问题的措施除增水、减沙外，大规模地进行调水调沙是一条行之有效的途径。以黄河干支流骨干枢纽为主体，将水库、河道、干流、支流作为一整体系统，统一考虑水沙的时空分布，通过科学调度及各环节控制技术的集成应用，不仅能实现流量的调控，而且可以实现泥沙的调控，达到变不协调的水沙关系为相对协调水沙关系的目的。在一定的来水来沙条件与边界条件下，调水调沙可最大限度地减轻河道淤积，或实现河槽持续的全线冲刷，保持中水河槽的行洪输沙能力，为实现黄河下游“堤防不决口，河床不抬高”创造有利条件。本次探索研究成果及黄河调水调沙实践，形成了一套以塑造协调水沙关系为核心的黄河水沙调控基础理论，包括：输沙能力计算，人造洪峰大小、历时与时机对河道冲淤的理论分析，河床对水沙过程的响应关系，中水河槽的塑造及行洪输沙能力，水库异重流形成与运动的理论等。

以建立的黄河水沙调控理论为基础，首次开展了治黄史上最大规模、成系统、有计划的黄河调水调沙原型实践。黄河调水调沙空间范围涉及上至万家寨水利枢纽下至黄河河口近 2 000 km 区域中的小浪底、三门峡、万家寨、陆浑、故县等黄河中游干支流水库群，以及中下游河道。实践过程涉及防汛调度、规划设计、科学研究、水文预报监测、抢险减灾、工程管理等众多环节。制订了数十个周密的预案和严谨的流程，参加人次达 45 000 以上，获得了大量的科学数据。其规模之大、范围之广、参与人数之多是治黄史上前所未有的。

在 2002 年以来黄河总体来水来沙条件极为不利的情况下，通过九次调水调沙，黄河下游不仅没有出现“上冲下淤”的不利局面，反而实现了小浪底水库以下至入海口河槽的全线冲刷，河槽平均降低 1.5 m，主河槽最小过流能力由 1 800 m^3/s 增加至 3 880 m^3/s，显著降低了洪水位，大大减轻了中常洪水对黄河下游两岸滩区 189.5 万人民群众的威胁，显著地促进了沿黄地区经济的可持续发展和社会稳定，改善了河口地区的生态环境。黄河下游主河槽过流能力大幅度提高，相应使河槽输沙能力由不足 20 kg/m^3 提高至 40 kg/m^3 以上，为今后利用中常洪水输沙入海、减轻河道淤积创造了极为有利的条件。建立了可较为准确描述小浪底水库异重流的形成和运行规律的数学表达式，在中游无洪水条件下首次成功地实现了人工塑造异重流排沙出库，丰富和发展了水库排沙技术。

黄河水沙调控理论和调控技术推广运用至“利用桃汛洪水冲刷降低潼关高程”的生产实践，取得了显著成效。黄河水沙调控理论的建立及调水调沙试验和生产实践，为当前

及今后相当长时期内黄河的治理和“长治久安”的治黄战略目标的实现开辟了一条新的途径。

调水调沙作为新时期黄河治理开发的崭新途径，显示出其强大的生命力。黄河水沙调控理论的建立和调水调沙技术的日臻完善，使得调水调沙这一黄河治理途径从方略变成现实，为今后相当长时期内黄河的治理奠定了基础。在新一轮的黄河治理开发规划中，调水调沙已成为黄河治理的一项长期战略措施，并成为黄河治理的一条规划主线。调水调沙试验和生产运行在小浪底水库和黄河下游河道获得的水流运动、泥沙输移、河床冲淤演变等众多方面大量的科学信息，以及对这些信息的分析研究成果、调水调沙的理念及实施过程中攻克的关于水沙调控的一系列关键技术，正在对黄河治理与水利行业的科技进步发挥着显著的作用。

二、揭示了黄河下游河道水沙输移和小浪底水库异重流运动规律，建立了黄河调水调沙指标体系

（一）揭示了现状条件下黄河下游河道水沙输移规律

近年来，河道萎缩、河床横向边界约束度增强，使得黄河下游河道呈现出有别于以往的水沙输移与河床调整特征，河床动力平衡临界阈值相应发生变化。小浪底水库运用使进入黄河下游的水沙过程具有较大程度的可控性，为塑造优化水沙组合提供了实施条件。鉴于此，黄河调水调沙过程中，不断深化了对黄河下游河道输沙规律的认识，达到了最优的调控效果。

（1）黄河小浪底水库以下至入海口900余km的冲积性河道，各河段河型河性不同，自我调整规律不尽相同，且上下游之间互为影响与反馈。上游河道调整影响进入下游河道的水沙条件，而下游河道形态的大幅度调整对上游河道产生溯源影响，现状条件下这种依存关系更为突出，其决定因素是河床边界条件（包括几何形态及床面特征等）。在力学研究与资料分析基础上，建立了表征下游各河段冲淤调整关系的输沙能力公式 $Q_S = kQ^{\alpha}S_{上}^{\beta}\left(\frac{\sqrt{B}}{h}\right)^{m_1}J^{m_2}v^{m_3}(\sum P_i d_i^2)^{m_4}$（$\frac{\sqrt{B}}{h}$为河段平均河相系数，$S_{上}$ 为上站含沙量，J 为河段平均比降，v 为河段平均流速，d_i 和 P_i 分别为悬沙粒径与百分数），揭示了来水流量、含沙量、悬移质颗粒级配、河道纵横向形态等因素对输沙能力的影响，以及上下游河段之间互为影响与反馈的机理。指出黄河下游河道发生全线冲刷所相应水沙过程不仅要有一定的量级，还需要有一定的历时，并提出了水流流量、含沙量与历时的临界阈值。

（2）在接近平衡输沙的状态下，具有总体最优的输沙效果。以花园口断面含沙量、流量、悬沙中粒径 <0.025 mm 泥沙占全沙百分数为主要因素，建立了下游河道不淤积关系 $S = 0.030\,8QP^{1.551\,4}$。黄河调水调沙过程中，通过水库调控使水流挟沙趋于平衡。

（3）黄河下游河床调整迅速，场次洪水过程中，洪峰期大量级水流塑造的河床形态不适应落水期小量级水流输沙，往往发生涨冲落淤现象，在小浪底水库拦沙初期的次饱和输送过程中表现尤为突出。通过实测资料分析与模型概化试验的量化研究，提出了“缓涨陡落”的洪水过程可获得最优的输沙效果。在调水调沙实施过程中进行跟踪研究，利用水库进行动态调控。

(4)河道在冲刷过程中,随着河槽不断刷深、展宽,床沙不断粗化,使得河槽几何形态发生调整,河床阻力增加,水流悬移质颗粒变粗,进而使冲刷效率下降。研究深化了水流动力条件与河床的调整规律及量化关系,在调水调沙过程中,基于河床调整状态而递增水流动力条件,获得了显著且持续的累积冲刷效果。

(二)建立了小浪底水库异重流输移与浑水水库沉降过程的数学关系式

小浪底水库横向宽窄相间,沿程支流众多,水沙输移过程极为复杂。针对黄河调水调沙的需求进行了大量的应用基础研究,即通过理论探讨与实测资料分析,并集成凝练了水库实体模型与基础试验成果,提出了可定量描述水库异重流输移过程的表达式,为成功塑造异重流奠定了基础。

(1)提出异重流交界面阻力系数计算公式 $\lambda_i = \dfrac{8g'h'J}{[0.86(1+m)v]^2}$($J$、$v$ 分别为比降与流速),分析计算小浪底水库异重流沿程综合阻力系数 λ_m。

(2)提出异重流垂线流速分布公式。最大流速点以上 $u = v_m \mathrm{e}^{[-0.055-0.68(\frac{y-h'_1}{\sigma})^2]}$($v_m$ 为垂线最大流速);最大流速点以下 $u=(1+m)v_{cp}(z/h)^m$(v_{cp}为垂线平均流速),符合指数分布,流速分布取决于其定量描述的指数 m,$m = \dfrac{0.143}{1-4.2\sqrt{S_V}(0.46-S_V)}$。公式对水流含沙量变幅大(特别是高含沙)的黄河中游水库具有较高的计算精度。

(3)取水库坝前浑水水库中悬沙进行基础试验,结合实测资料分析,提出可描述浑水水库动态沉降速度的表达式 $u_c = \dfrac{\Delta V}{A\Delta t} - \varphi' u_0 + \dfrac{\varphi' u_0 S_0}{S_S}$($\Delta V$ 为进出库浑水体积差,A 为浑水体平面面积,u_0 为相应静水浑液面沉降速度,S_S 为淤积层含沙浓度)。

(4)提出在一定边界条件下,维持异重流持续运行至坝前时,形成异重流的流量、水流含沙量及其悬沙细颗粒含量三者之间函数关系式 $S = -k\mathrm{e}^{-0.025P} - 0.12Q$。

(5)基于小浪底水库实体模型试验概化出干支流倒灌的物理图形,结合模型测验结果,得出干支流异重流倒灌时支流分流比的简化计算式 $\alpha = K\dfrac{b_2 h_2^{3/2} J_2^{1/2}}{b_1 h_1^{3/2} J_1^{1/2}}$($K$ 为考虑干、支流的夹角 θ 及干流主流方位而引入的修正系数;b、h、J 分别表示河宽、水深、比降;角标 1、2 分别代表干流、支流)。

(6)基于韩其为院士研究结果及小浪底水库实测资料,率定出异重流传播时间 $T_2 = C\dfrac{L}{(qS_iJ)^{\frac{1}{3}}}$与含沙量 $S_j = S_i \sum P_{4,l,i} \mathrm{e}^{-\frac{\alpha\omega L}{q}}$的公式($C$ 与 α 值由小浪底实测资料率定)。

(三)建立黄河调水调沙调控指标体系

通过理论分析和对黄河下游大量历史资料的研究,并考虑水库安全、下游防洪安全、滩区减灾、水资源安全等综合要求,提出了可维持黄河下游全线冲刷的调控指标:进入下游的水流含沙量小于 20 kg/m^3 时,控制花园口流量 2 600 m^3/s,洪水历时维持在 9 d 以上;含沙量 40 kg/m^3 左右,且水流悬沙以细颗粒为主时,控制花园口流量 3 000 m^3/s 左右,洪水历时控制在 8 d 以上。以上述指标为基础,在调水调沙过程中,还依据水流悬沙组成、水库蓄水条件、下游河床边界条件与调整过程,进行动态控制与调整。

三、首创了人工塑造异重流，形成了完整的调水调沙技术，创立了三种调水调沙基本模式

黄河问题的复杂性主要体现在水少沙多，水沙不平衡，因此黄河调水调沙不仅是对水流过程的调节，更重要的也是难度最大的是对泥沙的合理调节。

（一）首创水库群水沙联合调度塑造异重流模式，发展了排沙途径

提出了利用万家寨、三门峡、小浪底水库联合调度，在小浪底水库回水区形成异重流排沙过程。

小浪底水库承担为塑造异重流排沙提供有利的边界条件与优化出库水沙组合的任务。水库前期泄放库区蓄水冲刷下游河道，库水位逐渐降低，回水末端下移，水库脱离回水影响的库段，有利于入库清水冲刷或高含沙水流输移，而且使得异重流的潜入点下移，运行距离缩短，排沙比增大。因此，水库调度的关键是准确预测不同边界条件、蓄水位与水沙条件下异重流排沙过程，在此基础上确定与三门峡水库联合调度塑造异重流的衔接水位。

三门峡水库承担冲刷小浪底库区泥沙，并为塑造异重流提供沙源的任务。三门峡水库先期泄水冲刷小浪底库区上段淤积的泥沙，逐步泄空后为万家寨来水冲刷库区泥沙形成高浓度浑水提供有利条件。三门峡水库调度的关键是准确预测水库泄流过程对小浪底库区上段淤积物的冲刷效果，以及水库速降水位过程中坝区淤积物的起动与输移过程，在此基础上，确定水库泄流量与泄水历时的优化组合。

万家寨水库承担冲刷三门峡库区泥沙的任务。万家寨水库泄水历经近 900 km 的流程，在三门峡水库临近泄空之时抵达三门峡库区，冲刷库区淤积泥沙形成高含沙水流与三门峡泄水末期水流衔接。水库调度的关键是准确把握水流的传播过程、对三门峡水库的冲刷及其衰减过程，以确定水库泄流时机与泄流量。

在实际调度过程中，三座水库除需要发挥各自的功能外，还需要有机衔接与互动。2004～2009 年汛前调水调沙塑造异重流期间，虽然历年中游来水来沙条件不同，各水库河床边界条件与蓄水条件不同，小浪底与三门峡库区各库段输沙流态也各不相同，但通过精心设计与科学调度，均塑造出异重流并实现了排沙出库。其间，三门峡水库冲刷 2.971 亿 t，小浪底水库排沙 0.874 亿 t，异重流平均排沙比近 30%，且优化了小浪底库区淤积形态，优选了库区淤积物组成（粗颗粒泥沙沉积在库区，细颗粒泥沙随异重流排出水库），对保持三门峡水库的平衡发挥了较大作用，实现了水库减淤和恢复下游河道主槽行洪能力的双重目标。

由于黄河水沙情势的变化，中等流量以上的洪水出现概率明显减少，利用人工异重流的排沙方式排泄水库前期的淤积物对保持三门峡水库的平衡，延长小浪底水库拦沙库容寿命具有重要的意义，对未来黄河水沙调控体系的调度运行将产生深远的影响。

（二）形成了一整套调水调沙技术

历次调水调沙逐步形成了一套完善的技术，包括协调的水沙过程塑造技术、试验流程控制技术、水库异重流塑造技术、水文监测和预报技术等。

水沙过程塑造技术包括各种条件下坝前及出库泥沙预测、枢纽各不同高程泄水孔洞调度、水库坝前分层流清浑水对接及干支流清浑水对接等。试验流程控制技术从时间上讲分为预决策、决策、实时调度修正和效果评价四个阶段。干流水库群的调度塑造异重流

这一原创技术为水库排沙找到了一条新的途径。

(三)针对不同的水沙情势及调控目标,确立了黄河调水调沙三种基本模式

调水调沙实施之前,国内外在统筹考虑水与沙联合调度方面尚无可借鉴的调控技术、模式和经验。黄河调水调沙逐步形成并确立了以小浪底水库单库为主、基于大尺度空间水沙对接和基于干流水库群联合调度的三种基本模式。

2002 年黄河调水调沙试验是针对黄河中游发生的较高含沙量洪水,在准确把握小浪底水库异重流排沙特点与规律的基础上,通过调度水库泄水建筑物不同高程孔洞,分别控制坝前分层流清浑水泄量,满足了调度指标,形成了以小浪底水库为主控制调控指标的调度模式。2003 年黄河调水调沙试验是针对黄河中游连续发生较高含沙量洪水,并遭遇水库下游支流低含沙洪水,在预测小浪底水库异重流输移过程与浑水水库沉降规律,以及不同量级水流在干支流河道传播过程的基础上,通过启闭小浪底水库不同高程泄水孔洞,塑造一定历时的不同量级高浓度浑水过程,叠加在小浪底水库下游伊洛河、沁河入汇的"清水"之上,使之在花园口断面准确对接为协调的水沙关系,形成了干支流水沙对接的调度模式。2004 年黄河调水调沙试验是充分利用中游水库汛前汛限水位以上的蓄水,形成持续较大流量过程,对黄河下游河槽产生较高强度的冲刷,同时利用万家寨、三门峡水库蓄水冲刷沉积在三门峡水库与小浪底库区上段的泥沙形成高含沙水流,在小浪底回水区塑造异重流并排沙出库,实现了扩展下游河槽与减少水库淤积的双重目标,形成了干流水库群联合调度塑造异重流的调度模式。

四、实现了系统集成创新,提升了应用基础研究与应用技术研究水平

(1)实现了系统集成创新。通过水文气象预报系统、水情工情险情会商系统、预报调度耦合系统、实时调度监测系统、水量调度远程监控系统等集成创新,实现了黄河中游沿程 1 000 km 的大尺度空间各控制断面水沙过程的精细调控。

(2)应用基础研究取得进展。针对黄河调水调沙的需求,深化了对复杂控制条件与极端边界条件下水库与河道水沙输移规律的认识,建立了可较为准确描述物理量之间关系的计算式,为调水调沙奠定了基础。利用实体模型及数学模型预测,指导黄河调水调沙预案编制和实际调度,多种手段与方法相互补充和印证,提高了调水调沙的准确性与科学性。开发了黄河中下游中短期天气、降水、洪水预报与次洪含沙量预报系统,提高了水情预报的时效性、准确性。同时黄河调水调沙过程中获得的大量观测数据,促进了基础研究水平不断提升。

(3)形成了水库异重流量测规程。黄河调水调沙促进了小浪底水库和下游河道的原型监测站网、测验设施和组织管理等方面的更新与加强,完善了小浪底水库异重流测验断面的布设,丰富了水库异重流的观测内容,制定了适用于黄河的水文测验的技术标准和技术要求。

(4)研发了多项水文测验仪器。基于黄河调水调沙过程中水沙实时监测的要求,成功地研制、运用了振动式在线测沙仪、多仓悬移质泥沙取样器、浑水界面探测仪,引进开发了激光粒度分析仪等适合多泥沙河流水沙测验的先进仪器设备,实现了含沙量、颗粒级配等的在线快速监测,填补了泥沙在线测验的空白。

结 语

几代治黄工作者孜孜以求的调水调沙治河思想通过调水调沙试验及生产运行已变为现实,调水调沙作为一项处理黄河泥沙的长期的、行之有效的战略措施,必将为实现维持黄河健康生命的治河目标发挥重要作用。同时,黄河调水调沙也在多方面丰富和扩展了对协调黄河水沙关系的认识。

一、黄河下游严峻的防洪局面要求坚持不懈地进行调水调沙

黄河调水调沙实践取得了显著的效果,下游主槽行洪排沙能力明显提高,“二级悬河”带来的严峻防洪局面开始扭转,人水难以和谐相处的现实初步得到改善,并正在向有利方向发展。但下游主槽的过流能力仍处于一个较低的水平,塑造并长期维持4 000 m^3/s左右的中水河槽仍是一项艰巨的任务,泥沙的妥善处理和利用始终是治黄必须面对的重大课题。调水调沙作为一种解决上述问题的行之有效的措施之一已为实践所证实。从保障黄河下游防洪安全考虑,必须坚持不懈地进行调水调沙。

二、增水调沙十分必要

黄河是资源性缺水河流,且承担着繁重的向流域内、外供水和输沙、生态维护等任务。20世纪80年代中期以来,黄河来水明显偏少,特别是中等流量级以上来水减少更加明显。今后,随着国民经济发展对用水需求的增加,黄河实际来水总体上将会越来越少,寻求合适的调水调沙时机也将更加困难。因此,为了充分发挥调水调沙的作用,加快恢复黄河下游河槽行洪排沙能力,从根本上改善人水关系、扭转黄河下游治理和开发面临的被动局面,通过增加黄河水量以弥补黄河水量的严重短缺,并适时进行调水调沙、调整黄河水沙关系十分必要。

三、构建黄河水沙调控体系是维持黄河健康生命的重要条件

调水调沙实践表明,利用水库群联合调度塑造协调的水沙关系是当前乃至今后解决黄河下游水沙关系不协调问题的有效措施之一。但现状工程条件下,通过调水调沙协调进入黄河下游的水沙关系还存在着明显的局限性:一是干流骨干调控工程不配套,对下游水沙关系调整力度不够,更不能对宁蒙、小北干流河段实施水沙调控;二是缺少支流调控工程,无法形成完整的调控体系。

随着小浪底水库拦沙库容的不断淤积,小浪底水库调节库容不断减小,当小浪底水库进入正常运用期后,水库最大只有10.5亿m^3的调水调沙库容,仅依靠小浪底水库调节水沙,就难以满足协调黄河下游水沙关系的要求,不能维持水库运用初期塑造的中水河槽。因此,单靠小浪底水库调水调沙不能实现长期协调水沙关系,需要在上、中游修建骨干工程,完善黄河水沙调控体系,提供足够的调水调沙库容,协调黄河水沙关系,维持黄河健康

生命。

黄河水沙调控体系研究表明，干流包括已建的龙羊峡、刘家峡、三门峡、小浪底和规划的大柳树、碛口、古贤等七座骨干水利枢纽，支流包括已建的陆浑、故县及在建的河口村等水利枢纽，这些工程共同构成了黄河水沙调控体系的有机整体。上述水沙调控体系建设完成后，可长期发挥对黄河水沙的调控作用，必将为维持黄河健康生命发挥重要作用。

四、调水调沙技术仍需不断研究深化

黄河调水调沙，是人类治黄历史上乃至世界治水史上最大规模的河流治理实践，也是水利人探索“人水和谐”、走可持续发展水利道路的重大实践。

塑造黄河协调的水沙关系是一项极其庞大、复杂同时又极具挑战性的课题，黄河调水调沙，仅是对这一课题进行探索、实践的第一步。由于黄河问题的复杂性，在推进协调黄河水沙关系的进程中，还有许许多多的问题需要不断地进行探索研究，调水调沙任重而道远。就目前的认识来说，黄河水沙调控体系的规划研究，黄河水沙调控体系的运行方式研究，小浪底水库不同运用阶段、不同水沙组合条件下的水沙调控理论与模式研究，调沙（特别是配沙）技术研究，三门峡、小浪底水库浑水调洪模型的开发研究，三门峡、小浪底水库不同孔洞组合调控出库含沙量的进一步研究，细颗粒泥沙在黄河下游河道输移规律研究，水库水沙联合调度中水沙过程对接技术的深化，水沙过程的预测预报技术等都是需要不断深入研究的重要技术问题。

黄河调水调沙的成功，为多泥沙河流的治理探索出一条行之有效的途径，按照增水、减沙、调水调沙的治河思想，坚持不懈地努力，维持黄河健康生命的总体目标一定能够实现。

参考文献

[1] 李国英. 维持黄河健康生命[M]. 郑州:黄河水利出版社,2005.
[2] 韩其为. 水库淤积[M]. 北京:科学出版社,2003.
[3] 谢鉴衡. 江河演变与治理研究[M]. 武汉:武汉大学出版社,2004.
[4] 钱宁,万兆惠. 泥沙运动力学[M]. 北京:科学出版社,1983.
[5] 钱宁,张仁,周志德. 河床演变学[M]. 北京:科学出版社,1987.
[6] 钱宁,范家骅. 异重流[M]. 北京:水利出版社,1958.
[7] 张瑞瑾,谢鉴衡. 河流泥沙动力学[M]. 北京:水利电力出版社,1989.
[8] 张仁,程秀文,熊贵枢,等. 拦减粗泥沙对黄河河道冲淤变化影响[M]. 郑州:黄河水利出版社,1998.
[9] 费祥俊. 浆体与粒状物料输送水力学[M]. 北京:清华大学出版社,1994.
[10] 曹如轩,任晓枫,卢文新. 高含沙异重流的形成与持续条件分析[J]. 泥沙研究,1984(2).
[11] 沙玉清. 泥沙运动学引论[M]. 北京:中国工业出版社,1965.
[12] 范家骅. 异重流运动的试验研究[J]. 水利学报, 1959(5).
[13] 吴德一. 关于水库异重流的计算方法[J]. 泥沙研究,1983(2).
[14] 曹如轩. 高含沙异重流的实验研究[J]. 水利学报,1983(2).
[15] 朱鹏程. 异重流的形成与衰减[J]. 水利学报,1983(2).
[16] 赵文林. 黄河泥沙[M]. 郑州:黄河水利出版社,1996.
[17] 张红武,张俊华,江恩慧,等. 工程泥沙研究与实践[M]. 郑州:黄河水利出版社,1999.
[18] 金德春. 浑水异重流的运动和淤积[J]. 水利学报,1980(3).
[19] 杨庆安,龙毓骞,缪凤举. 黄河三门峡水利枢纽运用与研究[M]. 郑州:河南人民出版社,1995.
[20] 赵业安,周文浩,费祥俊,等. 黄河下游河道演变基本规律[M]. 郑州:黄河水利出版社,1998.
[21] 钱意颖,叶青超,曾庆华. 黄河干流水沙变化与河床演变[M]. 北京:中国建材工业出版社,1993.
[22] 齐璞,刘月兰,李世滢,等. 黄河水沙变化与下游河道减淤措施[M]. 郑州:黄河水利出版社,1997.
[23] 涂启华,杨赉斐. 泥沙设计手册[M]. 北京:中国水利水电出版社,2006.
[24] 中国水利学会泥沙专业委员会. 泥沙手册[M]. 北京:中国环境科学出版社,1992.
[25] E. J. 瓦斯普 ,等. 固体物料的浆体管道输送[M]. 黄河水利委员会科研所《固体物料的浆体管道输送》翻译组,译. 北京:水利出版社,1980.
[26] 侯晖昌. 减阻力学[M]. 北京:科学出版社,1987.
[27] 赵连军,张红武. 黄河下游河道水流摩阻特性的研究[J]. 人民黄河,1997(9).
[28] 张红武,江恩惠,白咏梅,等. 黄河高含沙洪水模型的相似律[M]. 郑州:河南科学技术出版社,1994.
[29] 江恩惠,赵连军,张红武. 多沙河流洪水演进与冲淤演变数学模型研究及应用[M]. 郑州:黄河水利出版社,2008.
[30] 水利部黄河水利委员会. 黄河调水调沙试验[M]. 郑州:黄河水利出版社,2008.
[31] 水利部黄河水利委员会. 黄河首次调水调沙试验[M]. 郑州:黄河水利出版社,2003.
[32] 水利部黄河水利委员会. 黄河第二次调水调沙试验[M]. 郑州:黄河水利出版社,2008.
[33] 水利部黄河水利委员会. 黄河第三次调水调沙试验[M]. 郑州:黄河水利出版社,2008.